“十三五”国家重点出版物出版规划项目

卓越工程能力培养与工程教育专业认证系列规划教材（电气工程及其自动化、自动化专业）

# 机 器 人 概 论

张　涛　主编

张　涛　石宗英　赵明国　编著

机 械 工 业 出 版 社

本书主要介绍机器人的基本概念、主要技术及其应用，帮助读者了解当前机器人技术的最新成果和这一领域的未来发展方向。本书主要特色之一是通过介绍多种典型机器人，帮助读者对这一领域有更加实际和深入的了解。

通过学习本书，读者可以掌握机器人的起源，机器人的主要基础理论与方法，包括机器人的感知、机构设计、控制、智能等。另外，根据机器人的应用特点，将机器人分成三类，全面介绍机器人的工程应用，包括工业机器人（搬运机器人、焊接机器人、装配机器人等）、服务机器人［移动机器人（无人车、扫地机器人）、空中机器人（无人机）、医用机器人等］和特种机器人（空间机器人、水下机器人、军用机器人等）。通过上述内容，帮助学生全面了解机器人领域的内容，打下良好的工程基础。

本书可作为普通高等院校电类本科生和研究生相关专业基础课的课程教材，也可供其他大专院校及从事机器人研制、开发及应用的技术人员学习参考。

**图书在版编目（CIP）数据**

机器人概论/张涛主编．—北京：机械工业出版社，2019.9（2023.12 重印）
“十三五”国家重点出版物出版规划项目　卓越工程能力培养与工程教育专业认证系列规划教材．电气工程及其自动化、自动化专业
ISBN 978-7-111-63620-5

Ⅰ.①机…　Ⅱ.①张…　Ⅲ.①机器人技术—高等学校—教材
Ⅳ.①TP24

中国版本图书馆 CIP 数据核字（2019）第 189866 号

机械工业出版社（北京市百万庄大街 22 号　邮政编码 100037）
策划编辑：于苏华　刘琴琴　　　责任编辑：于苏华　王　康
责任校对：肖　琳　　　　　　　封面设计：鞠　杨
责任印制：单爱军
北京虎彩文化传播有限公司印刷
2023 年 12 月第 1 版第 6 次印刷
184mm×260mm · 15 印张 · 370 千字
标准书号：ISBN 978-7-111-63620-5
定价：39.00 元

电话服务　　　　　　　　　　　网络服务
客服电话：010-88361066　　　机　工　官　网：www.cmpbook.com
　　　　　010-88379833　　　机　工　官　博：weibo.com/cmp1952
　　　　　010-68326294　　　金　　书　　网：www.golden-book.com
封底无防伪标均为盗版　　　　　机工教育服务网：www.cmpedu.com

"十三五"国家重点出版物出版规划项目

# 卓越工程能力培养与工程教育专业认证系列规划教材

## （电气工程及其自动化、自动化专业）

## 编审委员会

# 序

工程教育在我国高等教育中占有重要地位，高素质工程科技人才是支撑产业转型升级、实施国家重大发展战略的重要保障。当前，世界范围内新一轮科技革命和产业变革加速进行，以新技术、新业态、新产业、新模式为特点的新经济蓬勃发展，迫切需要培养、造就一大批多样化、创新型卓越工程科技人才。目前，我国高等工程教育规模世界第一。我国工科本科在校生约占我国本科在校生总数的1/3，近年来我国每年工科本科毕业生约占世界总数的1/3以上。如何保证和提高高等工程教育质量，如何适应国家战略需求和企业需要，一直受到教育界、工程界和社会各方面的关注。多年以来，我国一直致力于提高高等教育的质量，组织并实施了多项重大工程，包括卓越工程师教育培养计划（以下简称卓越计划）、工程教育专业认证和新工科建设等。

卓越计划的主要任务是探索建立高校与行业企业联合培养人才的新机制，创新工程教育人才培养模式，建设高水平工程教育教师队伍，扩大工程教育的对外开放。计划实施以来，各相关部门建立了协同育人机制。卓越计划要求试点专业要大力改革课程体系和教学形式，依据卓越计划培养标准，遵循工程的集成与创新特征，以强化工程实践能力、工程设计能力与工程创新能力为核心，重构课程体系和教学内容；加强跨专业、跨学科的复合型人才培养；着力推动基于问题的学习、基于项目的学习、基于案例的学习等多种研究性学习方法，加强学生创新能力训练，“真刀真枪”做毕业设计。卓越计划实施以来，培养了一批获得行业认可、具备很好的国际视野和创新能力、适应经济社会发展需要的各类型高质量人才，教育培养模式改革创新取得突破，教师队伍建设初见成效，为卓越计划的后续实施和最终目标的达成奠定了坚实基础。各高校以卓越计划为突破口，逐渐形成各具特色的人才培养模式。

2016年6月2日，我国正式成为工程教育“华盛顿协议”第18个成员，标志着我国工程教育真正融入世界工程教育，人才培养质量开始与其他成员达到了实质等效，同时，也为以后我国参加国际工程师认证奠定了基础，为我国工程师走向世界创造了条件。专业认证把以学生为中心、以产出为导向和持续改进作为三大基本理念，与传统的内容驱动、重视投入的教育形成了鲜明对比，是一种教育范式的革新。通过专业认证，把先进的教育理念引入了我国工程教育，有力地推动了我国工程教育专业教学改革，逐步引导我国高等工程教育实现从课程导向向产出导向转变、从以教师为中心向以学生为中心转变、从质量监控向持续改进转变。

在实施卓越计划和开展工程教育专业认证的过程中，许多高校的电气工程及其自动化、自动化专业结合自身的办学特色，引入先进的教育理念，在专业建设、人才培养模式、教学内容、教学方法、课程建设等方面积极开展教学改革，取得了较好的效果，建设了一大批优质课程。为了将这些优秀的教学改革经验和教学内容推广给广大高校，中国工程教育专业认证协会电子信息与电气工程类专业认证分委员会、教育部高等学校电气类专业教学指导委员会、教育部高等学校自动化类专业教学指导委员会、中国机械工业教育协会自动化学科教学委员会、中国机械工业教育协会电气工程及其自动化学科教学委员会联合组织规划了“卓越工程能力培养与工程教育专业认证系列规划教材（电气工程及其自动化、自动化专业）”。本套教材通过国家新闻出版广电总局的评审，入选了“十三五”国家重点图书。本套教材密切联系行业和市场需求，以学生工程能力培养为主线，以教育培养优秀工程师为目标，突出学生工程理念、工程思维和工程能力的培养。本套教材在广泛吸纳相关学校在“卓越工程师教育培养计划”实施和工程教育专业认证过程中的经验和成果的基础上，针对目前同类教材存在的内容滞后、与工程脱节等问题，紧密结合工程应用和行业企业需求，突出实际工程案例，强化学生工程能力的教育培养，积极进行教材内容、结构、体系和展现形式的改革。

经过全体教材编审委员会委员和编者的努力，本套教材陆续跟读者见面了。由于时间紧迫，各校相关专业教学改革推进的程度不同，本套教材还存在许多问题。希望各位老师对本套教材多提宝贵意见，以使教材内容不断完善提高。也希望通过本套教材在高校的推广使用，促进我国高等工程教育教学质量的提高，为实现高等教育的内涵式发展贡献一份力量。

**卓越工程能力培养与工程教育专业认证系列规划教材**

（电气工程及其自动化、自动化专业）

**编审委员会**

# 前　　言

党的二十大报告指出，“推动战略性新兴产业融合集群发展，构建新一代信息技术、人工智能、生物技术、新能源、新材料、高端装备、绿色环保等一批新的增长引擎。”随着科技的发展，机器人领域正在发生着巨大变化。机器人已经由过去只能在工厂中才能看到的设备，逐步进入到社会的各个领域。特别是近几年来，随着新一代人工智能技术的迅猛发展，机器人领域得到了巨大拓展，已经成为新的增长引擎。机器人由原来的工业机械臂，发展成了有各种形态、各种功能的智能无人系统。人们的生活中涌现出了自动驾驶车辆、无人机、养老助残机器人、家庭服务机器人、娱乐机器人、水下机器人等。这让人们对机器人有了新的认识和体会。

目前，机器人已经由单纯实现机械动作的工业机器人逐步向全面模拟感知、思维和行为的智能机器人方向发展，在理论、方法和应用上都取得了很大的进展。特别是未来的智能机器人对环境感知与交互、知识推理和复杂行为以及群体协作等方面有着更高的要求，还有很多科学问题需要深入研究。随着机器人技术的发展，机器人已成为当前科技领域发展的重要方向之一，国内许多高等院校和科研院所都在开展机器人方面的研究。因此，对从事机器人领域研究与开发的人才需求与日俱增，许多行业出现了对从事机器人研究与应用人才供不应求的现象。一些高校已经针对目前形势和需求，成立机器人学院，开设机器人工程专业和相关课程，开始进行机器人领域人才培养，关于机器人技术的教学也就越来越引起人们的重视。

党的二十大报告指出，“必须坚持科技是第一生产力、人才是第一资源、创新是第一动力，深入实施科教兴国战略、人才强国战略、创新驱动发展战略”。机器人领域人才培养恰恰可以体现上述国家战略。本书针对机器人领域人才培养的需求，充分考虑各行各业机器人技术发展的特点，全面介绍了机器人的起源，机器人的主要基础理论与方法，包括机器人的感知、机构设计、控制、智能等。同时，根据机器人的应用特点，将机器人分成三类，全面介绍机器人的工程应用，包括工业机器人（搬运机器人、焊接机器人、装配机器人等）、服务机器人［移动机器人（无人车、扫地机器人）、空中机器人（无人机）、医用机器人等］和特种机器人（空间机器人、水下机器人、军用机器人等）。通过上述内容，帮助读者对机器人领域的内容有全面的了解，打下良好的工程基础。

全书共有8章。第1章介绍机器人的由来，包括机器人的概念、发展历程和发展现状。第2~5章介绍机器人技术的基础知识，分别包括机器人感知、机器人数学模型、机器人控制和机器人智能。第6~8章分别介绍机器人的三种主要类型，包括工业机器人、服务机器人和特种机器人。工业机器人中主要介绍搬运机器人、焊接机器人、装配机器人和激光加工机器人。服务机器人中主要介绍移动机器人、空中机器人和医用机器人。特种机器人中主要介绍空间机器人、水下机器人和军用机器人。

本书由张涛教授主编。张涛教授编写了第 1、5、6、7、8 章，石宗英副教授编写了第 2、3 章，赵明国副研究员编写了第 4 章。另外，这里还要感谢游科友副教授和薛涛、牟方厉两位博士生对本书的编写做出的贡献。

本书面向课程思政要求，提供了相关视频二维码。另外，本书还配套了授课使用的电子课件和电子教案，可供读者学习和教师教学使用。

机器人技术发展很快，尽管作者尽力在本书中包含了许多新的内容，但仍然会遗漏许多新的思想、方法和不断涌现的系统。由于作者水平有限，书中不足之处在所难免，敬请读者批评指正。

作　者

2023 年于北京清华园

# 目　　录

# 第1章 机器人的由来

人类自古就幻想着制作出一种机器，能够代替人来完成各种各样的工作。由于科技发展水平有限，这种愿望总也难以变成现实。然而今天，人们会忽然发现，生活中有那么多自称是机器人的东西，甚至人类已经能够制作出外貌近似人、初步具有一定智能的机器人。人类对机器人的认识与了解已经具有了质的飞跃，甚至开始探讨机器人将来是否会比人类还要聪明，能否与人类和谐相处等问题。那么到底什么是机器人？机器人是从哪里来的？

## 1.1 机器人的概念

中国创造：
外骨骼机器人

### 1.1.1 机器人的定义

目前，虽然关于机器人的研究已经非常广泛和深入，但世界上对机器人还没有一个统一、严格、准确的定义，不同国家、不同研究领域给出的定义不尽相同。关于机器人的定义，国际上有代表性的主要有以下几种：

1. 国际标准化组织（ISO）的定义：它的定义较为全面和准确，其定义涵盖如下内容：①机器人的动作机构具有类似于人或其他生物体某些器官（肢体、感官等）的功能；②机器人具有通用性，工作种类多样，动作程序灵活易变；③机器人具有不同程度的智能性，如记忆、感知、推理、决策、学习等；④机器人具有独立性，完整的机器人系统在工作中可以不依赖于人的干预。

2. 美国机器人协会（RIA）的定义：机器人是“一种用于移动各种材料、零件、工具或专用装置的，通过可编程的动作来执行种种任务，并具有编程能力的多功能机械手”。这个定义叙述具体，更适用于对工业机器人的定义。

3. 美国国家标准局（NBS）的定义：机器人是“一种能够进行编程并在自动控制下执行某些操作和移动作业任务的机械装置”。这也是一种比较广义的工业机器人的定义。

4. 英国简明牛津字典的定义：机器人是“貌似人的自动机，具有智力的和顺从于人但不具有人格的机器”。这是一种对理想机器人的描述，到目前为止，尚未有与人类在智能上相似的机器人。

5. 日本工业机器人协会（JIRA）的定义：它将机器人的定义分成两类。工业机器人是

“一种能够执行与人体上肢（手和臂）类型动作的多功能机器”；智能机器人是“一种具有感觉和识别能力，并能控制自身行为的机器”。

总之，随着机器人领域技术的发展，机器人的定义将会进一步修改，得到进一步的明确和统一。

### 1.1.2 机器人的分类

机器人的分类方式很多，并且具有众多类型机器人。关于机器人如何分类，国际上没有制定统一的标准，有的按负载重量分，有的按控制方式分，有的按自由度分，有的按结构分，有的按应用领域分。

按照日本工业机器人学会（JIRA）的标准，可将机器人进行如下分类：

- 第一类：人工操作机器人。由操作员操作的多自由度装置。
- 第二类：固定顺序机器人。按预定的不变方法有步骤地依此执行任务的设备，其执行顺序难以修改。
- 第三类：可变顺序机器人。同第二类，但其顺序易于修改。
- 第四类：示教再现（Playback）机器人。操作员引导机器人手动执行任务，记录下这些动作并由机器人以后再现执行，即机器人按照记录下的信息重复执行同样的动作。
- 第五类：数控机器人。操作员为机器人提供运动程序，并不是手动示教执行任务。
- 第六类：智能机器人。机器人具有感知外部环境的能力，即使其工作环境发生变化，也能够成功地完成任务。

美国机器人学会（RIA）只将以上第三类至第六类视作机器人。

法国机器人学会（AFR）将机器人进行如下分类：

- 类型 A：手动控制远程机器人的操作装置。
- 类型 B：具有预定周期的自动操作装置。
- 类型 C：具有连续性轨迹或点轨迹的可编程伺服控制机器人。
- 类型 D：同类型 C，但能够获取环境信息。

我国的机器人专家从应用环境出发，将机器人分为两大类，即工业机器人和特种机器人。所谓工业机器人就是面向工业领域的多关节机械手或多自由度机器人。而特种机器人则是除工业机器人之外的、用于非制造业并服务于人类的各种先进机器人，包括：服务机器人、水下机器人、娱乐机器人、军用机器人、农业机器人、机器人化机器等。在特种机器人中，有些分支发展很快，有独立成体系的趋势，如服务机器人、水下机器人、军用机器人、微操作机器人等。目前，国际上的机器人学者，从应用环境出发将机器人也分为两类：制造环境下的工业机器人和非制造环境下的服务与仿人型机器人，这和我国的分类是一致的。图 1.1 为一个机器狗。

图 1.1　机器狗

## 1.2 机器人的发展历程

### 1.2.1 机器人的起源

机器人的概念早在几千年前的人类想象中就已诞生。我国西周时期，能工巧匠偃师就研制出了能歌善舞的伶人，这是我国最早记载的具备有机器人概念的文字记载。据《墨经》记载，春秋后期，我国著名的木匠鲁班曾制造过一只木鸟，能在空中飞行“三日而不下”。东汉时代的著名科学家张衡发明了地动仪、计里鼓车以及指南车，如图1.2所示，都是具有机器人构想的装置，可算是世界上最早的机器人雏形。

有关机器人的发明，不仅在中国，在许多国家的历史上都曾出现。1662年，日本的竹田近江利用钟表技术发明了自动机器玩偶，并在大阪道顿崛演出。1738年，法国天才技师杰克·戴·瓦克逊发明了一只机器鸭。1768年至1774年间，瑞士钟表匠德罗斯父子三人合作制造出三个像真人一样大小的机器人：写字偶人（见图1.3写字机器人）、绘图偶人和弹风琴偶人。1893年，加拿大莫尔设计出能行走的机器人安德罗丁。

a) 地动仪

b) 指南车

图1.2 张衡发明的地动仪和指南车

图1.3 写字机器人

“机器人”一词最早出现于1920年剧作家卡雷尔·凯培克（Karel Kapek）一部幻想剧《罗萨姆的万能机器人》（*Rossums Universal Robots*）中，“Robot”是由斯洛伐克语“Robota”衍生而来的。1950年，美国科幻小说家加斯卡·阿西莫夫（Jassc Asimov）在他的小说《我是机器人》中，提出了著名的“机器人三守则”，即：

1）机器人不能危害人类，不能眼看人类受害而袖手旁观。

2）机器人必须服从于人类，除非这种服从有害于人类。

3）机器人应该能够保护自身不受伤害，除非为了保护人类或者人类命令它做出牺牲。

这三条守则给机器人赋以伦理观。至今，机器人研究者都以这三个原则作为开发机器人的准则。

世界上第一台机器人于1954年诞生于美国，乔治·戴沃尔（George Devol）设想了一种可控制的机械手，并设计制作出世界上第一台机器人实验装置。1962年，美国万能自动化公司（Unimation）制作出Unimate机器人。它是世界上第一代工业机器人，并在美国通用汽车公司（GM）投入使用。从而，机器人开始成为人类生活中的现实。

### 1.2.2 机器人的发展过程

由于机器人学是在机器人技术发展基础之上逐步形成的，因此，机器人的发展历史要长于机器人学的发展历史。与此同时，机器人与机器人学的发展又是相互促进、共同进步的。

随着第一台机器人在美国诞生，机器人就进入了它第一阶段的发展历程，即工业机器人时代。它的几个标志性事件是：

- 1954 年 George Devol 开发出第一台可编程机器人。
- 1955 年 Denavit 与 Hartenberg 提出齐次变换矩阵。
- 1961 年 George Devol 的“可编程货物运送”获得美国专利，该专利技术是 Unimate 机器人的基础。
- 1962 年 Unimatation 公司成立，出现了最早的工业机器人，GM 公司安装了第一台 Unimation 公司的机器人。
- 1967 年 Unimatation 公司推出 Mark II 机器人，第一台喷涂用机器人出口到日本。
- 1968 年 第一台智能机器人 Shakey 在斯坦福机器人研究所（SRI）诞生。
- 1972 年 IBM 公司开发出内部使用的直角坐标机器人，并最终开发出 IBM7565 型商用机器人。
- 1973 年 Cincinnati Milacron 公司推出 T3 型机器人，它在工业应用中广受欢迎。
- 1978 年 第一台 PUMA 机器人由 Unimatation 装运到 GM 公司。
- 1982 年 GM 和日本的 Fanuc 公司签订制造 GM Fanuc 机器人的协议。Westinghouse 兼并 Unimation，随后又将它卖给了瑞士的 Staubli 公司。
- 1984 年 机器人学无论是在工业生产还是在学术上，都是一门广受欢迎的学科，机器人学开始列入教学计划。
- 1990 年 Cincinnati Milacron 公司被瑞士 ABB 公司兼并。许多小型的机器人制造公司也从市场上销声匿迹，只有少数主要生产工业机器人的大公司尚存。

随着工业机器人的发展，其他类型机器人也逐步涌现出来。随着计算机技术和人工智能技术的飞速发展，机器人在功能和技术层次上有了很大的提高，移动机器人和机器人的视觉和触觉等技术就是典型的代表。这些技术的发展推动了机器人概念的延伸。20 世纪 80 年代，将具有感觉、思考、决策和动作能力的系统称为智能机器人，这是一个概括的、含义广泛的概念。这一概念不但指导了机器人技术的研究和应用，而且又赋予了机器人技术向深广发展的巨大空间，水下机器人、空间机器人、空中机器人、地面机器人、微小型机器人等各种用途的机器人相继问世，许多梦想成为现实。将机器人的技术（如传感技术、智能技术、控制技术等）扩散和渗透到各个领域形成了各式各样的新机器——机器人化机器。当前与信息技术的交互和融合又产生了“软件机器人”“网络机器人”的名称，这也说明了机器人所具有的创新活力。图 1.4 为现代拟人机器人 ASIMO。

目前，机器人的发展已经由单纯的工业机器人走向多样化、高智能方向。机器人技术正逐步向具有行走能力、多种感觉能力以及对作业环境的较强自适应能力的方面发展。对全球机器人技术发展最有影响的国家应该是美国和日本。美国在机器人技术的综合研究水平上仍处于领先地位。而日本生产的机器人在数量、种类方面则居世界首位。机器人技术的发展推动了机器人学的建立，许多国家成立了机器人协会，美国、日本、英国、瑞典等国家设立了机器人学学位。

20世纪70年代以来，许多大学开设了机器人课程，开展了机器人学的研究工作。如美国的MIT、Carnegie-Mellon、Purdue等，日本的东京大学、早稻田大学等都是研究机器人学富有成果的著名学府。随着机器人学的发展，相关的国际学术交流活动也日渐增多。目前最有影响的国际会议是IEEE每年举行的机器人学与自动化国际会议（ICRA），此外还有国际工业机器人会议（ISIR）和国际工业机器人技术会议（CIRT）等。出版的相关刊物有*IEEE Transactions on Robotics*、*Robotics Research*、*Robotics and Automation*等多种。

图1.4　现代拟人机器人ASIMO

我国的机器人技术起步较晚，大约于20世纪70年代末、80年代初开始。20世纪90年代中期，6000m以下深水作业机器人实验成功。以后的近10年中，在步行机器人、精密装配机器人、多自由度关节机器人的研制等国际前沿领域逐步缩小了与世界先进水平的差距。

中国创造：蛟龙号

## 1.3　机器人的发展现状

### 1.3.1　机器人的主要技术

机器人学（Robotics）是机器人技术经历数十年的发展形成的一门新的综合性交叉学科。它包括基础研究与应用研究两方面的内容，其主要研究领域包括：

- 机械手设计；
- 机器人运动学和动力学；
- 机器人轨迹规划；
- 机器人驱动技术；
- 机器人传感器；
- 机器人视觉；
- 机器人控制；
- 机器人本体结构；
- 机器人智能；
- 其他。

机器人学的研究领域所涉及的学科范围有：力学、拓扑学、机械学、电子与微电子学、控制论、计算机、生物学、人工智能、系统工程等。这些学科的交叉和融合使机器人技术得以迅速发展。随着机器人技术不断向新的领域拓展，其研究领域将会更加宽阔。

机器人学的研究内容主要有以下几个方面：

1）空间机构学：空间机构在机器人中的应用体现在：机器人机身和臂部机构的设计，机器人手部机构设计，机器人行走机构的设计，机器人关节部件机构的设计，即机器人机构的型综合和尺寸综合。

2）机器人运动学：机器人的执行机构实际上是一个多刚体系统，研究涉及组成这一系统的各杆件之间以及系统与对象之间的相互关系，为此需要一种有效的数学描述方法。

3）机器人静力学：机器人与环境之间的接触会在机器人与环境之间引起相互的作用力和力矩，而机器人的输入关节扭矩由各个关节的驱动装置提供，通过手臂传至手部，使力和力矩作用在环境的接触面上。这种力和力矩的输入和输出关系在机器人控制中是十分重要的。静力学主要讨论机器人手部端点力与驱动器输入力矩的关系。

4）机器人动力学：机器人是一个复杂的动力学系统，要研究和控制这个系统，首先必须建立它的动力学方程。动力学方程是指作用于机器人各机构的力或力矩及其位置、速度、加速度关系的方程式。

5）机器人控制技术：机器人控制技术是在传统机械系统控制技术的基础之上发展起来的。两者之间无根本的不同。但机器人控制系统也有许多特殊之处。它是有耦合的、非线性多变量的控制系统。其负载、惯量、重心等随时间都可能变化，不仅要考虑运动学关系，还要考虑动力学因素，其模型为非线性，而工作环境又是多变的等。主要研究的内容有机器人控制方式和机器人控制策略。

6）机器人传感器：人类具有视觉、听觉、触觉、味觉及嗅觉等五种感觉。机器人的感觉主要通过传感器来实现。机器人所研究的传感器分为两大类：外部传感器和内部传感器。外部传感器又包括远距离传感器（如视觉传感器、听觉传感器等）、非接触传感器和接触传感器（如触觉传感器、力传感器等），是为了对环境产生相适应的动作而取得环境信息。内部传感器包括加速度传感器、速度传感器、位置传感器、姿态传感器等，根据指令而进行动作，检测机器人各部状态。

7）机器人语言：机器人语言分为通用机器人语言和专用机器人语言。通用机器人语言的种类很多，主要采用计算机语言。例如汇编语言、FORTRAN、FORTH、Basic、C 等。随着作业内容的复杂化，利用程序来控制机器人显得越来越困难。为了寻求用简单的方法描述作业，控制机器人动作，人们开发了一些机器人专用语言，如 AL、VAL、IML、PART、AUTOPASS 等。作为机器人语言，首先要具有作业内容的描述性，不管作业内容如何复杂，都能准确加以描述；其次要具有环境模型的描述性，要能用简单的模型描述复杂的环境，要能适应操作情况的变化改变环境模型的内容；再次要求具有人机对话的功能，以便及时描述新的作业及修改作业内容；最后要求在出现危险情况时能及时报警并停止机器人动作。

### 1.3.2 机器人的主要应用

机器人的主要应用已经随着机器人技术的发展扩展到了许多领域。在一些场合已经完全代替了人类的劳动，并且体现出高于人类的许多优点。

机器人最适合在那些人类无法工作的环境中工作。它们已在许多工业部门获得广泛应用。它们可以比人类工作得更好并且成本低廉。例如，因为焊接机器人能够更均匀一致地运动，它可以比焊接工人焊得更好。此外，机器人无须护目镜、防护服、通风设备及其必要的防护措施。因此，只要焊接工作设置由机器人自动操作并不再改变，而且该焊接工作也不是太复杂，那么机器人就比较适合做这样的工作，并能提高生产效率。同样，海底勘探机器人远不像人类潜水员工作时需要太多的关注，机器人可以在水下停留更长的时间，并潜入更深的水底仍能承受住巨大的压力，而且它也不需要氧气。以下列举机器人的主要应用。

● 机器加载：指机器人为其他机器装卸工件。在这项工作中，机器人甚至不对工件做任何操作，而只是完成一系列操作中的工件处理任务。

● 取放操作：指机器人抓取零件并将它们放置到其他位置。这还包括码垛、填装弹药、将两物件装到一起的简单装配（例如将药片装入药瓶）、将工件放入烤炉或从烤炉内取出处理过的工件或其他类似的例行操作。

● 焊接：这时机器人与焊接及相应配套装置一起将部件焊接在一起，这是机器人在自动化工业中最常见的一种应用。由于机器人连续运动，可以焊接得非常均匀和准确。通常焊接机器人的体积和功率均比较大。图 1.5 为焊接机器人。

图 1.5　焊接机器人

● 喷漆：这是另一种常见的机器人的应用，尤其是在汽车工业中。由于人工喷漆时要保持通风和清洁，因此创造适合人们工作的环境是十分困难的；而且与人工操作相比，机器人更能持续不断地工作。因此喷漆机器人非常适合喷漆工作。

● 检测：对零部件、线路板以及其他类似产品的检测也是机器人比较常见的应用。一般来说，检测系统中还集成有其他一些设备，包括视觉系统、X 射线装置、超声波探测仪或其他类似仪器。例如，在其中一种应用中，机器人配有一台超声波裂缝探测仪，并提供有飞机机身和机翼的计算机辅助设计（CAD）的数据。用这些来检查飞机机身轮廓的每一个连接处、焊点或铆接点。在类似的另外一种应用中，机器人用来搜寻并找出每一个铆钉的位置，对它们进行检查并在有裂纹的铆钉处做上记号，然后将它钻出来，再移向下一颗铆钉位置，最后由技术人员插入安装新的铆钉。机器人还广泛用于电路板和芯片的检测，在大多数这样的应用中，元件的识别、元件的特性（例如电路板的电路图、元件铭牌等）等信息都存储在系统的数据库内，该系统利用检测到的信息与数据库中存储的元件信息比较，并根据检测结果来决定接受还是拒绝元件。

● 抽样：在许多工业中（包括农业），都采用机器人做抽样实验。抽样只在一定量的产品中进行，除此之外它与取放和检测操作相类似。

● 装配操作：装配是机器人的所有任务中最难的一种操作。通常，将元件装配成产品需要很多操作。例如，必须首先定位和识别元件，再以特定的顺序移动元件到规定的位置（在元件安装点附近可能还会有许多障碍），然后将元件固定在一起进行装配。许多固定和装配任务也非常复杂，需要推压、旋拧、弯折、扭动、压挤以及摘标牌等许多操作才能将元件连接在一起。元件的微小变化以及由于较大的容许误差所导致的元件直径的变化均可使得装配过程复杂化，所以机器人必须知道合格元件与错误元件之间的区别。

● 机械制造：用机器人进行制造包含许多不同的操作。例如，去除材料、钻孔、除毛刺、涂胶、切削等。同时还包括插入零部件，如将电子元件插入电路板、电路板安装到 VCR 的电子设备上及其他类似操作。插入机器人在电子工业中的应用也非常普遍。

● 监视：人们曾尝试利用机器人执行监视任务，但不是很成功。现在，无论是在安全生产还是在交通控制方面，已广泛使用视觉系统来进行监视。例如，在南加利福尼亚高速公路系统中，有一段车道租给了一个私人企业，该企业对道路进行维护并提供服务，同时也有权向使用者收费。监视摄像机用来监测通过该路段的汽车的车牌号码，随后向他们收取通行费。

- 医疗应用：机器人在医疗方面的应用现在也越来越常见。例如，Robodoc 就是为协助外科医生完成全关节移植手术而设计的机器人。由于要求机器人完成的许多操作（如切开颅骨、在骨体上钻孔、精确绞孔以及安装人造植入关节等）比人工操作更为准确。因此手术中许多机械操作部分都由机器人来完成。此外，骨头的形状和位置可由 CAT 扫描仪确定并下载给机器人控制器，将它们用于指导机器人的动作，以使植入物得以放到最合适的位置。同样，还有许多其他机器人用于帮助外科医生完成微型手术，包括在巴黎和来比锡进行的心脏瓣膜手术。另一台叫作 Da Vinci 的外科手术机器人已被美国食品与药物管理局（FDA）批准，用于执行腹部外科手术。如图 1.6 为 Da Vinci 外科手术机器人系统。

图 1.6　Da Vinci 外科手术机器人系统

- 帮助残疾人：试验用机器人帮助残疾人已取得不错的成果。在日常生活中，机器人可以做很多事情来帮助残疾人，在其中一项研究中，一台小型的如桌子高矮的机器人可以与残疾人交流，并执行一些简单的任务，诸如将盛着食品的盘子放入微波炉，从微波炉中取出盘子，并且将盘子放到残疾人面前给他用餐等。其他许多任务也可通过编程让机器人来执行。
- 危险环境：机器人非常适合在危险的环境中使用。在这些险恶的环境下工作，人类必须采取严密的保护措施。而机器人可以进入或穿过这些危险区域进行维护和探测等工作，并且不需要得到像人一样的保护。例如，在一个具有放射性的环境中工作，机器人比人要容易得多。1993 年，名为 Dante 的八腿机器人到达了南极洲常年喷发的 Erebus 火山熔岩湖，并对那里的气体进行了研究。
- 水下、太空及远程：机器人也可以用于水下、太空及远程的服务或探测。虽然尚没有人被送到火星，但已有许多太空漫游车在火星登陆并对火星进行探测。在太空和水下其他方面也有同样的应用。例如，由于没人能进入到很深的海底，因此在人能到达的深海也只探测到很少的沉船。现在已有许多坠机、沉船和潜艇很快地被水下机器人所发现。

另外还有一些其他应用。例如，为了清扫蒸汽发生器排污管里的脏物而设计的遥控机器人 Cecil 可以攀爬排污管，使用 5000 磅/平方英寸的水流冲洗污物。在另一项应用中，遥控机器人用于微型手术。遥控机器人的位置不是主要的，而主要是让遥控机器人重复外科医生的手在小范围内的动作，并尽可能减少手术中的颤抖。

此外，科学家和工程师们除了对设计类人机器人感兴趣外，他们也设计了模仿昆虫和其他动物的机器人。例如六脚和八脚机器人、蠕虫机器人、蛇形机器人、像鱼一样游动的机器鱼、机器狗、虾形机器人以及其他未标定生命形式的机器人。这些机器人中，有的十分庞大而且功能强大，例如 Odex 机器人，有的则小巧轻便。这些机器人多数是为科研目的而开发的，也有为军事、医疗或娱乐目的而设计开发的。例如一种小型矿藏扫描机器人就是为了搜索和开采矿藏而开发的。图 1.7 为我国自主研发的月球车。

生命电子学是指设计并开发生动形象的机器人和机器的系统技术，这些机器人和机器具有类似人或其他动物的外观与行为。例如生命电子嘴唇、生命电子眼睛及生命电子手。随着更为复杂的生命电子部件的出现，它们所代替的行动将越来越真实。

图 1.7　我国自主研制的月球车

探月精神

# 第 2 章 机器人感知

任何自主系统，一方面需要对自身的运动状态有准确的感知，另一方面需要及时获得关于环境及其变化的信息。机器人携带的传感器根据测量信息的不同通常分作两类：内部传感器和外部传感器。内部传感器用于测量机器人本体的运动状态，外部传感器用于环境及与环境交互的测量。前者包括测量关节角度或轮子转过的角度的码盘、测量自身旋转角速度和线性加速度的惯性测量单元（Inertial Measurement Unit，IMU）等，后者包括获取外界图像的相机、获取外部声音信息的声音传感器、通过测量到卫星的距离来实现定位的全球定位系统（Global Positioning System，GPS）、进行距离扫描的激光雷达等。

## 2.1 机器人的运动感知

机器人的运动感知可以通过内部和外部两类传感器实现，内部感知通过直接测量机器人本体的运动状态感知运动变化，外部感知通过机器人自身携带的外部传感器或外置的传感器测量机器人相对于环境的状态，从而判断机器人本体的运动状态。

就内部运动传感器而言，由于不同类型的机器人的运动状态差异很大，对运动传感器的需求也不同。对于固定基座的机械臂，只需要测量各个关节的角位置和角速度就可以准确描述机器人的运动状态；对于多关节的两足、四足、六足或八足机器人，不仅需要测量各关节的角位置和角速度，还需要测量机器人的整体运动状态，以判断是正常移动，还是倾斜或翻倒了；对于轮式移动机器人，需要测量里程和朝向；对于空中机器人，姿态的测量尤为重要。典型的内部运动传感器包括用于测量关节转角或车轮转过角度的码盘，以及测量移动机器人或空中机器人的惯性测量单元（IMU）等。

外部运动传感器包括 GPS、视觉传感器、声音传感器、超声测距传感器、激光测距传感器、激光雷达等，更多被用于运动定位和导航。

### 2.1.1 机器人运动定位

对于固定基座的关节式机器人或基座浮动但运动已知的关节式机器人来说，若关节角度已知，根据运动学计算可完全确定机器人的位姿，若进一步已知关节角速度，则机器人各连杆的线速度和角速度也可通过运动学计算确定；对于轮式机器人来说，若各轮子的转角已知，则可根据其运动学确定小车相对于初始位姿的位置和朝向，若进一步已知各轮子的转速，则可完全确定小车的线速度和角速度。对于移动机器人来说，其本体的倾斜程度是衡量其运动稳定性的基本参数，因而姿态角甚至姿态角速度的测量必不可少。基于此，本节介绍两类典型的内部运动传感器：一是机器人关节位置和速度传感器，也可用作轮式里程计；一是用于移动机器人姿态测量的惯性测量单元。

**1. 角位置和角速度测量——码盘**

关节角位置是表征机器人内部运动的基本量。角位置测量普遍采用光电码盘，按编码方式的不同，码盘可分为二类：绝对式码盘和增量式码盘。图 2.1a 和 b 分别给出了绝对式码盘和增量式码盘的示意图。绝对式码盘沿径向从内到外被分为多个码道，每个码道与二进制输出的一位对应。在码盘的一侧装有光源，另一侧对应每个码道装有一个光敏元。在码盘处于不同的转角位置时，各光敏元根据是否受到光照输出高电平或低电平，形成二进制输出，读数即对应码盘当前的绝对位置。图 2.1a 所示的绝对码盘有 4 个码道，将一圈 360°用 $0\sim(2^4-1)$ 表示，码盘旋转时对应的输出如图 2.2 所示。显然，分辨率越高，要求的码道数越多。由于成本问题，机器人系统中多数情况下使用的是增量式码盘。

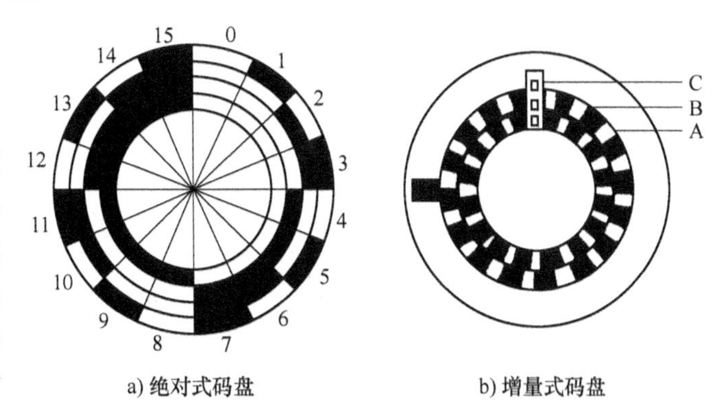

a) 绝对式码盘　　b) 增量式码盘

图 2.1　绝对式码盘和增量式码盘示意图

增量式码盘由 A、B 两个码道和用于确定基准位置的 C 码道组成，如图 2.1b 所示。A 码道和 B 码道由数目相等、分布均匀的透光和不透光的扇形区组成，在位置上相互错开半个扇形区；C 码道只有一个扇形区。同样在码盘的一侧装有光源，另一侧对应 A、B、C 码道各装有一个光敏元。对于图 2.1b 所示增量式码盘，当关节转动带动码盘旋转时，A、B 码道对应的输出为相位相差 90°的脉冲信号，分别称作 A 相脉冲和 B 相脉冲，如图 2.3 所示。在等速运动时对应 A、B 码道的测量信号是等宽脉冲信号，转速越快，脉冲的频率越高，因此可通过对 A 相脉冲或 B 相脉冲进行计数来测量码盘转过的角度，而脉冲的频率则代表了转速。

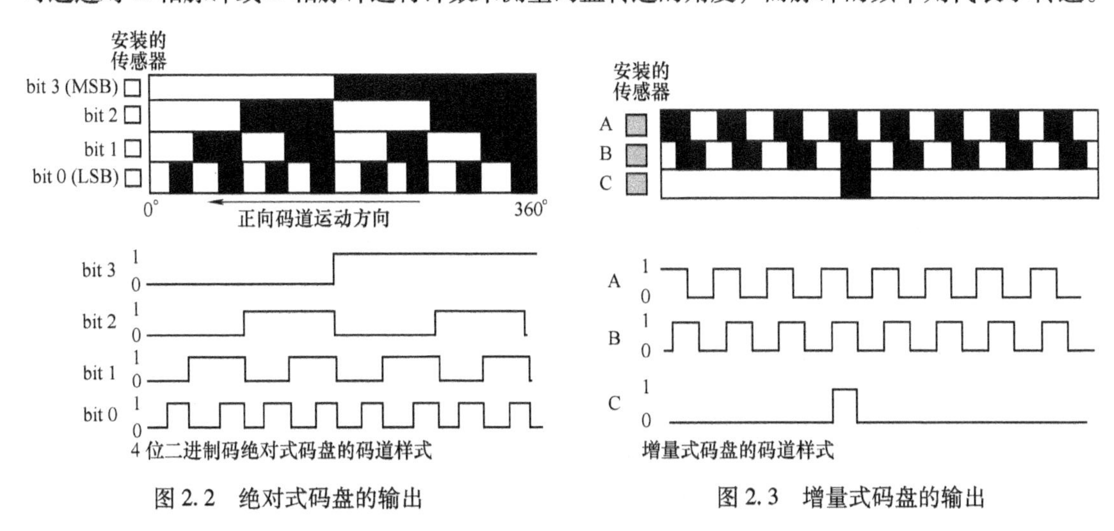

图 2.2　绝对式码盘的输出　　图 2.3　增量式码盘的输出

此外，还可根据 A 相脉冲波形和 B 相脉冲波形的相位关系（超前或滞后）来判断码盘转动的方向。如图 2.4 所示，当码盘正转时，A 相脉冲波形领先 B 相脉冲波形 π/2 相角；而反转时，A 相脉冲波形比 B 相脉冲波形滞后 π/2 相角。C 码道在码盘转动一周时只对应一个脉冲输出，给计数系统提供一个初始的零位信号。显然，增量式码盘的分辨率取决于 A、B 码道被分为多少个扇区。此外，由于 A 相脉冲波形与 B 相脉冲波形相位相差 π/2，还可采用四倍频方法进一步提升增量码盘的分辨率。

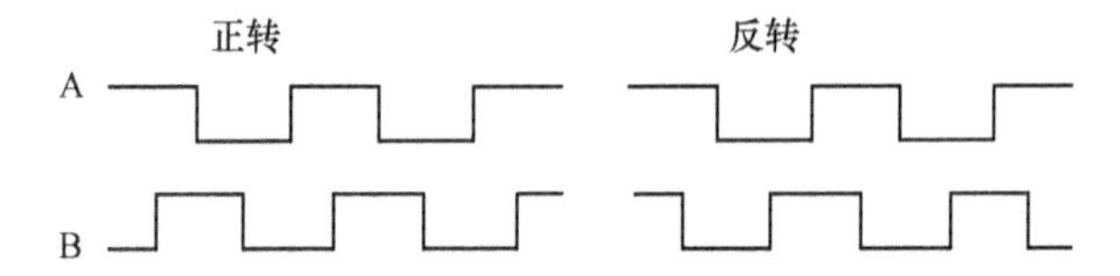


图 2.4　正转与反转时增量式码盘输出的 A 相和 B 相脉冲的相位关系

**2. 姿态测量——惯性测量单元**

惯性测量单元可用于测量运动体的姿态，常被用于无固定基座的机器人或其他移动体的姿态测量。一个惯性测量单元通常由三个正交的单轴加速度计和三个正交的单轴速率陀螺组成，加速度计检测物体沿着三个轴向的线加速度，而陀螺检测物体关于三个轴的旋转角速率。惯性测量单元可以用分立的加速度计芯片、速率陀螺芯片及其辅助电路组合而成，例如可采用 HQ7001 三轴加速度计模块和三个 ADXRS610 单轴陀螺仪组合而成。需要注意的是，如果使用单轴速率陀螺或单轴加速度芯片，安装时需要保证三个单轴速率陀螺芯片（三个单轴加速度计芯片）互为正交，若不能保证安装精度，就会给测量结果带来不利影响，因此目前出现了一些集成的 IMU 模块，如 ADIS1605、ADIS1647X 等模块，将三轴陀螺和三轴加速度计集成到一个模块中，有些还包含电子罗盘（三轴磁力计）。虽然不同精度等级的惯性测量单元价格差异很大，但基本工作原理相同。以下分别就速率陀螺、加速度计和基本的姿态解算方法予以介绍。

（1）速率陀螺

目前使用的速率陀螺大致可分为三类：机械式陀螺、光学陀螺和微机械陀螺，其中微机械陀螺因体积小、功耗低等优势近年来在自主移动机器人中得到了广泛的应用。速率陀螺的输出是关于（速率陀螺模块固连的）机体坐标系三个轴的旋转角速率，机体坐标系可以是动坐标系。速率陀螺的敏感轴取决于安装朝向。正常安装情况下，三轴陀螺测量俯仰（pitch）轴、横滚（roll）轴和偏航（yaw）轴角速率的情况如图 2.5a 所示。对于 ADXRS300 这类偏航角速率陀螺（单轴陀螺），通过调整安装方向也可测量关于其他轴的旋转，如按图 2.5b 所示的方向安装，可用于测量横滚轴的旋转。理想情况下，将速率陀螺的输出经过坐标变换转换为惯性坐标系下的欧拉角速度后，在已知初始姿态的前提下，可以通过积分获得当前的姿态角。但由于速率陀螺的输出存在噪声和零漂，尤其是对于廉价的速率

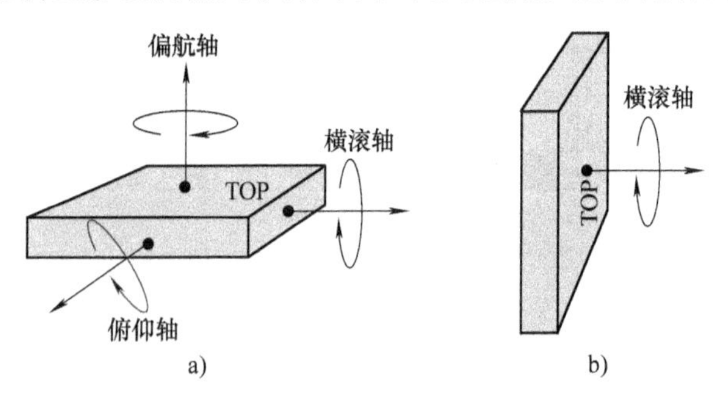


图 2.5　角速率陀螺的敏感轴示意

陀螺，往往不能直接这样进行积分，需要将速率陀螺的输出与三轴加速度计和电子罗盘的输出配合使用。

（2）加速度计

加速度计测量的是线加速度，包括重力加速度，因此在物体质量准确已知的情况下，也可用作测量作用于物体的合外力。当与加速度计固连的机体静止时，加速度测得的就是重力加速度。假设机体水平且静止时，加速度计对应的三个轴的朝向如图 2.6a 所示，则重力加速度仅在垂直轴的负半轴上有投影，大小等于重力加速度的大小；若机体关于俯仰轴旋转-30°呈图 2.6b 所示倾斜状态时（假设静止），则重力加速度在偏航轴和横滚轴上的投影分别为 $-\frac{\sqrt{3}}{2}g$ 和 $\frac{1}{2}g$。因此当机体静止或低速运动（运动加速度近似为零）时，加速度计测得的近似为重力加速度。当物体的姿态不同时，重力加速度在三个正交轴上的投影也不同，因此可用测得的三轴线加速度反解物体的姿态。当然由此还不能唯一确定物体的姿态——偏航角度不能唯一确定，因此还需要检测地磁场方向的电子罗盘（三轴磁力计辅之以三轴加速度计进行倾角补偿）。三轴加速度计传感器芯片有 ADXL345 等。

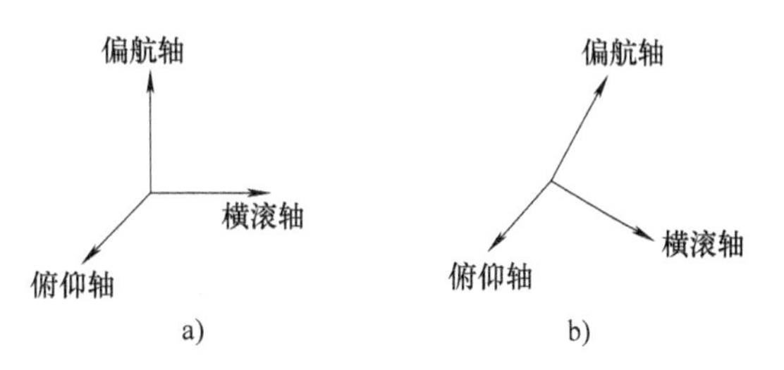


图 2.6　旋转前后加速度计对应的三轴朝向

（3）姿态解算——互补滤波

比较而言，加速度计的静态特性相对良好，但容易受到振动等影响，存在较大高频噪声；而速率陀螺仪的动态响应很好，但是存在零漂，也就是测量数据带有低频噪声。因此，在实际使用中，往往通过数据融合，将加速度计数据中的高频噪声与陀螺仪数据中的低频噪声滤掉，从而获取良好的姿态角数据。图 2.7 所示即为将速率陀螺和加速度计的数据进行互补滤波实现融合的示意图。值得注意的是，加速度计和数字罗盘通过重力投影与地磁通量解算出的姿态角参考值是在惯性坐标系 $\{E\}$ 下的，而陀螺仪测得的角速度是机体坐标系 $\{B\}$ 下的测量值，因此要引入坐标转换矩阵 $R_b^e$。图 2.7 中，$\omega_b$ 是陀螺仪测得的角速度，即机体坐标系下的角速度，通过变换矩阵 $R_b^e$ 将其转换为在地面惯性坐标系中的表示 $\omega_e$。由图 2.7 可以看到，变换后的速率陀螺的输出值与反馈值之差进行积分得到角度估计值 $\theta$，并将 $\theta$ 与参考值 $\theta_{ref}$（由加速度计解算得出的横滚角、俯仰角及结合数字罗盘解算出的偏航角这三个角组成）之间的差，乘以一个比例系数作为反馈值。$\theta$ 与 $\omega_e$ 和 $\theta_{ref}$ 之间存在如下关系：

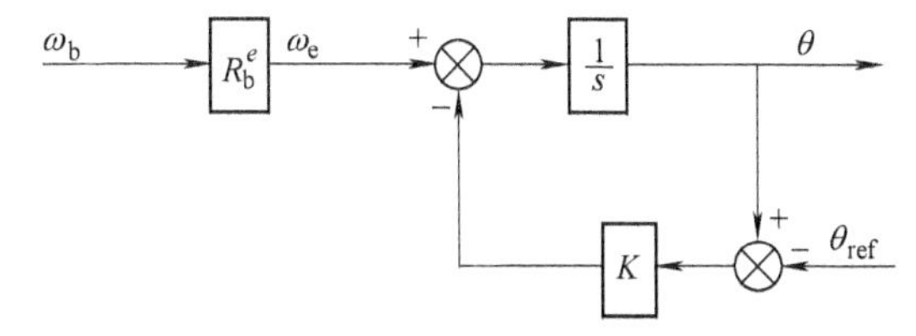


图 2.7　角速率和由加速度计数据算得的姿态角进行互补滤波的结构示意图

$$\theta = \frac{s}{s+K}\left(\frac{\omega_e}{s}\right) + \frac{K}{s+K}\theta_{ref} = (1 - G(s))\left(\frac{\omega_e}{s}\right) + G(s)\theta_{ref} \tag{2-1}$$

其中，$G(s) = \frac{K}{s+K}$。显然，上式将低通滤波器 $G(s)$ 作用于由加速度计和电子罗盘解算出的姿态角，将与其互补的滤波器（$1-G(s)$）作用于在惯性坐标系下表示的速率陀螺输出积分得到的姿态角，并将二者结合到一起得到姿态角的估计值 $\theta$。

实际上，将上述数据融合从而估计姿态角的方法有很多，如卡尔曼滤波等。但上述互补滤波的方法计算量小，因而在很多计算资源有限但实时性要求高的系统中被实际应用。

### 2.1.2 机器人运动导航

对于移动机器人来说，能够实时准确感知机器人在环境中的位置是机器人实现自主运动的基础。机器人运动导航的首要问题是知道“在哪里”。

**1. 运动导航感知系统**

测量机器人位置的方法可以分为两类：一是确定机器人的绝对地理坐标，即经纬度，基于 GPS 或北斗导航系统的定位属于这一类；二是测量机器人与周围环境的相对位置，基于信标的定位、基于机载或外部视觉导航的方法等都属于这一类。

基于 GPS 或北斗卫星导航的方法应用广泛，使用 RTK（Real-Time Kinematic）技术的差分 GPS 定位精度可以达到厘米级。但对 GPS 和北斗卫星定位的影响因素很多，天气、高楼或树木遮挡都可能使定位数据漂移甚至失效。对于短时间内 GPS 定位出现偏差或失效的情况，可以采用 IMU 进行补偿；但在室内、有屏蔽或同频段无线干扰的环境，GPS 信号不可用，因而在机器人使用 GPS 或北斗定位时，往往采用第二类定位方法作为补充。

第二类位置测量方法主要包括基于外部相机的运动捕捉系统定位、基于无线信标的 UWB 定位、基于环境扫描的激光雷达定位、基于视觉的定位等。

（1）基于外部相机的运动捕捉系统

VICON 和 Optitrack 系统均是在环境中固定安装经过校准的高精度、快速相机系统（通常由 6 个、8 个、12 个甚至 24 个相机组成），如图 2.8 所示，并在运动物体上贴上红外敏感标记。通过软件控制相机同步取图，可实现对贴有标记的目标的准确定位和跟踪。定位精度高，适用于室内定位。

（2）基于无线信标的 UWB 定位

这是一种基于无线测距实现对运动物体定位的方法。超宽带（Ultra-Wide Band，UWB）技术是一种带宽在 1GHz 以上、通信速率可达几百 Mbit/s 以上、不需要载波的低功耗无线通信技术。几种无线通信技术的性能比较见表 2.1。

**表 2.1 几种无线通信技术的性能比较**

| | UWB | IEEE 802.11a | HomeRF | 蓝牙 | ZigBee |
|---|---|---|---|---|---|
| 频率范围/GHz | 3.1~10.6 | 5 | 2.4 | 2.4~2.4835 | 0.868，0.915，2.4 |
| 通信距离/m | <10 | 10~100 | 50 | 0.1~10 | 30~70 |
| 传输速率/(bit/s) | 1G | 54M | 1~2M | 1M | 20，40，250 |
| 发射功率/mW | <1 | >1000 | >1000 | 1~100 | 1 |

UWB 定位系统通常由至少 4 个位置固定的能独立运行的 UWB 通信模块（锚节点，Anchor）组成，运动物体上需带有 UWB 通信模块（目标节点，Tag）。在得到目标节点和多个锚节点之间的距离之后，即可进一步确定目标节点相对于位置固定的锚节点的位置。理论上三个球体或者三个双曲面相交就能得到一个点，因此用三个锚节点就可以实现对运动物体的

定位，如图 2.9 所示。但是由于存在测量误差，为保证定位可靠及定位精度，一般至少需要 4 个锚节点。

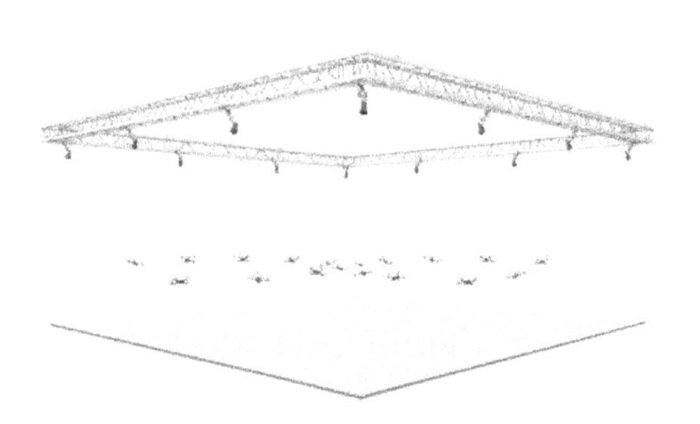

图 2.8　Optitrack 定位姿态安装示意图

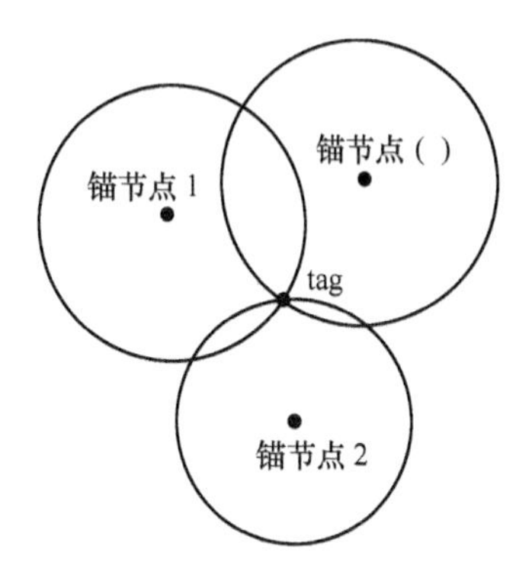


图 2.9　UWB 节点定位示意图

（3）轮式里程计

将码盘用于机械臂的各个关节时，可通过测量各关节转角计算手臂末端相对于基座的位置和速度，基座可以是静止的，也可以是运动的。将码盘用于轮式机器人的各个轮子的转动测量时，根据轮式小车的运动学，可由各车轮的转角推得小车相对于初始位置的位置和朝向关系，即可根据测量车轮转角的码盘的输出估计小车行驶过的里程，因而又称为轮式里程计。当然，由于存在打滑、地面不平等不利因素的影响，轮式里程计对于小范围、平整地面上的运动估计是有效的，但对于大范围的运动则累积误差影响严重。因而有时会将里程计与激光雷达或视觉传感器结合在一起使用。

（4）激光雷达

激光雷达的工作原理与雷达相近，由激光器发射脉冲激光，打到周围物体（墙面、树木等）上，一部分光波会反射到激光雷达的接收器上，根据测距原理可计算得到从激光雷达到物体的距离；脉冲激光不断地扫描环境，即可得到被扫描环境的轮廓点云数据。

在实际运动导航系统中，通常将激光雷达与移动机器人车的轮式里程计或移动机器人的 IMU 结合，通过定位算法实现定位导航。

**2. 同时定位与建图**

通常，基于外部运动捕捉系统、基于无线信标的 UWB 定位结果可直接用于导航。GPS 数据在稳定、可靠的情况下也可以直接使用。然而，由于天气、高楼或树木遮挡等因素，GPS 数据的准确性不能完全保证，尤其在室内或城市楼宇间，GPS 数据不可用，因此往往将 GPS 数据与惯导或里程计数据结合使用。当机器人的相对运动已知或可测，并可以感知环境信息时，若考虑传感数据的不确定性，则可以用同时定位与建图（Simultaneous Localization And Mapping，SLAM）方法解决运动导航问题。

SLAM 问题是指：机器人在未知环境中运动，假设起始位置已知。由于机器人的运动存在不确定性，随着时间的推移，越来越难以确定它的准确的全局坐标。若机器人在运动的过程中可以感知环境的信息，则机器人可以对周围环境建图，同时确定自身相对于周围环境的位置。若环境地图已知，则 SLAM 问题退化为定位问题。考虑到机器人的运动（感知）数据和环境感知数据都存在不确定性，SLAM 问题通常采用概率形式描述。图 2.10 给出了

SLAM问题的图模型，其中 $x_t$ 表示 $t$ 时刻机器人的位置（可能还包含姿态），初始位置 $x_0$ 已知；$u_t$ 表示 $t-1$ 时刻和 $t$ 时刻之间的机器人的运动里程计数据；$m$ 为环境的真实地图，用环境中的路标、物体等的位置表示；$z_t$ 表示 $t$ 时刻对环境的观测数据。图2.10中，带箭头的线表示因果关系，带阴影的节点表示机器人可直接观测的量，没有阴影的节点表示不可直接观测的变量，这些变量就是SLAM算法力求恢复的。

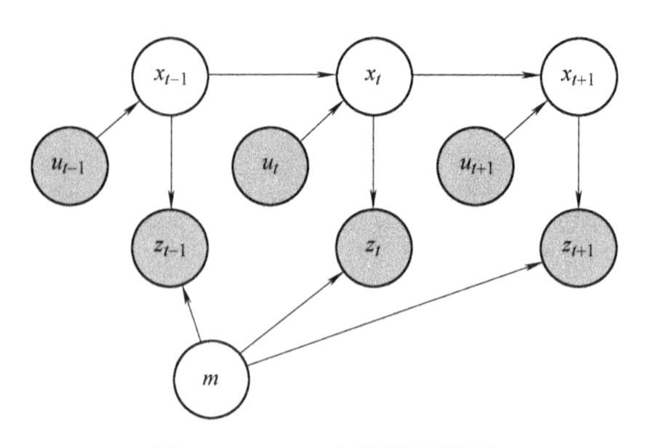

图2.10　SLAM问题的图模型

SLAM算法主要有三类：传统的基于扩展卡尔曼滤波的方法；将SLAM问题看作稀疏的约束图优化问题，用非线性优化方法求解的方法；基于粒子滤波的非参数化统计优化的方法。对于SLAM问题没有单一的最优解，具体方法的选择取决于地图的形式和分辨率、更新时间、不确定性大小、地图特征的性质等。

## 2.2　机器人视觉

在人对外部环境的感知中，80%的信息来自于视觉。对机器人系统来说，视觉同样是其重要的感知外部环境的手段，尤其是自主移动机器人，视觉在机器人定位、与人及环境交互等方面有着不可替代的作用。

### 2.2.1　主要的机器人视觉传感器

视觉传感器通常是指对可见光（波长范围为380~780nm）敏感的成像装置，可见光波长由长到短分为红、橙、黄、绿、青、兰、紫，波长比紫光短的称为紫外光，波长比红光长的称为红外光。传统视觉传感器由一个或多个图像传感器组成，图像传感器分为CMOS（Complementary Mental Oxide Semiconductor）和CCD（Charge Coupled Device）两类。对于一般的机器人系统来说，视觉传感器通常是指由图像传感器及其外围电路、镜头等构成的相机（摄像头）。

在当前常用的数字相机中，环境中的光线透过镜头投影到CCD/CMOS成像平面上，光信号被转换为电信号并数字化为一个个像素值，最终组成一幅图像进行存储与使用。

**1. 相机成像的几何模型和色彩模型**

相机将三维物体投影到二维图像平面，投影模型通常被简化为针孔相机模型，如图2.11所示。图中 $C$ 是相机镜头的光心，也就是等效针孔模型的针孔位置，$CZ_C$ 是相机的主光轴，成像平面距光心的距离为相机的焦距 $f$（实际相机系统中，成像平面在光心的后方，成倒立像。这里为了方便示意并保持方向和人眼所见图像方向一致，将虚拟成像平面画在光心前方，位于光心与物体之间）。图中 $C-X_CY_CZ_C$ 为相机坐标系，$I-uv$ 为图像像素坐标系。假设三维空间点 $P$ 在相

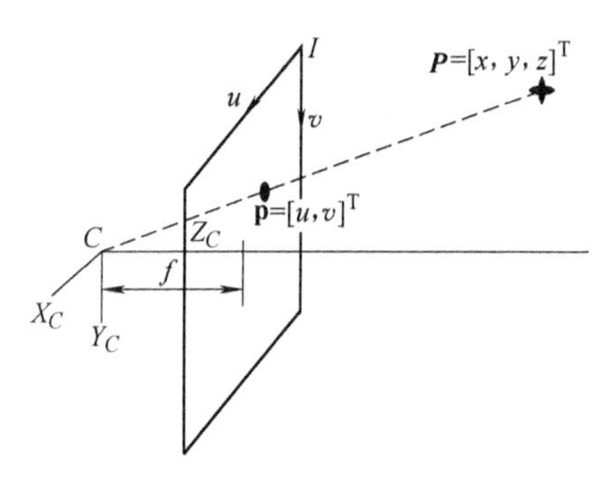

图2.11　针孔相机模型

机坐标系中的坐标 $\boldsymbol{P}=[x, y, z]^{\mathrm{T}}$，其在图像上的投影位置坐标为 $\mathbf{p}=[u, v]^{\mathrm{T}}$，则投影关系满足：

$$\begin{cases} u = \dfrac{1}{z}f_u x + c_u \\ v = \dfrac{1}{z}f_v y + c_v \end{cases} \tag{2-2}$$

式中，$f_u$ 和 $f_v$ 是两个方向以像素为单位的焦距；$c_u$ 和 $c_v$ 分别是主光轴与图像交点的像素坐标。

将上式改写为矩阵形式，有

$$\mathbf{p} = \begin{bmatrix} u \\ v \end{bmatrix} = \frac{1}{z}\boldsymbol{KP} \tag{2-3}$$

其中

$$\boldsymbol{K} = \begin{bmatrix} f_u & 0 & c_u \\ 0 & f_v & c_v \end{bmatrix}$$

是相机的内参矩阵。

彩色相机可获得 RGB 图像，目前使用的数字彩色相机不是使用三块分立的 RGB 传感器，而是采用如图 2.12a 所示的色彩滤波器阵列，其中绿色占据了一半位置，红“R”和蓝“B”占据剩下的另一半，这是因为亮度信号主要由绿色“G”决定。为了去马赛克，采用插值方法还原缺失的彩色数值，如图 2.12b 所示。即数字彩色图像中，每个像素对应 R/G/B 三色灰度值。图 2.13a 给出了一个样例彩色图像的 RGB 表达。

| G | R | G | R |
|---|---|---|---|
| B | G | B | G |
| G | R | G | R |
| B | G | B | G |

a) 色彩滤波器阵列布置

| rGb | Rgb | rGb | Rgb |
|---|---|---|---|
| rgB | rGb | rgB | rGb |
| rGb | Rgb | rGb | Rgb |
| rgB | rGb | rgB | rGb |

b) 插值后的像素值

图 2.12　Bayer RGB 样式

RGB

R

G

B

a)

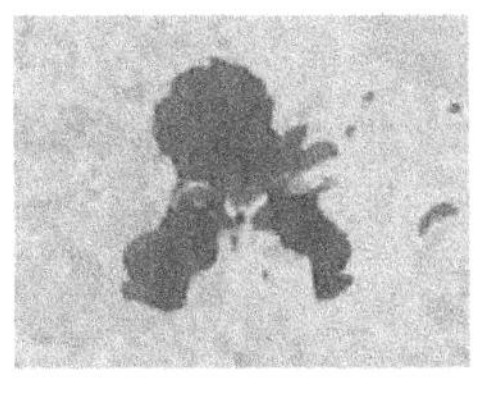
H

S

V

b)

图 2.13　色彩空间

除了 RGB 这种描述彩色信号光谱内容的方式外，另一种常用的色彩模式是色调、饱和度和亮度（HSV）模型，它是 RGB 彩色立方体到色彩角、径向的饱和比例和亮度激励的非线性映射。图 2.13b 给出了图 2.13a 所示彩色图像的 HSV 表达，其中饱和度用灰度值表示（饱和的=更暗），而色调用彩色来描绘。

**2. 视觉深度测量**

由图 2.11 和式（2-3）可知，成像过程中丢失了深度（距离）信息，*CP* 所在直线上的点所成的像均为像平面的 **p** 点。为了获得深度信息，主要有以下几种方法：

（1）结构光（Structured Light）法

这是一种主动检测方法。结构光投射器向被测物体表面投射特定结构的光信息（如光点、栅格等），由摄像头采集图像。根据图像中由于物体造成的结构光信息的变化可恢复物体的位置和深度等信息。基本原理可用图 2.14表示，在图 2.14a 中，将一个正弦光栅图形（结构光）投影到漫反射物体表面，并用 CCD 摄像头拍摄物体表面的图像。由于物体表面有高度变化，由摄像头拍摄得到的是变形的光栅图像，如图 2.14b 所示，即光栅图像被物体高度调制了。根据被调制的光栅图像可恢复出物体表面各点的高度（即深度信息），从而可重构物体的三维结构。实际上，除了光点、条纹栅格外，结构光还包括各种黑白或彩色编码图形、散斑图形等。

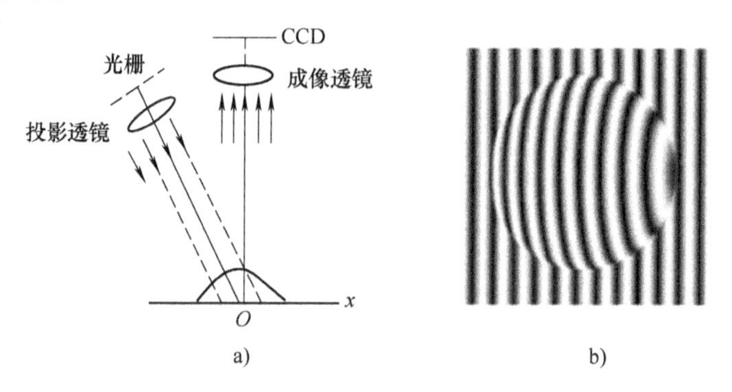

图 2.14　结构光三维成像示意图

深度摄像头 Kinect V1 测距采用的是光编码（Light Coding）技术。光编码，顾名思义就是用光源照明给需要观测的空间编码，本质上仍属于结构光方法。但与传统的结构光方法不同，其光源投射出去的是具有高度伪随机性的激光散斑（Laser Speckle）（可看作具有三维纵深的编码），随着距离的变化变换不同的图案，就对三维空间直接进行了标记。通过观察物体表面的散斑图案，就可以判断它与摄像头之间的距离。如图 2.15 所示，Kinect V1 的深度传感器由左侧的红外线投射器和右侧读取散斑图像的摄像头组成，Kinect V1 在该组深度传感器的中间还配有一个彩色摄像头。

图 2.15　Kinect V1 外观

（2）飞行时间法（Time Of Flight，TOF）

该方法一种是采用激光雷达，向观测场景发射光脉冲，通过计算光脉冲从发射到被场景中物体反射，再返回到接收器的飞行时间来确定场景中物体与相机的距离，如图 2.16 所示。这种方法由于激光的使用，应用范围受到限制。另一种是使用近红外光发射器，发射频率或幅度调制的近红外光，通过出射光和反射光的相位差确定光线飞行时间，从而测量每个像素对应的场景位置的距离。该方法的缺点是测量距离有限。实际使用中，TOF 深度相机的深度传感阵列相对复杂，因而图像分辨率相对于一般摄像机的分辨率要低很多。图 2.17 所示的 PMD Camcube3.0 即属于这一类深度相机。

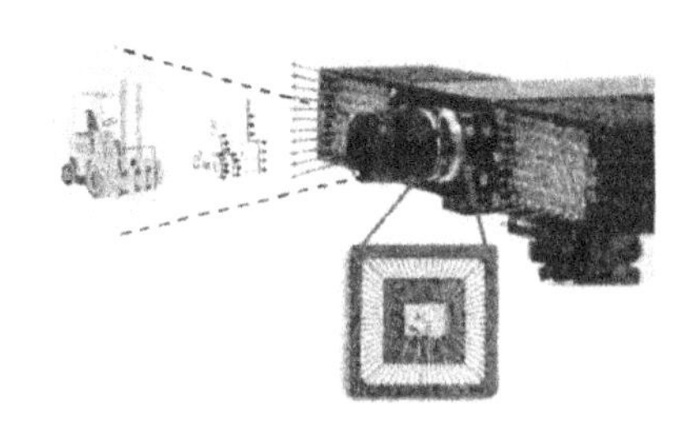

图 2.16　TOF 深度相机工作原理

图 2.17　TOF 深度相机 PMD Camcube3.0

Kinect V2 也采用了基于 TOF 的深度传感器，外观如图 2.18 所示，投射器投射出的为红外光，通过测量红外光从投射经物体表面反射到返回的时间来获得深度信息。Kinect V2 的深度传感器似乎看不到外观，实际上彩色摄像头旁边就是由红外线摄像头（左）和红外线投射器（右）组成的深度传感器。

图 2.18　Kinect V2 外观

（3）双目成像（Stereo System）

双目成像测距是一种被动获取深度信息的方法，通常采用两个相同的相机从不同的位置拍摄同一场景，然后寻找场景中的同一点在两个相机拍摄的图像中的对应点（匹配）。显然，场景中的同一点在两幅图像中的对应点会不同，它们的图像位置差被称为视差。根据视差和相机模型，就可以获取该点相对于相机的深度。

以上三种方案的性能比较见表 2.2。

**表 2.2　三类深度测量方法性能比较**

| | 结构光 | TOF | 双目成像 |
|---|---|---|---|
| 测距基础 | 单个相机+投影条纹/斑点/编码 | 激光或近红外光反射时间差 | 两个相机 |
| 测距范围 | 短（1mm~5m），受结构光图案影响 | 中等（1~10m），受光源强度限制 | 依赖于两个相机的距离 |
| 计算复杂度 | 中等 | 低 | 高 |
| 图像分辨率 | 中等 | 低 | 中高 |
| 主要缺点 | 易受光照影响 | 图像分辨率低 | 计算复杂 |

### 3. 主要的视觉传感器

实际使用的摄像头可以分为单目、双目或 RGB-D（Kinect V1 和 V2 均属于此类），如图 2.19 所示。单目摄像头小巧、轻便，但是无法恢复实际的尺度信号。RGB-D 摄像头除了提供普通的图像，还提供对应的深度图，可以直接获取图像中特征点的深度。但是 RGB-D 摄像头可以探测的深度范围十分有限，深度信息存在噪声，摄像头视角较小。双目视觉的优点是可以利用两幅图像匹配的特征点准确地恢复其深度，但是当场景与摄像头的距离远大于两个摄像头基线间的距离时，双目视觉问题就退化成了单目视觉问题，所以一般需要利用

IMU、GPS 等传感器的数据提供绝对尺度。

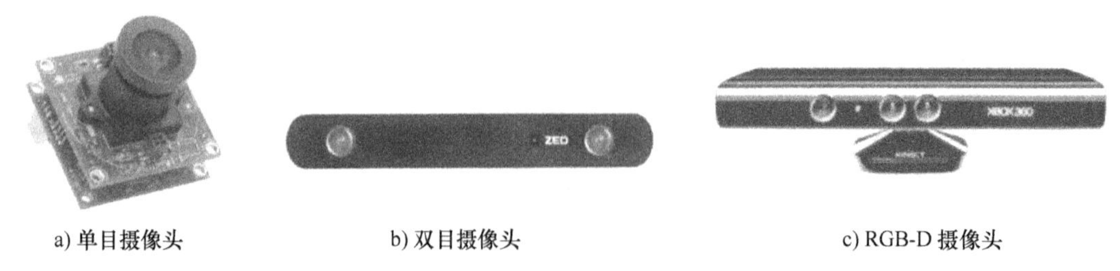


a) 单目摄像头　　b) 双目摄像头　　c) RGB-D 摄像头

图 2.19　不同种类的摄像头

除了以上的普通可见光敏感摄像头外，还有一些特殊摄像头，如热成像摄像头（又称红外摄像头）和近年出现的动态视觉摄像头（一种基于事件的摄像头 Event-based Camera）等。与可见光摄像头的波长敏感范围为 400~700nm 不同，红外摄像头对红外线敏感，工作波长为 0.78~1000μm。自然界中一切温度高于绝对零度（-273℃）的物体，每时每刻都辐射出红外线，因此利用探测器测定目标本身和背景之间的红外线差，可以得到不同的红外图像，又称热图像。红外热成像通常被用作一种夜视技术。动态视觉传感器模仿人的视觉，抛开了“帧率”的概念，对于单个像素点，只有接收光强度发生改变时，才会有事件（脉冲）信号输出，且对亮度变化的响应是非线性的，适于拍摄高速运动的物体。但这类摄像头还没有非常成熟的产品。

### 2.2.2　主要的机器视觉处理算法

摄像头获得的图像是以 n×m 灰度值矩阵的形式进行存储的，这里 n×m 为图像的分辨率，即灰度矩阵中的每个值表示对应的像素点的灰度。如何由灰度值矩阵获得对于图像场景的整体或局部描述，是视觉处理算法要解决的问题，其中特征提取是基础环节。灰度值易受光照、物体形变和材质的影响，所以图像的灰度值矩阵并不是一种很好的特征表达，视觉处理中常用的是图像中的边缘和角点这些更加稳定的特征。在有些实际应用中，单纯的角点或者边缘特征仍不能满足要求，故研究者们设计了一些更加具有鲁棒性的局部图像特征，其鲁棒性对于视觉定位、导航等任务的完成效果有重要的影响。

**1. 特征提取**

基于物体边缘是图像中灰度变化剧烈的点这一思路，用于提取边缘的有 Roberts 算子、Canny 算子等一系列卷积模板算子，可将图像中灰度变化的极大值点筛选出来视作边缘。在视觉定位导航中，将特征较明显的点称为特征点，并对其附近图像块采用描述子进行向量化表示。比较常用的图像局部特征描述算子有 SIFT、SURF、FAST 和 ORB 等，均在开源计算机视觉库 OpenCV 中有对应的实现。

SIFT（Scale-Invariant Feature Transform）是一种经典的视觉特征提取方法，它在不同尺度空间上计算极值点从而实现对特征点的检测，并计算出特征点的方向形成特征描述子（描述子以向量的形式存储特征点邻域图像块的特定信息）。该方法充分考虑了光照、图像旋转和尺度变化对特征提取的影响，但伴随而来的是较大的计算量，不适合实时性要求高的场合。

加速稳健特征（Speeded Up Robust Features，SURF）是对 SIFT 特征的一种改进，采用

Hessian 矩阵行列式近似值图像，从而对特征描述子进行了降维，提升了计算速度，并在一定程度上保持了 SIFT 的尺度和旋转不变性。

FAST（Features from Accelerated Segment Test）的基本思路是，如果一个像素与其邻域内足够多的像素的灰度值差别较大，那么这个像素点可能是角点。如图 2.11 所示，如果像素 **p** 与以其为中心、半径为 $r$ 的圆上的像素值相比，有连续 $N$ 个像素值与 **p** 点像素值的差超过某个阈值，则认为这是一个角点。由于 FAST 的基本操作只对像素值进行大小比较，所以速度可以很快。相比 SIFT，FAST 特征提取方法虽然精度和鲁棒性有所下降，但性能仍在可接受范围内，并且检测速度快很多。但 FAST 对于旋转并没有考虑。

一些研究者通过适当降低特征提取的精度和鲁棒性，提升计算速度以满足一些任务对实时性的要求，如 ORB（Oriented FAST and Rotated BRIEF）特征就是在计算精度和速度间的折中。ORB 在 FAST 特征点检测的基础上，用灰度质心法计算特征点邻域的质心，从而确定特征点的方向，并在图像金字塔的不同层分别提取特征点以考虑不同的尺度。提取出各尺度带方向的 FAST 特征点后，ORB 会在不同尺度根据其方向计算特征点的 BRIEF 描述子。BRIEF 是一种二进制描述子，它比较特征点邻域内特定像素点对的像素值大小，根据比较结果在描述子向量对应位置填入 0 或 1。用于比较的像素点对的选取有多种方法，可参考相关文献。ORB 的描述子对 BRIEF 的改进在于，考虑旋转方向的对齐，以实现旋转不变性，同时在不同层的金字塔图像上都计算描述子以实现尺度不变性。

**2. 特征点匹配**

特征点匹配是指找到物理世界中同一个三维点在不同图像中的对应关系。要在两张图中找到特征点的对应关系，常用的方法是利用特征点对应的描述子，计算两张图中描述子之间的相似程度，找到最相似的点对即为匹配点对。由于描述子是一个向量，所以这种相似程度可以用两个向量间的距离作为度量。对于 SIFT 这种浮点型描述子，这种距离度量是普通的二范数。对于 ORB 这种二进制描述子，它的距离度量是汉明距离，即两个 0/1 序列中值不同的位数之和。由于汉明距离可以通过异或运算进行计算，因此 ORB 描述子间距离的计算速度相比 SIFT 快很多。图 2.20 给出了两幅图 500 个 ORB 特征点通过描述子距离进行匹配的结果。

图 2.20　两幅图特征点匹配结果

**3. 基于视觉的人与机器人交互**

说话、面部表情、肢体语言等是人与人之间交互的主要方式。近几年由于卷积神经网络等深度学习算法的使用，人脸识别结果已经达到了很高的准确度。但在人与机器人交互的过程中，视觉识别的场景相对复杂，而肢体语言中的手势识别相对容易且鲁棒，因而在一系列机器人系统中得到应用。人与机器人间的语音交互将在下一节介绍。

日常生活中手势具有随意性。但在人机交互领域，手势有明确的含义，E. Hulteen 和 G. Kurtenbach 在 1990 年给出了人机交互中手势的基本定义：“手势是包含信息的身体运动。挥手道别是一种手势，但敲击键盘不是手势，因为手指敲击按键的运动不易被观察，也不重要，重要的是哪个键被按下了。”尤其是在人与机器人的交互过程中，手势可能表达一种命令，因而往往需要遵循某种协定，避免引起误操作。

最初的手势识别是利用穿戴设备，直接检测手臂各关节的角度和空间位置，手势信息可完整无误地传送至识别系统中。典型的穿戴设备如价格昂贵的数据手套。其后，光学标记方法取代了穿戴设备。将光学标记贴在人手臂的关键位置（见图 2.21），通过光学成像将人手臂和手指的变化传送给图像处理系统。外部设备的介入虽使得手势识别的准确度和稳定性得以提高，但无法广泛使用。不借助外部设备，基于视觉的手势识别方式可以广泛使用。视觉系统根据拍摄到的包含手势的图像序列进行处理，对手势进行识别甚至运动跟踪。手势识别方法包括：

1）基于算法的手势识别：如图 2.21 表示的挥手动作，手和手腕均在肘部和肩部之上，且手相对于肘部的位置变化可以通过明确的规则描述，可以基于这些规则形成手势判断的算法。

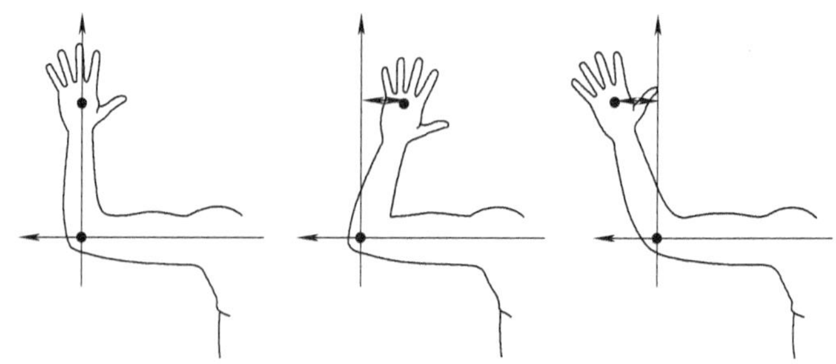
图 2.21 挥手动作示意

2）基于模式匹配的手势识别：将人的手势与已知手势相匹配，该方法需要建立一个模板库。

3）基于机器学习的方法：用已知的手势样本序列训练神经网络，可以解决基于算法和基于模板匹配的手势识别算法存在的扩展性问题，但需要一定数量的学习样本。

手臂的运动识别相对简单，已被作为一些机器人系统中的人机交互方式。实际上，在人机交互领域，手势识别有时特指更加复杂的手部动作的识别，虽然目前还有一些问题亟待解决，但随着图像处理和识别技术的进步，基于手势识别的人机交互必然向更自然和灵活的方向发展。

**4. 视觉定位与建图**

具有视觉感知能力的移动机器人在没有先验信息的环境中运动的过程中，对周围环境建图并实现对自身的定位，是近年来机器人领域的一个重要研究方向，即视觉同时定位与建图（Visual Simutaneous Loucalization and Mapping，VSLAM）。虽然基于 GPS 的定位技术已经非常成熟，但由于在室内、水下甚至外太空无法接收到卫星信号，因此基于视觉实现定位导航是对 GPS 定位的重要补充。SLAM 可使用的传感器有多种，如激光雷达、普通相机、RGBD 相机等，还可结合轮式里程计、IMU 等辅助传感器来达到更好的定位效果。NASA 在勇气号和机遇号火星车上已采用了视觉测程（Visual Odometry，VO）这种不带全局地图的视觉 SLAM 技术来提供外太空恶劣环境下的定位信息。

视觉 SLAM 的实现通常分为前端（Front-end）和后端（Back-end）两部分：前端负责对图像数据进行预处理，提取特征并进行跟踪或匹配；后端则利用前端提供的图像匹配信息估计相机和周围环境的位置关系。

根据前端图像中视觉信息的提取和匹配方式，可将视觉 SLAM 算法分为特征点法和直接法。

基于特征点的视觉 SLAM 先从图像中提取 SIFT、ORB 或 FAST 等特征点，并通过光流跟踪、图像块匹配或特征点描述子匹配，建立不同图像帧之间的对应关系。Davison 提出的

MonoSLAM、Klein 等提出的 PTAM（Parallel Tracking And Mapping）、Raul 等提出的 ORB-SLAM 均属于此类。简言之，基于特征点的 VSLAM 方法，根据相机的投影模型，建立三维世界中路标的未知三维坐标到图像特征点的二维坐标之间的几何关系。

最近几年出现的直接法则不需要进行特征提取，该方法基于图像光度（即图像像素的灰度值）不变假设，直接求解相机运动。Forster 提出的 SVO（Semi-direct Visual Odometry），Newcombe 提出的 DTAM（Dense Tracking And Mapping），Engel 提出的 LSD-SLAM（Large-Scale Direct SLAM）都部分或全部采用了直接法。通常采用特征点法的系统恢复的场景是偏稀疏的，而直接法可以获得半稠密甚至稠密的重建场景，如图 2.22 所示。特征点法相对较成熟，对图像中的光度和几何畸变比较鲁棒，但要求特征点足够显著，能利用的信息偏少；而直接法在纹理不丰富的情况下更加鲁棒。

a) LSD-SLAM：半稠密

b) ORB-SLAM：稀疏特征点

图 2.22　SLAM 算法半稠密与稀疏的重建结果

根据后端估计所采用的数学工具，可将视觉 SLAM 分为基于滤波的方法和基于优化的方法。

视觉 SLAM 需要满足实时性才有应用价值。早期的 VSLAM，如 MonoSLAM 采用 EKF（Extended Kalman Filter）等基于滤波的方法进行估计，而同一时期计算机视觉领域的学者采用基于优化的光束平差法（Bundle Adjustment，BA）来求解运动结构恢复（Structure From Motion，SFM）问题。由于所需计算量很大，无法应用于 VSLAM 领域。Klein 提出的 PTAM 首次将光束平差法用于实时 VSLAM 中，PTAM 将跟踪与建图分成两个并行的线程，跟踪线程负责实时估计每一帧的位姿，而建图线程对地图进行优化计算。PTAM 实现实时的关键在于利用了 VSLAM 的稀疏性，仅挑选部分关键帧进行优化。

Strasda 等学者的研究表明，利用问题的稀疏性，基于优化的方法与基于滤波的方法相比，在同样的计算代价下能获得更高的精度。但在机器人视觉与惯性导航等多传感器融合的研究领域，基于滤波的方法由于其计算量低的特点，相关研究仍然经久不衰。

## 2.3　机器人语音

语言是人类最重要的交流工具，语音是带有语言信息的声音。机器人语音则是机器人与人自然交互的重要途径，当然也可作为机器人感知、自动适应外部环境变化，甚至与其他机器人进行交互的方式。实际上，语音信号处理已经成为一个专门的研究方向，并出现了以讯飞语音为代表的语音输入等语音交互产品。机器人语音是模仿人的语音功能，给机器人赋予类似人的听和说的能力，是语音处理技术的重要应用，它需要解决语音识别和语音合成两个基本问题。

我们知道，声音是通过振动产生的一种波。对于人来说，当肺里的空气受到挤压形成气流，气流经过声带激励，再经过声道（谐振源），最后通过嘴唇辐射出去形成语音。语音是声音信号的一种。语音信号的频率范围是200~3400Hz，人们可听到的声音信号频率范围更广，为20Hz~20kHz。但语音中包含的语言信息，使它的含义更丰富。

语音信号处理研究的快速发展始于1940年前后Dudley的声码器（Vocoder）和Potter等人的可见声音（Visible Speech）。随着矢量量化、隐马尔可夫模型和机器学习等相继被应用于语音信号处理，语音信号处理技术取得了突破性进展，并且逐渐从实验室走向实用化。

## 2.3.1 主要的机器人语音传感器

对于机器人来说，语音传感器的功能相当于人的耳朵，需要让机器人能“听得到”。典型的声音传感器是与人类耳朵具有类似的频率反应的麦克风或麦克风阵列。

**1. 声场模型**

声波是一种振动波，通常是纵波，即媒质中质点沿传播方向运动的波。声源发声振动后，声源周围的媒质跟着振动，声波随着媒质向四周扩散传播。声波传播的空间称为声场，根据麦克风或麦克风阵列和声源距离的远近，可将声场模型分为两种：近场模型和远场模型。如图2.23所示，近场模型将声波看作球面波，在不同位置测量的声波信号有幅度差；远场模型则将声波看作平面波，可忽略不同位置测量的声波信号间的幅度差，只考虑它们之间的时延关系。显然远场模型是对实际模型的简化，一般语音增强方法均基于远场模型。

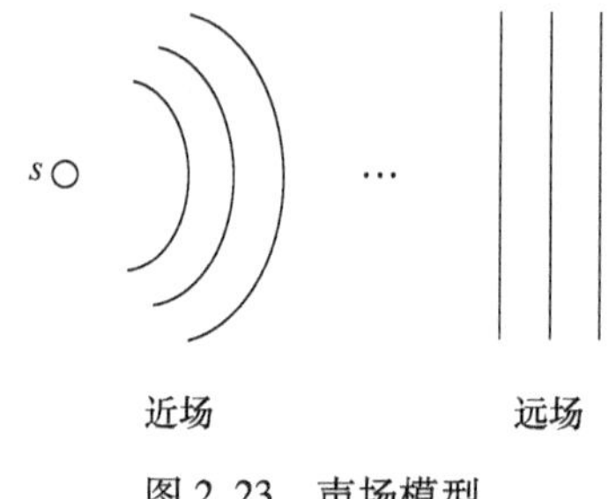

图2.23　声场模型

实际上，近场模型和远场模型的划分没有绝对的标准，一般认为当麦克风（或麦克风阵列中心）与声源的距离远大于信号波长时为远场；反之，则为近场。

**2. 麦克风**

麦克风是最基本的声音传感器，可接收声波，输出声音的振动图像。通常声音传感器内置一个对声音敏感的电容式驻极体话筒。声波使话筒内的驻极体薄膜振动，导致电容的变化，而产生与之对应变化的微小电压。这一电压随后被转化成0~5V的电压，经过A-D转换被数据采集器接收，并传送给计算机。

图2.24就是一款简单的声音传感器，它由一个小型驻极体麦克风和运算放大器构成。它可以将捕获的由于声音的作用引起的微小电压变化放大100倍，并进行A-D转换，输出模拟电压值。图2.25所示的声音检测模块功能略复杂，不仅能够输出音频，还能指示声音的存在，同时以模拟量的形式输出声音的振幅。除了驻极体麦克风，还有近年出现的模拟的MEMS麦克风。

**3. 麦克风阵列**

麦克风阵列由一定数目的麦克风按一定规则排列组成，麦克风阵列按拓扑结构的不同可分为均匀线性阵列（如一字形）、均匀圆环形阵列、球形阵列、无规则阵列等。如图2.26

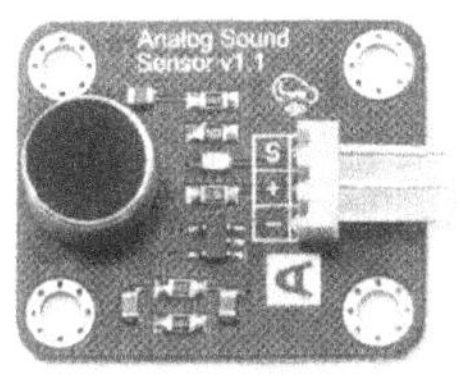

图 2.24　声音传感器模块（http：//www. alsrobot. cn/goods-671. html）

所示，可根据实际需要确定。语音交互环境大多面临环境噪声、房间混响、人声叠加等问题，采用恰当的麦克风阵列及相应的处理算法，可以实现噪声抑制、混响消除、语音增强的效果，获得良好的信号采集性。

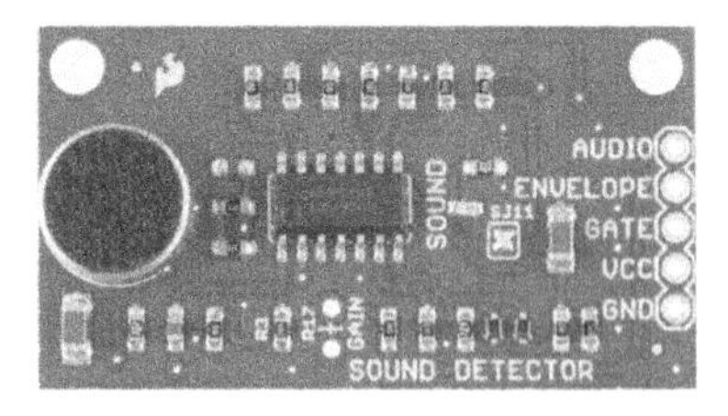


图 2.25　声音检测模块
（http：//www. alsrobot. cn/goods-550. html）

实际上，用麦克风阵列不仅可以采集声音，还可以实现声源定位。采用双麦克风阵列可实现 180°范围内的声源定位，而采用环形麦克风阵列（不管是4个、6个还是8个）则可以实现360°全角度范围内的定位。如科大讯飞的某款音箱产品就采用了图 2.27 所示的环形 7+1 麦克风阵列结构，7 个麦克风单元均匀分布于圆环上，1 个麦克风单元位于圆心。

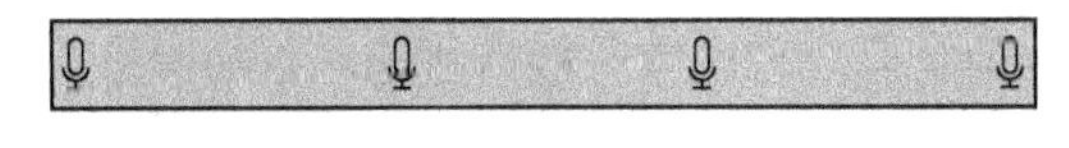

a) 麦克风线性阵列

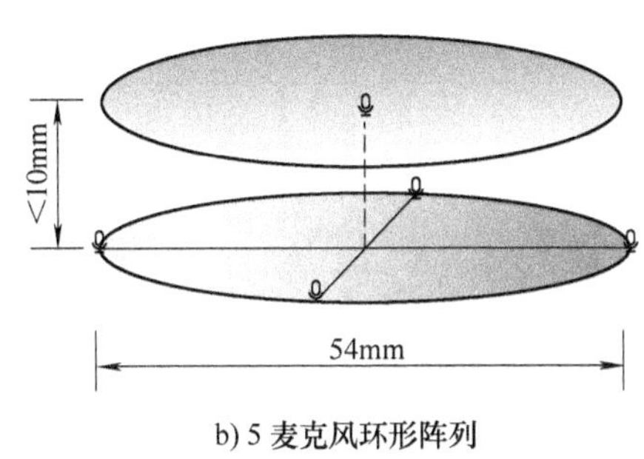


b) 5 麦克风环形阵列

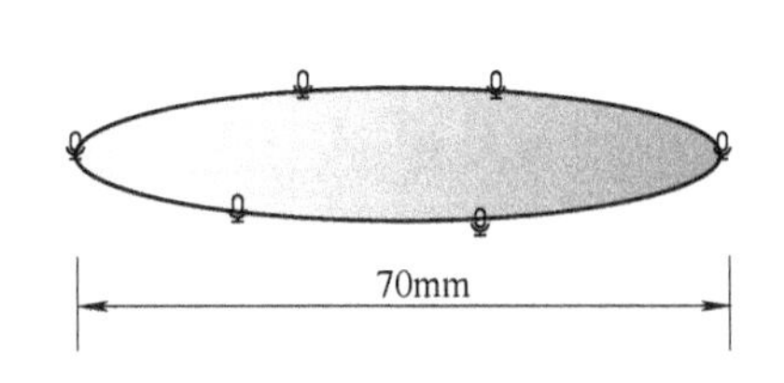


c) 6 麦克风环形阵列

图 2.26　麦克风阵列

图 2.27　环形 7+1 麦克风阵列

具有与人交互功能的机器人都安装有麦克，如 MIT 的仿人机器人 Cog、日本本田公司的拟人机器人 ASIMO、HRP-2、SIG-2 等。以 ASIMO 机器人为例，其头部共装有 8 个麦克风，如图 2.28 所示，左右两侧对称分布，每侧有 4 个，也呈对称分布。麦克风间距离大，几何声源分离算法的性能越好，获得输入声音信号的信噪比就越高。

## 2.3.2 主要的机器人语音处理算法

在人与人之间的语音交互过程中，由说话人话语形成并通过发声机制发声，之后声波在空气中传播，听的人耳朵接收到声波信号后，理解话语的内容，这样就完成了一次语音交互，如图 2.29 所示。语音处理算法就是要解决让机器人“听得懂”的问题。

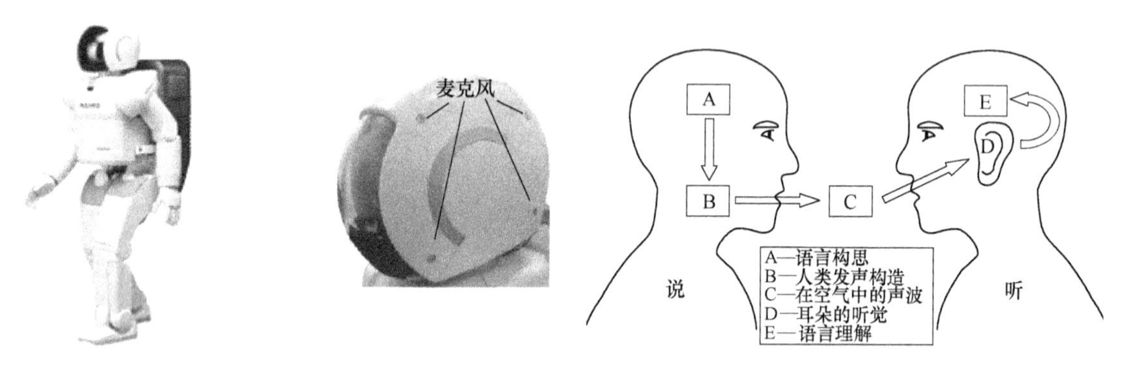


图 2.28 头部装有 8 个麦克风的 ASIMO 机器人　　图 2.29 人与人之间的语音交互

语音信号是由声带激励、声道共振和嘴唇辐射联合作用的结果，主要是由浊音、清音和爆破音三种成分组成。发浊音时声带不断开启和关闭；发清音时，可等效成随机白噪声产生间歇的脉冲波；爆破音则是发音器官在口腔中形成阻碍，然后气流冲破阻碍而发出的音。原始语音信号波形示例如图 2.30 所示。

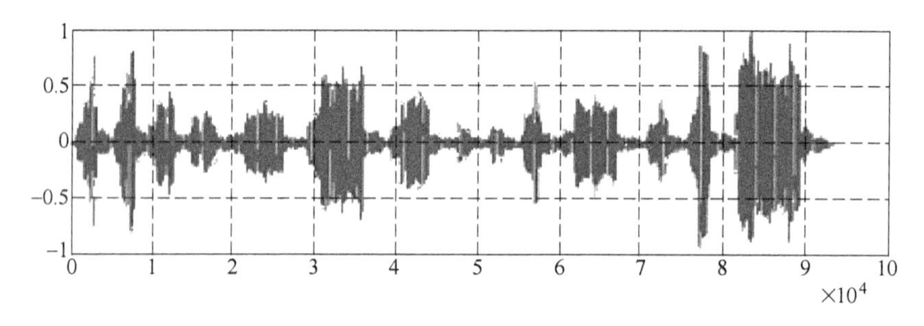


图 2.30 原始语音信号波形示例

描述语音信号的特性涉及语音物理属性和组成的几个基本概念：

1）音调：音高，是声音振动的频率。

2）音强：音量，声音震动的强弱。

3）音长：声音的长短。

4）音色：音质，声音的内容和特质，与声带振动频率、激励源和声道的形状等有关。

5）音素：分为浊音和清音，是最基本的单位；英语常用的音素集是卡内基梅隆大学的一套由 39 个音素构成的音素集；汉语一般直接用全部声母和韵母作为音素集，但汉语语音识别还分有调和无调。

6）音节：由音素组成，是最小发音单位。

语音信号虽然是时变的、非平稳的，但其具有短时平稳性，一般认为 10~30ms 语音信号基本保持不变，因此可以把语音信号分为一些短段（分帧）来进行处理。语音信号的分帧通常采用可移动的有限长度窗口加权实现，一般设为每秒33~100帧，而且帧与帧之间有一定的重叠，使帧与帧之间平滑过渡。因此，语音信号的分析和处理均建立在“短时分析”的基础上。分帧窗口通常采用矩形窗或汉明窗，如图2.31所示。

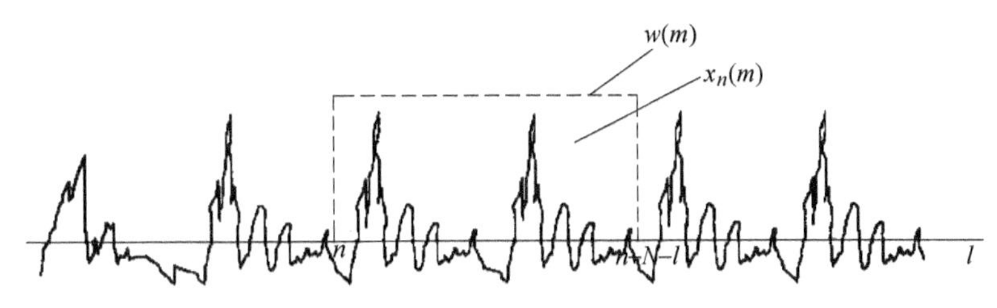


图2.31　语音信号加分帧窗口

语音信号处理过程主要由预处理、特征提取、模式匹配几部分组成，如图2.32所示，若涉及语音存储或传输问题，则语音处理过程还要涉及压缩编码。

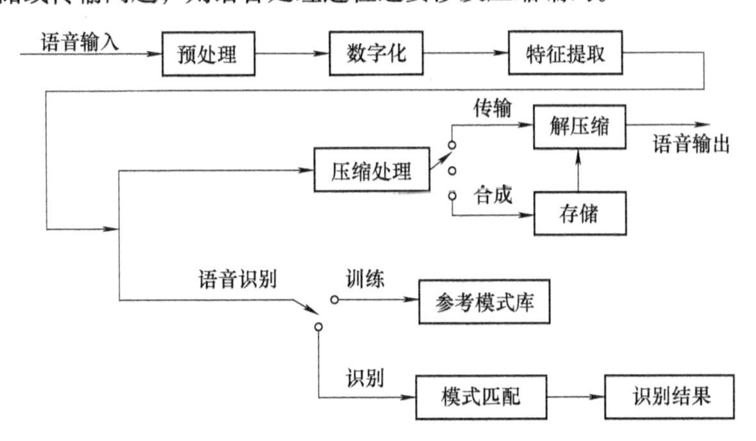


图2.32　语音信号处理流程

（http：//blog. sina. com. cn/s/blog_ 12d79e3900102xu4f. html）

语音信号的预处理一般包括预加重处理和加窗处理。由于语音信号受声门激励和口鼻辐射的影响，800Hz以上的高频信号幅值会以6dB/倍频程跌落，预加重处理的目的是去除口唇辐射的影响，增加语音的高频分辨率，使信号变得平坦。一般通过加入高通滤波器来实现。

**1. 语音信号分析**

语音信号分析的常用方法包括时域分析和频域分析两类。时域分析方法简单、物理意义明确，而频域分析对于语音识别显得尤为重要。设语音波形时域信号为$x(i)$（采样后），窗口长度（帧长）为$N$，加窗分帧后得到的第$n$帧语音信号为$x_n(k)$，并可表示为

$$x_n(k)=w(k)x[(n-1)N+k],\quad 0\leqslant k\leqslant N-1 \tag{2-4}$$

其中矩形窗口函数为

$$w(k)=\begin{cases}1, & 0\leqslant k\leqslant N-1\\ 0, & \text{其他}\end{cases}$$

（1）时域特征分析

1）短时能量：一帧内语音信号波形 $N$ 个采样点的幅值的平方和。对第 $n$ 帧语音信号，短时能量可表示为

$$E_n = \sum_{k=0}^{N-1} x_n^2(k) \tag{2-5}$$

2）短时过零率：一帧中语音信号波形穿过横轴（零电平）的次数。

3）短时自相关函数：一帧内语音信号波形的自相关函数。语音信号 $x_n(k)$ 的短时自相关函数定义为

$$R_n(m) = \sum_{k=0}^{N-1-m} x_n(k)x_n(m+k) \quad (0 < m \leqslant M) \tag{2-6}$$

式中，$M$ 为最大延迟点数。

上述特征中，短时能量可用于区分浊音和清音、无声和有声等。短时过零率可用于区分清音和浊音，由于发浊音时，声门波引起谱的高频跌落，语音能量主要集中在 3kHz 以下，而发清音时，多数能量出现在较高频段上，所以可认为发浊音时过零率较低，而发清音时过零率较高。过零率还可用于从背景噪声找出语音信号。短时自相关函数是与语音信号本身同周期的周期信号，清音语音的自相关函数有类似于噪声的高频波形，浊音语音的周期（基音周期）可用自相关函数的第一个峰值的位置来估计。显然，窗口长度至少应大于两个基音周期，上述基音周期估计的结果才是有效的。语音中最长基音周期为 20ms，因而在估计基音周期时窗长宜大于 40ms。

（2）频域特征分析

1）短时傅里叶变换（FFT）：是对第 $n$ 帧语音信号的傅里叶变换

$$X_n(\mathrm{e}^{\mathrm{j}\omega}) = \sum_{k=0}^{N-1} x_n(k)\mathrm{e}^{-\mathrm{j}\omega k} \tag{2-7}$$

而短时功率谱与短时傅里叶变换之间存在如下关系：

$$S_n(\mathrm{e}^{\mathrm{j}\omega}) = X_n(\mathrm{e}^{\mathrm{j}\omega})X_n^*(\mathrm{e}^{\mathrm{j}\omega}) = |X_n(\mathrm{e}^{\mathrm{j}\omega})|^2 \tag{2-8}$$

2）基于听觉特性的 Mel 频率倒谱分析

人耳听到声音的高低与声音的频率之间并不呈线性关系，Mel 频率尺度较符合人耳的听觉特性，Mel 频率与实际频率间为如下对数关系。

$$\mathrm{Mel}(f) = 2595\lg(1 + f/700) \tag{2-9}$$

显然，Mel 频率倒谱分析需要在傅里叶变换的基础上进行。

（3）两个关键参数

1）线性预测系数

自 1967 年板仓（Itakura）等人首次将线性预测技术用于语音分析和合成，该技术已被普遍地应用于语音信号处理的各个方面。由于语音信号的样点之间存在相关性，因此语音的抽样可以用过去的若干个抽样的线性组合来逼近。如用过去 $p$ 个样点值来预测现在或未来的样点值

$$\hat{s}(n) = \sum_{i=1}^{p} a_i s(n-i) \tag{2-10}$$

预测误差为

$$\varepsilon(n) = s(n) - \hat{s}(n) = s(n) - \sum_{i=1}^{p} a_i s(n-i) \tag{2-11}$$

在某个准则下使预测误差 $\varepsilon(n)$ 达到最小即可决定唯一的一组线性预测系数 $a_i(i=1,\cdots,p)$，这组系数反映了语音信号的某种特性，可作为特征参数用于语音识别或语音合成。

2）基音频率

基音周期是指声带振动的周期，是语音信号最重要的参数之一。但由于声道特征因人而异，基音周期的范围很宽，即使同一个人，在不同的情况下发音的基音周期也不同，而且基音周期还受到音调的影响，因而基音周期的准确检测是一件困难的事情。但由于基音周期在语音信号处理中的重要性，已经提出了多种基音周期估计方法，如自相关函数法、平均幅度差函数法、峰值提取算法、倒谱法、小波法等。

**2. 语音识别**

语音识别系统的功能定位可以分为：特定人与非特定人、独立词与连续词、小词汇量与大词汇量以及无限词汇量。针对特定人、独立词、小词汇量的语音识别功能已经出现在智能音箱等产品中，而与此相对的非特定人、连续词和大词汇量的语音识别的研究仍是研究者们关注的问题。

语音识别方法主要分为如下几类：

（1）模板匹配法

早期的语音识别系统大多采用模板匹配原理实现特定人、小词汇量、孤立词识别。然而，语音信号有较大的随机性，即使同一个人在不同时刻发同一个音，也不可能具有完全的时间长度，而且同一个单词内的不同音素的发音速度也不同，因此时间伸缩处理必不可少。日本学者板仓将动态规划的概念用于孤立词识别时语速不均匀的问题，提出了著名的动态时间伸缩（Dynamic Time Warping），保证了待识别单词与参考模板间的声学相似性最大。然而，对于非特定人、大词汇量、连续语音识别系统来说，采用模板匹配法所要求的模板数量巨大，必须寻求其他解决方法。

（2）随机模型法

随机模型法是语音识别的主流方法之一，主要代表是隐马尔可夫模型法。语音信号具有短时稳定性，即在足够短的时间段上特性近似稳定，因此语音信号过程可被看作依次从一种特性过渡到下一种特性。可用隐马尔可夫模型来描述这一时变过程。在该模型中，马尔可夫链中从一个状态转移到下一个状态由转移概率描述。

（3）概率语法分析法

该方法适用于连续语音识别。不同的人在发同一些语音时，虽然存在诸多差异，但总有一些共同的特点足以使他们区别于其他语音，即具有“区别性特征”，将这一特征与词法、语法、语义等语用约束相结合，就可以构成一个“自顶向下”或“由底向上”的交互作用的知识系统，用于语音识别。

（4）基于深度学习的方法

近些年，由于基于语音模型的深度神经网络（Deep Neural Networks，DNN）的引入使得自动语音识别取得了长足的进步，在信噪比相对高的近距离对话场景下，识别的单词错误率已经达到可以接受的程度。近几年，卷积神经网络（Convolutional Neural Networks，CNN）继在图像识别领域取得里程碑式的进展之后，也被用于语音识别。CNN 在解决语音识别的某些问题时比全连接的前向 DNN 更具优势：一是语音谱图（Speech Spectrogram）在时间域和频率域都具有局部相关性，CNN 通过局部连接很适合对这种相关性建模，而 DNN 编码这些信息则相对困难；二是语音中的平移不变性，如由于讲话风格或讲话人的变化引起的频率平移，CNN 比 DNN 更容易捕捉到。

在噪声环境下保持语音识别的正确率，是语音识别用于机器人系统必须解决的问题。

语音识别在机器人系统中的作用体现在两个方面：一是人机交互，从被语音唤醒，并根据语音命令产生一系列动作完成作业，到与人更复杂的语言交互；二是定位与建图，声音 SLAM 是指带有麦克风（阵列）的机器人在环境中运动时，建立环境的声源位置图，同时确定自身相对于环境的位置。与视觉 SLAM 不同的是，声音 SLAM 只能基于声音的到达方向（Direction-of-Arrival，DoA）估计定位声源。

# 第 3 章

# 机器人数学建模

机器人数学建模包括运动学建模和动力学建模两部分。

## 3.1 机器人运动学

不同的机器人，使用者关注的状态也不同。对于机械手臂，关注的是末端执行器的位置和姿态；对于足式机器人，关注的是躯干相对于脚掌和地面的位置和姿态；对于地面轮式移动机器人，关注的是移动机器人的质心（或几何中心）位置和机器人的朝向；对于空中机器人，关注的是机体的位置和姿态。本章将机器人的机构组件看作理想刚体，首先建立直接被控变量（机械臂的关节角、轮式移动机器人的轮子转角）与上述被关注变量之间的关系，即运动学方程；然后描述已知任务需求，即被关注变量已知的情况下，关节角的求解方法，即逆运动学问题。

### 3.1.1 位置和姿态描述

物体在笛卡尔空间的位置通常可以用物体上某个点的位置代替，姿态可用固定在物体上的坐标系的朝向来描述。

图 3.1 所示为一个固定基座的机械臂，已知坐标系 $\{A\}$ 固连在基座上（即与地面坐标系固连），可作为参考坐标系；坐标系 $\{B\}$ 以某种方式固连在末端执行器（手爪）上，则末端执行器的位置可用坐标系 $\{B\}$ 的原点位置表示，其姿态可用坐标系 $\{B\}$ 的三个坐标轴的朝向表示。也就是说，固连在末端执行器上的坐标系 $\{B\}$ 相对于参考坐标系 $\{A\}$ 的位姿就表示末端执行器的位姿。

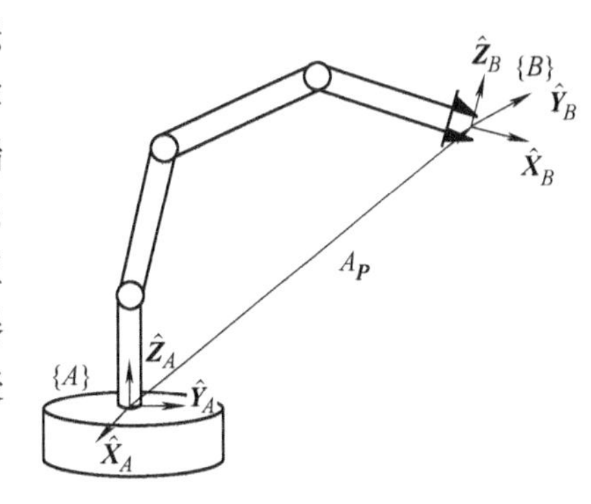


图 3.1 固定基座的机械臂

点的位置可用矢量描述。用 $P_{\mathrm{BORG}}$ 表示坐标系 $\{B\}$ 的原点，它在参考坐标系 $\{A\}$ 中的位置可表示为

$$^{A}\boldsymbol{P}_{\mathrm{BORG}}=\begin{bmatrix}p_x\\p_y\\p_z\end{bmatrix} \tag{3-1}$$

需要说明的是，由于在后续章节中需要定义多个坐标系，为不引起混淆，我们用左上标指明这个变量是在哪一个坐标系定义的。例如，$^{A}\boldsymbol{P}_{\mathrm{BORG}}$ 表示以坐标系 $\{A\}$ 的原点为起点、

$\boldsymbol{P}_{BORG}$为终点的矢量，即坐标系｛$B$｝的原点位置在坐标系｛$A$｝中的表示，它的三个分量是该矢量在坐标系｛$A$｝的相应坐标轴上的投影。

为确定以坐标系｛$B$｝的三个坐标轴的朝向表示的姿态，首先做以下规定：坐标系的建立遵循右手法则，即右手四指从 $X$ 轴指向 $Y$ 轴，则右手大拇指的方向即为 $Z$ 轴方向。此外，为了用固连在物体上的坐标系的朝向表示物体姿态，由于我们只关心坐标轴的方向，因此各坐标系的 $XYZ$ 轴均用单位矢量表示，称为主轴单位矢量。我们用 $\hat{\boldsymbol{X}}_B$，$\hat{\boldsymbol{Y}}_B$ 和 $\hat{\boldsymbol{Z}}_B$ 分别表示坐标系｛$B$｝的三个主轴方向的单位矢量，将这三个单位矢量按 $\hat{\boldsymbol{X}}_B$，$\hat{\boldsymbol{Y}}_B$ 和 $\hat{\boldsymbol{Z}}_B$ 的顺序组成一个 $3\times3$ 的矩阵，即旋转矩阵

$$_{B}\boldsymbol{R}=[\hat{\boldsymbol{X}}_B \quad \hat{\boldsymbol{Y}}_B \quad \hat{\boldsymbol{Z}}_B] \tag{3-2}$$

显然坐标系｛$B$｝的姿态可以由该旋转矩阵完全描述。坐标系｛$B$｝相对于坐标系｛$A$｝的姿态可表示为

$$^{A}_{B}\boldsymbol{R}=[{}^{A}\hat{\boldsymbol{X}}_B \quad {}^{A}\hat{\boldsymbol{Y}}_B \quad {}^{A}\hat{\boldsymbol{Z}}_B] \tag{3-3}$$

其中单位矢量 ${}^{A}\hat{\boldsymbol{X}}_B$ 的三个分量是矢量 $\hat{\boldsymbol{X}}_B$ 分别在坐标系｛$A$｝的 $XYZ$ 轴上的投影，可表示为矢量 $\hat{\boldsymbol{X}}_B$ 分别与单位矢量 $\hat{\boldsymbol{X}}_A$、$\hat{\boldsymbol{Y}}_A$ 和 $\hat{\boldsymbol{Z}}_A$ 的点积；用类似方式可以表示出 $\hat{\boldsymbol{Y}}_B$ 和 $\hat{\boldsymbol{Z}}_B$ 的分量，因此有

$$^{A}_{B}\boldsymbol{R}=[{}^{A}\hat{\boldsymbol{X}}_B \quad {}^{A}\hat{\boldsymbol{Y}}_B \quad {}^{A}\hat{\boldsymbol{Z}}_B]=\begin{bmatrix} \hat{\boldsymbol{X}}_B\cdot\hat{\boldsymbol{X}}_A & \hat{\boldsymbol{Y}}_B\cdot\hat{\boldsymbol{X}}_A & \hat{\boldsymbol{Z}}_B\cdot\hat{\boldsymbol{X}}_A \\ \hat{\boldsymbol{X}}_B\cdot\hat{\boldsymbol{Y}}_A & \hat{\boldsymbol{Y}}_B\cdot\hat{\boldsymbol{Y}}_A & \hat{\boldsymbol{Z}}_B\cdot\hat{\boldsymbol{Y}}_A \\ \hat{\boldsymbol{X}}_B\cdot\hat{\boldsymbol{Z}}_A & \hat{\boldsymbol{Y}}_B\cdot\hat{\boldsymbol{Z}}_A & \hat{\boldsymbol{Z}}_B\cdot\hat{\boldsymbol{Z}}_A \end{bmatrix} \tag{3-4}$$

由于两个单位矢量的点积为两者之间夹角的余弦，因此旋转矩阵的各分量常被称作方向余弦。

进一步分析 ${}^{A}_{B}\boldsymbol{R}$ 的表达式可知，它的三个行向量分别表示坐标系｛$A$｝的三个主轴单位矢量 $\hat{\boldsymbol{X}}_A$、$\hat{\boldsymbol{Y}}_A$ 和 $\hat{\boldsymbol{Z}}_A$ 在坐标系｛$B$｝的 $XYZ$ 轴上的投影，因此有

$$^{A}_{B}\boldsymbol{R}={}^{B}_{A}\boldsymbol{R}^{\mathrm{T}} \tag{3-5}$$

由于 ${}^{A}_{B}\boldsymbol{R}{}^{B}_{A}\boldsymbol{R}=\boldsymbol{I}_3$，其中 $\boldsymbol{I}_3$ 为 $3\times3$ 的单位矩阵，因而有

$$^{A}_{B}\boldsymbol{R}={}^{B}_{A}\boldsymbol{R}^{-1} \tag{3-6}$$

联立式（3-5）和式（3-6）有

$$^{B}_{A}\boldsymbol{R}^{\mathrm{T}}={}^{B}_{A}\boldsymbol{R}^{-1} \tag{3-7}$$

因此旋转矩阵 ${}^{B}_{A}\boldsymbol{R}$ 是正交矩阵。这一性质对任一旋转矩阵都成立。

综上，坐标系｛$B$｝的位姿可以用表示其原点位置的位置矢量和表示其姿态的旋转矩阵表示。

### 3.1.2 坐标系间的变换

**1. 位置表示在不同坐标系间的变换**

在机器人系统里，常常遇到空间一点在不同的参考坐标系中表示的关系问题。假设空间一点 $P$ 在坐标系｛$B$｝中的位置已知，即 ${}^{B}\boldsymbol{P}$ 已知，并且已知坐标系｛$B$｝在参考坐标系中的位置和姿态，即 $\boldsymbol{P}_{BORG}$和 $_{B}\boldsymbol{R}=[\hat{\boldsymbol{X}}_B \quad \hat{\boldsymbol{Y}}_B \quad \hat{\boldsymbol{Z}}_B]$ 也已知，需要确定 $P$ 在坐标系｛$A$｝中的表

示，即 $^{A}\boldsymbol{P}$ 。如图 3.2 所示，$^{A}\boldsymbol{P}$ 实际上表示起点为坐标系 $\{A\}$ 的原点、终点为 $P$ 点的矢量，$^{B}\boldsymbol{P}$ 实际上表示起点为坐标系 $\{B\}$ 的原点、终点为 $P$ 点的矢量，因此研究 $P$ 点在不同的坐标系间的变换关系，也就是研究矢量 $^{A}\boldsymbol{P}$ 和 $^{B}\boldsymbol{P}$ 的关系。为分析方便，先讨论坐标系 $\{B\}$ 相对于坐标系 $\{A\}$ 仅有平移或旋转的情形，之后再讨论坐标系 $\{B\}$ 相对于坐标系 $\{A\}$ 为任意位姿的一般情形。

（1）仅存在平移的情形

如图 3.3 所示，此时坐标系 $\{B\}$ 的三个主轴单位矢量的方向与坐标系 $\{A\}$ 的三个主轴单位矢量的方向相同，根据矢量和关系有

$$^{A}\boldsymbol{P} = {}^{B}\boldsymbol{P} + {}^{A}\boldsymbol{P}_{\mathrm{BORG}} \tag{3-8}$$

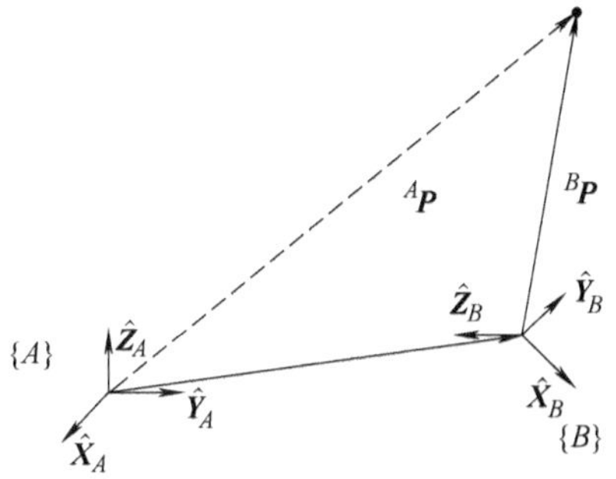

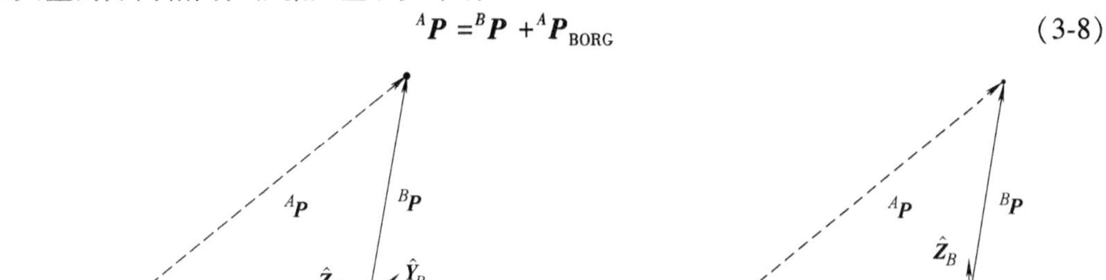


图 3.2　$P$ 点在坐标系间的变换

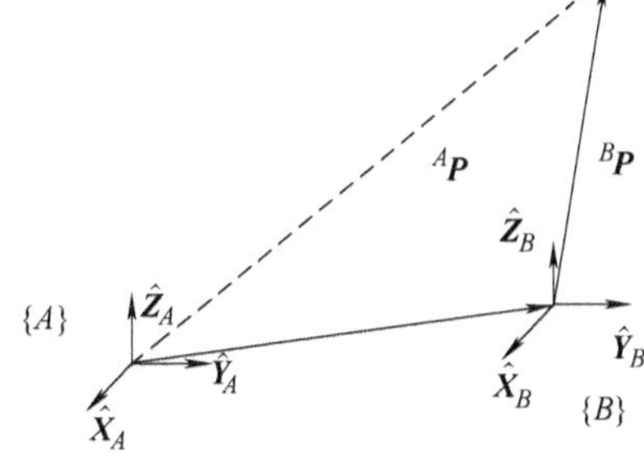

图 3.3　坐标系平移

（2）仅存在旋转的情形

如图 3.4 所示，由于坐标系 $\{A\}$ 和坐标系 $\{B\}$ 的原点重合，$^{A}\boldsymbol{P}$ 和 $^{B}\boldsymbol{P}$ 表示的实际上是空间同一矢量，但它们的三个分量分别是该矢量在坐标系 $\{A\}$ 和坐标系 $\{B\}$ 的 $XYZ$ 轴上的投影，因此 $^{A}\boldsymbol{P}$ 和 $^{B}\boldsymbol{P}$ 间存在以下关系：

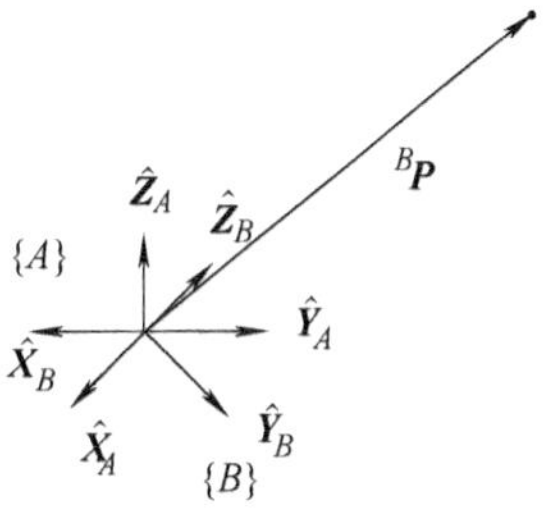

$$^{A}\boldsymbol{P} = \begin{bmatrix} ^{A}p_x \\ ^{A}p_y \\ ^{A}p_z \end{bmatrix} = \begin{bmatrix} \hat{\boldsymbol{X}}_A \cdot \boldsymbol{P} \\ \hat{\boldsymbol{Y}}_A \cdot \boldsymbol{P} \\ \hat{\boldsymbol{Z}}_A \cdot \boldsymbol{P} \end{bmatrix} \tag{3-9}$$

图 3.4　坐标系旋转

由于两个矢量的点积与在哪个坐标系中表示无关，只要求两个矢量均在同一坐标系下表示，因此有

$$^{A}\boldsymbol{P} = \begin{bmatrix} ^{A}\hat{\boldsymbol{X}}_A \cdot \boldsymbol{P} \\ ^{A}\hat{\boldsymbol{Y}}_A \cdot \boldsymbol{P} \\ ^{A}\hat{\boldsymbol{Z}}_A \cdot \boldsymbol{P} \end{bmatrix} = \begin{bmatrix} ^{B}\hat{\boldsymbol{X}}_A \cdot {}^{B}\boldsymbol{P} \\ ^{B}\hat{\boldsymbol{Y}}_A \cdot {}^{B}\boldsymbol{P} \\ ^{B}\hat{\boldsymbol{Z}}_A \cdot {}^{B}\boldsymbol{P} \end{bmatrix} \tag{3-10}$$

上式可进一步改写为

$$^{A}\boldsymbol{P} = \begin{bmatrix} ^{B}\hat{\boldsymbol{X}}_A \cdot {}^{B}\boldsymbol{P} \\ ^{B}\hat{\boldsymbol{Y}}_A \cdot {}^{B}\boldsymbol{P} \\ ^{B}\hat{\boldsymbol{Z}}_A \cdot {}^{B}\boldsymbol{P} \end{bmatrix} = \begin{bmatrix} ^{B}\hat{\boldsymbol{X}}_A^{T} \\ ^{B}\hat{\boldsymbol{Y}}_A^{T} \\ ^{B}\hat{\boldsymbol{Z}}_A^{T} \end{bmatrix} {}^{B}\boldsymbol{P} = \left[ {}^{A}\hat{\boldsymbol{X}}_B \quad {}^{A}\hat{\boldsymbol{Y}}_B \quad {}^{A}\hat{\boldsymbol{Z}}_B \right] {}^{B}\boldsymbol{P} = {}^{A}_{B}\boldsymbol{R}\,{}^{B}\boldsymbol{P} \tag{3-11}$$

因此当仅存在相对旋转时，有

$$^{A}\boldsymbol{P}={}^{A}_{B}\boldsymbol{R}^{B}\boldsymbol{P} \tag{3-12}$$

上式中旋转矩阵 ${}^{A}_{B}\boldsymbol{R}$ 的作用是将空间矢量在坐标系 {B} 的 XYZ 轴上的投影转换为在坐标系{A} 的 XYZ 轴上的投影。

（3）一般情形

此时可引入中间坐标系 {C}，坐标系 {C} 的姿态与坐标系 {A} 的姿态相同，原点与坐标系 {B} 的原点重合，即坐标系 {C} 相对于坐标系 {A} 只存在平移，而坐标系 {B} 相对于坐标系 {C} 只存在旋转。显然，这时 $^{A}\boldsymbol{P}$ 与 $^{B}\boldsymbol{P}$ 对应空间两个不同的矢量，而 $^{B}\boldsymbol{P}$ 与 $^{C}\boldsymbol{P}$ 对应空间两个重叠的矢量，由图 3.5 有

$$^{A}\boldsymbol{P}={}^{C}\boldsymbol{P}+{}^{A}\boldsymbol{P}_{\mathrm{BORG}} \tag{3-13}$$

而 $^{C}\boldsymbol{P}={}^{A}_{B}\boldsymbol{R}^{B}\boldsymbol{P}$，因此有

$$^{A}\boldsymbol{P}={}^{A}_{B}\boldsymbol{R}^{B}\boldsymbol{P}+{}^{A}\boldsymbol{P}_{\mathrm{BORG}} \tag{3-14}$$

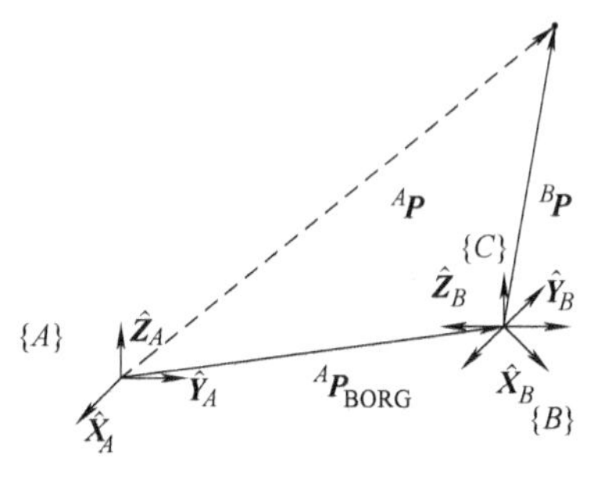

图 3.5　一般情形

注意由于旋转矩阵 ${}^{A}_{B}\boldsymbol{R}$ 的作用使得相加的两个矢量是在同一个坐标系中表示的，此时才能进行加法运算。

为描述简洁起见，引入齐次坐标及齐次变换矩阵。齐次坐标就是将一个原本是 n 维的矢量用一个 n+1 维矢量表示，加入的一维是尺度因子。在机器人学中常用的齐次坐标为位置矢量的齐次坐标。例如，位置矢量 $\begin{bmatrix}p_x\\p_y\\p_z\end{bmatrix}$ 对应的齐次坐标为 $\begin{bmatrix}p_x\\p_y\\p_z\\1\end{bmatrix}$，即加入的尺度因子为 1，保持尺度不变。引入如下齐次变换矩阵：

$${}^{A}_{B}\boldsymbol{T}=\begin{bmatrix}{}^{A}_{B}\boldsymbol{R} & {}^{A}\boldsymbol{P}_{\mathrm{BORG}}\\0\quad 0\quad 0 & 1\end{bmatrix} \tag{3-15}$$

则式（3-14）可表示为

$$^{A}\boldsymbol{P}={}^{A}_{B}\boldsymbol{T}^{B}\boldsymbol{P} \tag{3-16}$$

显然，齐次变换矩阵 ${}^{A}_{B}\boldsymbol{T}$ 中的各项有明确的物理含义：左上角的旋转矩阵 ${}^{A}_{B}\boldsymbol{R}$ 表示坐标系 {B} 相对于坐标系 {A} 的姿态，右上角的列向量 $^{A}\boldsymbol{P}_{\mathrm{BORG}}$ 表示坐标系 {B} 的原点在坐标系 {A} 中的位置，右下角的 1 是尺度因子，左下角的 1×3 零向量为透视变换矩阵，在这里不起作用。

（4）混合变换情形

如图 3.6 所示，若已知空间点 P 在 {C} 坐标系中的位置 $^{C}\boldsymbol{P}$、{C} 坐标系在坐标系 {B} 中的位姿 ${}^{B}_{C}\boldsymbol{T}$ 和坐标系 {B} 在坐标系 {A} 中的位姿 ${}^{A}_{B}\boldsymbol{T}$，如何确定该点在参考坐标系 {A} 中的表示 $^{A}\boldsymbol{P}$ 呢？

由式（3-16），已知 $^{C}\boldsymbol{P}$，则 $^{B}\boldsymbol{P}$ 可表示为

$$^{B}\boldsymbol{P}={}^{B}_{C}\boldsymbol{T}^{C}\boldsymbol{P} \tag{3-17}$$

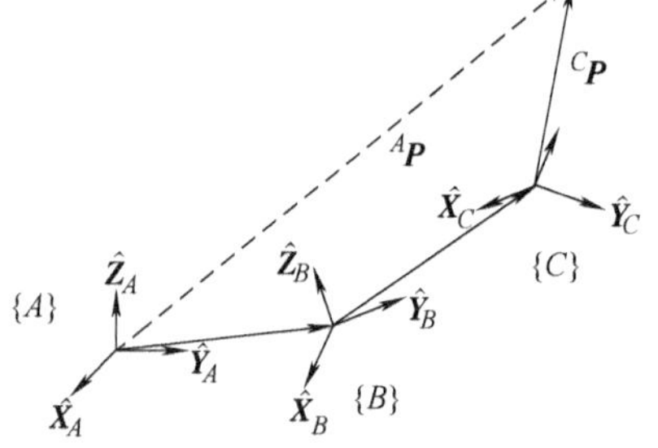

图 3.6　混合变换情形

而 $^{A}\boldsymbol{P}$ 可表示为

$$^{A}\boldsymbol{P}={}_{B}^{A}\boldsymbol{T}^{B}\boldsymbol{P} \tag{3-18}$$

将式（3-17）和式（3-18）联立，得

$$^{A}\boldsymbol{P}={}_{B}^{A}\boldsymbol{T}_{C}^{B}\boldsymbol{T}^{C}\boldsymbol{P} \tag{3-19}$$

实际上，由于 $^{A}\boldsymbol{P}={}_{C}^{A}\boldsymbol{T}^{C}\boldsymbol{P}$，且此式与式（3-19）对空间任一点 $P$ 都成立，因此有

$${}_{C}^{A}\boldsymbol{T}={}_{B}^{A}\boldsymbol{T}_{C}^{B}\boldsymbol{T}=\begin{bmatrix}{}_{B}^{A}\boldsymbol{R}_{C}^{B}\boldsymbol{R} & {}_{B}^{A}\boldsymbol{R}^{B}\boldsymbol{P}_{\text{CORG}}+{}^{A}\boldsymbol{P}_{\text{BORG}}\\ 0 & 1\end{bmatrix} \tag{3-20}$$

由上式可知

$${}_{C}^{A}\boldsymbol{R}={}_{B}^{A}\boldsymbol{R}_{C}^{B}\boldsymbol{R} \tag{3-21}$$

**2. 变换矩阵的合成**

齐次变换矩阵不仅可以表示坐标系间的相对位姿，还可用于描述由于平移或旋转运动引起的相对位置和姿态的改变。假设坐标系 $\{A\}$ 为参考坐标系，坐标系 $\{B\}$ 为运动坐标系，初始状态下坐标系 $\{B\}$ 和坐标系 $\{A\}$ 重合，此时 ${}_{B}^{A}\boldsymbol{T}=\boldsymbol{I}_{4\times4}$。然后坐标系 $\{B\}$ 相对坐标系 $\{A\}$ 进行了平移，平移矢量为 $^{A}\boldsymbol{Q}=[q_x \quad q_y \quad q_z]^{\mathrm{T}}$，则

$${}_{B}^{A}\boldsymbol{T}=\begin{bmatrix}1 & 0 & 0 & q_x\\ 0 & 1 & 0 & q_y\\ 0 & 0 & 1 & q_z\\ 0 & 0 & 0 & 1\end{bmatrix} \tag{3-22}$$

该矩阵描述了相对平移运动引起的位姿变化。

若初始状态下坐标系 $\{B\}$ 和坐标系 $\{A\}$ 重合，然后坐标系 $\{B\}$ 关于坐标系 $\{A\}$ 的 $Z$ 轴旋转 $\theta$ 角，则有

$${}_{B}^{A}\boldsymbol{T}=\begin{bmatrix}R_Z(\theta) & \boldsymbol{0}_{3\times1}\\ 0 & 0\end{bmatrix} \tag{3-23}$$

该矩阵描述了相对旋转引起的位姿变化，其中

$$\boldsymbol{R}_z(\theta)=\begin{bmatrix}\cos\theta & -\sin\theta & 0\\ \sin\theta & \cos\theta & 0\\ 0 & 0 & 1\end{bmatrix} \tag{3-24}$$

关于 $X$ 轴、$Y$ 轴旋转对应的基本旋转矩阵可表示为

$$\boldsymbol{R}_x(\alpha)=\begin{bmatrix}1 & 0 & 0\\ 0 & \cos\alpha & -\sin\alpha\\ 0 & \sin\alpha & \cos\alpha\end{bmatrix},\ \boldsymbol{R}_y(\phi)=\begin{bmatrix}\cos\phi & 0 & \sin\phi\\ 0 & 1 & 0\\ -\sin\phi & 0 & \cos\phi\end{bmatrix} \tag{3-25}$$

由于齐次变换矩阵可表示相对旋转和平移引起的位姿变化，又根据式（3-20），由多次旋转或平移产生的位姿变化对应的齐次变换矩阵可以按如下规则合成：

1）初始状态，物体坐标系 $\{B\}$ 与参考坐标系 $\{A\}$ 重合，所以齐次变换矩阵是单位阵。

2）若物体坐标系 $\{B\}$ 绕参考坐标系 $\{A\}$ 的任意矢量轴旋转，并平移一段以 $\{A\}$ 的坐标表示的距离，则在原变换矩阵上“左乘”相应的基本变换矩阵。

3）若物体坐标系 $\{B\}$ 绕自己的任意矢量轴旋转，并平移一段以 $\{B\}$ 的坐标表示的

距离，则在原变换矩阵上“右乘”相应的基本变换矩阵。

4）矩阵相乘一定按变换的先后次序进行。

**3. 其他姿态表示方法**

表示姿态的旋转矩阵 $\boldsymbol{R}=[\hat{X} \quad \hat{Y} \quad \hat{Z}]$ 的物理意义很直观，但由于是正交矩阵，组成旋转矩阵的 9 个元素间存在以下 6 个约束：

$$|\hat{\boldsymbol{X}}|=1,\quad |\hat{\boldsymbol{Y}}|=1,\quad |\hat{\boldsymbol{Z}}|=1,\quad \hat{\boldsymbol{X}}\cdot\hat{\boldsymbol{Y}}=0,\quad \hat{\boldsymbol{X}}\cdot\hat{\boldsymbol{Z}}=0,\quad \hat{\boldsymbol{Y}}\cdot\hat{\boldsymbol{Z}}=0$$

因此旋转矩阵独立元素的个数为 3。下面介绍两种用三个参数描述坐标系 $\{B\}$ 姿态的方法。

（1）$Z$-$Y$-$X$ 欧拉角

首先将坐标系 $\{B\}$ 和一个已知参考坐标系 $\{A\}$ 重合。先将 $\{B\}$ 绕 $\hat{\boldsymbol{Z}}_B$ 轴旋转 $\alpha$ 角，再绕 $\hat{\boldsymbol{Y}}_B$ 轴旋转 $\beta$ 角，最后绕 $\hat{X}_B$ 轴旋转 $\gamma$ 角。这三个旋转角合称欧拉角。由于三次旋转分别是关于 $\hat{\boldsymbol{Z}}$、$\hat{\boldsymbol{Y}}$ 和 $\hat{\boldsymbol{X}}$ 轴，因此称这种姿态角表示为 $Z$-$Y$-$X$ 欧拉角，对应的旋转矩阵用 ${}^A_B\boldsymbol{R}_{ZYX}(\alpha,\beta,\gamma)$ 表示。

注意上述每次旋转都是绕运动坐标系 $\{B\}$ 当前的各轴进行的，如图 3.7 所示。这里为便于分析，将第一次旋转后得到的坐标系记为 $\{B'\}$，第二次和第三次旋转后得到的坐标系分别记为 $\{B''\}$ 和 $\{B'''\}$（即坐标系 $\{B\}$）。由式（3-21），显然有

$$ {}^A_B\boldsymbol{R}={}^A_{B'}\boldsymbol{R}^{B'}_{B''}\boldsymbol{R}^{B''}_{B}R \tag{3-26}$$

上式右侧每个旋转矩阵对应的旋转都是按照 $Z$-$Y$-$X$ 欧拉角的定义给出的，因此有

$$\begin{aligned} {}^A_B\boldsymbol{R}_{ZYX}(\alpha,\beta,\gamma) &= \boldsymbol{R}_Z(\alpha)\boldsymbol{R}_Y(\beta)\boldsymbol{R}_X(\gamma) \\ &= \begin{bmatrix} \cos\alpha & -\sin\alpha & 0 \\ \sin\alpha & \cos\alpha & 0 \\ 0 & 0 & 1 \end{bmatrix} \begin{bmatrix} \cos\beta & 0 & \sin\beta \\ 0 & 1 & 0 \\ -\sin\beta & 0 & \cos\beta \end{bmatrix} \begin{bmatrix} 1 & 0 & 0 \\ 0 & \cos\gamma & -\sin\gamma \\ 0 & \sin\gamma & \cos\gamma \end{bmatrix} \end{aligned} \tag{3-27}$$

理论分析表明，适当选择 $\alpha$、$\beta$ 和 $\gamma$ 角，可以将坐标系 $\{B\}$ 由初始状态转换为任意姿态，即用欧拉角（$\alpha,\beta,\gamma$）可表示任意姿态。实际上，根据三次旋转的参考轴的不同，共有 12 种欧拉角。

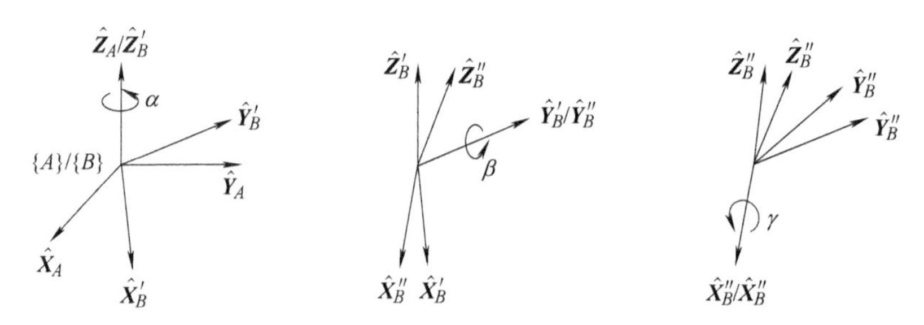


图 3.7　$Z$-$Y$-$X$ 欧拉角

（2）等效轴角姿态表示法

除了通过三次连续旋转，任意姿态也可通过关于适当选择的旋转轴旋转适当的角度得到。如图 3.8 所示，坐标系 $\{B\}$ 的任意姿态可表示如下：

首先将坐标系 $\{B\}$ 和一个已知参考坐标系 $\{A\}$ 重合，然后将 $\{B\}$ 以矢量 $\hat{\boldsymbol{K}}$ 为轴旋转 $\theta$ 角。这里 $\hat{\boldsymbol{K}}$ 为单位长度的矢量，被称为旋转的等效轴。用等效轴角表示的坐标系 $\{B\}$ 相对于坐标系 $\{A\}$ 的姿态一般记为 ${}_B^A\boldsymbol{R}(\hat{\boldsymbol{K}},\ \theta)$ 或 $\boldsymbol{R}_K(\theta)$ 。等效轴角姿态表示也是三参数表示，确定单位矢量 $\hat{\boldsymbol{K}}$ 需要两个参数，角度为第三个参数。

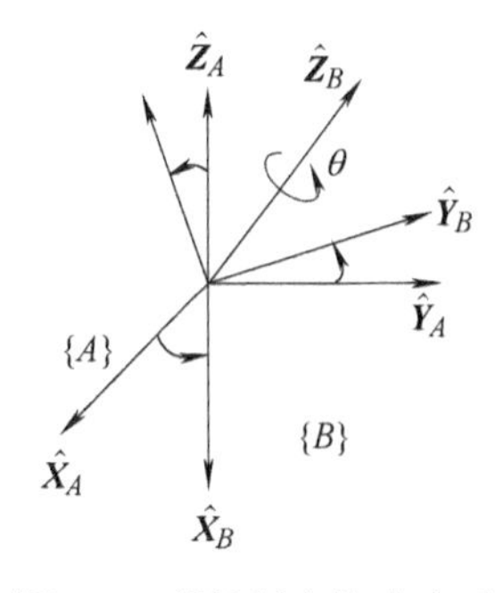


图 3.8　等效轴角姿态表示

当选择坐标系 $\{A\}$ 的某个主轴作为旋转轴时，等效轴角姿态表示对应的旋转矩阵就是我们熟悉的平面旋转矩阵

$$\boldsymbol{R}_x(\alpha)=\begin{bmatrix}1 & 0 & 0\\ 0 & \cos\alpha & -\sin\alpha\\ 0 & \sin\alpha & \cos\alpha\end{bmatrix}$$

$$\boldsymbol{R}_y(\phi)=\begin{bmatrix}\cos\phi & 0 & \sin\phi\\ 0 & 1 & 0\\ -\sin\phi & 0 & \cos\phi\end{bmatrix}$$

$$\boldsymbol{R}_z(\theta)=\begin{bmatrix}\cos\theta & -\sin\theta & 0\\ \sin\theta & \cos\theta & 0\\ 0 & 0 & 1\end{bmatrix}$$

若旋转轴为三维空间的一般轴，则旋转矩阵为

$$\boldsymbol{R}_K(\theta)=\begin{bmatrix}k_xk_xv\theta+c\theta & k_xk_yv\theta-k_zs\theta & k_xk_zv\theta+k_ys\theta\\ k_xk_yv\theta+k_zs\theta & k_yk_yv\theta+c\theta & k_yk_zv\theta-k_xs\theta\\ k_xk_zv\theta-k_ys\theta & k_yk_zv\theta+k_xs\theta & k_zk_zv\theta+c\theta\end{bmatrix} \tag{3-28}$$

其中，$s\theta=\sin\theta$ ，$c\theta=\cos\theta$ ，$v\theta=1-\cos\theta$ 。$\theta$ 角的正负根据右手定则确定：大拇指指向旋转轴 $\hat{\boldsymbol{K}}$ 的正方向，四指方向即为 $\theta$ 角的正方向。

值得注意的是，对于任一对轴角 $(\hat{\boldsymbol{K}},\ \theta)$ ，都存在另一对轴角 $(-\hat{\boldsymbol{K}},\ -\theta)$ ，两者对应的空间姿态相同，可用同样的旋转矩阵描述。

还需要指出的是，上述讨论的所有旋转，都假设旋转轴经过参考坐标系的原点。若旋转轴不经过原点，可再定义一个与参考坐标系平行的新的坐标系，该坐标系的原点位于旋转轴上，分析在这个新坐标系中的旋转即可。

### 3.1.3　机械臂运动学

机械臂运动学研究机械臂的运动特性，即研究机械臂的位置、速度、加速度以及位置变量（对于时间或其他变量）的高阶导数，涉及所有与运动有关的几何参数和时间参数。本节只考虑静止状态情况，运动学有两类基本问题：

1）已知各关节转角，求机械臂末端执行器的位置和姿态。

2）已知末端执行器的空间直角坐标及姿态，求各关节转角。

关于机械臂运动时的速度和加速度将在后续章节中研究。本节的研究重点是把机械臂的关节角度作为自变量，描述机械臂末端执行器的位置和姿态与基座之间的关系。

**1. 连杆描述和关节描述**

机械臂可看作由一系列刚体通过关节连接而成的运动链，我们将这些刚体称为连杆，相邻的两个连杆通过关节连接。关节有两类：移动关节和旋转关节。由于关节的存在，相邻的两个连杆之间可能发生相对平移或相对旋转。大部分机械臂中，相邻两个连杆之间仅由具有一个自由度的关节连接；若采用 $n$ 自由度的关节连接，可将这个关节看成是由 $n$ 个单自由度关节和$n-1$ 个长度为 0 的连杆连接而成的。因此，不失一般性，这里仅对只含单自由度关节的机械臂进行讨论。

为讨论方便起见，从机械臂的基座开始为每个连杆进行编号，称固定基座为连杆 0，第一个可动连杆为连杆 1，并依此类推，具有 $n$ 个关节的机械臂最末端的连杆为连杆 $n$。对关节的编号则从 1 开始，连接基座与第一个可动连杆的关节编号为 1，依此类推。如图 3.9 所示。

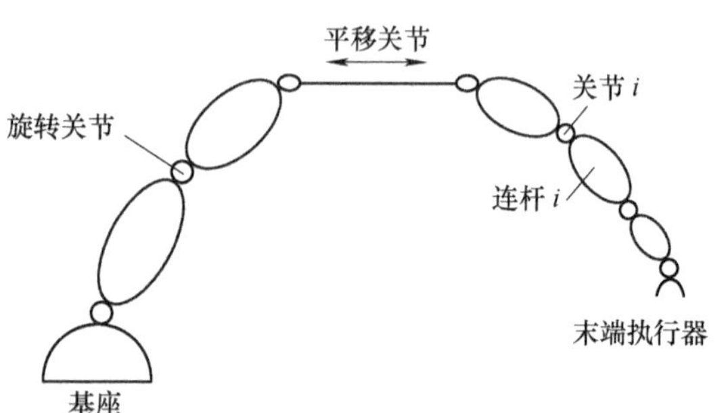

图 3.9　机械臂连杆和关节

典型的机械臂具有 5 个或 6 个关节。显然，为使末端执行器在三维工作空间的位置和姿态可任意调节，机械臂至少需要 6 个关节。

虽然有些机器人不只包含单独的运动链，如含有平行四边形连杆机构或其他的闭式运动链，本书只讨论不含闭式运动链的串联结构。

在运动学建模的过程中，首先面临的是关节和连杆的描述问题。对于关节，我们所关心的是关于关节轴的旋转运动或沿着关节轴线的平移运动，因此无论是旋转关节还是平移关节，都可以抽象地用关节轴线来代表，如图 3.10 所示关节 $i-1$ 和关节 $i$ 分别用轴 $i-1$ 和轴 $i$ 表示。连杆在这里被看作理想的刚体。

（1）连杆描述

连杆的作用是保持相邻两个关节轴间相对的位置和姿态。既然关节可以用关节轴线代表，而空间两条直线之间的相对位置和姿态由它们之间的距离和夹角完全确定，因此，一个连杆可用两个参数完全描述。

三维空间中任意两条轴线之间的距离均为一个确定的值，即公垂线的长度，并且两条轴线之间的公垂线总是存在的。当两条轴线不平行时，它们之间的公垂线只有一条；当两条轴线相交时，公垂线退化为一点。当两条轴线平行时，存在无数条长度相等的公垂线。如图 3.10 所示，连杆$i-1$ 的长度被定义为关节轴 $i-1$ 和关节轴 $i$ 的公垂线的长度。连杆 $i-1$ 不仅使关节轴 $i-1$ 和 $i$ 在空间保持距离，还使两者之间保持夹角，这个角度被称为连杆扭转角。因此，连杆可用以下两个参数完全描述：

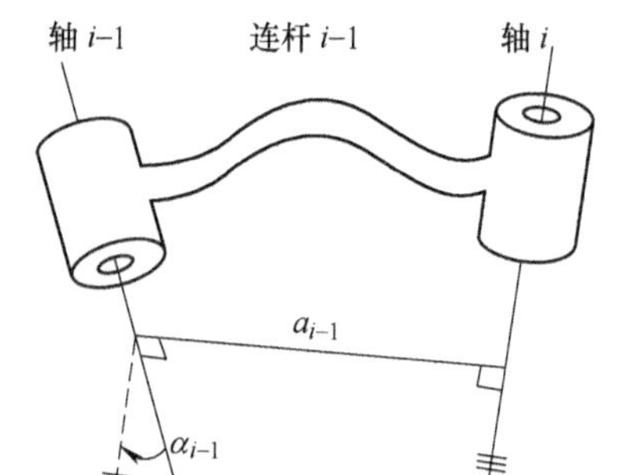

图 3.10　连杆描述

连杆长度 $a_{i-1}$：关节轴 $i-1$ 和关节轴 $i$ 之间公垂线的长度。

连杆扭转角 $\alpha_{i-1}$：关节轴 $i-1$ 和关节轴 $i$ 之间的夹角。

（2）关节描述

相邻的两个连杆通过关节连接，关节的作用是控制相邻两个连杆间的相对位置和姿态，如图 3.11 所示，关节 $i$ 的作用是改变连杆 $i$-1 和连杆 $i$ 之间的关系，实际上是改变公垂线 $a_{i-1}$ 和公垂线 $a_i$ 之间的关系。可以改变的是 $a_{i-1}$ 和 $a_i$ 之间的距离和夹角。因此描述关节也只需要两个参数：

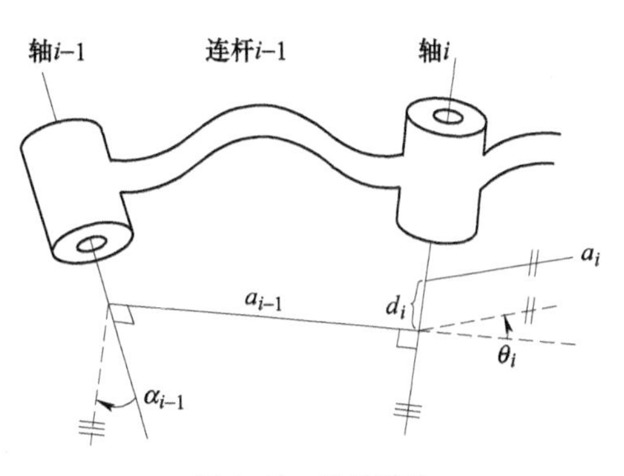

图 3.11　关节描述

连杆偏距（连杆间距离）$d_i$：连杆 $i$-1 和连杆 $i$ 沿关节轴 $i$ 的距离，即 $a_{i-1}$ 和 $a_i$ 沿关节轴 $i$ 的距离。

关节角（连杆间夹角）$\theta_i$ ：连杆 $i$-1 和连杆 $i$ 之间的夹角，即 $a_{i-1}$ 和 $a_i$ 关于关节轴 $i$ 的夹角。

显然，如果关节 $i$ 是平移关节，则 $d_i$ 是变量，$\theta_i$ 是常数；如果关节 $i$ 是旋转关节，则 $d_i$ 是常数，$\theta_i$ 是变量。

以上定义的两个连杆参数和两个关节参数合称为 Denavit-Hartenberg（D-H）参数。

**2. 建立连杆坐标系**

为描述清楚相邻连杆间的相对位置关系，我们在每个连杆上定义一个固连坐标系，如图 3.12所示，并以连杆的编号对固连坐标系命名，即固连在连杆 $i$ 上的坐标系即称为坐标系 $\{i\}$。本小节讨论如何建立连杆坐标系，并用 D-H 参数描述相邻连杆坐标系之间的关系。

连杆坐标系可按如下规则建立：以图 3.12 中的连杆$i$-1 为例，其固连的坐标系 $\{i-1\}$ 的 $Z$ 轴（记为 $\hat{\boldsymbol{Z}}_{i-1}$ ）与关节轴 $i$-1 重合。显然 $\hat{\boldsymbol{Z}}_{i-1}$ 轴的方向有两种选择，$\hat{\boldsymbol{Z}}_{i-1}$ 轴的正方向可沿关节轴 $i$-1 指向上，也可以沿关节轴 $i$-1 指向下。$\hat{\boldsymbol{X}}_{i-1}$ 沿公垂线 $a_{i-1}$ 由关节轴 $i$-1 指向关节轴 $i$。$\hat{\boldsymbol{X}}_{i-1}$ 轴与 $\hat{\boldsymbol{Z}}_{i-1}$ 轴的交点即为坐标系 $\{i-1\}$ 的原点，$\hat{\boldsymbol{Y}}_{i-1}$ 可根据右手定则确定，从而完成坐标系 $\{i-1\}$ 的建立。

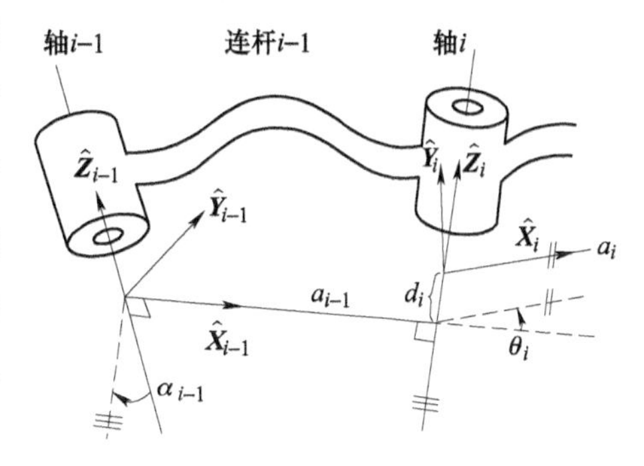

图 3.12　建立连杆坐标系

关节轴 $i$-1 和关节轴 $i$ 交于一点时，$a_{i-1}=0$，$\hat{\boldsymbol{X}}_{i-1}$ 轴垂直于关节轴 $i$-1 和关节轴 $i$ 所在的平面，并穿过两关节轴的交点。关节轴 $i$-1 和关节轴 $i$ 平行时，两者之间的公垂线有无数条，$\hat{\boldsymbol{X}}_{i-1}$ 轴的选择也就有无数种。

按照右手定则，从 $\hat{\boldsymbol{Z}}_{i-1}$ 轴到 $\hat{\boldsymbol{Z}}_i$ 轴关于 $\hat{\boldsymbol{X}}_{i-1}$ 轴的转角定义为 $\alpha_{i-1}$ 。对连杆偏距 $d_i$ 和连杆间夹角 $\theta_i$ 同样有正负的定义：$d_i$ 为从 $\hat{\boldsymbol{X}}_{i-1}$ 轴到 $\hat{\boldsymbol{X}}_i$ 轴沿 $\hat{\boldsymbol{Z}}_i$ 轴的距离。$\theta_i$ 为从 $\hat{\boldsymbol{X}}_{i-1}$ 轴到 $\hat{\boldsymbol{X}}_i$ 轴关于 $\hat{\boldsymbol{Z}}_i$ 轴的转角。

按照上述规则建立连杆坐标系，连杆参数归纳如下：

$a_{i-1}$ 为沿 $\hat{\boldsymbol{X}}_{i-1}$ 轴，从 $\hat{\boldsymbol{Z}}_{i-1}$ 移动到 $\hat{\boldsymbol{Z}}_i$ 的距离；

$\alpha_{i-1}$ 为绕 $\hat{\boldsymbol{X}}_{i-1}$ 轴，从 $\hat{\boldsymbol{Z}}_{i-1}$ 旋转到 $\hat{\boldsymbol{Z}}_i$ 的角度；

$d_i$ 为沿 $\hat{\boldsymbol{Z}}_i$ 轴，从 $\hat{\boldsymbol{X}}_{i-1}$ 移动到 $\hat{\boldsymbol{X}}_i$ 的距离；

$\theta_i$ 为绕 $\hat{\boldsymbol{Z}}_i$ 轴，从 $\hat{\boldsymbol{X}}_{i-1}$ 旋转到 $\hat{\boldsymbol{X}}_i$ 的角度。

显然，按照上述定义，$a_{i-1}$ 始终大于或等于零，而 $\alpha_{i-1}$、$d_i$ 和 $\theta_i$ 则可能为正，也可能为负。并且坐标系 $\{i-1\}$ 和 $\{i\}$ 之间的关系可由 $a_{i-1}$、$\alpha_{i-1}$、$d_i$ 和 $\theta_i$ 四个参数确定。

对于首尾连杆，适当定义连杆坐标系，可以简化参数描述，也可以为后续的计算带来简化。对于首端连杆，由于基座（连杆 0）是固定的，因此坐标系 $\{0\}$ 是固定的，并通常被用作参考坐标系。由于连杆 0 前端没有关节，仅后端有关节 1，因此通常设定 $\hat{\boldsymbol{Z}}_0$ 轴沿关节轴 1 的方向，这样自然满足 $\hat{\boldsymbol{X}}_0$ 轴垂直于关节轴 1。一种更简单的选择是当关节变量 1 等于零时，使坐标系 $\{0\}$ 与坐标系 $\{1\}$ 重合，从而有 $a_0=0$，$\alpha_0=0$；并且当关节 1 为旋转关节时，有 $d_1=0$；当关节 1 为平移关节时，有 $\theta_1=0$。

连杆 $n$ 仅前端有关节，后端没有关节，因此 $\hat{\boldsymbol{Z}}_n$ 轴沿关节轴 $n$ 的方向，$\hat{\boldsymbol{X}}_n$ 轴的选择有任意性，只需保证与 $\hat{\boldsymbol{Z}}_n$ 轴垂直就可以了。对于转动关节 $n$，当 $\theta_n=0$ 时，选取 $\hat{\boldsymbol{X}}_n$ 轴使其与 $\hat{\boldsymbol{X}}_{n-1}$ 轴方向相同，并与 $\hat{\boldsymbol{X}}_{n-1}$ 轴沿同一条直线，则 $d_n=0$；对于平移关节 $n$，当 $d_n=0$ 时，选取 $\hat{\boldsymbol{X}}_n$ 轴使其与 $\hat{\boldsymbol{X}}_{n-1}$ 轴方向相同，并与 $\hat{\boldsymbol{X}}_{n-1}$ 轴沿同一条直线，则 $\theta_n=0$。

需要指出的是，上述方法建立的坐标系又称作改进的 D-H 坐标系，每个连杆固连的坐标系位于该连杆前端的关节轴上。用类似方法，也可将每个连杆坐标系固结于连杆末端的关节轴上，则坐标系 $\{i-1\}$ 和 $\{i\}$ 之间的关系改由参数 $a_i$、$\alpha_i$、$d_i$ 和 $\theta_i$ 决定，这里不再赘述。

**3. 建立机械臂运动学方程**

我们先推导相邻连杆坐标系之间变换矩阵的一般形式，然后将机械臂中的所有相邻连杆坐标系变换矩阵联立得到完整的机械臂运动学方程。即将求解连杆 $n$ 相对于连杆 0（基座）的位置和姿态矩阵 ${}^0_n\boldsymbol{T}$ 的问题分解为 $n$ 个子问题：求解 ${}^{i-1}_{i}\boldsymbol{T}(i=1,2,\cdots,n)$。

由上节分析可知，坐标系 $\{i\}$ 相对于坐标系 $\{i-1\}$ 的变换可由 $a_{i-1}$、$\alpha_{i-1}$、$d_i$ 和 $\theta_i$ 四个参数构成的函数（一个变量）描述，如果是旋转关节，变量是 $\theta_i$，如果是平移关节，变量为 $d_i$。由 3.1.2 节可知，坐标系 $\{i\}$ 可看作在坐标系 $\{i-1\}$ 的基础上经过一系列的平移和旋转运动得到。为分析方便起见，引入如图 3.13 所示的三个中间坐标系 $\{R\}$、$\{Q\}$ 和 $\{P\}$。

根据齐次变换矩阵的物理含义，可直接写出

$$
{}^{i-1}_{R}\boldsymbol{T}=\begin{bmatrix}1&0&0&0\\0&c\alpha_{i-1}&-s\alpha_{i-1}&0\\0&s\alpha_{i-1}&c\alpha_{i-1}&0\\0&0&0&1\end{bmatrix} \tag{3-29}
$$

$$
{}^{R}_{Q}\boldsymbol{T}=\begin{bmatrix}1&0&0&a_{i-1}\\0&1&0&0\\0&0&1&0\\0&0&0&1\end{bmatrix} \tag{3-30}
$$

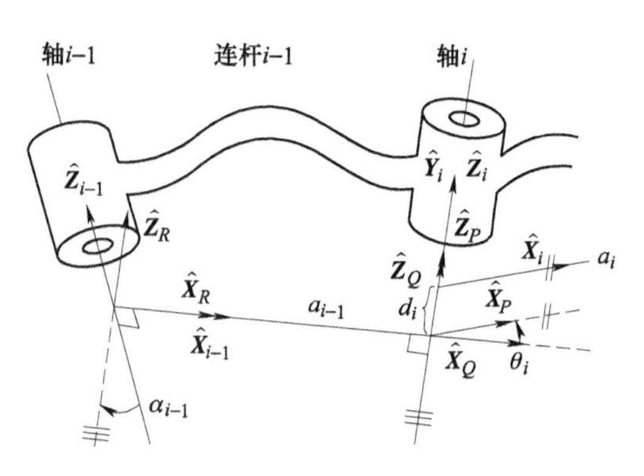


图 3.13　三个中间坐标系

$$ {}_{P}^{Q}\boldsymbol{T} = \begin{bmatrix} c\theta_i & -s\theta_i & 0 & 0 \\ s\theta_i & c\theta_i & 0 & 0 \\ 0 & 0 & 1 & 0 \\ 0 & 0 & 0 & 1 \end{bmatrix} \tag{3-31} $$

$$ {}_{i}^{P}\boldsymbol{T} = \begin{bmatrix} 1 & 0 & 0 & 0 \\ 0 & 1 & 0 & 0 \\ 0 & 0 & 1 & d_i \\ 0 & 0 & 0 & 1 \end{bmatrix} \tag{3-32} $$

其中 $S\alpha_{i-1} = \sin\alpha_{i-1}$，$c\alpha_{i-1} = \cos\alpha_{i-1}$，依此类推。联立式（3-29）~式（3-32）得

$$ \begin{aligned} {}_{i}^{i-1}\boldsymbol{T} &= {}_{R}^{i-1}\boldsymbol{T}{}_{Q}^{R}\boldsymbol{T}{}_{P}^{Q}\boldsymbol{T}{}_{i}^{P}\boldsymbol{T} \\ &= \begin{bmatrix} c\theta_i & -s\theta_i & 0 & a_{i-1} \\ s\theta_i c\alpha_{i-1} & c\theta_i c\alpha_{i-1} & -s\alpha_{i-1} & -s\alpha_{i-1}d_i \\ s\theta_i s\alpha_{i-1} & c\theta_i s\alpha_{i-1} & c\alpha_{i-1} & c\alpha_{i-1}d_i \\ 0 & 0 & 0 & 1 \end{bmatrix} \end{aligned} \tag{3-33} $$

需要指出的是，式（3-33）是按本节方法得到的 ${}_{i}^{i-1}\boldsymbol{T}$ 的一般表达式。若连杆坐标系固结在连杆末端，则对应的 ${}_{i}^{i-1}\boldsymbol{T}$ 与上式不同。

实际上，坐标系 $\{i\}$ 可看作由某个初始状态与坐标系 $\{i-1\}$ 重合的运动坐标系经过以下四步运动得到：①关于 $\hat{\boldsymbol{X}}_{i-1}$ 轴旋转 $\alpha_{i-1}$ 角得到坐标系 $\{R\}$；②沿着 $\hat{\boldsymbol{X}}_R$ 轴（即 $\hat{\boldsymbol{X}}_{i-1}$ 轴）平移 $a_{i-1}$ 的距离得到坐标系 $\{Q\}$；③关于 $\hat{\boldsymbol{Z}}_Q$ 轴（即 $\hat{\boldsymbol{Z}}_i$ 轴）旋转 $\theta_i$ 角得到坐标系 $\{P\}$；④沿着 $\hat{\boldsymbol{Z}}_Q$ 轴（即 $\hat{\boldsymbol{Z}}_i$ 轴）平移 $d_i$ 得到坐标系 $\{i\}$。

在确定 $n$ 关节机器人相邻连杆坐标系间的变换的基础上，则末端连杆坐标系 $\{n\}$ 在基坐标系 $\{0\}$ 中的位姿可表示为

$$ {}_{n}^{0}\boldsymbol{T} = {}_{1}^{0}\boldsymbol{T}{}_{2}^{1}\boldsymbol{T}{}_{3}^{2}\boldsymbol{T}\cdots{}_{n}^{n-1}\boldsymbol{T} \tag{3-34} $$

这就是机器人的运动学方程。这里变换矩阵 ${}_{n}^{0}\boldsymbol{T}$ 是 $n$ 个关节变量的函数。若机器人的各关节位置已知，则末端执行器的位置和姿态就能通过式（3-34）得到。

## 3.2 机器人动力学

机器人动力学描述作用在各关节的驱动力/力矩和其他外力与机器人的运动之间的关系。机器人动力学包含两个基本问题：①已知各关节的运动，即 $\boldsymbol{\theta} = [\theta_1, \theta_2, \cdots, \theta_n]^{\mathrm{T}}$、$\dot{\boldsymbol{\theta}}$ 和 $\ddot{\boldsymbol{\theta}}$，求关节力矩 $\boldsymbol{\tau} = [\tau_1, \tau_2, \cdots, \tau_n]^{\mathrm{T}}$；②已知关节力矩 $\boldsymbol{\tau}$，求各关节的运动。

需要说明的是，本章不考虑驱动器本身的动力学问题，假定能在机器人关节处施加任意力矩。这样，只需研究机器人的固有力学特性，而无须考虑特定机器人的关节是如何驱动的。

显然，解决动力学问题不仅涉及位置描述，还涉及速度和加速度。机器人连杆的位置是用三维空间的位置矢量描述的，因而解决动力学不仅涉及位置矢量，还涉及它的一阶导数和二阶导数。需要注意的是，位置矢量和速度矢量、加速度矢量属于不同的类型。矢量可分为

两类：线矢量和自由矢量。线矢量是与作用线（点）有关的矢量，作用效果取决于矢量的大小和方向，如位置矢量、力矢量。与之相对的，自由矢量是与位置无关的矢量，如纯力矩矢量、速度矢量和加速度矢量。线矢量在不同坐标系间的变换可用齐次变换矩阵表示；而对于自由矢量，所有计算都是关于大小和方向的，因而自由矢量在不同的坐标系间的变换只与旋转矩阵有关，原点的位移在变换中不会涉及。

**1. 位置矢量的微分**

位置矢量微分（空间点的速度）的值与两个坐标系有关：①进行微分的坐标系，即相对于哪个坐标系（的原点）的线速度或线加速度；②描述速度矢量的坐标系，该线速度或线加速度在哪个坐标系中表示。

例如，$Q$ 点在坐标系 $\{B\}$ 中用向量 ${}^B\boldsymbol{Q}$ 表示，根据一阶导数的定义，${}^B\boldsymbol{Q}$ 的微分可表示为

$$
{}^B\boldsymbol{V}_Q = \frac{\mathrm{d}}{\mathrm{d}t}{}^B\boldsymbol{Q} = \lim_{\Delta t \to 0}\frac{{}^B\boldsymbol{Q}(t+1) - {}^B\boldsymbol{Q}(t)}{\Delta t} \tag{3-35}
$$

显然，上式中的符号表示意味着 ${}^B\boldsymbol{V}_Q = {}^B({}^B\boldsymbol{V}_Q)$，即 ${}^B\boldsymbol{V}_Q$ 表示在坐标系 $\{B\}$ 中表示的 $Q$ 点相对于坐标系 $\{B\}$ 的原点的速度。${}^B\boldsymbol{Q}$ 的微分在坐标系 $\{A\}$ 中表示为

$$
{}^A({}^B\boldsymbol{V}_Q) = {}^A_B\boldsymbol{R}\,{}^B\boldsymbol{V}_Q \tag{3-36}
$$

在本章中用 $\boldsymbol{v}_C = \boldsymbol{V}_{\mathrm{CORG}}$ 表示坐标系 $\{C\}$ 的原点相对于与地面固连在一起的参考坐标系的线速度，$\dot{\boldsymbol{v}}_C = \dot{\boldsymbol{V}}_{\mathrm{CORG}}$ 表示坐标系 $\{C\}$ 的原点相对于参考坐标系 $\{U\}$ 的线加速度。${}^A\boldsymbol{v}_C$ 表示坐标系 $\{C\}$ 的原点的速度在 $\{A\}$ 中的描述。

**2. 角速度矢量及其微分**

我们用 ${}^A\boldsymbol{\Omega}_B$ 表示坐标系 $\{B\}$ 相对于坐标系 $\{A\}$ 的旋转速度矢量，方向指向坐标系 $\{B\}$ 相对于坐标系 $\{A\}$ 旋转的转轴方向，大小表示旋转速率。在本章中用 $\boldsymbol{\omega}_C$ 表示坐标系 $\{C\}$ 相对于与地面固连在一起的惯性参考坐标系的旋转角速度，$\dot{\boldsymbol{\omega}}_C$ 表示坐标系 $\{C\}$ 相对于惯性参考坐标系的旋转角加速度；${}^A\boldsymbol{\omega}_C$ 表示坐标系 $\{C\}$ 相对于惯性参考坐标系的角速度在 $\{A\}$ 中的描述。

### 3.2.1 速度传递与雅可比矩阵

**1. 刚体的速度**

无论是平移运动还是旋转运动都会引起刚体的线速度。本节首先讨论仅由平移和仅由旋转引起的线速度，然后再讨论一般情况。

（1）平移引起的线速度

若已知 $Q$ 点相对于坐标系 $\{B\}$ 的速度 ${}^B\boldsymbol{V}_Q$，并假设坐标系 $\{B\}$ 和坐标系 $\{A\}$ 的相对方位保持不变，如图 3.14 所示，则有

$$
{}^A\boldsymbol{V}_Q = {}^A\boldsymbol{V}_{\mathrm{BORG}} + {}^A_B\boldsymbol{R}\,{}^B\boldsymbol{V}_Q \tag{3-37}
$$

（2）旋转角速度引起的线速度

为简化分析，这里仅考虑纯粹的旋转角速度引起的线速度。假设坐标系 $\{B\}$ 和坐标系 $\{A\}$ 的原点重合，并保持相对线速度为零，坐标系 $\{B\}$ 相对于坐标系 $\{A\}$ 的旋转角速度为 ${}^A\boldsymbol{\Omega}_B$，空间点 $Q$ 为坐标系 $\{B\}$ 中一固定点，如图 3.15 所示。

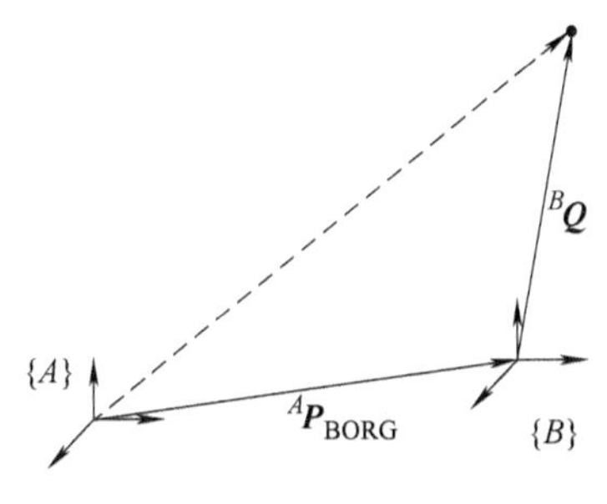


图 3.14　平移引起的线速度

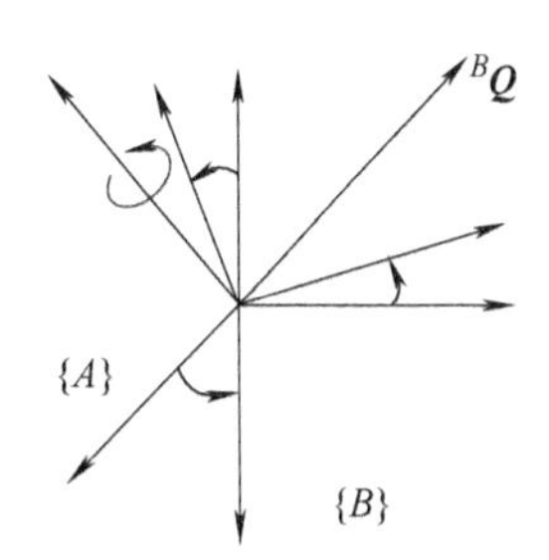


图 3.15　旋转角速度引起的线速度

随着坐标系 {B} 的旋转，$Q$ 点在空间的位置也将发生变化。下面分析 $Q$ 点相对于坐标系 {A} 的线速度。如图 3.16 所示，由于 $Q$ 点相对于坐标系 {B} 固定，$^{B}\boldsymbol{V}_{Q}=0$，显然 $Q$ 点相对于坐标系 {A} 的线速度是仅由旋转角速度 $^{A}\boldsymbol{\Omega}_{B}$ 引起的。为便于分析，假设由于坐标系 {B} 相对坐标系 {A} 以角速度 $^{A}\boldsymbol{\Omega}_{B}$ 旋转，则 $Q$ 围绕 $^{A}\boldsymbol{\Omega}_{B}$ 的旋转轴沿圆周运动，圆周半径为 $|^{A}\boldsymbol{Q}|\sin\theta$，其中 $\theta$ 为 $^{A}\boldsymbol{Q}$ 与旋转轴之间的夹角。设 $t$ 时刻到 $t$+1 时刻的时间间隔为 $\Delta t$，$Q$ 点从 $t$ 时刻到 $t$+1 时刻的位移用 $\Delta Q$ 表示，如图 3.16 所示，则

$$\lim_{\Delta t\to 0}|\Delta Q|=(|^{A}\boldsymbol{Q}|\sin\theta)(|^{A}\boldsymbol{\Omega}_{B}|\Delta t) \tag{3-38}$$

图 3.16　$Q$ 点相对于坐标系 {A} 的线速度

因此有

$$^{A}\boldsymbol{V}_{Q}={}^{A}\boldsymbol{\Omega}_{B}\times{}^{A}\boldsymbol{Q} \tag{3-39}$$

（3）一般情况

在式（3-39）的基础上，若 $Q$ 相对于 {B} 不固定，则

$$^{A}\boldsymbol{V}_{Q}={}_{B}^{A}\boldsymbol{R}\,{}^{B}\boldsymbol{V}_{Q}+{}^{A}\boldsymbol{\Omega}_{B}\times({}_{B}^{A}\boldsymbol{R}\,{}^{B}\boldsymbol{Q}) \tag{3-40}$$

其中，$^{B}\boldsymbol{V}_{Q}$ 前的旋转矩阵 ${}_{B}^{A}\boldsymbol{R}$ 将 $Q$ 点相对于坐标系 {B} 原点的线速度投影到坐标系 {A} 的 $XYZ$ 轴上，即将其在坐标系 {A} 中表示。

若 {A} 与 {B} 的原点不重合，则进一步有

$$^{A}\boldsymbol{V}_{Q}={}^{A}\boldsymbol{V}_{\text{BORG}}+{}_{B}^{A}\boldsymbol{R}\,{}^{B}\boldsymbol{V}_{Q}+{}^{A}\boldsymbol{\Omega}_{B}\times({}_{B}^{A}\boldsymbol{R}\,{}^{B}\boldsymbol{Q}) \tag{3-41}$$

式（3-41）是从固定坐标系观测到的运动坐标系中点的线速度的一般形式，因此运动坐标系 {B} 中的一点 $Q$ 相对于固定的参考坐标系的速度由以下三个速度矢量合成：①$Q$ 点相对于运动坐标系 {B} 原点的线速度；②由于坐标系 {B} 旋转产生的线速度；③由于坐标系 {B} 平移产生的线速度。

实际上，式（3-7）还可以通过以下分析得到。由式（3-14）有

$$^{A}\boldsymbol{Q}={}_{B}^{A}\boldsymbol{R}\,{}^{B}\boldsymbol{Q}+{}^{A}\boldsymbol{P}_{\text{BORG}} \tag{3-42}$$

上式两端对时间求导得

$$^{A}\boldsymbol{V}_{Q}={}_{B}^{A}\boldsymbol{R}\,{}^{B}\boldsymbol{V}_{Q}+{}_{B}^{A}\dot{\boldsymbol{R}}\cdot{}^{B}\boldsymbol{Q}+{}^{A}\boldsymbol{V}_{\text{BORG}} \tag{3-43}$$

由于式（3-41）和式（3-43）在任意的旋转和平移下均成立，因此两式右侧各项对应相等，从而有

$$ {}_B^A\dot{\boldsymbol{R}} = {}^A\boldsymbol{\Omega}_B \times {}_B^A\boldsymbol{R} \tag{3-44}$$

实际上，对于任意旋转矩阵${}_B^A\boldsymbol{R}$，由于它是正交矩阵，因而有

$$ {}_B^A\boldsymbol{R}{}_B^A\boldsymbol{R}^{\mathrm{T}} = \boldsymbol{I}_n \tag{3-45}$$

其中，$\boldsymbol{I}_n$ 为 $n$ 维单位矩阵。对式（3-45）两端求导，并令 $\boldsymbol{S} = {}_B^A\dot{\boldsymbol{R}}{}_B^A\boldsymbol{R}^{\mathrm{T}}$，则

$$\boldsymbol{S} + \boldsymbol{S}^{\mathrm{T}} = 0 \tag{3-46}$$

显然，$\boldsymbol{S}$ 是反对称矩阵。正交矩阵${}_B^A\boldsymbol{R}$ 的微分与反对称矩阵 $\boldsymbol{S}$ 之间存在如下关系：

$$\boldsymbol{S} = {}_B^A\dot{\boldsymbol{R}}{}_B^A\boldsymbol{R}^{-1} \tag{3-47}$$

即 ${}_B^A\dot{\boldsymbol{R}} = \boldsymbol{S}{}_B^A\boldsymbol{R}$。结合式（3-44）有

$$ {}_B^A\dot{\boldsymbol{R}} = {}^A\boldsymbol{\Omega}_B \times {}_B^A\boldsymbol{R} = \boldsymbol{S}{}_B^A\boldsymbol{R} \tag{3-48}$$

其中

$$\boldsymbol{S} = \begin{bmatrix} 0 & -\Omega_z & \Omega_y \\ \Omega_z & 0 & -\Omega_x \\ -\Omega_y & \Omega_x & 0 \end{bmatrix} \qquad {}^A\boldsymbol{\Omega}_B = \begin{bmatrix} \Omega_x \\ \Omega_y \\ \Omega_z \end{bmatrix} \tag{3-49}$$

**2. 机器人连杆间的速度传递**

在 3.1 节已经给出了各关节位置 $\boldsymbol{\theta} = [\theta_1 \quad \theta_2 \quad \cdots \quad \theta_n]^{\mathrm{T}}$ 已知的情况下，求解各连杆在笛卡尔空间的位置的方法。本节进一步分析在机械臂各关节的运动已知，即 $\boldsymbol{\theta} = [\theta_1 \quad \theta_2 \quad \cdots \quad \theta_n]^{\mathrm{T}}$ 和 $\dot{\boldsymbol{\theta}} = [\dot{\theta}_1 \quad \dot{\theta}_2 \quad \cdots \quad \dot{\theta}_n]^{\mathrm{T}}$ 均已知的情况下，确定各连杆在笛卡尔空间运动的方法。

对于 n 个自由度的固定基座的机械臂来说，每个连杆的运动可用固连在该连杆上的坐标系的线速度和角速度描述。由于基座（连杆 0）固定，各连杆的速度可由基座开始依次计算。

设连杆 $i$ 即坐标系 $\{i\}$ 的线速度用$\boldsymbol{v}_i$ 表示，旋转角速度用 $\boldsymbol{\omega}_i$ 表示，$i=1, \cdots, n$。如图 3.17 所示，连杆 $i+1$ 的速度就是连杆 $i$ 的速度加上由关节 $i+1$ 的运动引入的速度增量。下面分析当连杆 $i$ 的线速度$\boldsymbol{v}_i$ 和角速度 $\boldsymbol{\omega}_i$、关节 $i+1$ 的运动已知时，连杆 $i+1$ 的运动表示。

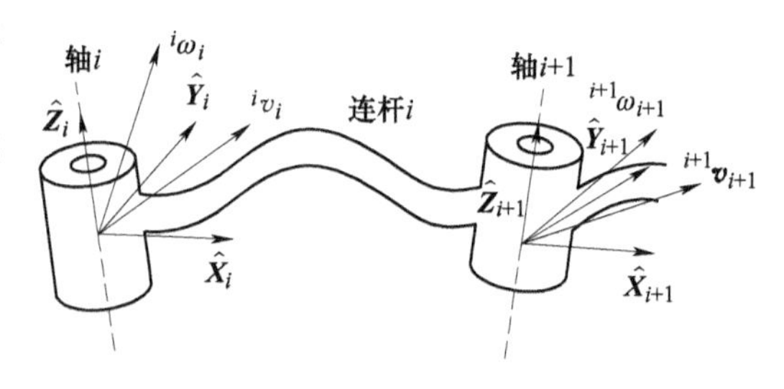

图 3.17　连杆间的速度传递

（1）旋转关节

若关节 $i+1$ 为旋转关节，连杆 $i+1$ 的角速度等于连杆 $i$ 的角速度与关节 $i+1$ 的角速度的叠加，当这两个角速度都是在同一个坐标系中表示时，这些角速度可以相加，因此有

$$\boldsymbol{\omega}_{i+1} = \boldsymbol{\omega}_i + \dot{\theta}_{i+1}\hat{\boldsymbol{Z}}_{i+1} \tag{3-50}$$

其中，$\hat{\boldsymbol{Z}}_{i+1}$ 表示关节 $i+1$ 的旋转轴方向，显然，它是关节角度 $\theta_1$，…，$\theta_i$ 的函数，而该单位矢量在当地连杆坐标系 $\{i+1\}$ 中的表示为 ${}^{i+1}\hat{\boldsymbol{Z}}_{i+1}=[0\ 0\ 1]^{\mathrm{T}}$。式（3-50）也可以在坐标系 $\{i\}$ 中表示为

$$ {}^{i}\boldsymbol{\omega}_{i+1}={}^{i}\boldsymbol{\omega}_i+{}_{i+1}^{i}\boldsymbol{R}\dot{\theta}_{i+1}{}^{i+1}\hat{\boldsymbol{Z}}_{i+1}，\text{这里 } \dot{\theta}_{i+1}{}^{i+1}\hat{\boldsymbol{Z}}_{i+1}=[0\ 0\ \dot{\theta}_{i+1}]^{\mathrm{T}} \tag{3-51}$$

等式两边同时左乘 ${}_{i}^{i+1}\boldsymbol{R}$，将在坐标系 $\{i\}$ 中表示的角速度转换为在坐标系 $\{i+1\}$ 中表示

$$ {}^{i+1}\boldsymbol{\omega}_{i+1}={}_{i}^{i+1}\boldsymbol{R}{}^{i}\boldsymbol{\omega}_i+\dot{\theta}_{i+1}{}^{i+1}\hat{\boldsymbol{Z}}_{i+1} \tag{3-52}$$

若关节 $i+1$ 为旋转关节，其旋转不会改变坐标系 $\{i+1\}$ 的原点位置，连杆 $i+1$ 的线速度即坐标系 $\{i+1\}$ 的原点的线速度等于坐标系 $\{i\}$ 的原点的线速度加上由于关节 $i$ 旋转引起的速度增量；又坐标系 $\{i+1\}$ 的原点是坐标系 $\{i\}$ 中的固定点，即 ${}^{i}\boldsymbol{P}_{i+1}$ 等于常数。由式（3-41），将固定的基座坐标系 $\{0\}$ 看作参考坐标系 $\{A\}$，将坐标系 $\{i\}$ 看作运动坐标系 $\{B\}$，将坐标系 $\{i+1\}$ 的原点看作 $Q$ 点，则坐标系 $\{i+1\}$ 的线速度可表示为

$$ {}^{i}\boldsymbol{v}_{i+1}={}^{i}\boldsymbol{v}_i+{}^{i}\boldsymbol{\omega}_i\times{}^{i}\boldsymbol{P}_{i+1} \tag{3-53}$$

等式两边同时左乘 ${}_{i}^{i+1}\boldsymbol{R}$ 得

$$ {}^{i+1}\boldsymbol{v}_{i+1}={}_{i}^{i+1}\boldsymbol{R}({}^{i}\boldsymbol{v}_i+{}^{i}\boldsymbol{\omega}_i\times{}^{i}\boldsymbol{P}_{i+1}) \tag{3-54}$$

（2）平移关节

若关节 $i+1$ 为平移关节，连杆 $i+1$ 和连杆 $i$ 的旋转角速度一致，有

$$ {}^{i+1}\boldsymbol{\omega}_{i+1}={}_{i}^{i+1}\boldsymbol{R}{}^{i}\boldsymbol{\omega}_i \tag{3-55}$$

而坐标系 $\{i+1\}$ 的原点的线速度等于坐标系 $\{i\}$ 的原点的线速度加上由于关节 $i$ 旋转引起的速度增量和关节 $i+1$ 平移引起的速度增量，根据式（3-41）有

$$ {}^{i+1}\boldsymbol{v}_{i+1}={}_{i}^{i+1}\boldsymbol{R}({}^{i}\boldsymbol{v}_i+{}^{i}\boldsymbol{\omega}_i\times{}^{i}\boldsymbol{P}_{i+1})+\dot{d}_{i+1}{}^{i+1}\hat{\boldsymbol{Z}}_{i+1} \tag{3-56}$$

由于基座静止，${}^{0}\boldsymbol{\omega}_0$ 和 ${}^{0}\boldsymbol{v}_0$ 已知。根据式（3-52）、式（3-54）~式(3-56）可以从基座开始依次计算连杆 2，…，连杆 $i$，…，连杆 $n$ 的角速度和线速度，从而得到描述末端手爪运动的 ${}^{n}\boldsymbol{\omega}_n$ 和 ${}^{n}\boldsymbol{v}_n$。当然这两个量是在坐标系 $\{n\}$ 中表示的，若左乘旋转矩阵 ${}_{n}^{0}\boldsymbol{R}$ 则可以得到它们在坐标系 $\{0\}$ 中的表示 ${}^{0}\boldsymbol{\omega}_n$ 和 ${}^{0}\boldsymbol{v}_n$。

**例 3-1**　对如图 3.18 所示 2DOF 机械臂，求操作臂末端 $P$ 点的速度。

**解：**建立连杆坐标系，如图 3.19 所示，列写 D-H 参数见表 3.1。据式（3-33）有

$$ {}_{1}^{0}\boldsymbol{T}=\begin{bmatrix} c_1 & -s_1 & 0 & 0\\ s_1 & c_1 & 0 & 0\\ 0 & 0 & 1 & 0\\ 0 & 0 & 0 & 1\end{bmatrix}\qquad {}_{2}^{1}\boldsymbol{T}=\begin{bmatrix} c_2 & -s_2 & 0 & L_1\\ s_2 & c_2 & 0 & 0\\ 0 & 0 & 1 & 0\\ 0 & 0 & 0 & 1\end{bmatrix}$$

其中，$S_{\mathrm{i}}=\sin\theta_i$，$c_i=\cos\theta_i$。

**表 3.1　2DOF 机械臂的 D-H 参数**

| $i$ | $\alpha_{i-1}$ | $a_{i-1}$ | $d_i$ | $\theta_i$ |
|---|---|---|---|---|
| 1 | 0 | 0 | 0 | $\theta_1$ |
| 2 | 0 | $L_1$ | 0 | $\theta_2$ |

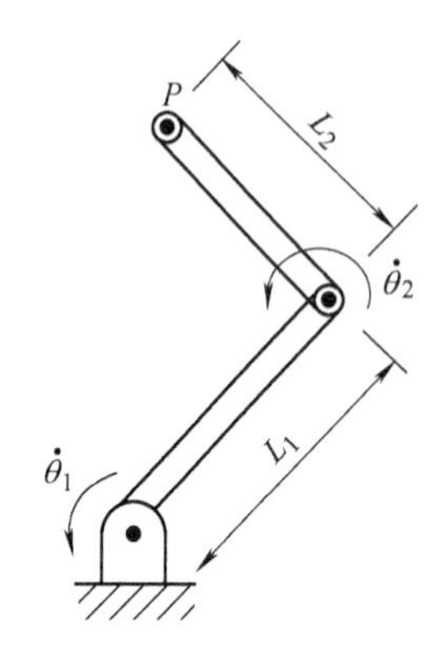


图 3.18　2DOF 机械臂示意

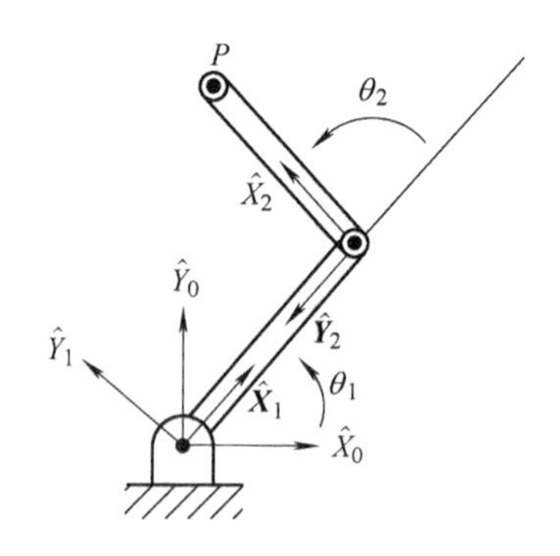


图 3.19　建立连杆坐标系

由于基座固定，${}^0\boldsymbol{\omega}_0=0$，${}^0\boldsymbol{v}_0=0$（这里的 0 为相应维数的向量），根据式（3-52）和式（3-54）可依次求得坐标系｛1｝和｛2｝的角速度和线速度

$$
{}^1\boldsymbol{\omega}_1=\begin{bmatrix}0\\0\\\dot{\theta}_1\end{bmatrix},\quad {}^1\boldsymbol{v}_1=\begin{bmatrix}0\\0\\0\end{bmatrix}
$$

$$
{}^2\boldsymbol{\omega}_2=\begin{bmatrix}0\\0\\\dot{\theta}_1+\dot{\theta}_2\end{bmatrix},\quad {}^2\boldsymbol{v}_2=\begin{bmatrix}c_2 & s_2 & 0\\-s_2 & c_2 & 0\\0 & 0 & 1\end{bmatrix}\begin{bmatrix}0\\L_1\dot{\theta}_1\\0\end{bmatrix}=\begin{bmatrix}L_1s_2\dot{\theta}_1\\L_1c_2\dot{\theta}_1\\0\end{bmatrix}
$$

这里，${}^2\boldsymbol{\omega}_2$ 即为末端杆件的旋转角速度。由于机械臂末端点是坐标系｛2｝中的固定点，根据式（3-54），$P$ 点的线速度可表示为

$$
{}^2\boldsymbol{v}_p={}^2\boldsymbol{v}_2+{}^2\boldsymbol{\omega}_2\times{}^2\boldsymbol{P}=\begin{bmatrix}L_1s_2\dot{\theta}_1\\L_1c_2\dot{\theta}_1+L_2(\dot{\theta}_1+\dot{\theta}_2)\\0\end{bmatrix} \tag{3-57}
$$

末端点的速度在坐标系｛0｝中的表示为

$$
{}^0\boldsymbol{v}_p={}^0_2\boldsymbol{R}\,{}^2\boldsymbol{v}_p=\begin{bmatrix}c_{12} & -s_{12} & 0\\s_{12} & c_{12} & 0\\0 & 0 & 1\end{bmatrix}{}^2\boldsymbol{v}_p
$$

$$
=\begin{bmatrix}L_1(c_{12}s_2-s_{12}c_2)\dot{\theta}_1-L_2s_{12}(\dot{\theta}_1+\dot{\theta}_2)\\L_1(s_{12}s_2+c_{12}c_2)\dot{\theta}_1+L_2c_{12}(\dot{\theta}_1+\dot{\theta}_2)\\0\end{bmatrix}=\begin{bmatrix}-L_1s_1\dot{\theta}_1-L_2s_{12}(\dot{\theta}_1+\dot{\theta}_2)\\L_1c_1\dot{\theta}_1+L_2c_{12}(\dot{\theta}_1+\dot{\theta}_2)\\0\end{bmatrix} \tag{3-58}
$$

其中，$S_{12}=\sin(\theta_1+\theta_2)$，$c_{12}=\cos(\theta_1+\theta_2)$。

**3. 雅可比矩阵**

若对 $\boldsymbol{X}=[X_1\quad X_2\quad\cdots\quad X_n]\in R^n$，有 $\boldsymbol{Y}=\boldsymbol{f}(\boldsymbol{X})$，$\boldsymbol{f}=[f_1\quad f_2\quad\cdots\quad f_m]^{\mathrm{T}}$ 为 $m$ 维实函数，则根据多元函数求导法则可得

$$\delta \boldsymbol{Y} = \frac{\partial f}{\partial \boldsymbol{X}} \delta \boldsymbol{X} \tag{3-59}$$

其中，$\frac{\partial f}{\partial \boldsymbol{X}} = \left\{ \frac{\partial f_i}{\partial X_j} \right\}_{m \times n}$，显然它是 $X_j$，$j = 1$，…，$n$ 的函数，令 $\boldsymbol{J}(\boldsymbol{X}) = \frac{\partial f}{\partial \boldsymbol{X}}$，将式（3-59）两端同时除以引起 $\delta \boldsymbol{X}$ 的时间间隔 $\Delta t$，当 $\Delta t \to 0$ 有

$$\dot{\boldsymbol{Y}} = \boldsymbol{J}(\boldsymbol{X}) \dot{\boldsymbol{X}} \tag{3-60}$$

其中，$\boldsymbol{J}(\boldsymbol{X})$ 被称为雅可比矩阵，它描述了速度 $\dot{\boldsymbol{X}}$ 到速度 $\dot{\boldsymbol{Y}}$ 的映射。在任一时刻，$\boldsymbol{X}$ 是一个确定的值，$\boldsymbol{J}(\boldsymbol{X})$ 也是确定值，因此 $\boldsymbol{J}(\boldsymbol{X})$ 描述了 $\dot{\boldsymbol{X}}$ 与 $\dot{\boldsymbol{Y}}$ 之间的线性变换关系。需要注意的是，雅可比矩阵是 $\boldsymbol{X}$ 的函数，当 $\boldsymbol{X}$ 随着时间变化时，$\boldsymbol{J}(\boldsymbol{X})$ 也随之改变，因此式（3-60）描述的是一种时变线性变换。

在机器人学中，通常用雅可比矩阵描述关节速度与机械臂末端在笛卡尔空间的速度之间的关系。以六个关节的机械臂为例，有

$$\begin{bmatrix} \boldsymbol{v} \\ \boldsymbol{\omega} \end{bmatrix} = \boldsymbol{J}(\boldsymbol{\theta}) \dot{\boldsymbol{\theta}} \tag{3-61}$$

其中，$\boldsymbol{v}$ 和 $\boldsymbol{\omega}$ 均为 $3 \times 1$ 维矢量，分别表示末端连杆在笛卡尔空间的线速度和角速度，$\boldsymbol{\theta}$ 和 $\dot{\boldsymbol{\theta}}$ 均为 $6 \times 1$ 维矢量，分别表示六个关节对应的角度和角速度矢量。对于任意已知的机械臂位形，关节速度和末端连杆速度间的关系都是线性的。需要注意的是，雅可比矩阵不一定是方阵。

（1）雅可比矩阵的奇异性

雅可比矩阵描述了关节速度和笛卡尔速度之间的线性变换关系，这个变换可逆吗？显然，该线性变换的可逆性取决于雅可比矩阵是否奇异。如果这个矩阵非奇异，则在已知笛卡尔速度的情况下，可直接求解关节速度，即

$$\dot{\boldsymbol{\theta}} = \boldsymbol{J}^{-1}(\boldsymbol{\theta}) \begin{bmatrix} \boldsymbol{v} \\ \boldsymbol{\omega} \end{bmatrix} \tag{3-62}$$

因此，雅可比矩阵 $\boldsymbol{J}(\boldsymbol{\theta})$ 可逆与否，取决于 $\boldsymbol{\theta}$ 对应的机器人位形。使雅可比矩阵奇异的 $\boldsymbol{\theta}$ 对应的位形称为奇异位形。大多数机器人都有奇异位形。奇异位形大致可分为两类：

1）工作空间边界的奇异位形：末端手爪位于工作空间边界时，机械臂处于完全展开或完全收回的状态。

2）工作空间内部的奇异位形：处于工作空间内部，通常由两个或两个以上关节轴线共线引起。

当机械臂处于奇异位形时，它失去了一个或多个自由度。这意味着，无论选择什么样的关节速度，都无法使机械臂末端在笛卡尔空间的某个方向上运动。

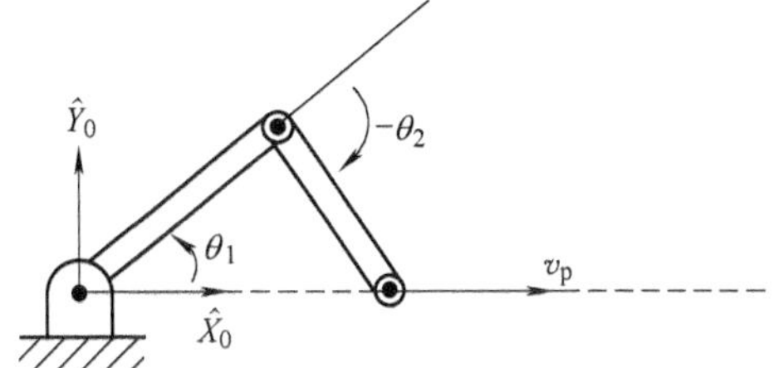


图 3.20　例 3-2 图

**例 3-2**　对于图 3.18 所示的两关节平面机械臂，要求末端执行器沿 $\hat{\boldsymbol{X}}$ 轴以 0.3m/s 的速度运动（见图 3.20），比较所需关节速度在远离奇异位形和接近奇异位形时的不同。

**解**：式（3-62）可改写为

$$ {}^{0}\boldsymbol{v}_p = {}^{0}\boldsymbol{J}(\boldsymbol{\theta})\boldsymbol{\theta}\ ,\ {}^{0}\boldsymbol{J}(\boldsymbol{\theta}) = \begin{bmatrix} -L_1s_1 - L_2s_{12} & -L_2s_{12} \\ L_1c_1 + L_2c_{12} & L_2c_{12} \end{bmatrix} \tag{3-63} $$

其中，$S_{ij}=\sin(\theta_i+\theta_j)$，$c_{ij}=\cos(\theta_i+\theta_j)$。当 $\det(\boldsymbol{J}(\boldsymbol{\theta}))=L_1L_2s_2=0$ 时，雅可比矩阵奇异，即 $\theta_2=0°\text{or }180°$ 时机械臂处于奇异位形，此时手臂完全伸直或完全收回。

若雅可比矩阵非奇异，${}^{0}\boldsymbol{J}(\boldsymbol{\theta})$ 的逆存在，则有

$$ \boldsymbol{\theta} = {}^{0}\boldsymbol{J}^{-1}(\boldsymbol{\theta})\,{}^{0}\boldsymbol{v}_p = \frac{1}{L_1L_2s_2}\begin{bmatrix} L_2c_{12} & L_2s_{12} \\ -L_1c_1 - L_2c_{12} & -L_1s_1 - L_2s_{12} \end{bmatrix}\begin{bmatrix} 0.3 \\ 0 \end{bmatrix} \tag{3-64} $$

即 $\dot{\theta}_1=\dfrac{0.3c_{12}}{L_1s_2}$，$\dot{\theta}_2=-\dfrac{0.3}{s_2}\left(\dfrac{c_1}{L_2}+\dfrac{c_{12}}{L_1}\right)$。显然当远离奇异位形时，末端执行器以 0.3m/s 的速度沿水平方向运动很容易实现；但当 $\theta_2$ 接近于 0° 或 180° 时，为保持末端的水平速度，要求两个关节的角速度趋于无穷大，这是无法实现的。

对于式（3-61），若等号左侧的末端连杆笛卡尔速度在不同的坐标系中表示，等号右侧的笛卡尔矩阵也将随之变化。假设式（3-61）在两个不同的坐标系 $\{A\}$ 和 $\{B\}$ 中的表示分别为

$$ \begin{bmatrix} {}^{A}\boldsymbol{v} \\ {}^{A}\boldsymbol{\omega} \end{bmatrix} = {}^{A}\boldsymbol{J}(\boldsymbol{\theta})\dot{\boldsymbol{\theta}} \tag{3-65} $$

$$ \begin{bmatrix} {}^{B}\boldsymbol{v} \\ {}^{B}\boldsymbol{\omega} \end{bmatrix} = {}^{B}\boldsymbol{J}(\boldsymbol{\theta})\dot{\boldsymbol{\theta}} \tag{3-66} $$

由于 ${}^{A}\boldsymbol{v}={}^{A}_{B}\boldsymbol{R}\,{}^{B}\boldsymbol{v}$，${}^{A}\boldsymbol{\omega}={}^{A}_{B}\boldsymbol{R}\,{}^{B}\boldsymbol{\omega}$ 即

$$ \begin{bmatrix} {}^{A}\boldsymbol{v} \\ {}^{A}\boldsymbol{\omega} \end{bmatrix} = \begin{bmatrix} {}^{A}_{B}\boldsymbol{R} & 0 \\ 0 & {}^{A}_{B}\boldsymbol{R} \end{bmatrix}\begin{bmatrix} {}^{B}\boldsymbol{v} \\ {}^{B}\boldsymbol{\omega} \end{bmatrix} \tag{3-67} $$

联立式（3-65）~式（3-67）得

$$ {}^{A}\boldsymbol{J}(\boldsymbol{\theta}) = \begin{bmatrix} {}^{A}_{B}\boldsymbol{R} & 0 \\ 0 & {}^{A}_{B}\boldsymbol{R} \end{bmatrix}{}^{B}\boldsymbol{J}(\boldsymbol{\theta}) \tag{3-68} $$

显然，${}^{A}\boldsymbol{J}(\boldsymbol{\theta})$ 和 ${}^{B}\boldsymbol{J}(\boldsymbol{\theta})$ 具有同样的奇异性，即机器人位形的奇异性与速度矢量在哪个坐标系中表示无关。

（2）力域中的雅可比矩阵

当力作用在机构上时，如果机构产生了位移，则这个力就做了功。如果令位移趋于无穷小就可以用虚功原理来描述。由于功具有能量单位，它在任何广义坐标系下的测量值都相同。设 $\boldsymbol{F}$ 是作用在 $n$DOF 机械臂末端执行器上的在笛卡尔空间描述的六维力-力矩矢量，$\delta\boldsymbol{P}$ 是在 $\boldsymbol{F}$ 的作用下产生的末端执行器的无穷小位移矢量（六维矢量），$\boldsymbol{\tau}$ 是关节力矩矢量，$\delta\boldsymbol{\theta}$ 是无穷小的关节位移矢量。根据虚功原理有

$$ \boldsymbol{F}\cdot\delta\boldsymbol{P} = \boldsymbol{\tau}\cdot\delta\boldsymbol{\theta} \tag{3-69} $$

根据雅可比矩阵的定义有 $\delta\boldsymbol{P}=\boldsymbol{J}(\boldsymbol{\theta})\delta\boldsymbol{\theta}$，代入式（3-69）有

$$ \boldsymbol{F}^{\mathrm{T}}\boldsymbol{J}(\boldsymbol{\theta})\delta\boldsymbol{\theta} = \boldsymbol{\tau}^{\mathrm{T}}\delta\boldsymbol{\theta} \tag{3-70} $$

由于对任意 $\delta\boldsymbol{\theta}$，上式均成立，所以有

$$\boldsymbol{F}^{\mathrm{T}}\boldsymbol{J}(\boldsymbol{\theta})=\boldsymbol{\tau}^{\mathrm{T}}$$

等式两端求转置得

$$\boldsymbol{\tau}=\boldsymbol{J}^{\mathrm{T}}\mathrm{F} \tag{3-71}$$

可见，雅可比矩阵的转置将作用在机械臂上的（六维）力直接映射为等效的关节力矩。这在分析末端受到外力作用的机器人动力学建模问题时是个非常有效的工具。

### 3.2.2 刚体的加速度

**1. 线加速度**

为了得到线加速度的一般形式，将式（3-41）两端分别对时间求导得

$${}^{A}\dot{\boldsymbol{V}}_{Q}={}^{A}\dot{\boldsymbol{V}}_{\mathrm{BORG}}+\frac{\mathrm{d}}{\mathrm{d}t}({}_{B}^{A}\boldsymbol{R}^{B}\boldsymbol{V}_{Q})+{}^{A}\dot{\boldsymbol{\Omega}}_{B}\times{}_{B}^{A}\boldsymbol{R}^{B}\boldsymbol{Q}+{}^{A}\boldsymbol{\Omega}_{B}\times\frac{\mathrm{d}}{\mathrm{d}t}({}_{B}^{A}\boldsymbol{R}^{B}\boldsymbol{Q}) \tag{3-72}$$

由式（3-44）有

$$\frac{\mathrm{d}}{\mathrm{d}t}({}_{B}^{A}\boldsymbol{R}^{B}\boldsymbol{Q})={}_{B}^{A}\boldsymbol{R}^{B}\boldsymbol{V}_{Q}+{}^{A}\boldsymbol{\Omega}_{B}\times{}_{B}^{A}\boldsymbol{R}^{B}\boldsymbol{Q}$$

因此式（3-72）可进一步表示为

$$\begin{aligned}{}^{A}\dot{\boldsymbol{V}}_{Q}&={}^{A}\dot{\boldsymbol{V}}_{\mathrm{BORG}}+({}_{B}^{A}\boldsymbol{R}^{B}\dot{\boldsymbol{V}}_{Q}+{}^{A}\boldsymbol{\Omega}_{B}\times{}_{B}^{A}\boldsymbol{R}^{B}\boldsymbol{V}_{Q})+{}^{A}\dot{\boldsymbol{\Omega}}_{B}\times{}_{B}^{A}\boldsymbol{R}^{B}\boldsymbol{Q}+\\&\quad{}^{A}\boldsymbol{\Omega}_{B}\times({}_{B}^{A}\boldsymbol{R}^{B}\boldsymbol{V}_{Q}+{}^{A}\boldsymbol{\Omega}_{B}\times{}_{B}^{A}\boldsymbol{R}^{B}\boldsymbol{Q})\\&={}^{A}\dot{\boldsymbol{V}}_{\mathrm{BORG}}+{}_{B}^{A}\boldsymbol{R}^{B}\dot{\boldsymbol{V}}_{Q}+2{}^{A}\boldsymbol{\Omega}_{B}\times{}_{B}^{A}\boldsymbol{R}^{B}\boldsymbol{V}_{Q}+{}^{A}\dot{\boldsymbol{\Omega}}_{B}\times{}_{B}^{A}\boldsymbol{R}^{B}\boldsymbol{Q}+\\&\quad{}^{A}\boldsymbol{\Omega}_{B}\times({}^{A}\boldsymbol{\Omega}_{B}\times{}_{B}^{A}\boldsymbol{R}^{B}\boldsymbol{Q})\end{aligned} \tag{3-73}$$

其中，第一项是运动坐标系 $\{B\}$ 的平移线加速度，第二项是 $Q$ 点相对于坐标系 $\{B\}$ 的线加速度，第三项是被称为哥氏加速度的复合向心加速度（当坐标系 $\{B\}$ 的旋转角速度不等于零，而且 $Q$ 点相对于坐标系 $\{B\}$ 的线速度也不等于零时，此项存在），第四项是由于坐标系 $\{B\}$ 旋转引起的线加速度，第五项是向心加速度。

**2. 角加速度**

设坐标系 $\{B\}$ 以角速度 ${}^{A}\boldsymbol{\Omega}_{B}$ 相对于坐标系 $\{A\}$ 转动，同时坐标系 $\{C\}$ 以角速度 ${}^{B}\boldsymbol{\Omega}_{C}$ 相对于坐标系 $\{B\}$ 转动，则坐标系 $\{C\}$ 相对于坐标系 $\{A\}$ 的旋转角速度可表示为

$${}^{A}\boldsymbol{\Omega}_{C}={}^{A}\boldsymbol{\Omega}_{B}+{}_{B}^{A}\boldsymbol{R}^{B}\boldsymbol{\Omega}_{C} \tag{3-74}$$

对上式两端求导得

$${}^{A}\dot{\boldsymbol{\Omega}}_{C}={}^{A}\dot{\boldsymbol{\Omega}}_{B}+\frac{\mathrm{d}}{\mathrm{d}t}({}_{B}^{A}\boldsymbol{R}^{B}\boldsymbol{\Omega}_{C})={}^{A}\dot{\boldsymbol{\Omega}}_{B}+{}_{B}^{A}\boldsymbol{R}^{B}\dot{\boldsymbol{\Omega}}_{C}+{}^{A}\boldsymbol{\Omega}_{B}\times{}_{B}^{A}\boldsymbol{R}^{B}\boldsymbol{\Omega}_{C} \tag{3-75}$$

即得到坐标系 $\{C\}$ 相对于坐标系 $\{A\}$ 的角加速度。

### 3.2.3 质量分布

刚体的平移运动与质量有关，而旋转运动则不仅与质量有关，更与质量分布有关。为了描述在三维空间运动的刚体的质量分布的影响，这里引入 3 × 3 的惯性张量矩阵来描述。

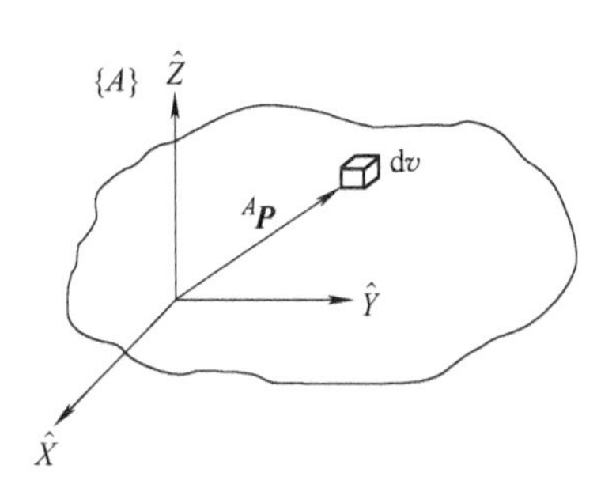

图 3.21　不规则形状刚体

在图 3.21 中，不规则形状围线表示一个刚体，坐标

系 $\{A\}$ 固结在刚体上。该刚体可被看作由无数个单元体 $\mathrm{d}v$ 组成，设单元体的密度为 $\rho$，在坐标系 $\{A\}$ 中的位置为 $[x \quad y \quad z]^{\mathrm{T}}$，则该物体在坐标系 $\{A\}$ 中的惯性张量可表示为

$$ {}^{A}\boldsymbol{I}=\begin{bmatrix} I_{xx} & -I_{xy} & -I_{xz} \\ -I_{xy} & I_{yy} & -I_{yz} \\ -I_{xz} & -I_{yz} & I_{zz} \end{bmatrix} \tag{3-76} $$

其中，

$$ I_{xx}=\iiint_V (y^2+z^2)\rho\mathrm{d}v,\ I_{yy}=\iiint_V (x^2+z^2)\rho\mathrm{d}v,\ I_{zz}=\iiint_V (x^2+y^2)\rho\mathrm{d}v $$

$$ I_{xy}=\iiint_V xy\rho\mathrm{d}v,\ I_{xz}=\iiint_V xz\rho\mathrm{d}v,\ I_{yz}=\iiint_V yz\rho\mathrm{d}v $$

这里 $I_{xx}$，$I_{yy}$ 和 $I_{zz}$ 被称为惯量矩，表示各单元体质量乘以它们到相应坐标轴的距离的平方在整个刚体上的积分；$I_{xy}$，$I_{xz}$ 和 $I_{yz}$ 被称为惯量积。惯量矩始终为正，惯量积可正可负。显然，惯性张量为对称矩阵。该矩阵又称转动惯量矩阵。

**例 3-3** 已知一长方体的密度为 $\rho$，其他参数如图 3.22 所示，求其在坐标系 $\{A\}$ 中的惯性张量。

**解：** 由式（3-76）有

$$ \begin{aligned} I_{xx} &= \iiint_V (y^2+z^2)\rho\mathrm{d}v \\ &= \int_0^h\int_0^l\int_0^w (y^2+z^2)\rho\mathrm{d}x\mathrm{d}y\mathrm{d}z \\ &= \int_0^h\int_0^l (y^2+z^2)w\rho\mathrm{d}y\mathrm{d}z \\ &= \int_0^h\left(\frac{l^3}{3}+z^2l\right)w\rho\mathrm{d}z \\ &= \left(\frac{hl^3w}{3}+\frac{h^3lw}{3}\right)\rho \\ &= \frac{m}{3}(l^2+h^2) \end{aligned} \tag{3-77} $$

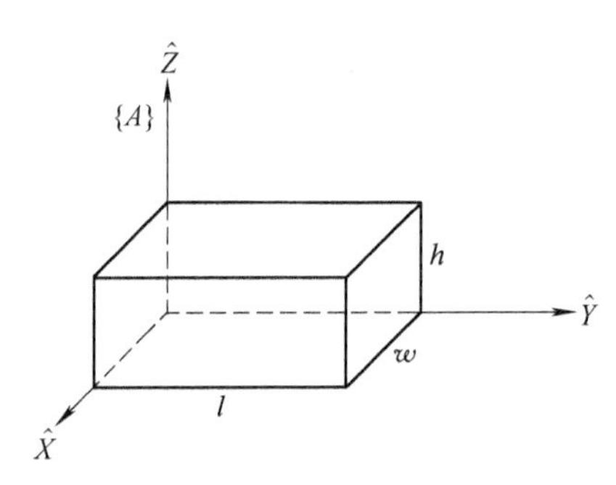


图 3.22 例 3-3 图

同理可得

$$ I_{yy}=\frac{m}{3}(w^2+h^2),\qquad I_{zz}=\frac{m}{3}(l^2+w^2) \tag{3-78} $$

而

$$ \begin{aligned} I_{xy} &= \int_0^h\int_0^l\int_0^w xy\rho\mathrm{d}x\mathrm{d}y\mathrm{d}z \\ &= \int_0^h\int_0^l \frac{w^2}{2}y\rho\mathrm{d}y\mathrm{d}z \\ &= \int_0^h \frac{w^2l^2}{4}\rho\mathrm{d}z \\ &= \frac{m}{4}wl \end{aligned} \tag{3-79} $$

上例中，如果坐标系 $\{A\}$ 选在不同的位置，得到的惯性张量会不同。关于同一个物体

的惯性张量在不同坐标系中的表示之间的关系有如下定理：

**平行移轴定理**　假设 $\{C\}$ 是以刚体质心为原点的坐标系，$\{A\}$ 为任意平移后的坐标系，则

$$ {}^{A}\boldsymbol{I}_{zz} = {}^{C}\boldsymbol{I}_{zz} + m(x_c^2 + y_c^2),\quad {}^{A}\boldsymbol{I}_{xy} = {}^{C}\boldsymbol{I}_{xy} - m x_c y_c \tag{3-80} $$

即

$$ {}^{A}\boldsymbol{I} = {}^{C}\boldsymbol{I} + m(\boldsymbol{P}_c^{\mathrm{T}}\boldsymbol{P}_c\boldsymbol{I}_3 - \boldsymbol{P}_c\boldsymbol{P}_c^{\mathrm{T}}) \tag{3-81} $$

其中，$\boldsymbol{P}_c = [x_c \quad y_c \quad z_c]^{\mathrm{T}}$ 为刚体质心在坐标系 $\{A\}$ 中的位置；$\boldsymbol{I}_3$ 为 3×3 单位矩阵。

将上述定理用于例 3-3 中的长方体，假设坐标系 $\{C\}$ 与坐标系 $\{A\}$ 平行且各坐标轴朝向相同，但原点位于长方体的质心，由于 $[x_c \quad y_c \quad z_c]^{\mathrm{T}} = \frac{1}{2}[w \quad l \quad h]^{\mathrm{T}}$，因而有

$$ {}^{C}\boldsymbol{I} = \begin{bmatrix} (l^2+h^2)m/12 & 0 & 0 \\ 0 & (w^2+h^2)m/12 & 0 \\ 0 & 0 & (l^2+w^2)m/12 \end{bmatrix} \tag{3-82} $$

可见，适当选取坐标系的位置和朝向时，可能使矩阵中的交叉项（惯量积）为零，此时参考坐标系的轴被称为主轴，相应的惯量矩被称为主惯量矩。实际上，如果由参考坐标系的两个坐标轴构成的平面为刚体质量分布的对称平面，则正交于这个对称平面的坐标轴与其他坐标轴的惯量积为零。

### 3.2.4　牛顿-欧拉动力学方程

本节讨论基于牛顿方程和欧拉方程建立机器人动力学方程的方法。

**1. 牛顿方程和欧拉方程**

牛顿方程描述了物体受到的力与平移运动之间的关系，而欧拉方程描述了物体受到的作用力矩与旋转运动之间的关系，这两个方程是分析机器人动力学的基础。

若刚体质心以加速度 $\dot{\boldsymbol{v}}_c$ 运动，刚体质量为 $m$，受到的合力为 $\boldsymbol{F}$，由牛顿方程可得

$$ \boldsymbol{F} = m\dot{\boldsymbol{v}}_c \tag{3-83} $$

它描述了刚体受到的合力与刚体质心的线加速度之间的关系。

若刚体的旋转角速度和角加速度分别为 $\omega$、$\dot{\omega}$，作用在刚体质心的合力矩为 $\boldsymbol{N}$，由欧拉方程有

$$ \boldsymbol{N} = {}^{C}\boldsymbol{I}\dot{\boldsymbol{\omega}} + \boldsymbol{\omega} \times {}^{C}\boldsymbol{I}\boldsymbol{\omega} \tag{3-84} $$

其中，${}^{C}\boldsymbol{I}$ 是刚体在 $\{C\}$ 中表示的惯性张量，坐标系 $\{C\}$ 的原点位于刚体质心。欧拉方程描述了刚体质心受到的等效合力矩与刚体的旋转角速度和角加速度的关系。

为分析机器人各连杆的受力情况，如图 3.23 所示，用 $\boldsymbol{f}_i$ 表示连杆 $i-1$ 通过关节 $i$ 作用在连杆 $i$ 上的力，用 $\boldsymbol{n}_i$ 表示连杆 $i-1$ 通过关节 $i$ 作用在连杆 $i$ 上的力矩，$i = 1, \cdots, n$。根据作用力（矩）和反作用力（矩）的关系，连杆 $i$ 受到的连杆 $i+1$ 的

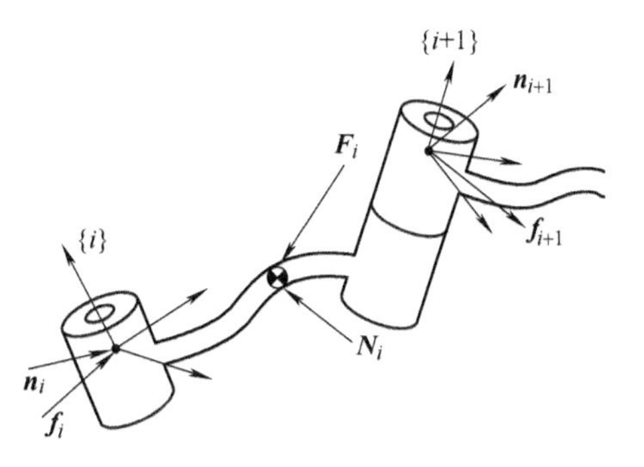


图 3.23　连杆受力分析

作用力为 $-\boldsymbol{f}_{i+1}$，作用力为 $-\boldsymbol{n}_{i+1}$。在无重力状态下，连杆 $i$ 受到的合力 $\boldsymbol{F}_i$ 和合力矩 $\boldsymbol{N}_i$ 可表示为

$$\boldsymbol{F}_i=\boldsymbol{f}_i-\boldsymbol{f}_{i+1} \tag{3-85}$$

$$\boldsymbol{N}_i=\boldsymbol{n}_i-\boldsymbol{n}_{i+1}+(-\boldsymbol{P}_{C_i})\times\boldsymbol{f}_i-(\boldsymbol{P}_{i+1}-\boldsymbol{P}_{C_i})\times\boldsymbol{f}_{i+1} \tag{3-86}$$

式（3-85）和式（3-86）是牛顿-欧拉迭代动力学算法的基础。

**2. 牛顿-欧拉迭代动力学方程**

现在讨论在给定机械臂各关节运动轨迹情况下的关节力矩计算问题。对于一给定的机械臂，若已知各关节的位置 $\boldsymbol{\theta}$、速度 $\dot{\boldsymbol{\theta}}$、加速度 $\ddot{\boldsymbol{\theta}}$，根据机器人的前向运动学分析，以及牛顿方程和欧拉方程，可求得各关节所需要的驱动力矩。该算法由以下两部分组成：

（1）计算连杆速度和加速度的向外迭代

为了计算作用在连杆上的惯性力和惯性力矩，首先需要求得每个连杆的角速度、角加速度和质心线加速度。根据 3.2.1 节的分析，对于 $n$ 个自由度的固定基座的机械臂来说，可从基座（连杆 0）开始，依次计算连杆 1、连杆 2、…的运动，一直外推到连杆 $n$。

由于基座静止，${}^0\boldsymbol{\omega}_0$、${}^0\dot{\boldsymbol{\omega}}_0$、${}^0\boldsymbol{v}_0$ 和 ${}^0\dot{\boldsymbol{v}}_0$ 均可确定。在此基础上，已知连杆 $i$ 的运动，可如下求得连杆 $i$+1（坐标系 $\{i+1\}$）的角速度和角加速度、线速度和线加速度。

1）$i$+1 关节为旋转关节：

$${}^{i+1}\boldsymbol{\omega}_{i+1}={}^{i+1}_{i}\boldsymbol{R}\,{}^{i}\boldsymbol{\omega}_i+\dot{\theta}_{i+1}\,{}^{i+1}\hat{\boldsymbol{Z}}_{i+1} \tag{3-87}$$

$${}^{i+1}\dot{\boldsymbol{\omega}}_{i+1}={}^{i+1}_{i}\boldsymbol{R}\,{}^{i}\dot{\boldsymbol{\omega}}_i+\ddot{\theta}_{i+1}\,{}^{i+1}\hat{\boldsymbol{Z}}_{i+1}+{}^{i+1}_{i}\boldsymbol{R}\,{}^{i}\boldsymbol{\omega}_i\times\dot{\theta}_{i+1}\,{}^{i+1}\hat{\boldsymbol{Z}}_{i+1} \tag{3-88}$$

$${}^{i+1}\boldsymbol{v}_{i+1}={}^{i+1}_{i}\boldsymbol{R}({}^{i}\boldsymbol{v}_i+{}^{i}\boldsymbol{\omega}_i\times{}^{i}\boldsymbol{P}_{i+1}) \tag{3-89}$$

$${}^{i+1}\dot{\boldsymbol{v}}_{i+1}={}^{i+1}_{i}\boldsymbol{R}[{}^{i}\dot{\boldsymbol{v}}_i+{}^{i}\dot{\boldsymbol{\omega}}_i\times{}^{i}\boldsymbol{P}_{i+1}+{}^{i}\boldsymbol{\omega}_i\times({}^{i}\boldsymbol{\omega}_i\times{}^{i}\boldsymbol{P}_{i+1})] \tag{3-90}$$

2）$i$+1 关节为平移关节：

$${}^{i+1}\boldsymbol{\omega}_{i+1}={}^{i+1}_{i}\boldsymbol{R}\,{}^{i}\boldsymbol{\omega}_i \tag{3-91}$$

$${}^{i+1}\dot{\boldsymbol{\omega}}_{i+1}={}^{i+1}_{i}\boldsymbol{R}\,{}^{i}\dot{\boldsymbol{\omega}}_i \tag{3-92}$$

$${}^{i+1}\boldsymbol{v}_{i+1}={}^{i+1}_{i}\boldsymbol{R}({}^{i}\boldsymbol{v}_i+{}^{i}\boldsymbol{\omega}_i\times{}^{i}\boldsymbol{P}_{i+1})+\dot{d}_{i+1}\,{}^{i+1}\hat{\boldsymbol{Z}}_{i+1} \tag{3-93}$$

$${}^{i+1}\dot{\boldsymbol{v}}_{i+1}={}^{i+1}_{i}\boldsymbol{R}[{}^{i}\dot{\boldsymbol{v}}_i+{}^{i}\dot{\boldsymbol{\omega}}_i\times{}^{i}\boldsymbol{P}_{i+1}+{}^{i}\boldsymbol{\omega}_i\times({}^{i}\boldsymbol{\omega}_i\times{}^{i}\boldsymbol{P}_{i+1})]+\ddot{d}_{i+1}\,{}^{i+1}\hat{\boldsymbol{Z}}_{i+1}+2({}^{i+1}\boldsymbol{\omega}_{i+1}\times\dot{d}_{i+1}\,{}^{i+1}\hat{\boldsymbol{Z}}_{i+1}) \tag{3-94}$$

需要注意的是，式（3-90）和式（3-93）求得的是坐标系 $\{i+1\}$ 的原点的线加速度，在此基础上，可进一步得到连杆 $i$+1 质心的线加速度

$${}^{i+1}\dot{\boldsymbol{v}}_{c_{i+1}}={}^{i+1}\dot{\boldsymbol{v}}_{i+1}+{}^{i+1}\dot{\boldsymbol{\omega}}_{i+1}\times{}^{i+1}\boldsymbol{P}_{c_{i+1}}+{}^{i+1}\boldsymbol{\omega}_{i+1}\times({}^{i+1}\boldsymbol{\omega}_{i+1}\times{}^{i+1}\boldsymbol{P}_{c_{i+1}}) \tag{3-95}$$

其中，${}^{i+1}\boldsymbol{P}_{c_{i+1}}$ 表示连杆 $i$+1 的质心在坐标系 $\{i+1\}$ 中的位置。需要指出的是，该式对于旋转关节和平移关节均适用。

在此基础上，就可以根据牛顿方程和欧拉方程求得作用在连杆 $i$+1 上的合力和合力矩

$${}^{i+1}\boldsymbol{F}_{i+1}=\boldsymbol{m}\,{}^{i+1}\dot{\boldsymbol{v}}_{c_{i+1}} \tag{3-96}$$

$${}^{i+1}\boldsymbol{N}_{i+1}={}^{C_{i+1}}\boldsymbol{I}_{i+1}\,{}^{i+1}\dot{\boldsymbol{\omega}}_{i+1}+{}^{i+1}\boldsymbol{\omega}_{i+1}\times{}^{C_{i+1}}\boldsymbol{I}_{i+1}\,{}^{i+1}\boldsymbol{\omega}_{i+1} \tag{3-97}$$

其中，坐标系 $\{C_{i+1}\}$ 的原点位于连杆 $i$+1 的质心，各坐标轴的方向与坐标系 $\{i+1\}$ 各坐标轴方向相同，${}^{C_{i+1}}\boldsymbol{I}_{i+1}$ 表示连杆 $i$+1 在坐标系 $\{C_{i+1}\}$ 中的惯性张量。

（2）计算力和力矩的向内迭代

计算出每个连杆受到的合力和合力矩后，就可以计算产生这些合力（矩）所需要的关节驱动力矩了。这个过程从连杆 $n$ 开始由外向内依次进行。

若机械臂与外界无接触或没有任何负载，则连杆 $n+1$ 作用于外部环境的力和力矩满足 ${}^{n+1}\boldsymbol{f}_{n+1}=0$ 且 ${}^{n+1}\boldsymbol{n}_{n+1}=0$，若机械臂与外界接触或带负载，${}^{n+1}\boldsymbol{f}_{n+1}$ 和 ${}^{n+1}\boldsymbol{n}_{n+1}$ 可测得。坐标系 $\{n+1\}$ 可选为与坐标系 $\{n\}$ 平行。

若 ${}^{i+1}\boldsymbol{f}_{i+1}$ 和 ${}^{i+1}\boldsymbol{n}_{i+1}$ 已知，在不考虑重力的情况下，根据式（3-85）和式（3-86）可求得 ${}^{i}\boldsymbol{f}_i$ 和 ${}^{i}\boldsymbol{n}_i$

$${}^{i}\boldsymbol{f}_i={}_{i+1}^{i}\boldsymbol{R}\,{}^{i+1}\boldsymbol{f}_{i+1}+{}^{i}\boldsymbol{F}_i \tag{3-98}$$

$${}^{i}\boldsymbol{n}_i={}^{i}\boldsymbol{N}_i+{}_{i+1}^{i}\boldsymbol{R}\,{}^{i+1}\boldsymbol{n}_{i+1}+{}^{i}\boldsymbol{P}_{C_i}\times{}^{i}\boldsymbol{F}_i+{}^{i}\boldsymbol{P}_{i+1}\times{}_{i+1}^{i}\boldsymbol{R}\,{}^{i+1}\boldsymbol{f}_{i+1} \tag{3-99}$$

而关节驱动力或驱动力矩为上述求得的力或力矩沿关节轴方向的投影。对于旋转关节有

$$\boldsymbol{\tau}_i={}^{i}\boldsymbol{n}_i\cdot{}^{i}\hat{\boldsymbol{Z}}_i \tag{3-100}$$

对于平移关节有

$$\boldsymbol{\tau}_i={}^{i}\boldsymbol{f}_i\cdot{}^{i}\hat{\boldsymbol{Z}}_i \tag{3-101}$$

综上，式（3-87）~式（3-101）构成了牛顿-欧拉迭代动力学算法。

考虑重力的影响时，只需令 $\dot{\boldsymbol{v}}_0=-\boldsymbol{g}$，其中 $\boldsymbol{g}$ 为重力加速度矢量，即令基座的加速度为与重力加速度大小相等、方向相反的矢量。这等价于让机器人以大小为 $1g$ 的加速度向上运动，对应的关节驱动力矩就是克服重力影响所需要的关节驱动力矩。

### 3.2.5 拉格朗日动力学方程

牛顿-欧拉公式是一种基于力/力矩平衡的方法，由此可得到动力学递推算法。而基于拉格朗日公式的动力学建模方法，是一种基于能量的方法，可得到封闭形式的动力学方程。

**1. 动能和势能**

对于 $n$ 关节的机械臂，连杆 $i$ 的动能可表示为

$$k_i=\frac{1}{2}m_i\boldsymbol{v}_{C_i}^{\mathrm{T}}\boldsymbol{v}_{C_i}+\frac{1}{2}\boldsymbol{\omega}_i^{\mathrm{T}}\boldsymbol{I}_i\boldsymbol{\omega}_i \tag{3-102}$$

根据雅可比矩阵的定义，上式中的连杆质心速度和连杆角速度可分别表示为 $\boldsymbol{v}_{C_i}=\boldsymbol{J}_{L_i}(\boldsymbol{\theta})\dot{\boldsymbol{\theta}}$，$\boldsymbol{\omega}_i=\boldsymbol{J}_{A_i}(\boldsymbol{\theta})\dot{\boldsymbol{\theta}}$，因此机械臂的总动能为

$$k(\boldsymbol{\theta},\dot{\boldsymbol{\theta}})=\sum_{i=1}^{n}k_i(\boldsymbol{\theta},\dot{\boldsymbol{\theta}})=\frac{1}{2}\dot{\boldsymbol{\theta}}^{\mathrm{T}}\boldsymbol{M}(\boldsymbol{\theta})\dot{\boldsymbol{\theta}} \tag{3-103}$$

其中，$\boldsymbol{M}(\boldsymbol{\theta})=\sum_{i=1}^{n}[m_i\boldsymbol{J}_{L_i}^{\mathrm{T}}(\boldsymbol{\theta})\boldsymbol{J}_{L_i}(\boldsymbol{\theta})+\boldsymbol{J}_{A_i}^{\mathrm{T}}(\boldsymbol{\theta})\boldsymbol{I}_i\boldsymbol{J}_{A_i}(\boldsymbol{\theta})]$；$\boldsymbol{I}_i$ 为连杆 $i$ 的惯性张量。显然，式（3-103）为二次型表达。而且，只要机器人不是处于静止状态，总动能即为正，因此矩阵 $\boldsymbol{M}(\boldsymbol{\theta})$ 为正定矩阵。

该机械臂的总势能可表示为

$$u(\boldsymbol{\theta})=\sum_{i=1}^{n}u_i(\boldsymbol{\theta})=\sum_{i=1}^{n}(-m_i\boldsymbol{g}^{\mathrm{T}}\boldsymbol{P}_{C_i})+u_{\mathrm{ref}_i} \tag{3-104}$$

其中，$u_i$ 为连杆 $i$ 的势能；$\boldsymbol{g}$ 为重力加速度矢量，$\boldsymbol{P}_{C_i}$ 为连杆 $i$ 的质心在参考坐标系中的位置矢量，$u_{\mathrm{ref}_i}$ 是参考点的势能，为常数。

需要说明的是，动力学方程中仅出现势能对 $\boldsymbol{\theta}$ 的偏导数，因此 $u_{\mathrm{ref}_i}$ 的取值实际上对动力

学方程没有影响，这意味着势能可以相对任意一个参考点来定义。

**2. 拉格朗日动力学方程**

对于一个机械系统，拉格朗日函数被定义为其动能和势能之差。则机械臂的拉格朗日函数为

$$L(\boldsymbol{\theta},\ \dot{\boldsymbol{\theta}}) = k(\boldsymbol{\theta},\ \dot{\boldsymbol{\theta}}) - u(\boldsymbol{\theta}) \tag{3-105}$$

基于拉格朗日函数，下面的拉格朗日公式给出了一种基于能量推导动力学方程的方法

$$\frac{\mathrm{d}}{\mathrm{d}t}\frac{\partial L}{\partial \dot{\boldsymbol{\theta}}} - \frac{\partial L}{\partial \boldsymbol{\theta}} = \boldsymbol{\tau} \tag{3-106}$$

这里 $\boldsymbol{\theta}$ 为广义坐标，$\boldsymbol{\tau}$ 为与之对应的广义力矩。由于势能只与位置有关，式（3-106）可改写为

$$\frac{\mathrm{d}}{\mathrm{d}t}\frac{\partial k}{\partial \dot{\boldsymbol{\theta}}} - \frac{\partial k}{\partial \boldsymbol{\theta}} + \frac{\partial u}{\partial \boldsymbol{\theta}} = \boldsymbol{\tau} \tag{3-107}$$

由式（3-103）得

$$\frac{\mathrm{d}}{\mathrm{d}t}\frac{\partial k}{\partial \dot{\boldsymbol{\theta}}} = \frac{\mathrm{d}}{\mathrm{d}t}\left[\frac{\partial}{\partial \dot{\boldsymbol{\theta}}}\left(\frac{1}{2}\dot{\boldsymbol{\theta}}^{\mathrm{T}}\boldsymbol{M}(\boldsymbol{\theta})\dot{\boldsymbol{\theta}}\right)\right] = \frac{\mathrm{d}}{\mathrm{d}t}[\boldsymbol{M}(\boldsymbol{\theta})\dot{\boldsymbol{\theta}}] = \boldsymbol{M}(\boldsymbol{\theta})\ddot{\boldsymbol{\theta}} + \dot{\boldsymbol{M}}(\boldsymbol{\theta})\dot{\boldsymbol{\theta}} \tag{3-108}$$

$$\frac{\partial k}{\partial \boldsymbol{\theta}} = \frac{\partial}{\partial \boldsymbol{\theta}}\left(\frac{1}{2}\dot{\boldsymbol{\theta}}^{\mathrm{T}}\boldsymbol{M}(\boldsymbol{\theta})\dot{\boldsymbol{\theta}}\right) = \frac{1}{2}\begin{bmatrix}\dot{\boldsymbol{\theta}}^{\mathrm{T}}\dfrac{\partial \boldsymbol{M}(\boldsymbol{\theta})}{\partial \theta_1}\dot{\boldsymbol{\theta}} \\ \vdots \\ \dot{\boldsymbol{\theta}}^{\mathrm{T}}\dfrac{\partial \boldsymbol{M}(\boldsymbol{\theta})}{\partial \theta_n}\dot{\boldsymbol{\theta}}\end{bmatrix} \tag{3-109}$$

将式（3-104）、式（3-108）和式（3-109）代入式（3-107）得

$$\boldsymbol{M}(\boldsymbol{\theta})\ddot{\boldsymbol{\theta}} + \boldsymbol{V}(\boldsymbol{\theta},\ \dot{\boldsymbol{\theta}}) + \boldsymbol{G}(\boldsymbol{\theta}) = \boldsymbol{\tau} \tag{3-110}$$

其中，$\boldsymbol{V}(\boldsymbol{\theta},\dot{\boldsymbol{\theta}}) = \dot{\boldsymbol{M}}(\boldsymbol{\theta})\dot{\boldsymbol{\theta}} - \frac{1}{2}\begin{bmatrix}\dot{\boldsymbol{\theta}}^{\mathrm{T}}\dfrac{\partial \boldsymbol{M}(\boldsymbol{\theta})}{\partial \theta_1}\dot{\boldsymbol{\theta}} \\ \vdots \\ \dot{\boldsymbol{\theta}}^{\mathrm{T}}\dfrac{\partial \boldsymbol{M}(\boldsymbol{\theta})}{\partial \theta_n}\dot{\boldsymbol{\theta}}\end{bmatrix}$，$\boldsymbol{G}(\boldsymbol{\theta}) = \frac{\partial u}{\partial \boldsymbol{\theta}}$。这是机器人动力学方程的一般形式，这里 $\boldsymbol{M}(\boldsymbol{\theta})\ddot{\boldsymbol{\theta}}$ 为惯性力矩，$\boldsymbol{V}(\boldsymbol{\theta},\dot{\boldsymbol{\theta}})$ 为哥氏力矩和离心力矩，$\boldsymbol{G}(\boldsymbol{\theta})$ 为重力矩，其中哥氏力矩和离心力矩 $\boldsymbol{V}(\boldsymbol{\theta},\ \dot{\boldsymbol{\theta}})$ 中的各个元可由矩阵 $\boldsymbol{M}(\boldsymbol{\theta})$ 确定。而且，式（3-110）还可以进一步表示为

$$\boldsymbol{\tau} = \boldsymbol{M}(\boldsymbol{\theta})\ddot{\boldsymbol{\theta}} + \boldsymbol{C}(\boldsymbol{\theta},\ \dot{\boldsymbol{\theta}})\dot{\boldsymbol{\theta}} + \boldsymbol{G}(\boldsymbol{\theta}) \tag{3-111}$$

其中，矩阵 $\boldsymbol{C}(\boldsymbol{\theta},\ \dot{\boldsymbol{\theta}})$ 的第 $i$ 行第 $j$ 列元素为

$$C_{ij}(\boldsymbol{\theta},\dot{\boldsymbol{\theta}}) = \sum_{k=1}^{n} c_{kji}(\boldsymbol{\theta})\dot{\theta}_k = \sum_{k=1}^{n}\frac{1}{2}\left\{\frac{\partial M_{ij}(\boldsymbol{\theta})}{\partial \theta_k} + \frac{\partial M_{ik}(\boldsymbol{\theta})}{\partial \theta_j} - \frac{\partial M_{kj}(\boldsymbol{\theta})}{\partial \theta_i}\right\}\dot{\theta}_k \tag{3-112}$$

而 $c_{kji}(\boldsymbol{\theta})$ 被称作 Christoffel 符号。

### 3.2.6 示例

**例 3-4** 求图 3.24 所示平面两关节机械臂的动力学方程。假设连杆 1 和连杆 2 为均质连

杆，质量分别为 $m_1$ 和 $m_2$；并假设在初始状态，相对于原点位于连杆质心、坐标轴方向与连杆坐标系（如图 3.25 所示）的坐标轴方向相同的坐标系，连杆的转动惯量分别为 ${}^{C_1}\boldsymbol{I}_1=\mathrm{diag}\{I_{1x}, I_{1y}, I_{1z}\}$ 和 ${}^{C_2}\boldsymbol{I}_2=\mathrm{diag}\{I_{2x}, I_{2y}, I_{2z}\}$。

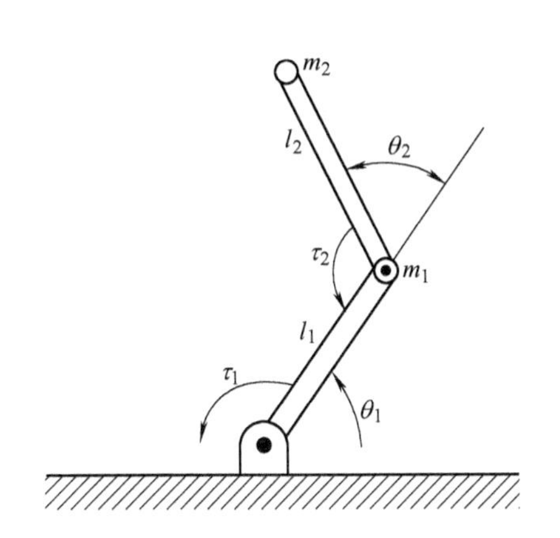

图 3.24　平面两关节机械臂示意

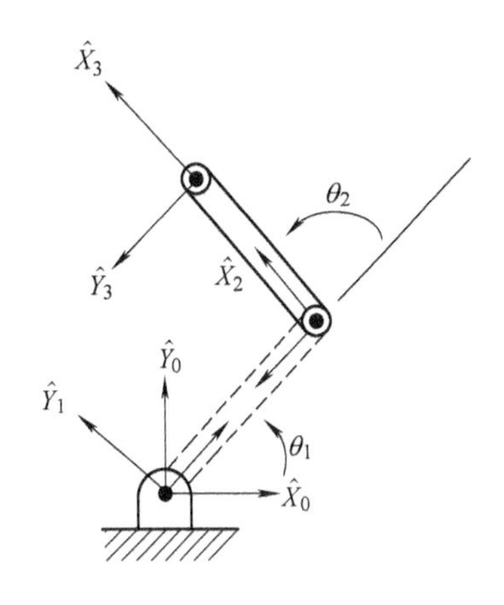

图 3.25　连杆坐标系示意

**解法一：**用牛顿-欧拉迭代动力学算法

（1）如图 3.26 所示建立连杆坐标系，确定牛顿-欧拉公式中各参量的值

$$ {}^1\boldsymbol{P}_{C_1}=l_{C1}\hat{\boldsymbol{X}}_1,\ {}^2\boldsymbol{P}_{C_2}=l_{C2}\hat{\boldsymbol{X}}_2,\ l_{C_1}=L_1/2,\ l_{C_2}=L_2/2 $$

由于末端连杆与环境无接触

$$ \boldsymbol{f}_3=0,\ \boldsymbol{n}_3=0,\ \boldsymbol{\omega}_0=0,\ \dot{\boldsymbol{\omega}}_0=0 $$

设基座的加速度与重力加速度大小相等、方向相反

$$ {}^0\dot{\boldsymbol{v}}_0=[0\quad g\quad 0]^{\mathrm{T}} $$

由例 3-1 可知

$$ {}_{i+1}^{\ \ i}\boldsymbol{R}=\begin{bmatrix} c_{i+1} & -s_{i+1} & 0\\ s_{i+1} & c_{i+1} & 0\\ 0 & 0 & 1 \end{bmatrix} $$

（2）由内向外计算连杆的角加速度和线加速度，并求得各连杆的惯性力/力矩

对连杆 1，有

$$ {}^1\boldsymbol{\omega}_1=\dot{\theta}_1\,{}^1\hat{\boldsymbol{Z}}_1=\begin{bmatrix}0\\0\\\dot{\theta}_1\end{bmatrix},\ {}^1\dot{\boldsymbol{\omega}}_1=\ddot{\theta}_1\,{}^1\hat{\boldsymbol{Z}}_1=\begin{bmatrix}0\\0\\\ddot{\theta}_1\end{bmatrix}, $$

$$ {}^1\dot{\boldsymbol{v}}_1={}_0^1\boldsymbol{R}\,{}^0\dot{\boldsymbol{v}}_0=\begin{bmatrix}gs_1\\gc_1\\0\end{bmatrix},\ {}^1\dot{\boldsymbol{v}}_{C_1}=\begin{bmatrix}0\\l_{C1}\ddot{\theta}_1\\0\end{bmatrix}+\begin{bmatrix}-l_{C1}\dot{\theta}_1^2\\0\\0\end{bmatrix}+{}^1\dot{\boldsymbol{v}}_1=\begin{bmatrix}-l_{C1}\dot{\theta}_1^2+gs_1\\l_{C1}\ddot{\theta}_1+gc_1\\0\end{bmatrix} $$

因而

$$
{}^{1}\boldsymbol{F}_{1}=m_{1}\,{}^{1}\dot{\boldsymbol{v}}_{C_{1}}=\begin{bmatrix}-m_{1}l_{C1}\dot{\theta}_{1}^{2}+m_{1}gs_{1}\\ m_{1}l_{C1}\ddot{\theta}_{1}+m_{1}gc_{1}\\ 0\end{bmatrix},\quad {}^{1}\boldsymbol{N}_{1}={}^{C_1}\boldsymbol{I}_{1}\,{}^{1}\dot{\boldsymbol{\omega}}_{1}+{}^{1}\boldsymbol{\omega}_{1}\times{}^{C_1}\boldsymbol{I}_{1}\,{}^{1}\boldsymbol{\omega}_{1}=\begin{bmatrix}0\\0\\I_{1z}\ddot{\theta}_{1}\end{bmatrix}
$$

对连杆 2，有

$$
{}^{2}\boldsymbol{\omega}_{2}=\begin{bmatrix}0\\0\\\dot{\theta}_{1}+\dot{\theta}_{2}\end{bmatrix},\quad {}^{2}\dot{\boldsymbol{\omega}}_{2}=\begin{bmatrix}0\\0\\\ddot{\theta}_{1}+\ddot{\theta}_{2}\end{bmatrix}\quad {}^{1}\dot{\boldsymbol{\omega}}_{1}=\ddot{\theta}_{1}\,{}^{1}\hat{\boldsymbol{Z}}_{1}=\begin{bmatrix}0\\0\\\ddot{\theta}_{1}\end{bmatrix},
$$

$$
{}^{2}\dot{\boldsymbol{v}}_{2}={}_{1}^{2}\boldsymbol{R}\,{}^{1}\dot{\boldsymbol{v}}_{C1}=\begin{bmatrix}c_{2}&s_{2}&0\\-s_{2}&c_{2}&0\\0&0&1\end{bmatrix}\begin{bmatrix}-l_{1}\dot{\theta}_{1}^{2}+gs_{1}\\ l_{1}\ddot{\theta}_{1}+gc_{1}\\ 0\end{bmatrix}=\begin{bmatrix}l_{1}\ddot{\theta}_{1}s_{2}-l_{1}\dot{\theta}_{1}^{2}c_{2}+gs_{12}\\ l_{1}\ddot{\theta}_{1}c_{2}+l_{1}\dot{\theta}_{1}^{2}s_{2}+gc_{12}\\ 0\end{bmatrix},
$$

$$
{}^{2}\dot{\boldsymbol{v}}_{C_{2}}=\begin{bmatrix}0\\ l_{C2}(\ddot{\theta}_{1}+\ddot{\theta}_{2})\\ 0\end{bmatrix}+\begin{bmatrix}-l_{C2}(\dot{\theta}_{1}+\dot{\theta}_{2})^{2}\\0\\0\end{bmatrix}+\begin{bmatrix}l_{1}\ddot{\theta}_{1}s_{2}-l_{1}\dot{\theta}_{1}^{2}c_{2}+gs_{12}\\ l_{1}\ddot{\theta}_{1}c_{2}+l_{1}\dot{\theta}_{1}^{2}s_{2}+gc_{12}\\ 0\end{bmatrix},
$$

$$
{}^{2}\boldsymbol{F}_{2}=m_{2}\begin{bmatrix}l_{1}\ddot{\theta}_{1}s_{2}-l_{1}\dot{\theta}_{1}^{2}c_{2}+gs_{12}-l_{C2}(\dot{\theta}_{1}+\dot{\theta}_{2})^{2}\\ l_{1}\ddot{\theta}_{1}c_{2}+l_{1}\dot{\theta}_{1}^{2}s_{2}+gc_{12}+l_{C2}(\ddot{\theta}_{1}+\ddot{\theta}_{2})\\ 0\end{bmatrix},\quad {}^{2}\boldsymbol{N}_{2}=\begin{bmatrix}0\\0\\I_{2z}(\ddot{\theta}_{1}+\ddot{\theta}_{2})\end{bmatrix}
$$

（3）由外向内计算关节力矩

对连杆 2，有

$$
{}^{2}\boldsymbol{f}_{2}={}^{2}\boldsymbol{F}_{2}=m_{2}\begin{bmatrix}l_{1}\ddot{\theta}_{1}s_{2}-l_{1}\dot{\theta}_{1}^{2}c_{2}+gs_{12}-l_{C2}(\dot{\theta}_{1}+\dot{\theta}_{2})^{2}\\ l_{1}\ddot{\theta}_{1}c_{2}+l_{1}\dot{\theta}_{1}^{2}s_{2}+gc_{12}+l_{C2}(\ddot{\theta}_{1}+\ddot{\theta}_{2})\\ 0\end{bmatrix}
$$

$$
{}^{2}\boldsymbol{n}_{2}={}^{2}\boldsymbol{N}_{2}+{}^{2}\boldsymbol{P}_{C_{2}}\times{}^{2}\boldsymbol{F}_{2}=\begin{bmatrix}0\\0\\I_{2z}(\ddot{\theta}_{1}+\ddot{\theta}_{2})\end{bmatrix}+m_{2}l_{C2}\begin{bmatrix}0\\0\\l_{1}\ddot{\theta}_{1}c_{2}+l_{1}\dot{\theta}_{1}^{2}s_{2}+gc_{12}+l_{C2}(\ddot{\theta}_{1}+\ddot{\theta}_{2})\end{bmatrix}
$$

对连杆 1，有

$$
{}^{1}\boldsymbol{f}_{1}={}_{2}^{1}\boldsymbol{R}\,{}^{2}\boldsymbol{f}_{2}+{}^{1}\boldsymbol{F}_{1}
$$

$$
\begin{aligned}
{}^{1}\boldsymbol{n}_{1}&={}^{1}\boldsymbol{N}_{1}+{}_{2}^{1}\boldsymbol{R}\,{}^{2}\boldsymbol{n}_{2}+{}^{1}\boldsymbol{P}_{C_{1}}\times{}^{1}\boldsymbol{F}_{1}+{}^{1}\boldsymbol{P}_{2}\times{}_{2}^{1}\boldsymbol{R}\,{}^{2}\boldsymbol{f}_{2}\\
&=\begin{bmatrix}0\\0\\I_{1z}\ddot{\theta}_{1}\end{bmatrix}+\begin{bmatrix}0\\0\\I_{2z}(\ddot{\theta}_{1}+\ddot{\theta}_{2})\end{bmatrix}+{}_{2}^{1}\boldsymbol{R}m_{2}l_{C2}\begin{bmatrix}0\\0\\l_{1}\ddot{\theta}_{1}c_{2}+l_{1}\dot{\theta}_{1}^{2}s_{2}+gc_{12}+l_{C2}(\ddot{\theta}_{1}+\ddot{\theta}_{2})\end{bmatrix}+\\
&\quad\begin{bmatrix}l_{C1}\\0\\0\end{bmatrix}\times m_{1}\begin{bmatrix}-l_{C1}\dot{\theta}_{1}^{2}+gs_{1}\\ l_{C1}\ddot{\theta}_{1}+gc_{1}\\ 0\end{bmatrix}+\begin{bmatrix}l_{1}\\0\\0\end{bmatrix}\times{}_{2}^{1}\boldsymbol{R}m_{2}\begin{bmatrix}l_{1}\ddot{\theta}_{1}s_{2}-l_{1}\dot{\theta}_{1}^{2}c_{2}+gs_{12}-l_{C2}(\dot{\theta}_{1}+\dot{\theta}_{2})^{2}\\ l_{1}\ddot{\theta}_{1}c_{2}+l_{1}\dot{\theta}_{1}^{2}s_{2}+gc_{12}+l_{C2}(\ddot{\theta}_{1}+\ddot{\theta}_{2})\\ 0\end{bmatrix}
\end{aligned}
$$

$$= \begin{bmatrix} 0 \\ 0 \\ I_{1z}\ddot{\theta}_1 + I_{2z}(\ddot{\theta}_1 + \ddot{\theta}_2) + m_2[l_1^2\ddot{\theta}_1 + l_1 g c_1 - l_1 l_{C2}(\dot{\theta}_1 + \dot{\theta}_2)^2 s_2 + l_1 l_{C2}(\ddot{\theta}_1 + \ddot{\theta}_2)c_2 + \\ l_1 l_{C2}\ddot{\theta}_1 c_2 + l_1 l_{C2}\dot{\theta}_1^2 s_2 + l_{C2} g c_{12} + l_{C2}^2(\ddot{\theta}_1 + \ddot{\theta}_2)] + m_1(l_{C1}^2\ddot{\theta}_1 + l_{C1} g c_1) \end{bmatrix}$$

所以，关节 1 和关节 2 的力矩分别为

$$\tau_1 = I_{1z}\ddot{\theta}_1 + I_{2z}(\ddot{\theta}_1 + \ddot{\theta}_2) + [m_1 l_{C1}^2 + m_2(l_1^2 + l_{C2}^2 + 2l_1 l_{C2} c_2)]\ddot{\theta}_1 + [m_2(l_{C2}^2 + l_1 l_{C2} c_2)]\ddot{\theta}_2 + [-m_2 l_1 l_{C2} s_2 \dot{\theta}_2^2 - 2m_2 l_1 l_{C2} s_2 l_1 \dot{\theta}_1 \dot{\theta}_2] + [m_1 l_{C1} g c_1 + m_2(l_1 g c_1 + l_{C2} g c_{12})] \tag{3-113}$$

$$\tau_2 = I_{2z}(\ddot{\theta}_1 + \ddot{\theta}_2) + m_2(l_{C2}^2 + l_{C2} l_1 c_2)\ddot{\theta}_1 + m_2 l_{C2}^2 \ddot{\theta}_2 + m_2 l_1 l_{C2}\dot{\theta}_1^2 s_2 + m_2 l_{C2} g c_{12} \tag{3-114}$$

**解法二：**用牛顿-欧拉迭代动力学算法

先求各连杆质心线速度和旋转角速度，并求出表示连杆速度和关节速度之间关系的雅可比矩阵

$$\boldsymbol{v}_{C1} = \begin{bmatrix} -l_{C1}s_1 & 0 \\ l_{C1}c_1 & 0 \end{bmatrix}\dot{\boldsymbol{\theta}} = J_{L_1}\dot{\boldsymbol{\theta}},\quad \boldsymbol{v}_{C2} = \begin{bmatrix} -l_1 s_1 - l_{C2}s_{12} & -l_{C2}s_{12} \\ l_1 c_1 + l_{C2}c_{12} & l_{C2}c_{12} \end{bmatrix}\dot{\boldsymbol{\theta}} = J_{L_2}\dot{\boldsymbol{\theta}}$$

$$\boldsymbol{\omega}_1 = [1 \quad 0]\dot{\boldsymbol{\theta}} = J_{A_1}\dot{\boldsymbol{\theta}},\quad \boldsymbol{\omega}_2 = [1 \quad 1]\dot{\boldsymbol{\theta}} = J_{A_2}\dot{\boldsymbol{\theta}}$$

机械臂的惯性矩阵可表示为

$$\boldsymbol{M} = \sum_{i=1}^{n}(m_i \boldsymbol{J}_{L_i}^{\mathrm{T}} J_{L_i} + \boldsymbol{J}_{A_i}^{\mathrm{T}} \boldsymbol{I}_i \boldsymbol{J}_{A_i})$$
$$= \begin{bmatrix} m_1 l_{C1}^2 + I_{1z} + m_2(l_1^2 + l_{C2}^2 + 2l_1 l_{C2}c_2) + I_{2z} & m_2(l_{C2}^2 + l_1 l_{C2}c_2) + I_{2z} \\ m_2(l_{C2}^2 + l_{C2}l_1 c_2) + I_{2z} & m_2 l_{C2}^2 + I_{2z} \end{bmatrix}$$

根据式（3-112）得

$$\boldsymbol{C}(\boldsymbol{\theta},\dot{\boldsymbol{\theta}}) = \begin{bmatrix} -2m_2 l_1 l_{C2} s_2 \dot{\theta}_2 & -m_2 l_1 l_{C2} s_2 \dot{\theta}_2 \\ m_2 l_1 l_{C2}\dot{\theta}_1 s_2 & 0 \end{bmatrix}$$

而重力矩为

$$\boldsymbol{G}(\boldsymbol{\theta}) = \frac{\partial u(\boldsymbol{\theta})}{\partial \boldsymbol{\theta}} = \begin{bmatrix} m_2 l_2 g c_{12} + (m_1 + m_2) l_1 g c_1 \\ m_2 l_{C2} g c_{12} \end{bmatrix}$$

因而得到该机械臂的动力学方程为

$$\begin{bmatrix} m_1 l_{C1}^2 + I_{1z} + m_2(l_1^2 + l_{C2}^2 + 2l_1 l_{C2}c_2) + I_{2z} & m_2(l_{C2}^2 + l_1 l_{C2}c_2) + I_{2z} \\ m_2(l_{C2}^2 + l_{C2}l_1 c_2) + I_{2z} & m_2 l_{C2}^2 + I_{2z} \end{bmatrix}\ddot{\boldsymbol{\theta}} + \begin{bmatrix} -2m_2 l_1 l_{C2} s_2 \dot{\theta}_2 & -m_2 l_1 l_{C2} s_2 \dot{\theta}_2 \\ m_2 l_1 l_{C2}\dot{\theta}_1 s_2 & 0 \end{bmatrix}\dot{\boldsymbol{\theta}} + \begin{bmatrix} m_2 l_2 g c_{12} + (m_1 + m_2) l_1 g c_1 \\ m_2 l_{C2} g c_{12} \end{bmatrix} = \boldsymbol{\tau} \tag{3-115}$$

需要指出的是，本章在建立机器人动力学模型的过程中将连杆看作理想刚体，未考虑连杆柔性；将关节也看作是理想的，未考虑关节摩擦、传动机构的间隙和柔性，以及电机转子的动力学。

# 第 4 章 机器人控制

根据作业任务和环境的不同，机器人手臂可以呈现多种行为特性。首先，它可以实现运动，例如：将负载从一个地方移到另一个地方，或者控制喷枪完成预定的喷涂轨迹；其次，它也可以作为力源，在黑板上写字的任务中，机械臂必须同时控制粉笔垂直于黑板方向的力（将粉笔压在黑板上的力）和在黑板平面内的运动轨迹；此外，当机器人被作为触觉显示设备来渲染虚拟环境时，我们还希望它能像弹簧、阻尼器或惯性一样，对施加到它身上的力做出响应。

在这些特性中，机器人控制器的作用是将任务要求转换为机器人执行器上的力或扭矩。实现上述行为的控制策略在机器人学中被称为**运动控制、力控制、运动-力混合控制**和**阻抗控制**。选用哪一种控制方式应取决于任务和环境。例如，当末端执行器与某物接触时，将力控制作为目标是合理的，反之当它在自由空间中移动时采用力控制就不适宜。不管处于何种环境，机器人都要受到力学原理的约束，即机器人不能独立地控制运动和力。如果机器人需要施加运动，那么其动力学和环境将决定力；如果机器人需要施加力，那么其动力学和环境将决定运动。

一旦我们选择了一个与任务要求和环境相匹配的行为特性，就可以使用反馈控制来实现它。反馈控制利用位置、速度和力传感器来测量机器人的实际行为，将其与要求的行为进行比较，调整发送给执行器的控制信号。几乎所有的机器人系统都采用了反馈控制。本章将重点介绍用于机器人手臂运动控制、力控制、运动-力混合控制和阻抗控制的反馈控制的基本原理。

## 4.1 机器人控制系统概述

典型的机器人控制系统框图如图 4.1a 所示。其中传感器包括：用于检测关节位置/角度的电位器、编码器或旋转变压器，用于检测关节角速度的转速计，用于检测关节力/扭矩的应变片及位于臂末端和执行器之间的多轴力/扭矩传感器。控制器对传感器进行采样，并以几百到几千赫兹的速率向执行器更新控制信号。更高的控制更新率能带来的益处有限，但却使成本大幅增加，因此在大多数机器人应用中，通常在确定了系统的时间常数（与机器人的动态特性和环境特性有关）后，选择能够满足控制要求的更新率。在本章的分析中，我们忽略采样时间的影响，并认为控制器工作于连续系统。

虽然转速计可直接测量速度，但常用的方法是使用数字滤波器对相邻位置信号进行数字差分。由于差分位置信号时的量化，低通滤波器常常与差分滤波器结合使用，以滤除其中的高频信号。有许多不同的技术可以产生机械动力，转换成速度和力并最终传输到机器人关节。在本章中，我们将每个关节的驱动器、执行器和传动装置集成到一起，并将它们视为从低功率控制信号到力和扭矩的变换器。连同理想传感器的假设，我们将图 4.1a 的框图简化为图 4.1b 所示的框图，其中控制器直接产生力和扭矩。

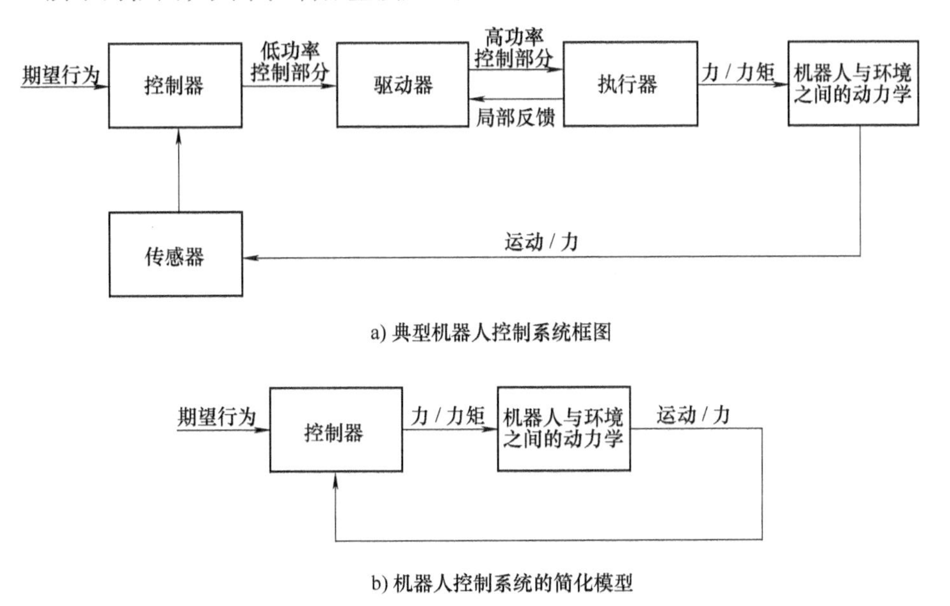


图 4.1　典型的机器人控制系统框图及简化模型

（其中的局部控制回路用于帮助驱动器和执行器实现期望的力或扭矩。例如，处于转矩控制模式的直流电机驱动器需要检测实际流过电机的电流。因为电流与电机产生的转矩成比例，局部控制器可以更好地匹配期望的电流。基于图 a 中的驱动器和执行器模型都具有理想的行为，它具有理想传感器和可直接产生力和力矩的控制器。图中没有标出动力学模块前后都可能会引入的干扰力或运动。）

实际的机器人系统的关节和连杆还受柔性和振动、齿轮和传动装置的间隙、执行器饱和与传感器有限分辨率的影响。这些都是机器人设计和控制方面的重要问题，但这些工程性的内容超出了本章的范畴，读者可以通过阅读其他文献来了解和掌握。

## 4.2　运动控制

运动控制器可以在关节空间或任务空间中定义。在关节空间中，该控制器以期望的关节位置 $\theta_d(t)$ 和速度 $\dot{\theta}_d(t)$ 作为输入，目标是驱动机器人跟踪该关节的轨迹。当轨迹在任务空间中被表示时，控制器的输入则是期望的末端执行器位形 $X_d(t)$ 和速度 $v_d(t)$ 。如果末端执行器位形由一组广义坐标表示，则 $X_d(t) \in R^m$ 和 $v_d(t)=\dot{X}_d(t)$ 。如果末端执行器位形表示为 $SE(3)$ 的一个元素，则 $X_d(t) \in SE(3)$ 和 $v_d(t) \in R^6$，其中 $v_d(t)=X_d^{-1}\dot{X}_d$ 是在末端执行器坐标系中表示的运动旋量，$v_d(t)=\dot{X}_d X_d^{-1}$ 是在基坐标系中表示的运动旋量。

### 4.2.1　具有速度输入的多关节机器人运动控制

如前面章节所讨论的，我们通常假设能直接控制机器人关节处的力或力矩，并且机器人的动力学会将这些控制转换为关节的加速度。然而，在少数情况下，也可以假设可直接控制关节的速度。例如，关节执行器是步进电动机时，关节的速度直接由发送到步进器的脉冲串的频率决定。另一个例子是当电动机的驱动器被置于速度控制模式时，放大器试图达到用户要求的关节速度，而不是控制关节力或力矩。

在理想速度控制的假设下，多关节机器人的运动控制将会非常容易实现，只要简单地给定速度

$$\dot{\theta}_{com}(t)=\dot{\theta}_{d}(t)$$

其中，$\dot{\theta}_{d}(t)$ 是所期望的轨迹对时间的微分。这种控制方式被称为前馈控制或开环控制，因为它不需要反馈（传感器数据）。

而在实践中，位置误差会随着时间不断积累。另一种策略是不断地测量每个关节的实际位置并实现简单的反馈控制器，即

$$\dot{\theta}_{com}(t)=\boldsymbol{K}_{p}[\theta_{d}(t)-\theta(t)]$$

其中，$\boldsymbol{K}_{p}$ 是正增益的对角矩阵。这个控制器被称为“比例控制器”，因为它生成了一个与当前位置误差 $\theta_{e}(t)=\theta_{d}(t)-\theta(t)$ 成比例的校正速度。它可以防止位置误差随着时间的增长而不断增大，而一个开环控制器则不具有这种能力。它的一个缺点是机器人只有在有误差时才会移动。

前馈控制即使在没有误差的情况下也能产生运动指令，可以使用前馈控制结合反馈控制来限制误差的累积

$$\dot{\theta}_{com}(t)=\dot{\theta}_{d}(t)+K_{p}[\theta_{d}(t)-\theta(t)] \tag{4-1}$$

这种前馈-反馈控制器是首选的速度控制律。

我们也可以在任务空间中实现类似的控制律。设 $X(t)\in SE(3)$ 是末端执行器随时间变化的位形，$\nu(t)$ 是末端执行器坐标系中表示的末端执行器运动旋量，即 $\nu=X^{-1}\dot{X}$，则任务空间版本的控制律为

$$\nu_{com}(t)=\nu_{d}(t)+K_{p}X_{e}(t) \tag{4-2}$$

其中，$X_{e}(t)$ 不是简单地进行 $X_{d}(t)-X(t)$，因为直接将刚体变换群 $SE(3)$ 的元素相减是没有意义的。相反，$X_{e}$ 指 $X$ 经过单位时间后变换到 $X_{d}$。它在末端执行器坐标系中的矩阵表示是 $[X_{e}]=\log(X^{-1}X_{d})$。

如果使用一组广义坐标表示末端执行器的位形，那么控制律可以采用 $\nu=\dot{X}$ 和 $X_{e}=X_{d}-X$。在式（4-2）中，与 $\nu_{com}$ 相对应的关节速度 $\dot{\theta}$com 可以用逆速度运动学来计算，即

$$\dot{\theta}_{com}=J^{\dagger}(\theta)\nu_{com}$$

其中，$J^{\dagger}(\theta)$ 是相应雅可比矩阵的伪逆。

### 4.2.2 具有扭矩或力输入的单关节运动控制

采用步进电动机控制的机器人一般仅限于作用力/力矩低或可预测的应用。此外，机器人控制工程师也不会仅依赖于伺服电机驱动器的速度控制模式，因为这些速度控制算法没有利用机器人的动态模型。相反，机器人控制工程师经常是在转矩控制模式下使用伺服电动机驱动器：驱动器的输入是所需的转矩（或力）。这允许控制工程师在控制律的设计中使用机

器人的动力学模型。一个单关节机器人的控制可以很好地说明这个想法，所以我们先介绍单关节机器人的控制，然后推广到多关节机器人。

考虑图 4.2 所示的由一个电动机驱动连杆的单关节机器人。$\tau$ 是电动机的转矩，$\theta$ 是连杆的角度，其动力学方程为

$$\tau = M\ddot{\theta} + mgr\cos\theta \tag{4-3}$$

其中，$M$ 是连杆绕转动轴的惯量（标量）；$m$ 是连杆的质量；$r$ 是连杆从轴线到质量中心的距离；$g$ 是重力加速度。

假设系统没有耗散，根据式（4-3），如果连杆运动后将驱动力矩设置为零，则连杆将永远保持匀速转动。当然，这是不现实的。在轴承、齿轮和减速器上存在各种摩擦。摩擦建模是一个非常活跃的研究领域，但这个简单的单关节采用如下粘性摩擦模型就足够了

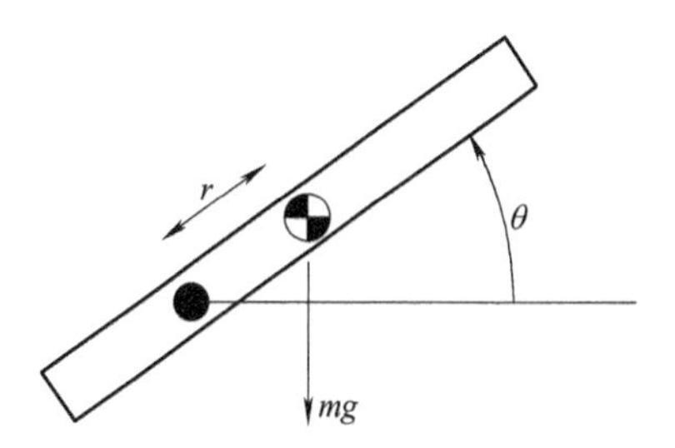

图 4.2　重力场中的单关节机器人

$$\tau_{\text{fric}} = b\dot{\theta} \tag{4-4}$$

其中，$b>0$。增加摩擦力矩后，最终的动力学模型是

$$\tau = M\ddot{\theta} + mgr\cos\theta + b\dot{\theta} \tag{4-5}$$

其紧凑形式为

$$\tau = M\ddot{\theta} + h(\theta,\dot{\theta}) \tag{4-6}$$

其中，$h$ 包含仅依赖于状态而不是加速度的所有项。

对于后面要使用的仿真，设 $M=0.5\text{kgm}^2$，$m=1\text{kg}$，$r=0.1\text{m}$，$b=0.1\text{Nms/rad}$。在一些例子中，连杆在水平面上移动，因此$g=0$。在其他例子中，连杆在竖直平面内移动，因此$g=9.81\text{m/s}^2$。

**1. 反馈控制：PID 控制**

最常用的反馈控制算法是线性 PID（比例-积分-微分）控制。定义期望角度 $\theta_d$ 与实际角度 $\theta$ 之间的误差为

$$\theta_e = \theta_d - \theta \tag{4-7}$$

PID 控制器实现起来非常简单，即

$$\tau = K_p\theta_e + K_i\int\theta_e(t)\,dt + K_d\dot{\theta}_e \tag{4-8}$$

其中，控制增益 $K_p$、$K_i$ 和 $K_d$ 是非负实数。比例增益 $K_p$ 类似于虚拟弹簧，试图减小位置误差 $\theta_e=\theta_d-\theta$，而微分增益作用是模拟阻尼器，试图减小速度误差 $\dot{\theta}_e=\dot{\theta}_d-\dot{\theta}$。积分增益可以用来消除当关节处于静止状态时的稳态误差。PID 控制器的框图如图 4.3 所示。

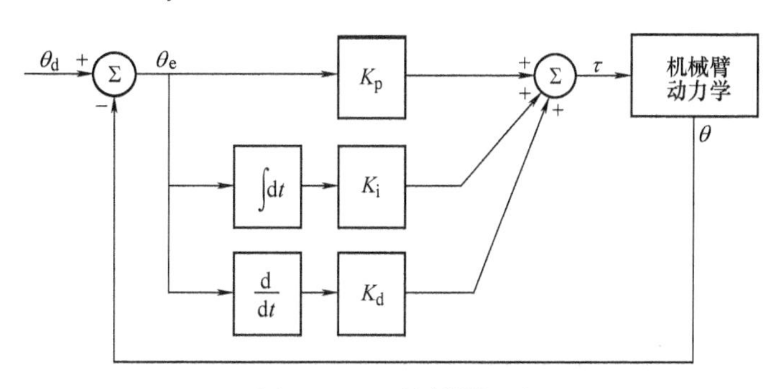

图 4.3　PID 控制器框图

现在考虑 $K_i=0$ 的情况，这就是所谓的 PD 控制。我们可以通过将其他增益设置为零来类似地定义 PI、P、I 和 D 控制。PD 控制和 PI 控制是 PID 控制的最常见的变体。我们还假设机器人在水平面上运动，因此 $g=0$。将控制律式（4-8）代入式（4-5）中，得到

$$M\ddot{\theta} + b\dot{\theta} = K_p(\theta_d - \theta) + K_d(\dot{\theta}_d - \dot{\theta}) \tag{4-9}$$

如果目标状态是一个常数 $\theta_d$，则有 $\dot{\theta}_d=\ddot{\theta}_d=0$，这就是所谓的调节器控制。在调节器控制中 $\theta_e=\theta_d-\theta$，$\dot{\theta}_e=-\dot{\theta}$，$\ddot{\theta}_e=-\ddot{\theta}$，式（4-9）可改写为线性质量-弹簧-阻尼器的误差动力学方程

$$M\ddot{\theta}_e + (b + K_d)\dot{\theta}_e + K_p\theta_e = 0 \tag{4-10}$$

**2. 稳定性**

式（4-10）误差动力学方程是控制系统研究中的一个重要概念。要求误差动力学方程是稳定的，即误差随时间趋于零。具有如下形式的线性齐次常微分方程：

$$a_n\theta_e^{(n)} + a_{n-1}\theta_e^{(n-1)} + \cdots + a_2\ddot{\theta}_e + a_1\dot{\theta}_e + a_0\theta_e = 0$$

当且仅当其特征多项式

$$a_n s^n + a_{n-1}s^{n-1} + \cdots + a_2 s^2 + a_1 s + a_0 = 0$$

的所有根 $S_1$，…，$S_n$ 都具有负实部时方程才是稳定的。也就是说，对于所有 $i=1$，…，$n$，有 $\mathrm{Re}(S_i)<0$。对于任何阶动力学方程，稳定性的必要条件是所有的 $a_i>0$。这个条件对于二阶动力学方程，如方程式（4-10）也是充分条件。对于三阶动力学方程，满足稳定性的条件是 $a_i > 0(i)$ 和 $a_2a_1 > a_3a_0$。

**3. PD 控制和二阶误差动力学**

为了更标准地研究二阶误差动力学方程式（4-10），假设它满足稳定性并将其重写为二阶系统的标准形式

$$\ddot{\theta}_e + \frac{b + K_d}{M}\dot{\theta}_e + \frac{K_p}{M}\theta_e = 0 \rightarrow \ddot{\theta}_e + 2\zeta\omega_n\dot{\theta}_e + \omega_n^2\theta_e = 0 \tag{4-11}$$

其中，阻尼比 $\zeta$ 和固有角频率 $\omega_n$ 分别是

$$\zeta = \frac{b + K_d}{2\sqrt{K_p M}},\quad \omega_n = \sqrt{\frac{K_p}{M}}$$

式（4-11）的特征方程为

$$s^2 + 2\zeta\omega_n s + \omega_n^2 = 0 \tag{4-12}$$

它的复数根为

$$s_{1,2} = -\zeta\omega_n \pm \omega_n\sqrt{\zeta^2 - 1}$$

微分方程式（4-11）有三种类型的解，这取决于根 $s_{1,2}$ 是相异实根（$\zeta>1$），相等实根 $\zeta=1$，还是共轭复根（$\zeta<1$）。

1）过阻尼：$\zeta>1$。$s_{1,2}$ 是相异实根，此时方程的解是

$$\theta_e(t) = c_1e^{s_1t} + c_2e^{s_2t}$$

其中，$c_1$ 和 $c_2$ 取决于初始条件。方程的响应是两个衰减指数之和，时间常数 $\tau_{1,2}=1/s_{1,2}$，这里的时间常数是指数衰减到其原始值的 37% 所需的时间。解中的“慢”时间常数由具有较小负实部的根给出，即 $s_1=-\zeta\omega_n+\omega_n\sqrt{\zeta^2-1}$。

2）临界阻尼：$\zeta=1$。$s_{1,2}=-\zeta\omega_n$ 是一对相等实根，方程的解是 $\theta_e=(c_1+c_2t)e^{-\zeta\omega_n t}$，即衰减指数被乘了一个时间的线性函数，而衰减指数的时间常数为 $\tau=1/(\zeta\omega_n)$。

3）欠阻尼：$\zeta<1$。$s_{1,2}=-\zeta\omega_n\pm j\omega_d$ 是共轭复根，其中 $\omega_d=\omega_n\sqrt{1-\zeta^2}$ 是有阻尼固有角频率。方程的解是

$$\theta_e(t)=[c_1\cos(\omega_d t)+c_2\sin(\omega_d t)]e^{-\zeta\omega_n t}$$

即衰减指数（时间常数 $\tau=1/(\zeta\omega_n)$）被乘了一个正弦函数。

若要了解如何运用方程的这些解，不妨假设连杆最初是静止在 $\theta=0$。$t=0$ 时，期望位置突然从 $\theta_d=0$ 变为 $\theta_d=1$，被称为**阶跃输入**，而系统的运动 $\theta(t)$ 被称为**阶跃响应**。此时，关注的是**误差响应** $\theta_e(t)$。可以通过设定 $\theta_e(0)=1$（误差立即变为1）和 $\dot{\theta}_e(0)=0$（$\dot{\theta}_d(0)$ 和 $\dot{\theta}(0)$ 均为零）来求方程解中的 $c_{1,2}$。

误差响应可以用**瞬态响应**和**稳态响应**来描述（见图4.4）。稳态响应的特征是**稳态误差** $e_{ss}$，即 $t\to\infty$ 时渐近收敛的误差 $\theta_e(t)$。对于具有稳定PD控制器的无重力连杆，$e_{ss}=0$。瞬态响应的特点是超调和（2%）过渡时间。2%过渡时间是指此后都满足 $|\theta_e(t)-e_{ss}|\leqslant 0.02(1-e_{ss})$ 的第一个时间，它近似等于 $4\tau$（$\tau$ 是解中最慢的时间常数）。如果误差响应超过最终稳态误差，则出现**超调**，此时**超调量**被定义为

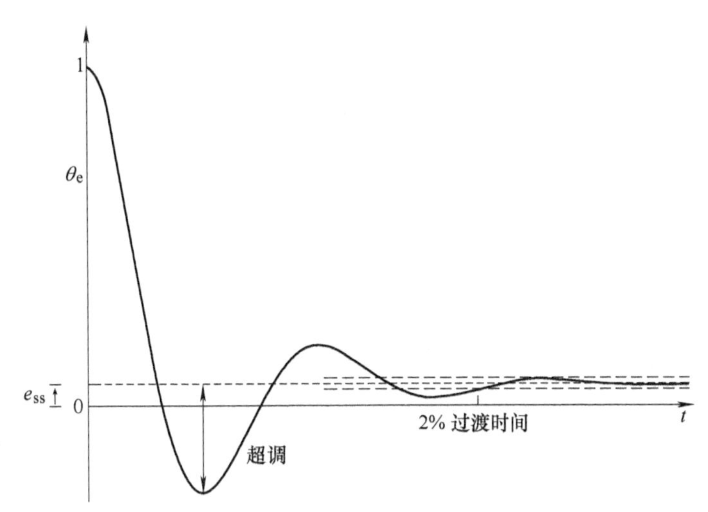


图4.4 欠阻尼二阶系统对阶跃输入的误差响应

（图中显示出稳态误差 $e_{ss}$、超调和2%过渡时间）

$$\text{overshoot}=\left|\frac{\theta_{e,\min}-e_{ss}}{1-e_{ss}}\right|\times 100\%$$

其中，$\theta_{e,\min}$ 是误差所达到的最小正数。超调可以按如下公式计算：

$$\text{overshoot}=e^{-\pi\zeta/\sqrt{1-\zeta^2}}\times 100\% \quad 0\leqslant\zeta<1$$

一个良好的瞬态响应的特点是调节时间短，并且超调很少甚至没有。

图4.5给出了式（4-12）的根的位置与瞬态响应的关系。对于一个固定的 $K_d$ 和一个小的 $K_p$，可以得到 $\zeta>1$，系统被过阻尼，并且由于存在“慢”根而反应迟缓。随着 $K_p$ 的增大，阻尼比减小。该系统在 $K_p=(b+K_d)^2/(4M)$ 处是临界阻尼（$\zeta=1$），并且两个根在负实轴上重合，这种情况对应于具有相对较快的响应而没有超调。当 $K_p$ 继续增加，$\zeta$ 降到1以下，根离开负实轴，我们开始看到响应中出现超调和振荡。当超过临界阻尼时，过渡时间不受影响，因为 $\zeta\omega_n$ 不变。通常，临界阻尼是可取的。

（1）应用中反馈增益的限制

根据我们采用的简单模型，可以毫无限制地增加 $K_p$ 和 $K_d$，而使根的实分量越来越负，

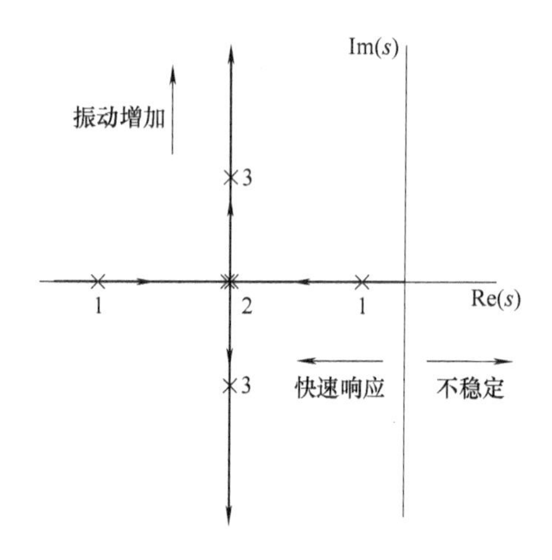


a）根轨迹图（当 $K_p$ 从零增加时，固定 $K_d=10\text{Nms/rad}$ 的 PD 控制关节的特征方程的复根）

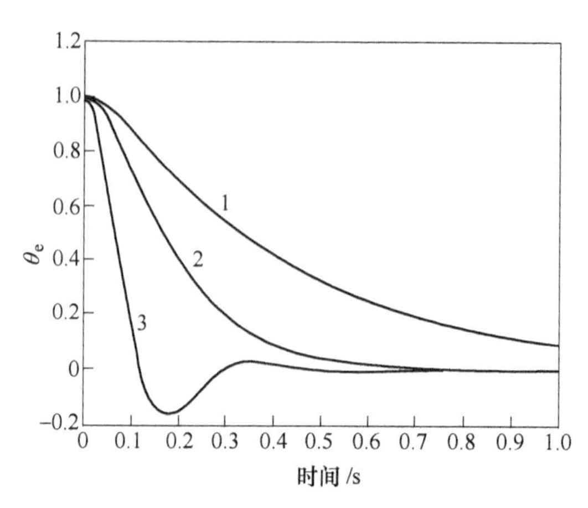


b）过阻尼（$\zeta=1.5$，根在“1”）、临界阻尼（$\zeta=1$，根在“2”）和欠阻尼（$\zeta=0.5$，根在“3”）情况，系统对初始误差 $\theta_e=1$、$\dot{\theta}_e=0$ 的响应

图 4.5　根的位置及瞬态响应的关系

从而实现任意的快速响应。而在工程应用中，大的增益导致执行器饱和、快速扭矩变化（颤振）、未建模的关节和连杆柔性引起的结构振动，以及由于有限伺服更新频率引起的不稳定。因此，增益的可用范围存在限制。

（2）PID 控制与三阶误差动力学

现在我们考虑调节控制的情况，其中连杆在竖直平面上运动，即 $g>0$。通过上面的 PD 控制定律，系统现在可重写为

$$M\ddot{\theta}_e+(b+K_d)\dot{\theta}_e+K_p\theta_e=mgr\cos\theta \tag{4-13}$$

这说明系统将静止于 $K_p\theta_e=mgr\cos\theta$ 满足处，即当 $\theta_d\neq\pm\dfrac{\pi}{2}$时，最终 $\theta_e$ 误差不为零。这是因为机器人必须提供非零转矩才能使连杆在 $\theta_d=\pm\pi/2$ 处保持静止，但是 PD 控制律在 $\theta_d\neq\pm\pi/2$ 时产生非零转矩。可以通过增加增益来减小该稳态误差。但是如上所述，增益存在实际限制。

为了消除稳态误差，可以在 PID 控制器中设置 $K_i>0$，这样就允许即使是零位置误差的时候也产生非零静态转矩，其中只有积分误差必须是非零。图 4.6 给出添加了积分项的控制器。

为了了解控制器是如何工作的，我们写出调节器控制的误差动力学方程

$$M\ddot{\theta}_e+(b+K_d)\dot{\theta}_e+K_p\theta_e+K_i\int\theta_e(t)\,\mathrm{d}t=\tau_{\text{dist}} \tag{4-14}$$

其中，$\tau_{\text{dist}}$是扰动力矩，它代替了重力项 $mgr\cos\theta$。对方程两侧取导数可以得到三阶误差动力学方程

$$M\theta_e^{(3)}+(b+K_d)\ddot{\theta}_e+K_p\dot{\theta}_e+K_i\theta_e=\dot{\tau}_{\text{dist}} \tag{4-15}$$

如果 $\tau_{\text{dist}}$是常数，那么等式（4-15）的右边是零。如果 PID 控制器是稳定的，则式（4-15）表明，$\theta_e$ 收敛于零（虽然由于重力引起的扰动力矩在连杆转动时不是常数，但在 $\theta$ 接近零

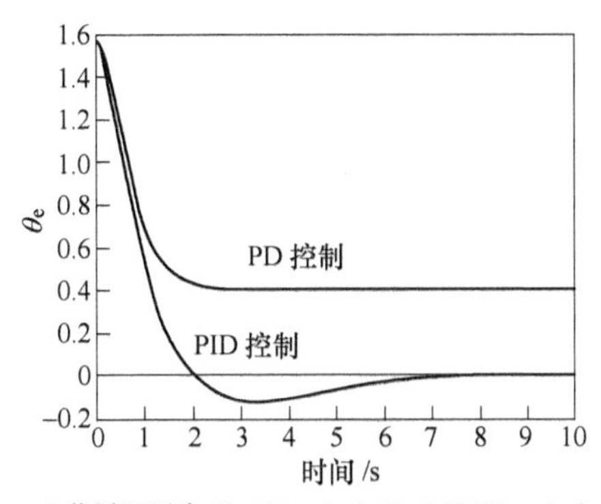


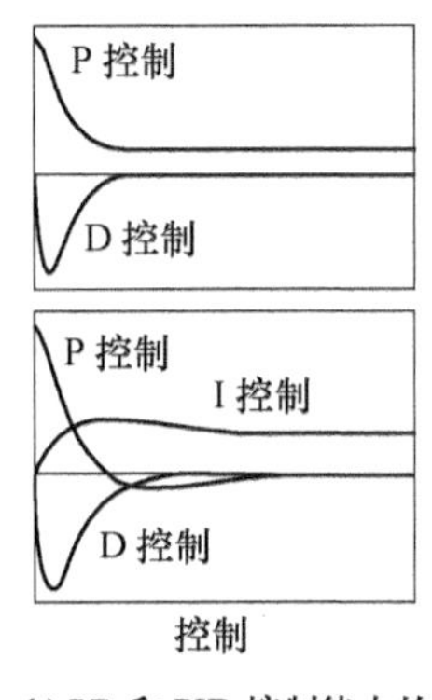


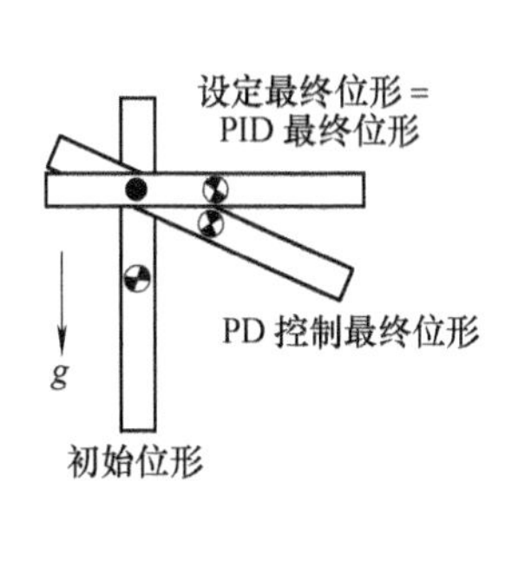


a) 临界阻尼为 $K_d$=2Nms/rad，$K_p$=2.205N·m/rad 的 PD 控制器和具有相同 PD 增益和 $K_i$=1 N·m/(rad·s) 的 PID 控制器的跟踪误差。机械臂从 $\theta(0)=-pi/2$，$\dot{\theta}(0)=0$，目标状态 $\theta_d=0$，$\dot{\theta}_d=0$

b) PD 和 PID 控制律中的术语的个别贡献

c) 初始位形和最终位形

图 4.6　添加了积分项的控制器

时扰动近似为常数，在平衡点附近也是这种情况）。

在调节器控制中，积分控制有助于消除稳态误差，但积分控制可能对瞬态响应产生不利影响。这是因为积分控制本质上对延迟信息做出响应——系统运行时需要时间来响应误差的积分。众所周知，控制理论中延迟反馈会引起不稳定。为了看清楚这一点，考虑当 $\tau_{\text{dist}}$ 为常数时方程式（4-15）的特征方程

$$Ms^{(3)} + (b + K_d)s^2 + K_p s + K_i = 0 \tag{4-16}$$

为了使所有根都具有负实部，我们像以前一样需要 $b + K_d > 0$ 和 $K_p > 0$，但是新的增益 $K_i$ 仍是有上限的（见图 4.7）。

$$0 \leqslant K_i < \frac{(b + K_d)K_p}{M}$$

因此，合理的设计策略是选择 $K_p$ 和 $K_d$ 来获得良好的瞬态响应，然后选择较小的 $K_i$，以免对稳定性产生不利影响。在图 4.6 的例子中，相对较大的 $K_i$ 会使瞬态响应恶化，从而产生显著的超调。在实践中，许多机器人控制器采用 $K_i$。

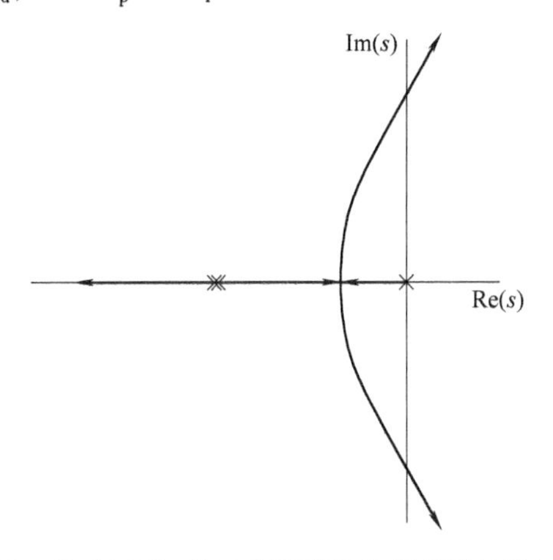


图 4.7　式（4-16）的三个根随着 $K_i$ 从零开始增加的轨迹图（首先选择 PD 控制器，$K_p$ 和 $K_d$ 产生临界阻尼，在负实轴上产生两个重根。添加微小增益 $K_i$>0。在原点上创建第三根。随着 $K_i$ 的增加，两个重根中的一个在负实轴上向左移动，而另外两个根相互靠近，相遇，当脱离实轴，开始向右弯曲，最后在 $K_i = (b + K_d)K_p/M$ 时进入右半平面。当 $K_i$ 值较大时，系统变得不稳定）

图 4.8 给出了 PID 控制算法的伪代码。虽然我们的分析集中在调节器控制，但 PID 控制器也可以很好地应用于轨迹跟踪，其中 $\dot{\theta}_d(t) \neq 0$。然而，积分控制不会消除沿任意轨迹的跟踪误差。

```
time = 0                          // dt = servo cycle time
eint = 0                          // error integral
qprev = senseAngle                // initial joint angle q
loop
  [qd,qdotd] = trajectory(time) // from trajectory generator

  q = senseAngle                  // sense actual joint angle
  qdot = (q - qprev)/dt           // simple velocity calculation
  qprev = q

  e = qd - q
  edot = qdotd - qdot
  eint = eint + e*dt

  tau = Kp*e + Kd*edot + Ki*eint
  commandTorque(tau)

  time = time + dt
end loop
```

图 4.8　PID 控制算法的伪代码

- 前馈控制

轨迹跟踪的另一个策略是利用机器人动力学方程来主动产生力矩，而不是等待误差产生。设控制器的动力学模型为

$$\tau = \tilde{M}(\theta)\ddot{\theta} + \tilde{h}(\theta,\dot{\theta}) \tag{4-17}$$

若 $\tilde{M}(\theta)=M(\theta)$ 且 $\tilde{h}(\theta,\ \dot{\theta})=h(\theta,\ \dot{\theta})$，则模型是完美的。注意，惯量模型 $\tilde{M}(\theta)$ 是位形的函数。

虽然这个简单的单关节机器人的惯性不是位形的函数，但是我们可以采用同样的表达方式对 4.2.3 节中的多关节系统重复使用方程式（4-17）。给定轨迹发生器的 $\dot{\theta}_d$、$\dot{\theta}_d$ 和 $\ddot{\theta}_d$，指令转矩计算变为

$$\tau = \tilde{M}(\theta_d)\ddot{\theta}_d + \tilde{h}(\theta_d,\dot{\theta}_d) \tag{4-18}$$

如果机器人的动力学模型是精确的，并且没有初始状态误差，那么它就会跟踪期望的轨迹。也称为前馈控制，因为没有用到反馈。

前馈控制的伪代码实现在图 4.9 中给出。图 4.10 显示了有重力作用下轨迹跟踪的两个例子。这里，除了 $\tilde{r}=0.08\text{m}$ 外，控制器的动态模型是准确的，而实际的 $r=0.1\text{m}$。在任务 1 中，误差始终很小，因为未建模的重力在 $\theta=-\pi/2$ 附近提供类似于弹簧的力，在初始位置加速机器人，并在最后减速。在任务 2 中，未建模的重力与期望的运动起相反作用，导致最后具有较大的跟踪误差。因为总是存在建模误差，所以前馈控制总是与反馈结合使用，下面我们专门讨论这个问题。

- 前馈和反馈线性化结合

所有实际的控制器都会使用反馈，因为没有完美的机器人和环境动力学模型。然而，一个好的模型却可以用来改善性能和简化分析。我们将 PID 控制与机器人动力学模型 $\{\tilde{M},\ \tilde{H}\}$ 相合并得到误差动力学

```
time = 0                                          // dt = servo cycle time
loop
  [qd,qdotd,qdotdotd] = trajectory(time)          // trajectory generator
  tau = Mtilde(qd)*qdotdotd + htilde(qd,qdotd)    // calculate dynamics
  commandTorque(tau)
  time = time + dt
end loop
```

图 4.9　前馈控制的伪代码

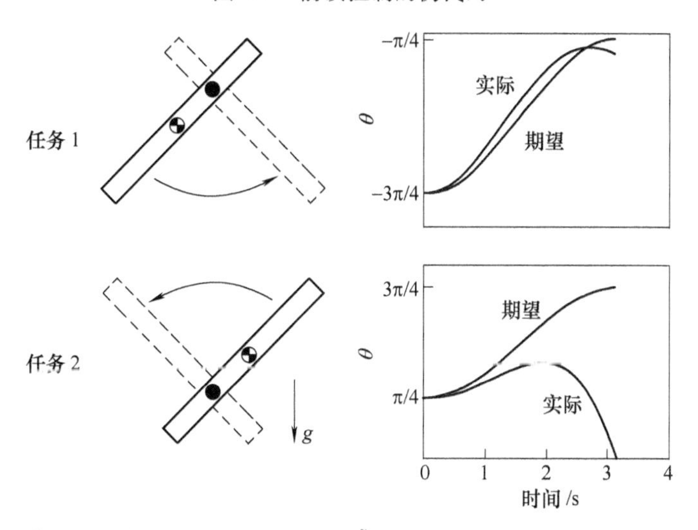


图 4.10　模型不正确时的前馈控制结果 [$\tilde{r}=0.08$m，实际 $r=0.1$m。任务 1 的期望轨迹是 $\theta_d(t) = -\pi/2-(\pi/4)\cos t(0\leqslant t\leqslant\pi)$；任务 2 的期望轨迹是 $\theta_d(t) = \pi/2-(\pi/4)\cos t(0\leqslant t\leqslant\pi)$]

$$\ddot{\theta}_e + K_d\dot{\theta}_e + K_p\theta_e + K_i\int\theta_e(t)\,dt = 0 \tag{4-19}$$

沿着任意轨迹，不仅是一个设定点，误差动力学方程式（4-19）和 PID 增益的适当选择会保证轨迹误差的指数衰减。

由于 $\ddot{\theta}_e=\ddot{\theta}_d-\ddot{\theta}$，为了得到误差动力学方程式（4-19），我们选择了机器人的指令加速度为 $\ddot{\theta}_{com}=\ddot{\theta}_d-\ddot{\theta}_e$，将式（4-19）代入以后得到

$$\ddot{\theta}_{com} = \ddot{\theta}_d + K_d\dot{\theta}_e + K_p\theta_e + K_i\int\theta_e(t)\,dt \tag{4-20}$$

在机器人动力学模型 $\{\tilde{M},\ \tilde{H}\}$ 中代入 $\ddot{\theta}_{com}$，得到前馈和反馈线性化结合的控制器，它也称为计算力矩控制器

$$\tau = \tilde{M}(\theta)\left(\ddot{\theta}_d + K_p\theta_e + K_i\int\theta_e(t)\,dt + K_d\dot{\theta}_e\right) + \tilde{h}(\theta,\dot{\theta}) \tag{4-21}$$

该控制器包括一个使用了加速度 $\ddot{\theta}_d$ 的前馈部分，这部分被称为反馈线性化的原因是 $\theta$ 和 $\dot{\theta}$ 在反馈中用来产生线性误差的动态。而 $\tilde{h}(\theta,\ \dot{\theta})$ 项用来消除非线性状态动力学，惯性

项 $\tilde{M}(\theta)$ 实现期望的关节加速度到关节力矩的转换，从而实现简单的线性误差动力学方程式(4-19)。

计算力矩控制器的方框图如图 4. 11 所示。根据需要配置特征方程的根来选择增益 $K_p$、$K_i$ 和 $K_d$，以实现良好的瞬态响应。在理想动态模型的假设下，我们选择 $K_i=0$。

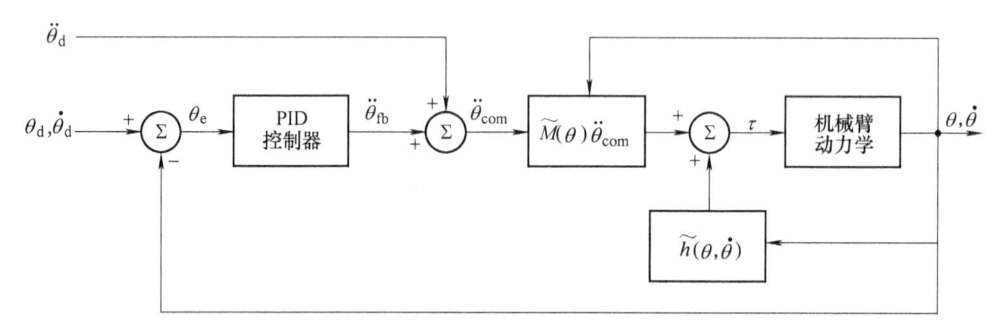


图 4. 11　计算力矩控制系统框图（前馈加速度 $\ddot{\theta}_d$ 被加到由 PID 反馈控制器计算的加速度 $\ddot{\theta}_{fb}$ 中，以产生指令加速度 $\ddot{\theta}_{com}$）

图 4. 12 示出了反馈线性化控制相对于仅有前馈和反馈控制的结果，其伪代码在图 4. 13 中给出。

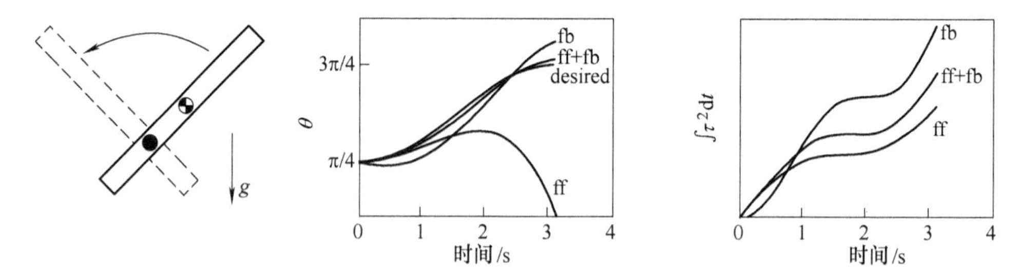


图 4. 12　仅前馈（ff）、仅反馈（fb）和计算转矩控制（ff+fb）的性能比较（PID 增益取自图 4. 6，前馈建模误差取自图 4. 10。所需的运动是图 4. 10 中的任务 2。中间图显示了三个控制器的跟踪性能。右图还绘制了 $\int\tau^2(t)\,dt$，这是对三个控制器中的控制输入的标准测量。这些曲线显示了三种控制器的典型行为：计算得到的转矩控制器比单独前馈或反馈具有更好的跟踪性能，比单独反馈具有更少的控制输入）

## 4. 2. 3　多关节机器人的转矩输入控制

单关节机器人的上述控制方法可以直接应用于 $n$ 个关节的机器人。不同之处在于，现在的动力学公式（4-6）将采用更一般的向量形式

$$\tau = M(\theta)\ddot{\theta} + h(\theta,\ \dot{\theta})$$

其中，$n\times n$ 正定惯性矩阵 $\boldsymbol{M}$ 是位形的函数。有时会发现，将 $h(\theta,\ \dot{\theta})$ 展开会更明确地表达公式所代表的物理含义

$$\tau = M(\theta)\ddot{\theta} + C(\theta,\dot{\theta})\dot{\theta} + g(\theta) + b(\dot{\theta}) \tag{4-22}$$

```
time = 0                                  // dt = cycle time
eint = 0                                  // error integral
qprev = senseAngle                        // initial joint angle q
loop
  [qd,qdotd,qdotdotd] = trajectory(time) // from trajectory generator

  q = senseAngle                          // sense actual joint angle
  qdot = (q - qprev)/dt                   // simple velocity calculation
  qprev = q

  e = qd - q
  edot = qdotd - qdot
  eint = eint + e*dt

  tau = Mtilde(q)*(qdotdotd + Kp*e + Kd*edot + Ki*eint) + htilde(q,qdot)
  commandTorque(tau)

  time = time + dt
end loop
```

图 4.13　计算力矩控制的伪代码

其中，$C(\theta,\ \dot{\theta})\dot{\theta}$ 是科里奥利力项；向心力项 $g(\theta)$ 是势能项（例如重力项）；$b(\dot{\theta})$ 是摩擦项。一般来说，动力学公式（4-22）是耦合的，关节的加速度是其他关节的位置、速度和扭矩的函数。

我们将多关节机器人控制分为两种控制：一是**分布式控制**，其中每个关节单独控制，关节之间没有信息共享；二是**集中式控制**，其中 $n$ 个关节中的任何关节的全部状态信息都可用来计算每个关节的控制信号。

**1. 分布式多关节控制**

控制多关节机器人的最简单方法是在每个关节处设置独立的控制器，例如 4.2.2 节中讨论的单关节控制器。当每个关节的加速度仅取决于关节自身的扭矩、位置和速度时，动力学解耦。当动态解耦或至少近似解耦时，分布控制是合适的。这要求质量矩阵是对角的，如在直角坐标的龙门机器人中，其中前三个轴是棱柱形的，并且沿着 $x$—$y$—$z$ 轴是正交的。这种机器人相当于三个单关节系统。

在无重力的情况下，具有高齿轮传动比的机器人系统也是近似解耦的。质量矩阵 $\boldsymbol{M}(\theta)$ 几乎是对角的，因为它由电机本身的惯性所支配。在各个关节处存在的较大摩擦也有助于动态解耦。

**2. 集中式多关节控制**

当重力和关节力矩显著且相互耦合时，或者当质量矩阵 $\boldsymbol{M}(\theta)$ 不能很好地用对角矩阵近似时，分布控制可能无法产生可接受的性能。在这种情况下，图 4.11 的计算转矩控制定律式（4-21）可以推广到多关节机器人。位形 $\theta$ 和 $\theta_{\mathrm{d}}$ 以及误差 $\theta_{\mathrm{e}}=\theta_{\mathrm{d}}-\theta$ 在这里是 $n$ 维矢量，并且正标量增益变成正定矩阵 $\boldsymbol{K}_{\mathrm{p}}$、$\boldsymbol{K}_{\mathrm{i}}$、$\boldsymbol{K}_{\mathrm{d}}$

$$\tau=\tilde{\boldsymbol{M}}(\theta)\left(\ddot{\theta}_{\mathrm{d}}+\boldsymbol{K}_{\mathrm{p}}\theta_{\mathrm{e}}+\boldsymbol{K}_{\mathrm{i}}\int\theta_{\mathrm{e}}(t)\,\mathrm{d}t+\boldsymbol{K}_{\mathrm{d}}\dot{\theta}_{\mathrm{e}}\right)+\tilde{\boldsymbol{h}}(\theta,\dot{\theta}) \tag{4-23}$$

通常选择增益矩阵为 $\boldsymbol{K}_{\mathrm{p}}\boldsymbol{I}$、$\boldsymbol{K}_{\mathrm{i}}\boldsymbol{I}$、$\boldsymbol{K}_{\mathrm{d}}\boldsymbol{I}$，其中 $\boldsymbol{I}$ 是 $n\times n$ 单位矩阵，$\boldsymbol{K}_{\mathrm{p}}$、$\boldsymbol{K}_{\mathrm{i}}$ 和 $\boldsymbol{K}_{\mathrm{d}}$ 是非负标量，

一般 $\boldsymbol{K}_i$ 被选择为零。在具有精确动力学模型 $\tilde{M}$ 和 $\tilde{h}$ 的情况下，每个关节的动力学都可化简为线性动力学式（4-19）。该控制算法的框图和伪代码分别如图 4.11 和图 4.13 所示。

实时控制律式（4-23）可能需要计算复杂的动力学。我们可能不具有一个很好的动力学模型或在伺服周期需要的计算复杂度太高。在这种情况下，如果所需的速度和加速度都很小，可只使用 PID 控制和重力补偿近似实现式（4-23）

$$\boldsymbol{\tau} = \boldsymbol{K}_p\theta_e + \boldsymbol{K}_i\int\theta_e(t)\,dt + \boldsymbol{K}_d\dot{\theta}_e + \tilde{g}(\theta) \tag{4-24}$$

具有零摩擦、完全重力补偿和 PID 设定点的控制（$\boldsymbol{K}_i=0$ 和 $\dot{\theta}_d=\ddot{\theta}_d=0$），受控制的动力学方程可以被写为

$$M(\theta)\ddot{\theta} + C(\theta,\dot{\theta})\dot{\theta} = \boldsymbol{K}_p\theta_e - \boldsymbol{K}_d\dot{\theta} \tag{4-25}$$

其中，科里奥利力和向心力部分被记为 $C(\theta,\ \dot{\theta})\dot{\theta}$。我们现在可以定义虚拟的“误差能量”，它是存储在虚拟弹簧 $\boldsymbol{K}_p$ 中的“误差势能”和“误差动能”的总和

$$V(\theta_e,\dot{\theta}_e) = \frac{1}{2}\theta_e^T\boldsymbol{K}_p\theta_e + \frac{1}{2}\dot{\theta}_e^T M(\theta)\dot{\theta}_e \tag{4-26}$$

由于 $\dot{\boldsymbol{\theta}}_d=0$，可以简化为

$$V(\theta_e,\dot{\theta}) = \frac{1}{2}\theta_e^T\boldsymbol{K}_p\theta_e + \frac{1}{2}\dot{\theta}^T M(\theta)\dot{\theta} \tag{4-27}$$

对两边做微分，并代入式（4-25）可以得到

$$\begin{aligned}\dot{V} &= -\dot{\theta}^T\boldsymbol{K}_p\theta_e + \dot{\theta}^T M(\boldsymbol{\theta})\ddot{\theta} + \frac{1}{2}\dot{\theta}^T\dot{M}(\theta)\dot{\theta} \\ &= -\dot{\theta}^T\boldsymbol{K}_p\theta_e + \dot{\theta}^T(\boldsymbol{K}_p\theta_e - \boldsymbol{K}_d\dot{\theta} - C(\theta,\dot{\theta})\dot{\theta}) + \frac{1}{2}\dot{\theta}^T\dot{M}(\theta)\dot{\theta}\end{aligned} \tag{4-28}$$

$$\begin{aligned}\dot{V} &= -\dot{\theta}^T\boldsymbol{K}_p\theta_e + \dot{\theta}^T(\boldsymbol{K}_p\theta_e - \boldsymbol{K}_d\dot{\theta}) + \frac{1}{2}\dot{\theta}^T[M(\theta) - 2C(\theta,\dot{\theta})]\dot{\theta} \\ &= -\dot{\theta}^T\boldsymbol{K}_d\dot{\theta} \leqslant 0\end{aligned} \tag{4-29}$$

这表明，当 $\dot{\theta}\neq0$ 时误差能量减小。如果 $\dot{\theta}=0$ 且 $\theta\neq\theta_d$，虚拟弹簧确保 $\ddot{\theta}\neq0$，因此 $\dot{\theta}_e$ 将再次变为非零并且更多能量将被耗散。因此，通过 Krasovskii-LaSalle 不变性原理，总误差能量单调减小，并且机器人从任何初始状态收敛到 $\theta_d(\theta_e=0)$。

### 4.2.4 任务空间控制

在第 4.2.3 节中，我们重点研究了关节空间中的运动控制问题。这是顺其自然的，因为关节限制很容易在这个空间中表达，机器人应该能够执行任何关节空间中的路径并遵守这些限制。被追踪的轨迹是由关节变量自然描述的，并且没有奇异性或冗余的问题。

另一方面，由于机器人会与外部环境和物体相互作用，将机器人的运动表示为末端执行器在任务空间中的轨迹可能更方便。设末端执行器轨迹为 $(X(t),\ \nu(t))$，其中 $X\in SE(3)$ 或 $X\in R^n$，例如速度为 $\nu\in R^n$。如果关节空间中的相应轨迹是可行的，那么我们现在有两个控制选项：转换为关节空间轨迹并继续进行控制，如第 4.2.3 节；或在任务空间中表达机器人的动力学和控制规律。

第一个方案是将轨迹转换到关节空间。正运动学为 $X=f(\theta)$ 和 $\nu=\boldsymbol{J}(\theta)\dot{\theta}$，其中 $\boldsymbol{J}(\theta)$ 是所采用的速度表示 $\nu$ 相对应的雅可比矩阵。利用逆运动学就可以从任务空间轨迹得到关节空间轨迹

$$(IK)\theta(t)=f^{(-1)}(X(t)) \tag{4-30}$$

$$\dot{\theta}(t)=\boldsymbol{J}^{\dagger}(\theta(t))\nu(t) \tag{4-31}$$

$$\ddot{\theta}(t)=\boldsymbol{J}^{\dagger}(\theta(t))(\dot{\nu}(t)-\dot{\boldsymbol{J}}(\theta(t))\dot{\theta}(t)) \tag{4-32}$$

这种方法的缺点是，我们必须计算逆运动学，这可能需要强大的计算能力。第二个方案是在任务空间坐标中表达机器人的动力学方程，回顾任务空间动力学为

$$F=\Lambda(\theta)\dot{\nu}+\eta(\theta,\ \nu)$$

关节力和力矩 $\boldsymbol{\tau}$ 与末端执行器框架中的力的关系用 $\boldsymbol{\tau}=\boldsymbol{J}^{\mathrm{T}}(\theta)F$ 表示。现在可以在关节坐标系中通过计算力矩控制法则来编写任务坐标中的控制律式（4-23）

$$\boldsymbol{\tau}=\boldsymbol{J}^{\mathrm{T}}(\theta)[\tilde{\Lambda}(\theta)(\dot{\nu}_{\mathrm{d}}+K_{\mathrm{p}}X_{\mathrm{e}}+K_{\mathrm{i}}\int X_{\mathrm{e}}(t)\mathrm{d}t+K_{\mathrm{d}}\nu_{\mathrm{e}})+\tilde{\eta}(\theta,\nu)] \tag{4-33}$$

其中，$\dot{\nu}_{\mathrm{d}}$ 为期望加速度；$\tilde{\Lambda}$、$\tilde{\eta}$ 表示控制器的动力学模型。

式（4-33）利用了构形的误差 $X_{\mathrm{e}}$、速度误差 $\nu_{\mathrm{e}}$。当 $X$ 以最小的坐标集（$X\in R^{m}$）和 $\nu=\dot{X}$ 表示时，一个自然的选择是 $X_{\mathrm{e}}=X_{\mathrm{d}}-X$，$\nu_{\mathrm{e}}=\dot{X}_{\mathrm{d}}-\dot{X}$。然而，当 $X=(R,\ p)\in SE(3)$ 时，有许多可能的选择，包括：

1）$\nu=\nu_{\mathrm{b}}$ 和 $J(\theta)=J_{\mathrm{b}}(\theta)$ 为在末端执行器坐标系 $\{b\}$ 中表示的旋量。一个自然选择将使用 $X_{\mathrm{e}}$，使得 $[X_{\mathrm{e}}]=\log(X^{-1}X_{\mathrm{d}})$ 和 $\nu_{\mathrm{e}}=[Ad_{X^{-1}X_{\mathrm{d}}}]\nu_{\mathrm{d}}-V$。旋量 $X_{\mathrm{e}}\in R^{6}$ 是在末端执行器框架中表示的速度，在下一个时间单位将把当前位形移动到所需的配置 $X_{\mathrm{d}}$。变换 $[Ad_{X^{-1}X_{\mathrm{d}}}]$ 表示在坐标系 $X_{\mathrm{d}}$ 中的期望旋量 $\nu_{\mathrm{d}}$，是末端执行器坐标系中表示的旋量，其中实际速度用 $\nu$ 表示，因此两者可以不同。

2）选择 $\nu$ 和 $\boldsymbol{J}(\theta)$，使得 $\nu=(\omega,\ v)$，其中 $\omega$ 是在 $\{s\}$ 坐标系中表示的末端执行器的角速度，且有 $\nu=\dot{p}$。表示角速度的矩阵 $\boldsymbol{\omega}_{\mathrm{b}}$ 在单位时间内从 $R$ 旋转到 $R_{\mathrm{d}}$，它在末端执行器坐标系 $\{b\}$ 中表示为 $|\boldsymbol{\omega}_{\mathrm{b}}|=\log(R^{\mathrm{T}}R_{\mathrm{d}})$，因此误差坐标的自然选择是

$$X_{\mathrm{e}}=\begin{bmatrix}R\boldsymbol{\omega}_{\mathrm{b}}\\ p_{\mathrm{d}}-p\end{bmatrix},\quad \nu_{\mathrm{e}}=\nu_{\mathrm{d}}-\nu$$

其中，$R\boldsymbol{\omega}_{\mathrm{b}}$ 是在 $\{S\}$ 中表示的单位时间内 $R$ 到 $R_{\mathrm{d}}$ 的角速度。

这些选择导致机器人的不同行为。特别是第二种选择对旋转和线性修正项是解耦的。

## 4.3 力控制

当控制目标不是在末端执行器处产生的运动，而是向环境施加力和力矩时，就需要采用力控制。只有当环境在每个方向上提供阻力时（例如，当末端执行器嵌入混凝土中或附接到弹簧上时，会在每个运动方向上提供阻力）才有可能进行纯力控制。纯粹的力控制有点抽象，因为机器人通常能够在至少一个方向自由移动。然而，这种抽象也很有意义，因此第4.4节将介绍运动-力混合控制。

在理想力控制中，末端执行器施加的力不受外部施加扰动运动的影响。理想运动控制是双通道的，其中运动不受扰力的影响。理想力控制也是双通道的，即力与速度是相互独立的，它们的乘积是功率，这是一个内在的、无坐标的概念。

假设机器人与环境之间的作用力为 $F_{tip}$，机械手的动力学可以写成

$$M\ddot{\theta} + C(\theta,\dot{\theta}) + g(\theta) + b(\dot{\theta}) + \boldsymbol{J}^{T}(\theta)F_{tip} = \tau \tag{4-34}$$

其中雅可比矩阵 $\boldsymbol{J}(\theta)$ 满足 $\nu = \boldsymbol{J}(\theta)\dot{\theta}$ 。由于机器人在力控制任务中通常移动缓慢（或者根本不移动），我们忽略了要获得的加速度和速度项后得到

$$g(\theta) + \boldsymbol{J}^{T}(\theta)F_{tip} = \tau \tag{4-35}$$

在没有对机器人末端执行器的力矩进行任何直接测量的情况下，仅利用关节角度反馈就可以实现力控制律

$$\tau = \tilde{g}(\theta) + \boldsymbol{J}^{T}(\theta)F_{d} \tag{4-36}$$

其中，$\tilde{g}(\theta)$ 是重力距；$F_{d}$ 是所需的外力。该控制律不仅要求对机器人关节产生的力矩进行精确控制，而且要求有良好的重力补偿模型。在采用没有齿轮传动的直流电动机的情况下，转矩控制可以通过电机的电流控制来实现。然而，在具有高传动比的齿轮传动系统中，齿轮传动的大摩擦扭矩会降低仅用电流控制实现的扭矩控制的质量。在这种情况下，齿轮传动的输出可以用应变仪进行测量以直接测量关节扭矩，该关节扭矩反馈给本地控制器，本地控制器调节电机电流以实现期望的输出扭矩。

另一种解决方案是在机械臂和末端执行器之间安装一个六轴力-扭矩传感器，以直接测量末端执行器上的力 $F_{tip}$（见图 4.14）。力-扭矩测量常常是有噪声的，因此这些测量的时间导数可能没有意义。此外，所需力通常是恒定的或只是缓慢变化的。这些特性表明，需要一个具有前馈项和重力补偿的 PI 力控制器

$$\tau = \tilde{g}(\theta) + \boldsymbol{J}^{T}(\theta)\left(F_{d} + K_{fp}F_{e} + K_{fi}\int F_{e}(t)\,\mathrm{d}t\right) \tag{4-37}$$

其中，$F_{e}=F_{d}-F_{tip}$；$K_{fp}$ 和 $K_{fi}$ 分别为正定比例和积分增益矩阵。在理想重力建模的情况下，将力控制器式（4-37）代入动力学方程式（4-35），得到误差动力学

$$K_{fp}F_{e} + K_{fi}\int F_{e}(t)\,\mathrm{d}t = 0 \tag{4-38}$$

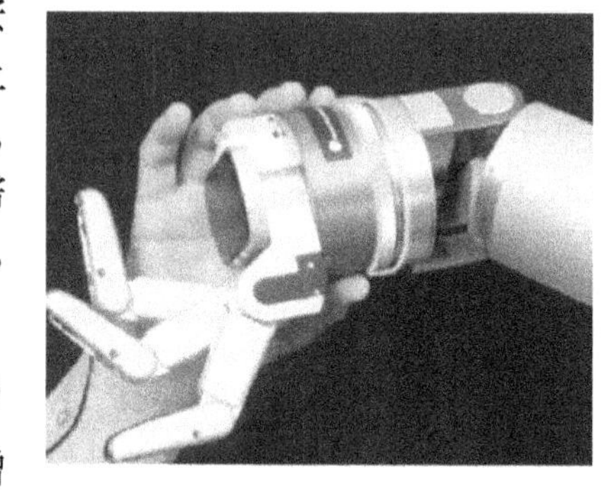

图 4.14　安装在 WAM 机器人手臂及其末端执行器之间的六轴力-扭矩传感器

由于 $\tilde{g}(\theta)$ 的不正确模型会引起恒定力扰动，此时对式（4-38）取导数后得到

$$K_{fp}\dot{F}_{e} + K_{fi}F_{e} = 0 \tag{4-39}$$

上式证明正定 $K_{fp}$ 和 $K_{fi}$ 的 $F_{e}$ 收敛到零。

式（4-37）是简单和吸引人的，但如果不正确应用可能有危险。如果机器人没有任何负载，其末端执行器也将不会产生力输出。由于一个典型的力控制任务需要很少的运动，所以可以通过添加速度阻尼来限制这种加速度，这就给出了改进的控制律

$$\tau = \tilde{g}(\theta) + \boldsymbol{J}^{\mathrm{T}}(\theta)\left(F_{\mathrm{d}} + K_{\mathrm{fp}}F_{\mathrm{e}} + K_{\mathrm{fi}}\int F_{\mathrm{e}}(t)\mathrm{d}t - K_{\mathrm{damp}}\boldsymbol{\nu}\right) \tag{4-40}$$

其中，$K_{\mathrm{damp}}$是正定的。

## 4.4 运动-力混合控制

多数需要施加受控力的任务也需要施加受控的运动，完成这个目的的控制称为运动-力混合控制。如果任务空间的维数为 $n$，那么我们可以在任意时刻 $t$ 自由地指定 $2n$ 个力和运动中的 $n$ 个，其他 $n$ 个由环境决定。除此之外，还要避免指定力和运动在“同一方向”，因为二者不是独立的。

首先介绍一个例子。考虑建模为阻尼器的二维环境，$F = \boldsymbol{B}_{\mathrm{env}}\boldsymbol{\nu}$ ，其中

$$\boldsymbol{B}_{\mathrm{env}} = \begin{bmatrix} 2 & 1 \\ 1 & 1 \end{bmatrix}$$

定义$\boldsymbol{\nu}$和 $F$ 的分量为（$\nu_1$，$\nu_2$）和（$F_1$，$F_2$），有 $F_1=2\nu_1+\nu_2$，$F_2=\nu_1+\nu_2$。任何时刻，都可以在 $2n=4$ 个自由度（速度和力）中选择 $n=2$ 个线性无关的控制量。例如，可以独立地指定 $F_1$ 和 $\nu_1$，因为 $B_{\mathrm{env}}$不是对角线，$\nu_2$ 和 $F_2$ 由 $B_{\mathrm{env}}$确定。按照阻尼器模型，不能独立地控制 $F_1$ 和 $2\nu_1+\nu_2$，它们在这里线性相关，即处于“同一方向”。

### 4.4.1 自然约束和人为约束

一种特别有趣的情况是，环境在 $k$ 个方向上是无限刚性的（刚性约束），而在 $n-k$ 个方向上是无约束的。在这种情况下，我们不能在 $2n$ 个与环境接触的运动和力中选择指定机器人可以自由地施加力的 $k$ 个方向和实现自由运动的 $n-k$ 个方向。例如，考虑任务空间具有 $n=6$ 维。打开柜门的机器人具有 $6-k=1$ 运动自由度来绕柜铰链旋转，因此，还有 $k=5$ 个力自由度——机器人可以应用任何绕铰链轴线力矩为零的力而不移动门。

另一个例子，在黑板上书写的机器人可以自由地控制朝向黑板的力（$k=1$），但是它不能穿透黑板，并且它可以以 $6-k=5$ 个自由度缓慢地移动（粉笔尖在黑板平面中的两个描述指定运动，三个描述粉笔姿态的自由度），但我们不能单独地控制这些方向上的作用力。

粉笔的例子有两点启示：第一，由于摩擦的存在，如果要求的板面内的运动为零，并且要求的切向力不超过摩擦系数允许的静摩擦极限，则挥舞粉笔的机器人实际上也可以控制与板面相切的力和垂直于黑板的力。在该例子中，机器人具有三个运动自由度和三个力自由度。第二，机器人可以远离黑板。在该系统中，机器人具有六个运动自由度和没有力自由度。因此，机器人的位形并不是决定运动和力自由度的唯一因素。在本节中，我们考虑简化的情况，运动和力自由度仅由机器人的构形决定，并且所有约束是相等的约束。例如，黑板的不平等速度约束（粉笔不能穿透板）被当作等式约束（机器人也不把粉笔从板上拉开）。

最后一个例子，考虑一个机器人用一个被建模为刚性块的橡皮擦擦除无摩擦黑板（见图4.15）。其配置 $X(t) \in SE(3)$ 是相对于空间坐标系 $\{S\}$ 的体坐标系 $\{B\}$ 的决定的位形。黑板擦的转动和受力分别写成 $\boldsymbol{\nu}_{\mathrm{b}} = (\omega_x, \omega_y, \omega_z, v_x, v_y, v_z)^{\mathrm{T}}$ 和 $\boldsymbol{F}_{\mathrm{b}} = (m_x, m_y, m_z, f_x, f_y, f_z)^{\mathrm{T}}$ 。它保持与黑板的接触产生 $k=3$ 个对受力的约束

$$\omega_x = 0$$

$$\omega_y = 0$$
$$\omega_z = 0$$

这些速度约束是完整的，差分约束可以被积分到位形约束。

这些约束被称为**自然约束**，由环境指定。受力上有 $6-k=3$ 个自然约束：$m_z=f_x=f_y=0$。根据自然约束，可以自由地指定橡皮擦满足 $k=3$ 个速度约束和满足 $6-k=3$ 个力约束的任何运动（如果 $f_Z\leqslant 0$，则与黑板保持接触）。这些指定的运动和力称为**人为约束**。下面是一组对应于人为约束的集合示例

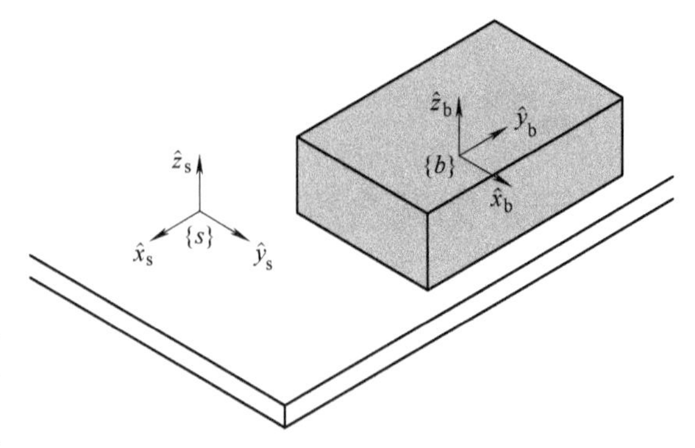


图 4.15　固定的空间坐标系 {S} 连接到黑板上，机体坐标系 {B} 连接到橡皮擦的中心

| 自然约束 | 人为约束 |
| --- | --- |
| $\omega_x=0$ | $m_z=0$ |
| $\omega_y=0$ | $m_z=0$ |
| $m_z=0$ | $\omega_z=0$ |
| $f_x=0$ | $v_x=k_1$ |
| $f_y=0$ | $v_x=0$ |
| $v_z=0$ | $f_y=k_2<0$ |

人为约束导致橡皮擦移动 $v_x=k_1$，同时对板施加恒定力 $k_2$。

## 4.4.2　混合控制器

我们回到设计一个混合运动力控制器的问题。如果环境是刚性的，那么将任务空间中的速度的 $k$ 个自然约束表示为 Pfaffian 约束。

$$A(X)\nu=0 \tag{4-41}$$

其中，$A(X)\in R^{k\times m}$ 和 $m=6$，$X\in SE(3)$（另外，这些约束可以用关节角速度重写，即 $A(\theta)\dot{\theta}=0$）。公式中包括完整约束和非完整约束。

如果在没有约束的情况下，机器人的任务空间动力学是

$$F=\Lambda(\theta)\dot{\nu}+\eta(\theta,\ \nu)$$

因此，约束动力学是

$$F=\Lambda(\theta)\dot{V}+\eta(\theta,V)+\underbrace{\boldsymbol{A}^{\mathrm{T}}(X)\boldsymbol{\lambda}}_{F_{\mathrm{tip}}} \tag{4-42}$$

其中，$\boldsymbol{\lambda}\in R^k$ 是拉格朗日乘子，$F_{\mathrm{tip}}$是机器人对约束施加的力（或力矩）的集合。要求的力 $F_{\mathrm{d}}$ 必须位于 $\boldsymbol{A}^{\mathrm{T}}(X)$ 的列空间中。

由于式（4-41）必须始终满足，可以用其时间倒数替换式（4-41）

$$\boldsymbol{A}(X)\dot{\nu}+\dot{\boldsymbol{A}}(X)\nu=0 \tag{4-43}$$

为了确保当系统状态已经满足 $\boldsymbol{A}(X)\boldsymbol{\nu}=0$ 时也满足方程式（4-43），任何加速度 $\dot{\boldsymbol{\nu}}_{\mathrm{d}}$ 都应该满足 $\boldsymbol{A}(X)\dot{\boldsymbol{\nu}}_{\mathrm{d}}=0$。现在，用式（4-42）求解 $\dot{\boldsymbol{\nu}}$，将结果代入式（4-43）中，得到

$$\lambda=(\boldsymbol{A}\Lambda^{-1}\boldsymbol{A}^{\mathrm{T}})^{-1}[\boldsymbol{A}\dot{\boldsymbol{\nu}}+\boldsymbol{A}\Lambda^{-1}(\eta-F)] \tag{4-44}$$

用方程式（4-43）代入 $-\boldsymbol{A}\dot{\boldsymbol{\nu}}=\dot{\boldsymbol{A}}\boldsymbol{\nu}$。用式（4-44）可以计算机器人作用于约束的力 $F_{\mathrm{tip}}=\boldsymbol{A}^{\mathrm{T}}(q)\lambda$。

将式（4-44）代入式（4-42）并进行处理，约束动力学式（4-42）的 $n$ 个方程可表示为 $n-k$ 个独立的运动方程。

$$\boldsymbol{P}(X)F=\boldsymbol{P}(X)[\Lambda(\theta)\dot{\boldsymbol{\nu}}+\eta(\theta,V)] \tag{4-45}$$

其中

$$\boldsymbol{P}=\boldsymbol{I}-\boldsymbol{A}^{\mathrm{T}}(\boldsymbol{A}\Lambda^{-1}\boldsymbol{A}^{\mathrm{T}})^{-1}\boldsymbol{A}\Lambda^{-1} \tag{4-46}$$

其中，$\boldsymbol{I}$ 是单位阵。$n\times n$ 矩阵 $\boldsymbol{P}(X)$ 的秩为 $n-k$，并将任意机械手力 $F$ 投影到使末端执行器切向约束的力子空间上。秩为 $k$ 的矩阵 $\boldsymbol{I}-\boldsymbol{P}(X)$ 将任意力 $F$ 投影到力约束的子空间上。因此，$\boldsymbol{P}$ 将 $n$ 维力空间划分成处理运动控制任务的力和处理力控制任务的力。

运动-力混合控制器是从计算力矩控制律式（4-33）导出的任务空间运动控制器和任务空间力控制器式（4-37）的总和，每个任务空间力控制器被投影在其对应的子空间中产生力

$$\tau=\boldsymbol{J}^{\mathrm{T}}(\theta)\left\{\begin{aligned}&\boldsymbol{P}(X)\underbrace{\left[\tilde{\Lambda}(\theta)\left(\dot{\boldsymbol{\nu}}_{\mathrm{d}}+\boldsymbol{K}_{\mathrm{p}}\boldsymbol{K}_{\mathrm{e}}+\boldsymbol{K}_{\mathrm{i}}\int X_{\mathrm{e}}(t)\,\mathrm{d}t+\boldsymbol{K}_{\mathrm{d}}\boldsymbol{\nu}_{\mathrm{e}}\right)\right]}_{\text{motion control}}\\&+\underbrace{[(\boldsymbol{I}-\boldsymbol{P}(X)][F_{\mathrm{d}}+\boldsymbol{K}_{\mathrm{fp}}F_{\mathrm{e}}+\boldsymbol{K}_{\mathrm{fi}}\int F_{\mathrm{e}}(t)\,\mathrm{d}t]}_{\text{force control}}+\underbrace{\tilde{\eta}(\theta,\boldsymbol{\nu})}_{\text{nonlinear compensation}}\end{aligned}\right\} \tag{4-47}$$

由于两个控制器的动态特性被正交投影 $\boldsymbol{P}$ 和 $\boldsymbol{I}-\boldsymbol{P}$ 解耦，因此控制器继承了单个力和运动控制器在各自子空间上的误差动力学和稳定性分析。

刚性环境中实施混合控制器式（4-47）的困难在于需要随时精确知道约束 $\boldsymbol{A}(X)\boldsymbol{\nu}=0$。这就需要指定所需的运动和力并计算它们的变换，但任何环境模型都存在一定的不确定性。解决这个问题的一个方法是基于力反馈使用一个实时估计算法识别约束的方向。另一个技巧是选择低反馈增益，使运动控制器表现比较“软”和让力控制对误差更宽容。我们也可以在机器人本身的结构中安放被动柔顺装置以达到类似的效果。由于存在可活动的关节和连杆，系统中不可避免地会存在一些被动柔顺性。

## 4.5 阻抗控制

机器人的阻抗是将末端的运动偏差表征为扰动力的函数。因此，理想刚性环境下，运动-力混合控制要求机器人具有极高的阻抗。理想的运动控制对应于高阻抗（由于力干扰引起的运动变化很小），而理想的力控制对应于低阻抗（由于运动干扰引起的力变化很小）。在实践中，机器人可达到的阻抗范围是有限的。

在本节中，我们考虑阻抗控制的问题，其中机器人末端会呈现特定的质量、弹簧和阻尼器特性。例如，用作触觉外科模拟器的机器人可以模拟与虚拟组织接触的虚拟外科器械的质

量、刚度和阻尼特性。

一个具有阻抗的单自由度机器人可以看作

$$m\ddot{x} + b\dot{x} + kx = f \tag{4-48}$$

其中，$x$ 是距离平衡位置的位移量；$m$ 是质量；$b$ 是阻尼；$k$ 是刚度；$f$ 是用户施加的力（见图4.16)。非正式地，如果参数 $\{m, b, k\}$（通常包括 $b$ 或 $k$）中的一个或多个参数较大，则机器人呈现高阻抗。同样，如果所有这些参数都很小，则阻抗很低。

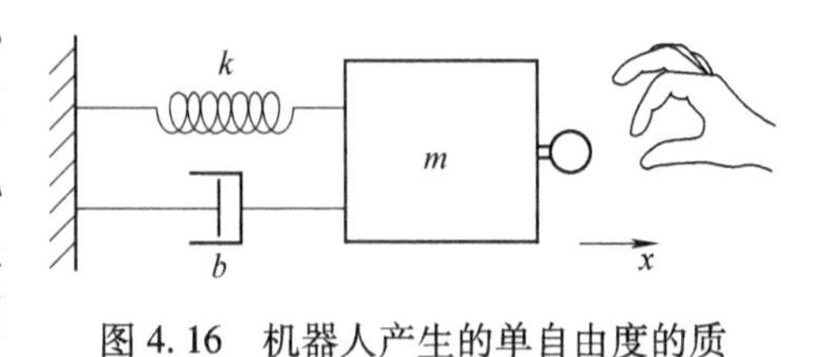


图 4.16 机器人产生的单自由度的质量-弹簧-阻尼器虚拟环境，人类手将力 $f$ 施加到触觉显示界面

正式地，利用方程式（4-48）的拉普拉斯变换，得到

$$(ms^2 + bs + k)X(s) = F(s) \tag{4-49}$$

阻抗定义为从位置扰动到力的传递函数 $Z(s) = F(s)/X(s)$ 。因此，阻抗是频率衰减的，低频响应由弹簧主导，高频响应由质量主导。**导纳**是阻抗的逆，即 $Y(s) = Z^{-1}(s) = X(s)/F(s)$。

一个好的运动控制器以高阻抗（低导纳）为特征，因为 $\Delta X = Y\Delta F$。如果导纳 $Y$ 小，那么力扰动 $\Delta F$ 仅产生小的位置扰动 $\Delta X$。同样，一个好的力控制器以低阻抗（高导纳）为特征。由于 $\Delta F = Z\Delta X$，小 $Z$ 意味着运动扰动只产生小的力扰动。

阻抗控制的目标在任务空间实现行为

$$M\dot{\nu} + B\nu + KX = F_{\text{ext}} \tag{4-50}$$

其中，$X \in R^n$ 和 $\nu = \dot{X}$ 是任务空间位置和速度；$M$、$B$ 和 $K$ 是机器人自身产生的正定的虚拟质量、阻尼和刚度；$F_{\text{ext}}$是施加到机器人上的外力，可能就是使用者施加的力。例如，$M$、$B$ 和 $K$ 的值可能根据虚拟环境中的位置而不同，以表示不同的对象，但这里将重点讨论常量值的情况。我们也可以用小位移 $\Delta\dot{\nu}$、$\nu$ 和 $\Delta X$ 代替机器人受控运动中的参考值 $\dot{\nu}$、$\nu$ 和 $X$，但这里省略了额外的符号。

根据式（4-50)，有如下两种实现阻抗的常用方法

1）机器人感知运动 $X(t)$ ，并命令关节力矩和力产生需要向用户施加的力 $-F_{\text{ext}}$。这种机器人称为**阻抗控制**机器人，因为它实现了从运动到力的传递函数 $Z(s)$ 。理论上，阻抗控制的机器人应该仅耦合到导纳型环境。

2）机器人使用腕力扭矩传感器检测 $F_{\text{ext}}$并控制响应。这种机器人称为**导纳控制**，因为它实现从力到运动的传递函数 $Y(s)$ 。理论上，导纳控制的机器人应该只耦合到阻抗型环境。

## 4.5.1 阻抗控制算法

在阻抗控制算法中，编码器、转速计和加速度计被用来估计关节和端点的位置、速度和可能的加速度。阻抗控制机器人通常不配备腕力-扭矩传感器，而是依靠其精确控制关节扭矩的能力向用户显示精准的末端作用力 $-F_{\text{ext}}$（见式（4-50))。一个好的控制法则可能是

$$\tau = \boldsymbol{J}^{\mathrm{T}}(\theta)\left[\underbrace{\tilde{\Lambda}(\theta)\dot{\nu} + \tilde{\eta}(\theta,\nu)}_{\text{qrm dynamic compensation}} - \underbrace{(M\dot{\nu} + B\nu + KX)}_{F_{\text{ext}}}\right] \tag{4-51}$$

末端执行器上额外的力-扭矩传感器允许使用反馈项更精确地实现期望的作用力$-F_{\text{ext}}$。

在控制律式（4-51）中，假定可直接测量$\dot{\nu}$、$\nu$和$X$。然而，加速度$\nu$的测量很可能是有噪声的，并且存在试图在测量加速度之后补偿机器人质量的问题。因此，消除质量补偿项$\tilde{\Lambda}(\theta)\dot{\nu}$和设置$M=0$并不少见。手臂的质量对使用者来说是显而易见的，但是阻抗控制的机械手通常被设计成轻量化的。假设小速度并用更简单的重力补偿模型代替非线性动力学补偿$\tilde{\eta}(\theta, \nu)$也是常见的。

当式（4-51）用于模拟刚性环境时会出现问题。例如由编码器测量的位置的微小变化会导致电机转矩的巨大变化。这种等效高增益、时延、传感器量化和传感器测量误差，可能导致系统振荡或不稳定。另一方面，模拟低阻抗环境时的有效增益较低。一个轻量的可反向操作的机械手可以模仿低阻抗环境。

### 4.5.2 导纳控制算法

在导纳控制算法中，用户施加的力$F_{\text{ext}}$由腕部载荷传感器感知，机器人末端执行器产生的加速度响应满足方程式（4-50）。一种简单的方法是根据所计算的期望端部执行器加速度$\dot{\nu}$。

$$M\dot{\nu}_{\mathrm{d}} + B\nu + KX = F_{\text{ext}}$$

其中，$X$、$\nu$是当前状态，经求解得到

$$\dot{\nu}_{\mathrm{d}} = M^{-1}(F_{\text{ext}} - B\nu - KX) \tag{4-52}$$

给定$\dot{\nu}_{\mathrm{d}}$、$\nu$和$\theta$，任务空间中的动力学可用于确定指定力$F$。为了在有噪声的力测量时使响应更平滑，可以在力检测时采用低通滤波。

模拟低阻抗环境对于导纳控制的机器人来说是一个挑战，因为小的力会产生大的加速度。大的有效增益会产生不稳定性。另一方面，采用大减速比齿轮驱动的机器人的导纳控制在模拟刚性环境中更有优势。

## 4.6 其他主题

（1）鲁棒控制

虽然所有稳定的反馈控制器都赋予不确定性一定的鲁棒性，但是鲁棒控制是一个专门的研究领域，鲁棒控制器能够明确地保证受有界参数不确定性影响的机器人的性能，例如其惯性特性。

（2）自适应控制

机器人的自适应控制包括在执行期间估计机器人的惯性参数或其他参数，并实时更新控制律以合并这些估计。

（3）迭代学习控制

迭代学习控制（ILC）通常侧重于重复任务。如果一个机器人一次又一次地执行相同的

拾取和放置操作，那么前一次执行的轨迹误差可以用来修改下一次执行的前馈控制。以这种方式，机器人随着时间的推移改善其性能，将执行误差向零移动。ILC 与自适应控制的不同之处在于，“学习”的信息通常是非参数的，并且只对单个轨迹有用。另一方面，ILC 可以解释在模型中未被参数化的效果。

（4）被动柔顺和柔性机器手

所有机器人不可避免地存在被动顺应性。这种柔顺性的模型可以简单到假设每个旋转接头处的扭转弹簧（例如考虑到谐波传动齿轮传动的柔性花键的有限刚度），也可以复杂到将连杆视为柔性梁。柔性的两个显著影响是：①电机角读数、真实关节角度和对应连杆的端点位置之间的不一致；②增加了机器人的动力学阶数。这些问题在控制中都是挑战性问题，特别是存在低频振动模态时。

一些机器人是专门为被动柔顺而设计的，特别是那些用于与人类或环境进行接触交互的机器人。这样的机器人可能牺牲运动控制性能，以利于安全。一种被动柔顺的执行器是串联弹性执行器，它由电动机、减速箱和连接减速箱输出到连杆的扭转或线性弹簧组成。该弹簧在刚性、高齿轮马达和机器人连杆之间提供被动的柔顺性。

（5）变阻抗执行器

关节的阻抗通常用反馈控制定律控制，如第 4.5 节所述。然而，这种控制的带宽是有限的，即一个被主动控制为弹簧的关节只能对于低频扰动实现弹簧的功能。

一种新型的执行器，称为**可变阻抗执行器**或**可变刚度执行器**，旨在给执行器提供期望的无源机械阻抗，而不受主动控制律的带宽限制。例如，可变刚度致动器可以包括两个电机，其中一个电机独立地控制关节的机械刚度（例如基于内部非线性弹簧的平衡点），而另一个电机产生扭矩。

# 第5章 机器人智能

智能机器人的研究始于20世纪60年代，到目前为止，智能机器人在世界范围内还没有一个明确的统一定义。但普遍来讲，智能机器人至少具备三个要素：感知、运动和思考。感知是指机器人具备视觉、听觉、嗅觉、触觉等感官，通过模仿人类对环境的感知过程来认识和建模客观物理世界。机器人感知系统可以借助于摄像机、麦克风、气体分析仪、超声波传感器、激光雷达、矩阵式压力传感器等多种传感器来实现。运动则代表机器人对外界环境做出的反应性动作，这类动作既包含了借助于轮子、履带、吸盘、支脚等移动装置实现的空间位置变化，也包括机器人做出的决策、指令等信息响应。三要素中最关键也是最能体现机器人智能的则是思考要素，思考要素包括了分析、理解、判断、逻辑推理、决策等一系列智能活动。思考是连接感知和运动要素的桥梁，智能机器人通过对感知的外界环境信息进行分析、理解和推理，从而思考并决策得出应执行的动作。

机器人的发展经历了示教再现型机器人、感知型机器人和智能机器人三个阶段。1959年，德沃尔与美国发明家约瑟英格伯格（工业机器人之父）合作研发了世界上第一台工业机器人，并成立了第一家机器人制造工厂（Unimation），掀起了全世界对机器人研究的热潮。以此为代表的第一代示教再现型机器人利用计算机内部存储的示教轨迹和程序信息来重复地控制机器人复现示教的动作，该类机器人的特点是对外界环境没有感知能力。20世纪60年代中期，美国麻省理工学院、斯坦福大学和英国爱丁堡大学等相继开始了感知型机器人的研发，在这一时期最为著名的美国斯坦福研究所在1968年公布了其研发的机器人Shakey，其拥有视觉传感器，能够在人的指令下自主发现并抓取积木，标志着第一台感知型机器人的诞生。这种感知型机器人具备了视觉、触觉、听觉等环境感知能力，并且能够根据外界环境做出初步的判断和决策。但是内部逻辑简单，智能化水平有限，无法完成复杂的动作或任务。2014年，在英国皇家协会举行的“2014图灵测试”大会上，聊天程序“尤金古斯特曼（Eugene Goostman）”首次通过了图灵测试，预示了机器人的智能化水平进入了全新时代，并引领了新一波智能机器人研究的热潮。

近年来，机器人的智能化技术，特别是自然语言理解和图像语义分析技术，得到了突飞猛进的发展，其中值得注意的是，2017年10月，机器人索菲亚（Sophia）成为沙特阿拉伯公民，这是世界上第一个获得国际公民身份的机器人。索菲亚（见图5.1）是由香港的汉森机器人技术公司（Hanson Robotics）开发的类人机器人，其能够学习和适应人类的行为、表现出多种表情和眼神与人类进行交流和沟通，能够与人类在一起工作，并且在世界各地接受采访。这一事件表明机器的智能化程度达到了空前的水平，同时也预示了智能化是机器人发展的必然趋势。

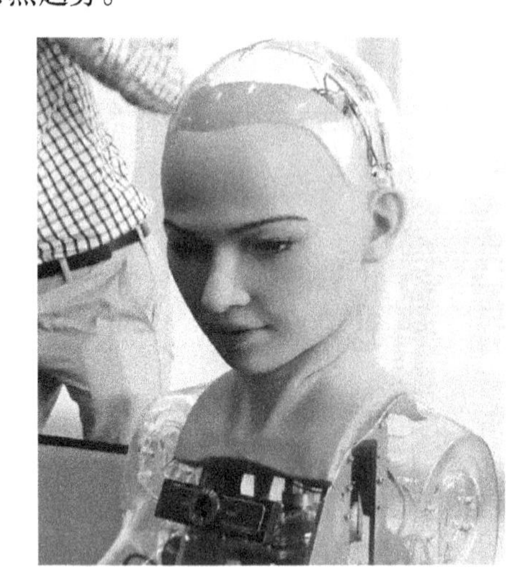

图 5.1　索菲亚机器人

本章从智能机器人的思考要素出发，以机器智能的发展过程为脉络，对机器理解、机器推理、机器学习以及人机交互四个方面进行介绍和说明。

## 5.1　机器理解

机器理解是指机器模拟人的思维过程去学习并理解一个事物或概念，并且能够将某个问题中学习理解的概念应用于其他的问题中，是机器推理、机器学习和人机交互的重要前提，同时也是机器人智能化的重要体现。从本质上来讲，机器理解就是让机器从客观物理世界中发现并提取出关于某一问题的特征，并且建立从该特征到该事物的映射关系，其关键在于映射的泛化性能，即关联该问题与其他相关问题的能力。

尼尔逊教授曾经对人工智能下了这样一个定义："人工智能是关于知识的学科——怎样表示知识以及怎样获得知识并使用知识的科学"，可见知识在机器人智能的地位。事实上，机器理解中的映射本身就是知识，那么在计算机系统中，机器理解这一问题也就转化为如何表达知识，如何让计算机理解知识并能够在此基础上进行推理和复用。

### 5.1.1　知识表达

在介绍知识表达之前，首先对知识的定义、属性以及知识与数据、信息之间的关系进行说明。知识是人类改造客观世界的实践活动中积累下来的认识和经验，认识包括对事物现象、本质、属性、状态、关系、联系和运动等的认识，经验包括解决问题的微观方法和宏观方法，微观方法包括步骤、操作、规则、过程、技巧等，宏观方法包括战略、战术、计谋、策略等。

知识是经过裁剪、塑造、解释和转换的信息，是由特定领域的描述、关系和过程组成，知识具备真假性、相对性、不完备性、不精确性、模糊性、矛盾性、相容性、可表示性和可利用性等属性：

- 真假性可以通过实践和推理来证明知识的真伪；

- 相对性与绝对性相反，知识的真假是相对于环境、条件和事件而言的；
- 不完备性指的是解决问题不具备解决该问题的全部知识；
- 不精确性则体现在由于认知水平限制而无法辨别知识的真假；
- 模糊性是指知识的边界是不清楚和模糊的；
- 矛盾性是指属于同一知识集合的知识之间相互对立或不一致；
- 相容性为同一知识集合中所有知识之间不矛盾；
- 可表示性为知识可以通过一系列的语言、文字、图形等表示；
- 可利用性是指知识具备一定的通用性，可以用来解决其他领域的问题。

知识按照其性质、等级、层次、作用域、作用效果以及确定性进行进一步的划分，如图5.2所示。其中等级划分中，零级知识为叙述性知识，用于描述事物的属性，问题的状态等；一级知识为经验型、启发型知识；二级知识又称为元知识或者超知识，表示如何使用一级知识的知识；三级知识则是如何使用二级知识的知识，又称为元元知识。按照知识的层次可以将知识表达为表层知识和深层知识，表层知识为客观事物的现象及这些现象与结论之间关系的知识，描述简单，但不反映事物的本质；深层知识反映客观事物的本质、因果关系内涵、基本原理之类的知识，如理论知识和理性知识。按照知识的作用域可以划分为常识性知识和领域性知识，常识性知识是指人们普遍了解的，适用于所有领域的知识；而领域性知识则是面向某个具备专业领域的，仅仅为该领域的专家所掌控。按照知识的作用效果可分为事实性知识、过程性知识和控制性知识，其中事实性知识描述事物的概念、定义和属性等，而过程性知识指问题求解过程中的操作、演算和行为的知识，由求解问题有关的规则、定律、定理及经验构成。控制性知识称为元知识或者超知识，即如何利用使用知识的知识，包括推理策略、搜索策略以及不确定性的传播策略等。按照知识的确定性可以将知识划分为确定性知识和不确定性知识，确定性知识是可以辨别其真伪的知识，而不确定知识则为不能确切说明其真假或者不能完全知道的知识。

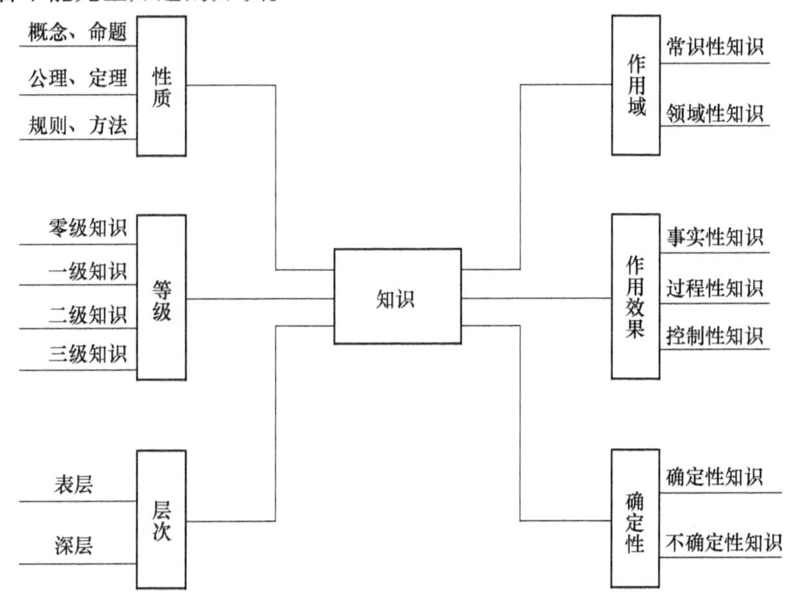


图5.2　知识的分类方法

数据、信息和知识三者都是对事实的描述，被统一到了对事实的认识过程中。数据只是对事实的初步认识，数据借助于人的思维或者数据处理手段揭示了事实中各事物的关系，形成信息，最终在实践活动中被反复验证的信息形成了知识。总的来讲，数据是信息的符号化表达，信息是数据的语义，而知识则是把有关信息关联在一起形成的信息结构。三者间的结构示意图如图 5.3 所示。

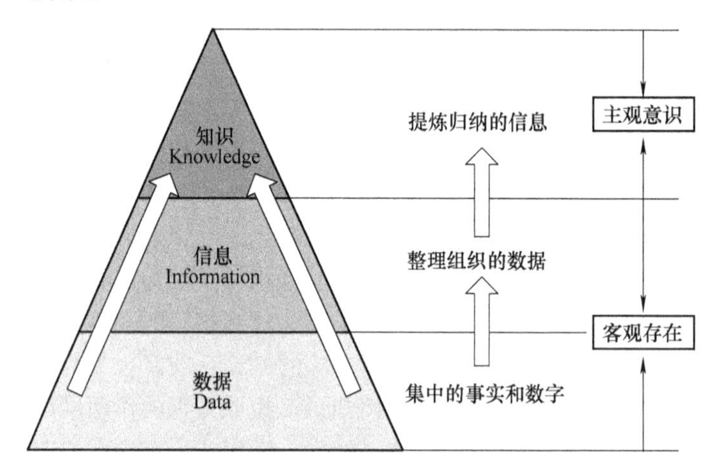


图 5.3　知识与数据、信息的关联

知识表达（Knowledge Representation，KR），即用一组符号把知识编码成计算机可以接受的某种结构，并且这种知识编码可以被机器复用。知识表达是研究用机器表示知识的可能性、有效性的一般方法，是数据结构与系统控制结构的统一。知识表示是对知识的一种描述，一种计算机可以接受的数据结构，是知识符号化过程，是人工智能在解决复杂问题，例如医疗诊断、自然语言对话等问题的关键所在。Brian Smith 提出的“知识表达”，一个成功的知识表达方式，应该可以被人类理解，并且同时被机器或者系统以能够认知的方式正确使用。总之，人工智能的求解问题是以知识表示为前提的，如何将已获得的相关知识以计算机内部代码形式加以合理的描述、存储，有效地利用，便是知识表达应解决的问题。

知识表示的主要问题是设计各种数据结构，研究知识表示与控制的关系、知识表示与推理的关系、知识表示与表示领域的关系。综合以上信息，对于知识的表达提出了以下几点要求：

- 表示能力：正确有效地将问题求解所需的各种知识表示出来，其中包含表示领域的广泛性、领域知识表达的高效性和对非确定性知识表示的支持程度。
- 可利用性：利用这些知识进行推理，求得待解决问题的解，其中包括对推理的适应性和对高效算法的支持程度。推理是根据已知事实利用知识导出结果的过程，知识表达要有较高的处理效率。
- 可实现性：便于计算机直接对其进行处理。
- 可组织性：可以按某种方式把知识组织成某种知识结构。
- 可维护性：便于对知识的增、删、改等操作。
- 自然性：符合人们的日常生活。
- 可理解性：知识应易读易懂、易获取等。

知识表达的方法有很多种，例如谓词逻辑表示法、产生式表示法、基于框架的知识表示方式、面向对象的知识表示方式、语义网络表示法等，每种知识表达方法的详细介绍和说明将在下节“知识理解”进行阐述。

### 5.1.2 知识理解

本节从知识表达方法的角度出发，以每种知识表达方式下的知识组织结构和特点为落脚点，对计算机环境下的知识理解和知识应用进行说明。

**1. 谓词逻辑表示法**

谓词逻辑表示法是以谓词的形式来表示动作的主体、客体，是一种叙述性的知识表示方法，是目前为止能够表示人类思维活动规律的最精确的形式语言之一。事实上在人类的活动方式中，大部分想法或者动作都可以使用主语加上谓语，或者再加上宾语组成，例如“我渴了，拿水杯喝水”，其中“渴”“拿水杯”“喝水”都是谓词，并且这些谓词之间存在蕴涵关系。谓词表示法因其与人类的自然语言比较接近，类似于计算机语言中的伪代码形式，所以也是一种最早应用于人工智能的表示方法。

谓词逻辑表示法根据对象和对象上的谓词，通过使用连接词和量词来表示世界。在这种方式中，世界是由对象组成的，可以由标识符和属性进行区分，这些对象中还包含着它们之间的相互关系。

下面举一个例子进行说明，以“人人都要受到法律的约束”“如果犯了罪，那么就要受到惩罚”这两句话为例，使用谓词公式进行表示。“是人”“法律约束”“犯罪”“惩罚”是上述两句话中的核心谓语，将这四个谓词分别用 $Human(x)$、$Lawed(x)$、$Commit(x)$、$Punished(x)$ 表示，那么可以用如下的谓词公式来对上述事实进行表示：

- $Human(A) \rightarrow Lawed(A)$：如果 $A$ 是人，则 $A$ 就要受到法律的约束；
- $Commit(A) \rightarrow Punished(A)$：$A$ 犯了罪，那么 $A$ 要受到惩罚；
- $(Human(A) \rightarrow Lawed(A)) \rightarrow (Commit(A) \rightarrow Punished(A))$：如果 $A$ 是人，那么就要受到法律的约束，如果 $A$ 犯了罪，$A$ 是要受到惩罚的。

前两条谓词公式是对给定事实的描述和表达，第三条谓词公式是在前两个谓词公式的基础上进行推理得到，表示了前两条事实之间的隐藏蕴含关系。由上述例子可知，谓词逻辑的表达能力很强，基于谓词逻辑的知识表达和理解方式符合人类的思维认知过程，不仅可以表示事物的状态、属性、概念等事实性知识，而且也可以表示事物之间具有确定因果关系的规则性知识，并且能够根据既有的事实和规则构造出更多复杂的潜在知识。基于逻辑谓词的知识表达方法的特点总结如下：

- 严格性：具备严格的形式定义与推理规则，能够从已知的事实中推理新的事实，或者证明假设的结论，能够保证推理过程和结果的准确性。
- 通用性：易于转化为计算机语言，易于模块化，方便对知识进行添加、删除和修改。
- 自然性：谓词逻辑是一种接近于自然语言的形式语言系统，接近于人们对问题的直观理解。

谓词逻辑表示方法也存在一些缺点，比如不能表示不确定性知识，知识库管理困难，存在组合爆炸，系统效率低等。

**2. 产生式表示法**

产生式表示法，又称规则表示法，是一种条件-结果形式，产生式表示法主要用于描述知识和陈述各种过程知识之间的控制及其相互作用机制。它的特点就是一组规则，即产生式本身。规则的一般形式如下：

< 前件 >→< 后件 >

前件描述了规则发生的先决条件，后件则代表规则发生的结论。例如，“下雨了”作为前件，则后件就可以是“地面湿了”。

产生式表示格式固定，形式单一，规则间相互较为独立，没有直接关系，使得知识库的建立比较容易实现。缺点是规则冲突，多条匹配规则的选取、知识库维护困难，难以后期修改知识、效率低等。

**3. 基于框架的知识表示方法**

Marvin 提出了使用框架来表示知识的一种理论，框架表示知识的特点就是把物体看成是许多部分组成。框架是一种描述对象（事物、事件或概念等）属性的数据结构，在框架理论中，框架是知识表示的基本单位。

框架是一个层次性结构，框架的主体是一个对象（事物、事件或概念），其下层由槽（Slot）组成，槽用于描述对象的某一方面属性。每一个槽又可以看作为子框架，其下层又分为多个侧面，侧面用于描述相应属性的某一个方面。槽和侧面的属性值分别称为槽值和侧面值。另外也将一些触发式规则分等级地纳入到框架中，组成如图 5.4 所示的框架结构。

| 框架名 | | | | |
|---|---|---|---|---|
| 槽名A | 侧面A1 | A11 | A12 | …… |
| | 侧面A2 | A21 | A22 | …… |
| 槽名B | 侧面B1 | B11 | B12 | …… |
| | 侧面B2 | B21 | B22 | …… |
| 槽名C | 侧面C1 | C11 | C12 | …… |
| | 侧面C2 | C21 | C22 | …… |
| 约束条件 | 约束规则1，约束条件2，约束条件3…… | | | |

图 5.4 基于框架的知识表达方式结构图

使用框架表示法对教师的信息知识进行表达，如图 5.5 所示。

框架表示法善于表示一些具有结构性的知识，具备继承性，下层框架可继承上层框架的槽值，也可进行补充和修改，与人观察事物的思维活动一致。缺点是不善于表达过程性知识。

**4. 面向对象的知识表示方法**

面向对象的知识表示方法是按照面向对象的程序设计原则组成的一种混合式知识表示形式，以对象为中心，把对象的属性、动态行为、领域知识和处理方法等有关知识封装在表达对象的结构中。每一个对象是由一组属性集（数据成员）和方法集（成员函数）组成，这样对象既是信息的存储单元，又是信息处理的独立单元，求解方法的过程和结果都在对象内

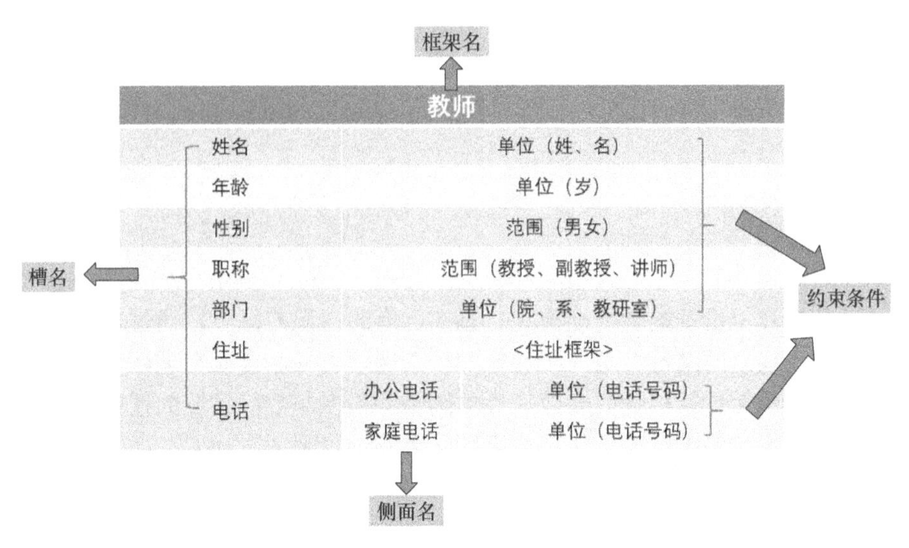


图 5.5　基于框架的教师信息知识表达

部完成。这种分布式的求解机制，通过对象间的消息传递来完成整个问题的求解。

面向对象的知识表示方法具备天然的层次感和结构感，另外对象本身的定义也产生了良好的兼容性和灵活性。

**5. 语义网络表示法**

语义网络表示法是通过概念及其语义关系来表达知识的一种网络图，从图论的观点来看，语义网络是一个带有标识的有向图。有向图的节点代表实体，表示各种事物、概念、情况、属性、状态、动作等；其也可以是一个语义子网络，形成嵌套结构。有向图的弧代表语义关系，表示它所连接的两个实体之间的语义关系，必须带有标识。语义网络表示法举例如图 5.6 所示。

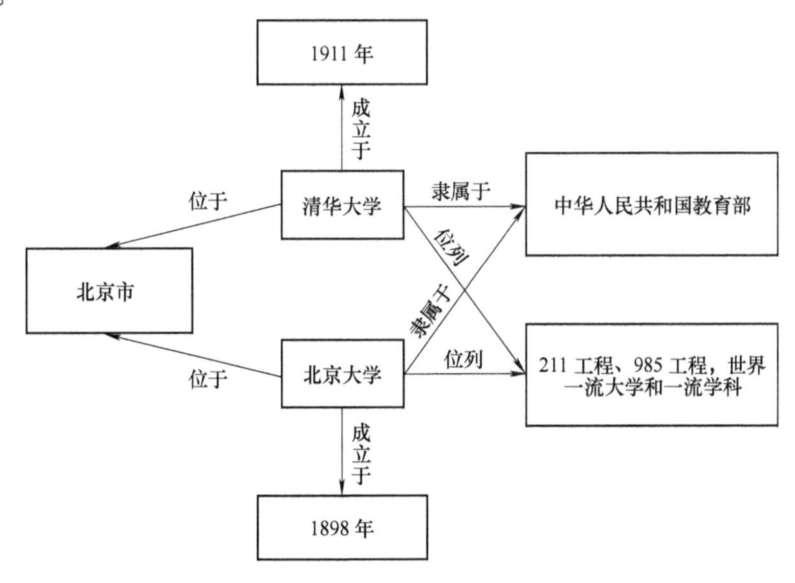


图 5.6　语义网络表示法举例

语义网络表示法具有结构性、联想性以及自然性等优点，但是其没有像谓词那样严格的形式表示体系，一个给定的语义网络的含义完全依赖于处理程序进行的解释，通过语义网络实现的推理不能够保证正确性。另外语义网络表达知识的多样性同时也带来了处理的复杂性。

## 5.2 机器推理

机器推理即计算机推理或者自动推理，是在已有的知识前提下，通过规划和演绎等逻辑推理方法来产生一些新的结论，是人工智能的核心课题之一。自动定理证明是机器推理的一种重要应用，它是利用计算机证明非数值性的结果，很多非数值领域的任务如医疗诊断、信息检索、规划制定和难题求解等方法都可以转化为一个定理证明问题。

近年来，深度学习技术取得了重大进展，甚至改变了人工智能领域的技术发展方向，深度学习网络通过构建大规模的神经网络，利用大量的数据样本搜索海量的信息资源，经过训练后的神经网络可以在某些领域具备出色的表现，如语言识别、图像识别以及自然语言处理等领域。该方法的特点是不再需要人为建立结构化的知识表达系统，知识在经过海量信息训练后直接融合在网络中，这使得经典的知识表示和逻辑推理等思想在人工智能领域逐渐弱化。然而深度学习不能解决人工智能的所有问题，以其在自然语言处理领域为例，成功的应用主要是机器翻译和自动知识问答等领域。而机器翻译相当于对不同语言空间进行映射，知识问答等效为在问题空间和答案空间建立匹配模型，它们并不是真正理解了语言的含义，也无法进行深层的推理和思考。

事实上，即使是经典的一阶逻辑，产生式系统等方法所具备的能力，仍然是深度学习难以做到的，因为经典的规则推理系统能够动态学习规则，而且系统能在多项规则的关联下级联推理，挖掘信息的深层次联系。虽然此类系统由于目前难以构建大规模的知识系统，限制了其表现水平，但其非常接近人类大脑思考机制，仍然是值得深入研究的问题。

机器推理可以按照方法论、推理方式、推理策略和确定性等属性进行划分，如图 5.7 所示。不同的知识表达方式具有不同的推理方法，下面以一阶谓词知识表达方式为例，对其中几种典型的机器推理方法进行解释和说明，其他知识表达方式的逻辑推理系统可以看作谓词演算系统的扩充、推广和规约。

谓词逻辑是一种基于谓语分析的高度形式化的语言及其推理，是人工智能科学赖以生存和发展的最古老、最直接，也是最为完备的理论基础。计算机具备智能不仅仅在于拥有知识，更重要的是运用拥有的知识进行逻辑推理、问题求解，即具备思维能力。目前，在计算机上可以实现的推理方法有很多种，其中利用一阶谓词演算系统进行推理是最先提出的一种。

一阶谓词推理系统根据谓词公式、规则和定理进行的演绎，又称机械-自动定理证明，是最为经典的符号逻辑系统。一阶谓词演算系统在人工智能科学中不仅是程序设计理论、语义形式化以及程序逻辑研究的重要基础，还是程序验证、程序分析综合及自动生成、定理证明和指示标识技术的有力工具。运用一阶谓词演绎系统进行推理的方法主要有自然演绎法，归结反演推理及基于规则的演绎推理等。本小节首先对谓词和谓词公式等术语进行解释和说明，接下来对谓词推理系统的三种方法分别进行介绍。

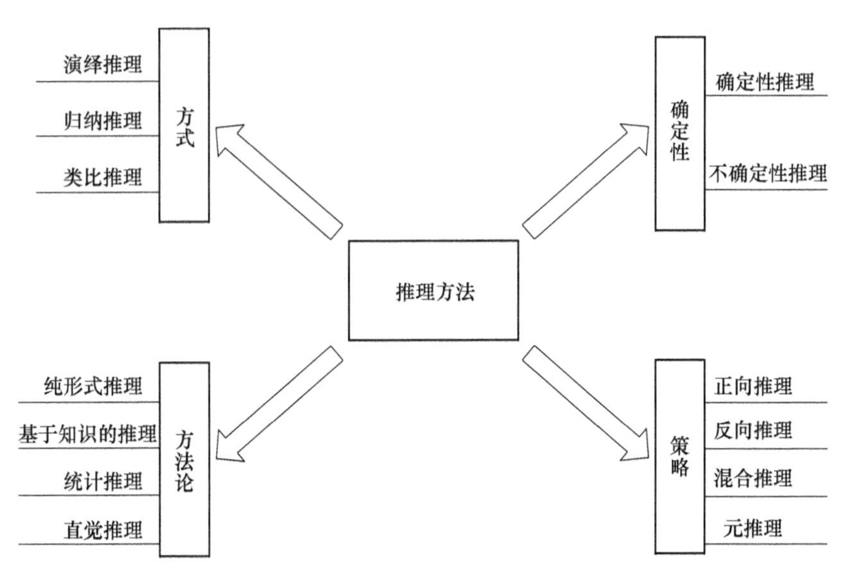


图 5.7　机器推理方法的分类

### 5.2.1　谓词及谓词公式

在谓词逻辑中，命题是用谓词表示的，谓词可分为谓词名和个体两个部分。个体表示某个存在独立的事物或者抽象的概念；谓词名用于刻画个体的性质、状态或个体间的关系。谓词的一般形式为

$$P(x_1,\ x_2,\ x_3,\ \cdots,\ x_n)$$

其中，$P$ 为谓词名；$x_1$，$x_2$，$x_3$，…，$x_n$ 是个体。在谓词中，个体可以是常量、变元或者函数，个体常量、个体变元和个体函数统称为“项”。谓词中包含的个体数目称为谓词的元数，例如 $P(x_1,\ x_2,\ x_3,\ \cdots,\ x_n)$ 就是 $n$ 元谓词。如果每个个体 $x_i$ 都是个体常量、个体变元或者个体函数，则该谓词就是一阶谓词；若个体本身又是一个一阶谓词，则 $P(x_1,\ x_2,\ x_3,\ \cdots,\ x_n)$ 为二阶谓词。谓词中个体变元的取值范围称为个体域，当谓词中的变元都用个体域中的个体取代时，谓词就具备了一个确定的真值：True 或者 False。复合谓词公式是由原子谓词、连接词和量词组合而成，连接词和量词的定义见表 5.1。谓词公式的基本运算真值表见表 5.2。

**表 5.1　谓词的连接词和量词**

| 连接词和量词 | 名称 | 解释 |
| --- | --- | --- |
| ¬ | 非逻辑 | 对后面公式的否定 |
| ∧ | 合取 | 连接公式之间具有“与”的关系 |
| ∨ | 析取 | 连接公式之间具有“或”的关系 |
| → | 蕴含 | $P\rightarrow Q$，表示如果 $P$，则 $Q$ |
| ↔ | 等价 | 当且仅当，表示完全等价 |
| ∀ | 全称量词 | 所有的，任意一个 |
| ∃ | 存在量词 | 存在，至少有 |

表 5.2 谓词公式基本运算真值表

| $P$ | $Q$ | $\neg P$ | $P \wedge Q$ | $P \vee Q$ | $P \rightarrow Q$ | $P \leftrightarrow Q$ |
|---|---|---|---|---|---|---|
| False | False | True | False | False | True | True |
| False | True | True | False | True | True | False |
| True | False | False | False | True | False | False |
| True | True | False | True | True | True | True |

### 5.2.2 自然演绎法

自然演绎法是从一组已知为真的事实出发，直接运用经典逻辑中的推理规则来推出最终结论的推理方法。自然演绎法最基本的推理规则是三段演绎法，包括假言推理、拒取式和假言三段论。

- 假言推理：$P$，$P \rightarrow Q \Rightarrow Q$，由 $P \rightarrow Q$ 为真以及 $P$ 为真的前提下，则可以推断出 $Q$ 为真。
- 拒取式：$P \rightarrow Q$，$\neg Q \Rightarrow \neg P$，由 $P \rightarrow Q$ 为真以及 $Q$ 为假的前提下，则可以推断出 $P$ 为假。
- 假言三段论：$P \rightarrow Q$，$Q \rightarrow R \Rightarrow P \rightarrow R$，由 $P \rightarrow Q$ 为真以及 $Q \rightarrow R$ 为真的前提下，则可以推断出 $P \rightarrow R$ 为真。

下面用一个例子来说明如何运用自然演绎法进行逻辑推理，已知如下事实：$A$，$B$，$A \rightarrow C$，$B \wedge C \rightarrow D$，$D \rightarrow Q$，证明 $Q$ 为真。

1）$A$，$A \rightarrow C \Rightarrow C$ 假言推理。

2）$B$，$C \Rightarrow B \wedge C$ 引入合取词。

3）$B \wedge C \rightarrow D$，$D \rightarrow Q \Rightarrow B \wedge C \rightarrow Q$ 假言三段论。

4）$B \wedge C$，$B \wedge C \rightarrow Q \Rightarrow Q$ 假言推理。

经过上述简单四个步骤的推理，可得到最终的结论。自然演绎法定理证明过程自然，易于理解，并且有丰富的推理规则可用，但是容易产生知识爆炸，推理过程中的中间结论一般按指数规律增长，对于复杂问题的推理不力，甚至难以实现。

### 5.2.3 归结反演推理系统

归结演绎推理是一种基于鲁宾逊（Robinson）归结原理的机器推理技术。鲁宾逊归结原理也称为消解原理，是鲁宾逊于 1965 年在海伯伦（Herbrand）理论的基础上提出的一种基于逻辑的“反证法”。海伯伦定理为自动理论证明奠定了理论基础，而鲁宾逊提出的归结原理使机器定理证明成为现实。此外归结反演系统除了可以用于定理证明外，还可以用于问题解答、信息检索和程序自动化领域。

在人工智能领域，几乎所有的问题都可以转化为一个定理的证明问题，即给定问题的前提 $P$ 和结论 $Q$，证明 $P \rightarrow Q$ 永真，若要证明永真，就要证明 $P \rightarrow Q$ 在任何一个非空个体域上都是永真的，这将是非常困难的，甚至是不可能实现的。鲁宾逊归结原理把永真性的证明转化为关于不可满足性的证明，要证明 $P \rightarrow Q$ 永真，只需证明 $P \wedge \neg Q$ 不可满足。

**1. 子句与子句集**

原子谓词及其否定称为文字；任何文字的析取称为子句；不含任何文字的子句称为空子句；由子句或空子句所构成的集合称为子句集。在子句集中，子句之间是合取关系。

**2. 鲁宾逊归结原理**

若 $P$ 是原子谓词公式，则称 $P$ 与 $\neg P$ 为互补文字；设 $C_1$ 和 $C_2$ 是子句集中的任意两个子句，如果 $C_1$ 中的文字 $L_1$ 与 $C_2$ 中的文字 $L_2$ 互补，那么可从 $C_1$ 和 $C_2$ 中分别消去 $L_1$ 和 $L_2$，并将 $C_1$ 和 $C_2$ 中余下的部分按照析取关系构成一个新的子句 $C_{12}$，则称这一过程为归结。

鲁宾逊归结原理的基本思想是将谓词公式 $F$ 转化为子句集 S 的形式，检查子句集 S 中是否包含空子句，若包含，则 S 不可满足；若不包含，就在子句集中选择合适的子句进行归结，一旦通过归结能推出空子句，就说明子句集 S 是不可满足的。

**3. 归结反演推理方法**

假设 $F$ 为已知前提，$G$ 为欲证明的结论，归结原理把证明 $F\rightarrow G$ 的逻辑结论转化为证明 $F\wedge\neg G$ 不可满足，应用归结原理证明定理的过程称为归结反演。使用归结反演证明 $G$ 为真的步骤为

- 否定目标公式 $G$，得 $\neg G$；
- 把 $\neg G$ 并入到公式集中，得到 $\{F, \neg G\}$；
- 把 $\{F, \neg G\}$ 化为子句集 S；
- 应用归结原理对子句集 S 中的字句进行归结，并把每次得到的归结式并入 S 中。如此反复进行下去，若出现空子句，则停止归结，此时就证明了 $G$ 为真。

下面通过例题来说明使用归结反演求取问题答案的方法。

**例 5-1** 某公司招聘工作人员，A、B、C 三人面试，经过面试后公司有如下想法：

1）三人中至少一人录取。

2）如果录取 A 而不录取 B，则一定录取 C。

3）如果录取 B，则一定录取 C。

求证：公司一定录取 C。

**解**：先定义谓词：$P(x)$ 表示录取 $x$，再将前提和结论使用谓词公式进行表示：

F1：$P(A)\vee P(B)\vee P(C)$

F2：$P(A)\wedge\neg P(B)\rightarrow P(C)$

F3：$P(B)\rightarrow P(C)$

G：$\neg P(C)$

将谓词公式转化为子句集

F1：$P(A)\vee P(B)\vee P(C)$

F2：$\neg(P(A)\wedge\neg P(B))\vee P(C)\Leftrightarrow\neg P(A)\vee P(B)\vee P(C)$

F3：$\neg P(B)\vee P(C)$

G：$\neg P(C)$

最后应用谓词逻辑的归结原理对上述子句集进行归结，其过程为

F1，F2 归结，可得结论 F3　$P(B)\vee P(C)$

F3，F5 归结，可得结论 F6　$P(C)$

F4，F6 归结，得出空子句 NIL

因此，G 是 F 的逻辑结论，上述归结过程可用如图 5.8 所示归结树来表示。

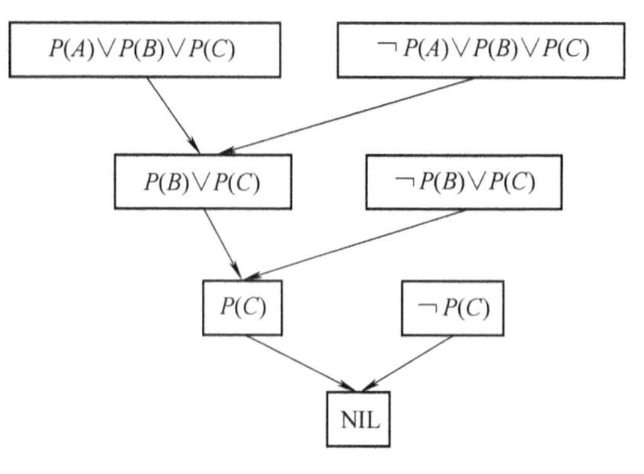


图 5.8　归结反演推理过程

**4. 归结反演推理的归结策略**

对子句进行归结时，关键的一步是从子句集中找出可进行归结的一对子句。由于事先不知道哪些子句可以进行归结，更不知道通过对哪些子句对的归结可以尽快地得到空子句，因而会由于逐个判断而造成时间和空间的浪费，降低工作效率。为了解决这些问题，一些学者研究出许多关于归结的策略，其中大致可以分为两类，一类通过删除某些无用的子句来缩小归结的范围，如删除策略。另一类是通过对参加归结的子句进行种种限制，尽可能减少归结的盲目性，如支持度策略、线性输入策略、祖先过滤策略等。

归结演绎法简单，便于在计算机上实现，但是其必须把逻辑公式化成子句集，不便于阅读和理解，例如 $\neg P(x) \vee Q(x)$ 就没有 $P(x) \rightarrow Q(x)$ 表示直观；另一方面，子句表示法会丢失原有谓词公式的控制信息，如以下逻辑公式：

$$(\neg A \wedge \neg B) \rightarrow C,\ \neg A \rightarrow (B \vee C)$$
$$(\neg A \wedge \neg C) \rightarrow B,\ \neg B \rightarrow (A \vee C)$$
$$(\neg C \wedge \neg B) \rightarrow A,\ \neg C \rightarrow (B \vee A)$$

化成子句后都是 $A \vee B \vee C$ 。

## 5.2.4　基于规则的演绎推理

归结反演推理系统是自动定理证明领域中影响较大的一种推理方法，由于它比较简单而且易于在计算机上实现，因而受到人们的普遍重视。但是在某些领域中，“一个专家表达一段知识的方式通常带有如何最好地使用这种知识的重要信息”，而且这部分知识大都由一般的蕴含式直接表达。这些表达是一般带有超逻辑的启发式信息，如果在归结反演推理时把这些表达式化为子句的形式，就可能丢失包含在蕴含形中有用的控制信息。

子句形式只表示出了谓语间的逻辑关系，而丢失了大量的逻辑信息。因此，系统以接近原始给定的形式来使用这些公式，而不把公式化为子句，基于规则的演绎推理就是这样的推理系统。在这个系统中，陈述知识的公式分为两类：规则和事实。规则是领域内的一般性知识，它的公式由蕴含式给出，事实为该领域的专门知识，它的公式用与/或形表示，然后通过运用蕴含式（规则）进行演绎推理，从而证明某个目标公式。

规则是一种接近于人类习惯的问题描述方式，用蕴含式进行描述。按照这种问题描述方式进行求解的系统称为基于规则的系统，或者规则演绎系统。该系统根据操作的方向可分为正向系统、逆向系统和双向系统三类。在逆向系统中，作为 B 规则用的蕴含式对目标的综合数据库进行操作，直到获得包含这些事实的结束条件为止。正向和逆向的联合行动就是双向演绎系统。

**1. 规则正向演绎系统**

正向演绎系统从已知的事实出发，正向使用规则（蕴含式）对事实的综合数据库直接进行演绎，直到获得包含目标公式的结束条件为止。在规则正向演绎系统中，把事实表示为非蕴含形式的与或形，作为系统的总数据库。把事实表达化为非蕴含形式的与/或形的步骤参考。为简化演绎过程，通常要求规则 F 具有如下形式：

$$L \rightarrow W$$

其中，$L$ 为单文字；$W$ 为与或形公式。将规则转化为要求形式。与/或形树的正向演绎系统要求目标公式用子句型表示，如果目标公式不是子句型，则需要化成子句型。

下面举例说明基于规则的正向演绎推理过程

已知事实的与/或形表示：$P(x, y) \vee (Q(x) \wedge R(v, y))$

规则：$P(u, v) \rightarrow (S(u) \vee N(v))$

目标公式：$S(a) \vee N(b) \vee Q(c)$

证明过程可以用图 5.9 表示。

在图 5.9 中，叶节点表示谓词公式中的文字。半圆弧表示连接的两个分支为析取关系，无半圆弧表示两个分支为合取关系。

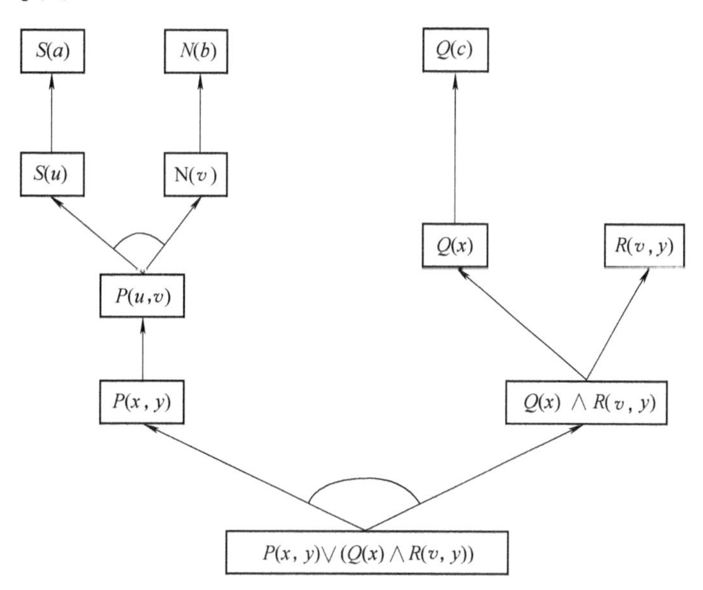

图 5.9　规则正向演绎推理过程

**2. 规则逆向演绎推理**

从宏观的整体推理过程来看，正、逆向系统正好相反。前者从事实的与/或树出发，通过 F 规则，得到目标节点的解图为止；而后者从待证明的问题，即目标公式出发，通过逆向使用 B 规则进行演绎推理，直到得到包含已知事实节点的解图为止。

在逆向演绎推理过程中，目标公式的与/或形也可用与/或树表示出来，其表示方法与正向演绎推理中事实的与/或树略有不同。子表达式之间的析取关系用单一的连接符连接，表示为或的关系，子表达式之间的合取关系则用 K 线连接符连接，表示与的关系。B 规则的形式可以表示为

$$W \rightarrow L$$

其中，前项 $W$ 为任一与/或形公式，后项 $L$ 为一单文字。反向演绎系统的事实表达限制为文字合取形式，如

$$F_1 \wedge F_2 \wedge F_3 \cdots F_n$$

其中，每个 $F_i$ 都是单文字。从目标公式的与/或树出发，通过运动 B 规则最终得到了某个终止节点上的一致解图，推理就可成功结束。推理过程如下：

1）首先用与/或树把目标公式表示出来。

2）用 B 规则的右部和与/或树的叶节点进行匹配，并将匹配成功的 B 规则加入到与/或树中。

3）重复步骤 2，直到产生某个终止在事实节点上的一致图解为止。

举例说明规则逆向演绎方法的推理过程，事实如下：

$T1$：Dog($A$) $A$ 是一只狗

$T2$：¬Barks($A$) $A$ 不会叫

$T3$：WagTail($A$) $A$ 会摇尾巴

$T4$：Meows($B$) 猫咪的名字是 $B$

$R1$：(WagTail($X$) ∧ Dog($X$)) → FRIENDLY($X$) 会摇尾巴的狗是温顺的狗

$R2$：(FRIENDLY($X$) ∧ ¬Barks($X$)) → ¬Afraid($X$，$Y$) 温顺又不会叫的动物是不值得害怕的

$R3$：Dog($X$) → Animal($X$) 狗是动物

$R4$：Cat($X$) → Animal($X$) 猫是动物

$R5$：MEOWS($X$) → CAT($X$) 猫咪是猫

求证是否存在这样的一只猫和一条狗，使得这只猫不害怕这只狗。该问题的目标公式为

$$(\exists x)(\exists y)(\mathrm{CAT}(X) \wedge \mathrm{DOG}(Y) \wedge \neg \mathrm{Afraid}(X, Y))$$

可变为如下形式：

$$\mathrm{CAT}(X) \wedge \mathrm{DOG}(Y) \wedge \neg \mathrm{Afraid}(X, Y)$$

推理树如图 5.10 所示。

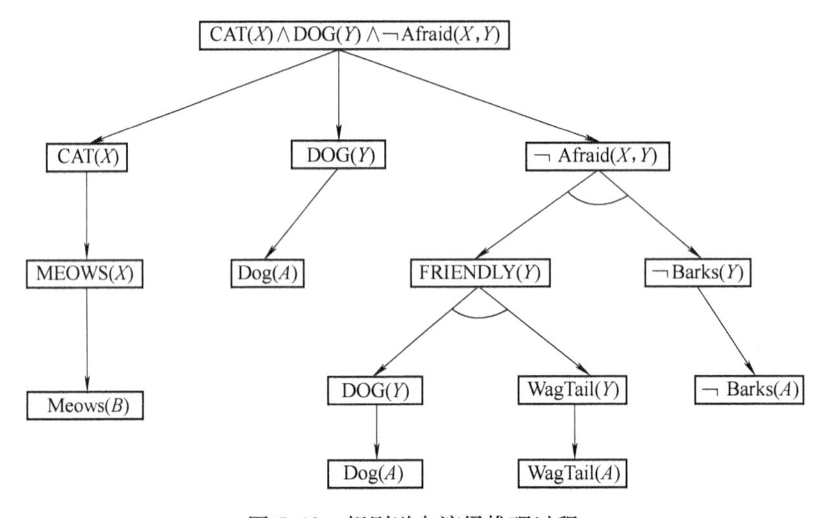


图 5.10　规则逆向演绎推理过程

**3. 规则双向演绎系统**

正向系统及逆向系统对目标公式、事实公式和规则都加以限制，虽然存在许多情况适合于上述系统，但仍然存在一些局限性。为了克服这些局限，可以将正向和逆向的推理结合在一起，建立基于规则的双向演绎系统。

与/或形双向演绎推理是建立在正向演绎推理和逆向演绎推理基础上的，它由表示目标及表示已知事实的两个与/或树结构组成，这些与/或树分别由正向演绎的 F 规则和逆向演绎的 B 规则进行操作。双向演绎系统的难点在于种植条件，只有当正向和逆向推理的与/或树对应的叶节点都可合一时，推理才能结束。

### 5.2.5 不确定性推理

经典的逻辑推理建立在以形式逻辑和数理逻辑为主的经典逻辑基础上，运用确定性知识进行推理，是一种单调性的推理。然而现实世界中的大多数问题存在随机性、模糊性、不完全性和不精确性，鉴于这种情况，显然经典的确定性推理方式是无法解决的，并且人工智能需要研究不精确性的推理方法，以满足客观问题的需求，为此，出现了一些新的逻辑学派，称为非经典逻辑。不确定性推理是建立在非经典逻辑基础上的一种推理，不确定性推理泛指除精确推理以外的其他各种推理问题，包括不完备、不精确知识的推理，模糊知识的推理，非单调性推理等。不确定性推理的类型结构如图 5.11 所示，本文不再详细说明。

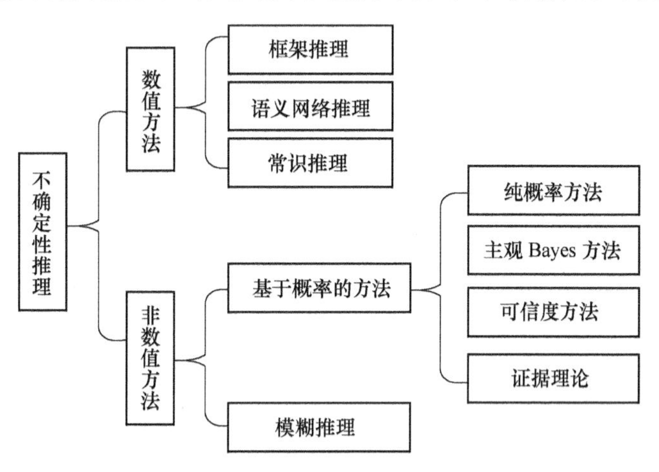


图 5.11 不确定推理的类型结构

综上所述，为了实现机器人智能化在日常生活环境中服务于人类，需要机器人具备类似于人的常识性知识储备和逻辑推理能力。虽然目前国内外学者对知识表达和推理问题开展了很多研究，取得了很多令人瞩目的成果，但是仍然存在较大的创新与探索空间。

## 5.3 机器学习

1959 年，Arthur Samuel 等给出了机器学习的定义：“计算机有能力去学习，而不是通过预先准确实现的代码”。机器学习（Machine Learning）是一门人工智能学科，是建立理论、形成假设和进行归纳推理的过程，其结构模型如图 5.12 所示。该领域的主要研究对象是人工智能，特别是如何在经验学习中改善具体算法的性能，这也是人工智能研究发展到一定阶段的必然产物。机器学习在近 30 多年已发展为一门多领域的交叉学科，涉及概率论、统计学、逼近论、凸分析、计算复杂性分析等。如今，机器学习已广泛应用于数据挖掘、计算机视觉、自然语言处理、生物特征识别、搜索引擎、证券市场分析、DNA 序列测序、语言和手写识别和机器人等领域。

人工智能的发展经历了“推理期”“知识期”和“学习期”的阶段。20 世纪 50 年代到 70 年代，当时学者认为只要赋予了机器逻辑推理能力，就具备了智能。其中 A. Newell 和 H. Simon 研究的“逻辑理论家”（Logic Theorist）程序以及“通用问题求解”（General Problem Solving）程序等证明了《数学原理》名著中的定理，证明方法甚至比作者罗素和怀特海的方法更为巧妙，在当时引起了巨大的轰动。随着人工智能研究的推进，研究学者们逐渐认识到仅仅具备逻辑推理能力是远远不能实现人工智能的。E. A. Feigenbaum 为代表的一批学者认为，机器具备智能的前提是必须拥有知识，在其倡导下，人工智能在 20 世纪 70 年代中期开始进入了“知识期”。在这一时期，诸多专家系统问世，其内部含有大量的特定领

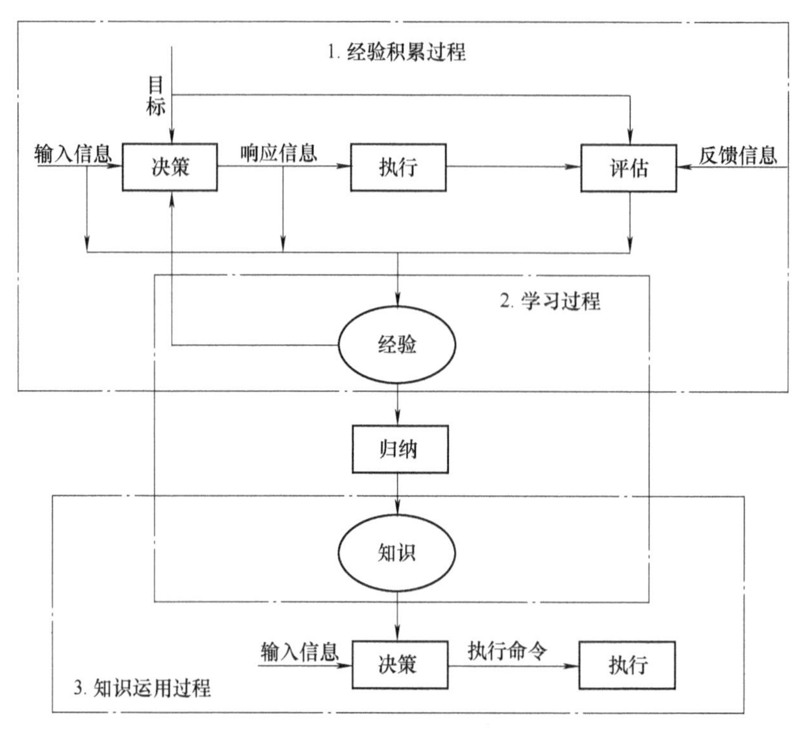


图 5.12　机器学习结构图

域专家水平的知识和经验，并且能够利用人类专家的知识和解决问题的方法来处理该领域问题，在很多领域取得了大量的成果。1965 年，E. A. Feigenbaum 等学者在总结通用问题求解系统的成功与失败的经验的基础上，结合化学领域的专门知识，研制了世界上第一个专家系统 Dendral，其能够推断化学分子结构。随之带来的一个问题就是如何将人类世界的知识编码为计算机可以理解的某种数据结构，并且这种知识编码可以被机器复用，即“知识工程瓶颈”问题，这是一个庞大的工程并且实现过程非常困难。于是一些学者认为机器必须具备自我学习的能力，即机器学习。机器学习在 20 世纪 80 年代正是被视为“解决知识工程瓶颈问题的关键”而走上人工智能主舞台的，在此期间，以决策树和归纳逻辑程序设计为代表的符号学习、以神经网络为代表的连接主义学习和以支持向量机（Support Vector Machine）为代表的统计学习最为著名，随之而来人工智能的发展进入了“学习期”。

经过了几十年的研究和发展，机器学习的理论和方法已经取得了长足的进步，并且形成了多种实用化的机器学习方法。下面按照学习策略、学习方法和学习方式对这些机器学习方法进行划分，如图 5.13 所示。其中，符号学习是模拟人脑的宏观心理级学习过程，以认知心理学原理为基础，以符号数据为方法，用推理过程在图或状态空间中搜索，符号学习的典型方法有记忆学习、示例学习、演绎学习、类比学习、解释学习等；神经网络学习是模拟人脑的微观级生理级学习过程，以脑和神经科学为基础，以人工神经网络为函数结构模型，以数值运算为方法，用迭代过程在系数向量空间中搜索，并对参数进行修正和学习；数学分析方法主要有贝叶斯学习、集合分类学习、支持向量机（SVM）等；以数据中是否存在导师信号来区分监督学习和无监督学习，强化学习则是通过环境反馈（奖惩信号）作为输入，以统计和动态规划技术为指导的一种学习方法。

20世纪50年代，已有学者开始对机器学习进行研究，如A. Samuel的跳棋程序。在50年代中后期，以F. Rosenblatt的感知机（Perceptron）、B. Widrow的Adaline为代表的学者拉开了基于神经网络结构的连接主义机器学习研究的序幕。基于逻辑主义的符号学习技术在60~70年代蓬勃发展，代表工作有P. Winston的“结构学习系统”，R. S. Michalski等人的“基于逻辑的归纳学习系统”、E. B. Hunt等人的“概念学习系统”等。在此期间，以决策理论为代表的学习理论以及强化学习技术也得到了发展，并且为统计学习的发展奠定了理论基础。随后，样例学习成为机器学习的主流，在80年代，样例学习中一大分支就是符号主义学习，在90年代中期前，样例学习的另一大主流是基于神经网络的连接主义学习。

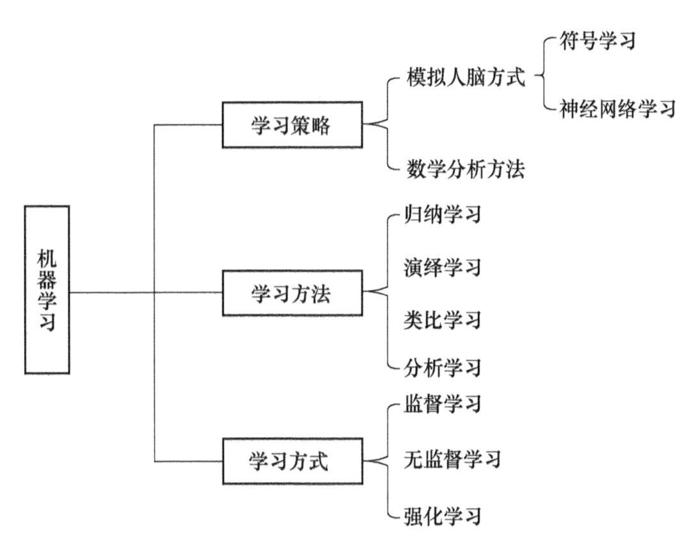

图5.13 机器学习方法的分类

样例学习中的符号主义学习的代表成果包括决策树和基于逻辑的学习。其中典型的决策树学习是以信息论为基础，以信息熵的最小化为目标，直接模拟人类对概念进行判定的树形流程；归纳逻辑程序设计（Inductive Logic Programming，ILP）是基于逻辑学习的最著名代表，其使用一阶谓词逻辑来进行知识表达，并且通过修改和扩充逻辑表达式来完成对数据的归纳。决策树学习技术由于简单易用，迄今为止仍然是最常用的机器学习技术之一。归纳逻辑程序设计具有很强的知识表达能力，能够表达出复杂的数据关系，其不仅可利用领域知识辅助学习，还可以通过学习对领域知识精化和加强。但是正是由于其表达能力过强导致学习过程中的假设空间太大，复杂度极高，因此在大规模问题的面前就难以进行有效的学习。

早期的人工智能学者更青睐于符号表达方式，图灵奖得主M. Minsky和S. papert曾在1969年指出神经网络只能处理线性分类，甚至对“异或”这类简单的问题也无法处理，所以当时连接主义的研究并未纳入主流人工智能研究范畴。直到1983年，J. J. Hopfield利用神经网络求解“流动推销员问题”这个著名的NP难题取得重大进展，使得神经网络学习重新进入人们的视线。1985年，D. E. Rumelhart等人发明了著名的误差反向传播BP算法，指出网络学习过程是由信号的正向传播与误差的反向传播两个过程组成，并且使用梯度下降法来调整隔层神经元的权值和阈值，以此来训练网络结构减小输出误差，BP算法极大地增加了网络训练效率，因此在很多实际问题中发挥了作用，并且得到了广泛应用。与符号学习能产生明确的概念不同，连接主义学习产生的是黑箱模型，因此从知识认知的角度上来讲，连接主义学习技术有明显的弱点，其最大的局限就是试错性。神经网络学习涉及大量的参数，而参数的设置缺乏理论指导，主要靠手工调参，参数调节上的微小偏差可能会给结果带来巨大的影响。

20世纪90年代中期，以支持向量机（Support Vector Machine）以及更一般的核方法

（Kernel Method）为代表的统计学习迅速登上机器学习的舞台，并且占据了主流的地位。统计学习的研究起始于60~70年代，V. N. Vapnik在1963年提出了支持向量的概念。但是由于缺乏有效的支持向量机算法，其分类的优越性在90年代中期才体现出来；另一方面，80年代占据主流的以神经网络为代表的连接主义学习的局限性凸显出来，研究学者才将目光转向了以统计学习为支撑的统计学习技术。在支持向量机得到广泛应用后，核技巧（Kernel Trick）也逐渐成为机器学习的基本内容之一。

21世纪初，随着计算机技术、互联网的发展，人类进入了“大数据”时代，数据存储和计算设备都有了很大的进步，在此背景下以深度学习为代表的连接主义卷土重来，所谓的深度即增加神经网络的层数，使得网络具备更强的理解和表达能力。2012年，Andrew Ng、FeffDean使用16000个CPU CORE的并行计算平台训练一种深度神经网络（Deep Neural Network）的机器学习模型，其内部共有10亿个节点。该网络通过海量的数据训练，竟然从数据中学习到了猫的概念。在这一潮流的引领下，深度学习在数据挖掘、计算机视觉、自然语言处理、语音识别、生物信息学等领域取得了诸多成果。

## 5.4 人机交互

人机交互（Human-computer Interaction Techniques，HIT）是指通过计算机输入、输出设备，以有效的方式实现人与计算机对话的技术。人机交互技术包含了两个层面的内容，一方面机器通过图像显示、声音输出等信息输出方式给用户提供信息，另一方面则是人通过语言、动作，以及各种行为操作实现信息的传递。人机交互式技术是计算机系统的重要组成部分，直接影响到计算机系统的可用性、易用性和效率性。

机器人与人的交互体现在自主性、安全性和友好性等。自主性避免了机器人对服务对象的依赖，能够根据抽象的任务要求，结合环境变化自动设计和调整任务序列。安全性是指通过机器人本质的感知和运动规划能力，保证交互过程中人的安全和机器人自身的安全。友好性则体现在人作为服务对象对机器人系统提出更高的要求，通过自然的、接近于人类交流的方式与机器人进行信息传递和交换。

人机交互的发展史，是从人适应计算机到计算机不断适应人的发展史，交互信息也由精确的输入输出变成了非精确的输入输出。人机交互的发展经历了以下五个阶段，如图5.14所示。

1）早期的手工作业阶段。计算机的操作依赖于系统设计者以及机器的二进制代码。

2）作业控制语言及交互命令语言阶段。程序员可采用批处理作业语言或交互命令语言与计算机进行交互。

3）图形用户界面（GUI）阶段。图形化交互界面的主要特点是“所见即所得”，由于其简单易用，实现了计算机操作的标准化，使得非专业用户也可熟练使用，因此开拓了用户人群，使得信息产业得到空前发展。

4）网络用户界面。在这一时期，超文本标记语言HTML及超文本传输协议HTTP为主要基础的网络浏览器成为网络用户界面的代表，这类人机交互技术的特点是发展速度快、技术更新周期短，并且不断涌现新的技术，例如搜索引擎、多媒体动画、聊天工具等。

5）多通道、多媒体的智能人机交互阶段。在这一阶段，以手持电脑、智能手机为代表的计算机微型化、随身化、嵌入化和以虚拟现实为代表的计算机系统拟人化是当前计算机发展的两个重要趋势。人们通过多种感官通道和动作通道（语言、手写、姿势、实现、表情等输入），以并行、非精确的方式与计算机环境进行交互，可以提高人机交互的自然性和高效性。

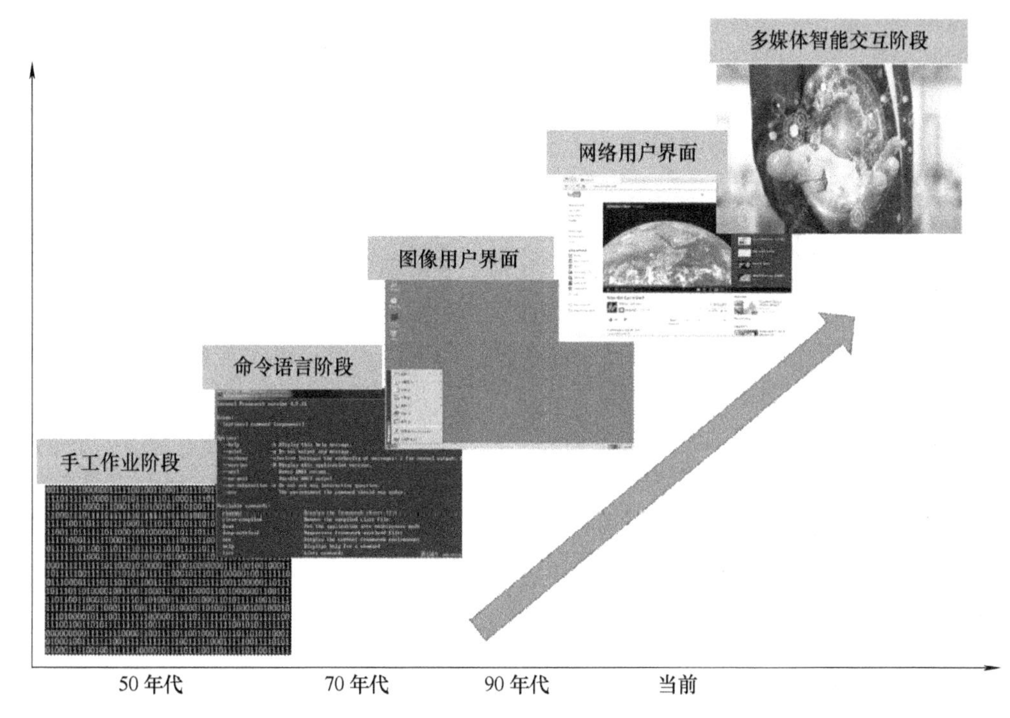


图5.14　人机交互的历史发展阶段

20世纪90年代以来，随着多媒体技术的日益成熟和互联网技术的迅猛发展，人机交互领域开始重点研究智能化交互、多模态、多媒体交互、虚拟交互以及人机协调交互等以人为中心的交互技术。

## 5.4.1　交互方式

多模式人机交互（MultiModal Interaction，MMI）是近年来迅速发展的一种人机交互技术，也是当前机器人领域的研究热点，其适应了“以人为中心”的自然交互准则，推动了互联网时代信息产业的快速发展。多模式人机交互实际上是模拟人与人之间的交流方式，通过多种感官信息的融合，通过文字、语音、视觉、动作、环境等多种方式进行人机交互，这一交互方式符合机器人类产品的形态特点和用户期望，打破了传统PC式的键盘输入和智能手机的点触控交互模式。这种多模式人机交互方式定义了下一代智能机器人的专属交互模式，为相关硬件、软件及应用的研发奠定了基础。人机交互的交互方式可以总结如下。

**1. 语音交互**

通过语音与计算机交互是人机交互过程中最自然的一种方式，语音交互信息量大、效率高，人们一直希望以和人类说话的方式与计算机进行交互，下达指令。语音识别技术涉及了语音识别、自然语言理解、自然语句生成以及自然语言对话等多个研究领域，是当前计算机领域内的研究热点和难点。20 世纪 50 年代，相关研究学者开始对语音识别技术进行研究，其中代表性工作为贝尔实验室的 Audry 系统。此后研究人员逐步突破了词汇、连续语音和非特定人这三大障碍。在国家智能计算机研究开发中心、中国科技大学人机语通信实验室基础上组建了科大讯飞公司，技术上更着眼于合成语音的自然度、可懂度和音质，设计了基于 LMA 声道模型的语音合成器、基于数字串的韵律分层构造、基于听感量化的语音库，以及基于汉字音、形、义相结合的音韵码，先后研制成功音色和自然度更高的 KD863 以及 KD2000 中文语音合成系统。目前，国内外已经出现了许多成熟的商业产品，例如语音身份识别、人机自然语言对话、即时翻译等。

**2. 手势交互**

手势动作一般是伴随着语音交流而同时出现的，通常用于描述一个物体的大小和场景的变化，是对语言交互的一个补充。在人机交互中，手势识别分为两种：一种基于手写笔的二维手势识别，这种手势识别方法相对来讲实现简单，但是限制了手势的表达能力；另一种是真正的三维手势，三维手势的难点在于数据采集，当前大部分三维手势识别是基于数据手套完成的，其成本较高，交互也不自然。

**3. 情感交互**

表情表达了信息活动、人脸方位、视点反映心理活动和注意力方向，这些都是人类信息交流的重要手段。有关人脸的研究，在新一代的人机交互中也非常重要，相应的研究内容包括：人脸的检测与定位、人脸的识别、人脸表情识别、脸部特征定位、人脸的跟踪、眼睛注视的跟踪以及人脸的三维重建等。

**4. 动作交互**

动作识别，是指对物理空间里物体的方位、运动轨迹进行记录、测量并处理分析，使之转化为计算机可以理解的数据形式，其在可穿戴式计算机、浸入式游戏以及情感计算等方面具备巨大的应用潜力。脸部动作识别、手部动作识别以及身体姿态、步态识别对三维人体重建及虚拟现实的研究有着重要的意义。

**5. 触觉交互**

触觉是自然界多数生物从外界环境获取信息的重要形式之一，广义的触觉是指接触、压迫、滑动、温度和湿度等的综合，可用于判断外界接触环境的信息，触觉对于虚拟现实技术中临场感程度和交互性具有十分重要的现实意义。通过触觉界面，用户不仅能够看到物体，还能触摸和操控，产生更真实的沉浸感，在交互过程中有着不可替代的作用。

此外还存在虚拟现实交互和人脑交互等前沿的新型交互方式。新型人机交互技术的最主要特征就在于用户交互的“非受限性”，机器给人以最小的限制并且对人的意图做出快速的响应，以人为中心，可以最大自由度操纵机器人，如同日常生活中人与人间的交流一样自然、高效和无障碍。

这种人机交互强调两个特性：交互隐含性和交互多模态、双向性。隐含性是指用户可以将注意力最大限度地用于执行任务而无须为交互操作分心，且允许使用模糊表达手段来避免不必要的认识负担，有利于提高交互活动的自然性和高效性。这是一个被动感知的主动交互方式，需要用户显示说明交互成分，仅在交互过程中隐含地表现并且允许非精确地交互。交互多模态性是指使用多种感知模块和效应通道（视觉、听觉、触觉）相融合的交互方式，突破了传统键盘鼠标显示器通信的限制。此外，人的感觉和效应通道通常具有双向性特点，如：视觉可看又可注视，手可控制又可触及；新颖的人机交互技术让用户避免生硬、频繁或耗时的通道切换，从而提高自然性和效率，如：视觉跟踪系统可促成视觉交互的双向性，听觉通道可利用三维听觉定位器实现双向交互等。

## 5.4.2　交互过程

### 1. 语音交互

语音是人类一种重要而灵活的通信模型，语音识别的任务就是利用语音学和语言学的知识，先对语音信号进行基于信号特征的模式分类得到拼音串，然后再对拼音串进行处理，利用语言学知识组合成一个符合语法和语义的句子，从而将语音信号转化为计算机可识别的文本。语义理解是整个语音交互中最核心的部分，其主要内容是对用户意图的理解和对用户表达的语句中核心槽位的解析。如图 5.15 所示为语音交互过程。

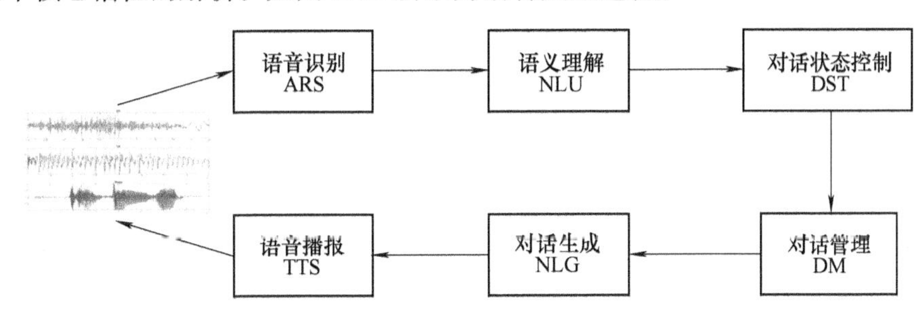


图 5.15　语音交互过程

### 2. 手势交互

在这种交互方式下，用户借助于鼠标、手写装置及触摸屏等设备自由地书写或者绘制文字和图形，计算机通过对这些输入对象的识别和理解获得执行某种任务所需要的信息。笔迹交互实质上是在建立由书写压力、方向、位置和旋转等信息共同组成的多维矢量序列到用户的交互意图的映射。与语音交互相比，笔迹交互以视觉形象表达和传递概念，既有抽象、隐喻等特点，还具有形象、直观等特征，有利于创造性思想的快速表达、抽象思维的外化和自然交流。如图 5.16 所示为手势交互。

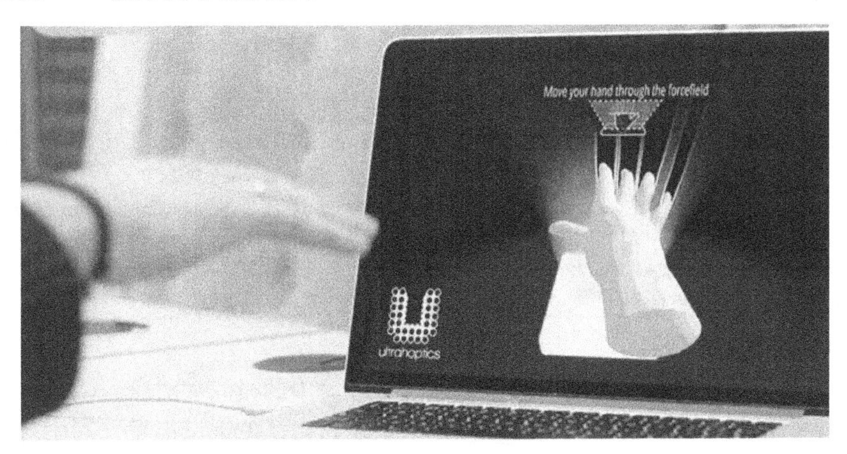


图 5.16　手势交互

**3. 动作交互**

动作交互采用计算机视觉作为有效的输入模态，探测、定位、跟踪和识别用户交互过程中有价值的行为视觉线索，进而预测和理解用户交互意图并做出响应。这种技术可以支持一系列的功能：人脸检测、定位和识别；头和脸位置和方向跟踪；脸部表情分析；视听语音识别，用于协助判断语义；眼睛注视点跟踪；身体跟踪；手势识别跟踪；步态识别等。如图5.17所示为动作交互。

图5.17　动作交互

**4. 情感交互**

人类相互之间的交流沟通方式是自然而且富有情感的，因此人机交互过程中也希望计算机具有情感和自然和谐的交互能力。情感交互就是要赋予计算机类似于人的观察、理解和生成各种感情特征的能力，利用各种传感器获取由人的情感所引起表情及其生理变化信号，利用情感模型对这些信号进行分析处理，从而理解人的情感并做出适当的响应。其重点在于创建一个能感知、识别和理解人类情感，并能针对用户的情感做出智能、灵敏、友好反应的个人计算系统。情感交互能帮助我们增加使用设备的安全性，使经验人性化，使计算机作为媒介进行学习的功能达到最佳化。如图5.18所示为情感交互机器人。

图5.18　情感交互机器人

**5. 虚拟交互与虚拟现实**

虚拟现实是采用摄像或扫描的手段来创建虚拟环境中的时间和对象，生成一个逼真的三维视觉、听觉、触觉和嗅觉等感官世界，让用户可以从自己的视点出发，利用自然的技能对这一虚拟世界进行浏览和交互。其特点可以概括为：沉浸感，逼真的感觉；自然的交互，对虚拟世界的操作性程度和从环境得到反馈的自然程度；个人的视点，用户依靠自己的感知和认知能力全方位地获取知识、寻求解答。如图 5. 19 所示为基于虚拟现实的人机交互。

图 5. 19　基于虚拟现实的人机交互

**6. 人脑交互与脑计算**

最理想的人机交互形式是直接将计算机与用户的大脑进行连接，无须任何类型的物理动作或者解释，实现“Your wish is my command”的交互模式。脑机接口（Brain-Computer Interface，BCI）通过测量大脑皮层的电信号来感知用户相关的大脑活动，从而获取命令或控制参数，人脑交互是一种新的大脑输出通道，一个需要训练和掌握技巧的通道。

人机交互是一个具备巨大应用前景的高新技术领域，存在诸多待解决与突破的难题。为了提升系统的交互性、逼真性和沉浸性，在新型传感和感知机理、几何与物理建模新方法、高性能计算，特别是高速图形图像处理以及人工智能、心理学、社会学等方面都有许多具有挑战性的问题有待解决。

# 第6章 工业机器人

通常所说的工业机器人一般指用于工业制造环境中，模拟人的手臂的部分动作，按照预定的程序、轨迹及其他要求，实现抓取、搬运工件或操纵工具的自动化装置。它是一种仿人操作、自动控制、可重复编程、能在三维空间完成各种作业的自动化生产设备，特别适合于多品种、变批量的柔性生产。对稳定、提高产品质量，提高生产效率，改善劳动条件和产品的快速更新换代起着十分重要的作用。如汽车制造、摩托车制造、舰船制造、家电产品（电视机、电冰箱、洗衣机等）、化工等行业自动化生产线中的点焊、弧焊、喷漆、切割、电子装配及物流系统的搬运、包装、码垛等作业的机器人。

## 6.1 搬运机器人

搬运机器人（Transfer Robot）是主要从事自动化搬运作业的工业机器人。所谓搬运作业是指用一种设备握持工件，从一个位置移到另一个位置。工件搬运和机床上下料是工业机器人的一个重要应用领域，在工业机器人的构成比例中占有较大的比重。其中在机床上下料中的搬运机器人增长很快。近年来随着物流业的发展，特别是自动仓库的出现，加速了码垛搬运机器人的发展和广泛应用。

### 6.1.1 搬运机器人的基本介绍

**1. 搬运机器人系统组成**

搬运机器人系统由搬运机械手和周边设备组成。搬运机械手可用于搬运重达几千克至1吨以上的物品。微型机械手可搬运轻至几克甚至几毫克的物品，周边设备包括工件自动识别装置、自动启动和自动传输装置等。搬运机器人可安装不同的末端执行器（如机械手爪、真空吸盘及电磁吸盘等）以完成各种不同形状和状态的物品搬运工作，大大减轻了人类繁重的体力劳动。

**2. 搬运机器人的特点**

采用机器人搬运物品具有抓取可靠、移动灵活和摆放整齐等特点，可以规范物品的放置空间，便于仓储管理，并且减轻了装卸工人的劳动强度，提高装卸效率，减少环境污染。

目前，国际上已产品化的搬运码垛机器人型式主要有三种：一是直角坐标型；二是空间关节型；三是平面关节型。直角坐标型机器人的特点是结构强度好、刚度好、效率高、制造加工工艺简单、安装调试及维护方便、便于产品化，但占用空间大；空间多关节型机器人的结构紧凑、机动性好、效率高，但结构强度及刚度较差，目前还缺乏有效的结构动态设计方法，而且制造加工工艺复杂，不便于产品化；平面关节型机器人分为垂直平面关节型和水平平面关节型机器人两种。垂直平面关节型机器人的特点与空间多关节机器人基本相同。水平平面关节型机器人是移动式与关节式结构的组合，受力条件差、效率低、制造加工工艺复杂、性能价格比低，但结构紧凑、占用空间最小。

### 6.1.2 搬运机器人的主要应用

最早的搬运机器人出现在1960年的美国，Versatran和Unimate两种机器人首次用于搬运作业。20世纪80年代以来，工业发达国家在推广搬运码垛的自动化、机器人化方面取得了显著的进展。日本、德国等国家在大批量生产行业（如机械、家电、食品、水泥、化肥等）中广泛使用搬运机器人。日本安川公司的六轴SK16机器人不仅可以满足焊接和切屑需求，而且可以为机床或压力机上、下料，其有效负荷为16kg，最大工作半径为1555mm，重复定位精度为±0.1mm。松下自动化公司推出的VR系列材料搬运机器人可以进行原料搬运、机器装卸和去毛刺等操作。日本研制的机器人自动装卸机，由机器人和传送带装置结合，能在13s内装卸一件重量在30kg左右的货物。意大利Procomac公司开发出名为法努克的卸垛机器人，能一起搬运起托架及其上面的塑料瓶。日本FUJIACE公司生产的码垛搬运机器人，可将生产线上生产的袋装物料快速抓取，并码垛在托盘上。图6.1所示是MOTOMAN SK45型机器人将一个大桶③从低处（工作台①）搬到高处（工作台②）的实例。

图6.1 FUJIACE搬运机器人

目前，日本已产品化的搬运码垛机器人最大搬运重量可达300kg，最大工作半径为2.5m，最大运动速度为0.2m/s，重负定位精度为±0.5mm。

我国在“七五”“八五”期间已有许多单位研制出搬运码垛机器人，如上海大学研制的用于银行金库的直角坐标型码垛搬运机器人，哈尔滨工业大学机器人研究所开发了由自动称重、自动包装和物料袋自动码垛等系统组成的气动搬运机器人自动生产线，完成袋装颗粒乙烯的自动搬运、排码成垛。北京科技大学开发了米袋搬运机器人工作站，对5kg和10kg的米袋进行定点搬运、码垛作业。

## 6.2 焊接机器人

焊接机器人是在工业机器人的末轴法兰上装接焊钳或焊（割）枪，使之能进行焊接、切割或热喷涂的机器人。由于对许多构件的焊接精度和速度等提出越来越高的要求，一般工人已难以胜任这一工作；此外，焊接时的火花及烟雾等，对人体造成危害，因而，焊接过程的完全自动化已成为重要的研究课题。其中，十分重要的就是要应用焊接机器人。目前焊接机器人是最大的工业机器人应用领域，占工业机器人总数的25%左右。

## 6.2.1 焊接机器人的基本介绍

### 1. 焊接机器人系统组成

机器人仅是一个实现运动和姿态的操作机，要完成焊接作业必须依赖控制系统与辅助设备的支持和配合，一起组成焊接机器人系统。完整的焊接机器人系统一般由如下几部分组成：机械手、变位机、控制器、焊接系统（专用焊接电源、焊枪或焊钳等）、焊接传感器、中央控制计算机和相应的安全设备等。典型的焊接机器人系统组成如图 6.2 所示。

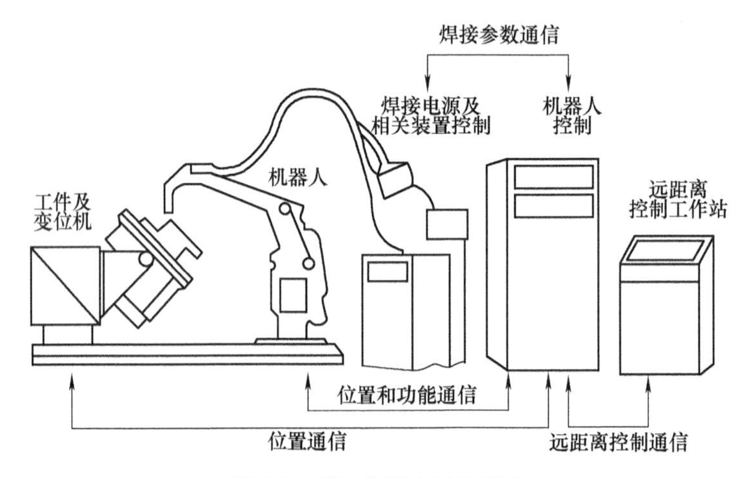


图 6.2　焊接机器人系统组成

机械手是焊接机器人系统的执行机构，它由驱动器、传动机构、连杆、关节以及内部传感器（编码盘）等组成。其任务是精确地保证末端执行器（焊枪）所要求的空间位置、姿态并实现其运动。由于具有六个旋转关节的关节式机器人已被证明能在机构尺寸相同情况下获得最大的工作空间，并且能以较高的位置精度和最优的路径达到指定位置，因而这种类型的机器人在焊接领域得到广泛的应用。

变位机作为机器人焊接生产线及焊接柔性加工单元的重要组成部分，其作用是将被焊接工件旋转（平移）到最佳的焊接位置。在焊接作业前和焊接过程中，变位机通过夹具来装卡和定位被焊工件，对工件的不同要求决定了变位机的负载能力及其运动方式。为了使机械手充分发挥效能，焊接机器人系统通常采用两台变位机，当其中一台进行焊接作业时，另一台完成工件的装卸，从而提高整个系统的运行效率。

机器人控制器是整个机器人系统的神经中枢，由计算机硬件、软件和一些专用电路组成。其软件包括控制器系统软件、机器人专用语言、机器人运动学及动力学软件、机器人控制软件、机器人自诊断及自保护软件等。控制器负责处理焊接机器人工作过程中的全部信息和控制其全部动作。

焊接系统是焊接机器人完成作业的核心装备，由焊钳（点焊机器人）、焊枪（弧焊机器人）、焊接控制器及水、电、气等辅助部分组成。焊接控制器是焊接系统的控制装置，它根据预定的焊接监控程序，完成焊接参数输入、焊接程序控制及焊接系统故障自诊断，并实现与机器人控制器的通信联系。用于弧焊机器人的焊接电源及送丝设备由于参数选择的需要，必须由机器人控制器直接控制。

在焊接过程中，尽管机械手、变位机、装卡设备和工具等能达到很高的精度，但由于存在被焊工件几何尺寸和位置误差，以及焊接过程中产生的热量引起工件的变形，传感器仍是焊接过程中（尤其是焊接大、厚工件时）不可缺少的设备。传感器的任务是实现工件坡口的定位、跟踪以及焊缝熔透信息的获取。

中央控制计算机在工业机器人向系统化、PC 化和网络化的发展过程中发挥着重要的作用。通过相应接口与机器人控制器相连接，中央控制计算机主要用于在同一层次或不同层次的计算机间形成通信网络，同时与传感系统相配合，实现焊接路径和参数的离线编程、焊接专家系统的应用以及生产数据的管理。

安全设备是焊接机器人系统安全运行的重要保障，其主要包括驱动系统过热自断电保护、动作超限位自断电保护、机器人系统工作空间干涉自断电保护以及人工急停断电保护等，它们起到防止机器人伤人或周边设备的作用。在机器人的工作部位还装有各类触觉或接近觉传感器，可以使机器人在过分接近工件或发生碰撞时停止工作。

**2. 焊接机器人的主要结构形式及性能**

世界各国生产的焊接用机器人基本上都属关节式机器人，绝大部分有 6 个轴。其中，三个轴可将末端工具送到不同的空间位置，另三个轴解决工具姿态的不同要求。焊接机器人本体的机械结构主要有两种形式：一种为平行杆型机构，另一种为多关节型机构，如图 6.3 所示。多关节型机构的主要优点是上、下臂的活动范围大，使机器人的工作空间几乎能达一个球体。因此，这种机器人可倒挂在机架上工作，节省占地面积，方便地面物件的流动。但是这种结构形式机器人的两个轴为悬臂结构，降低了机器人的刚度，一般适用于负载较小的机器人，用于电弧焊、切割或喷涂。平行杆型机器人的工作空间能达到机器人的顶部、背部及底部，又没有多关节型机器人的刚度问题，从而得到普遍的重视，不仅适合于轻型机器人，也适合于重型机器人。

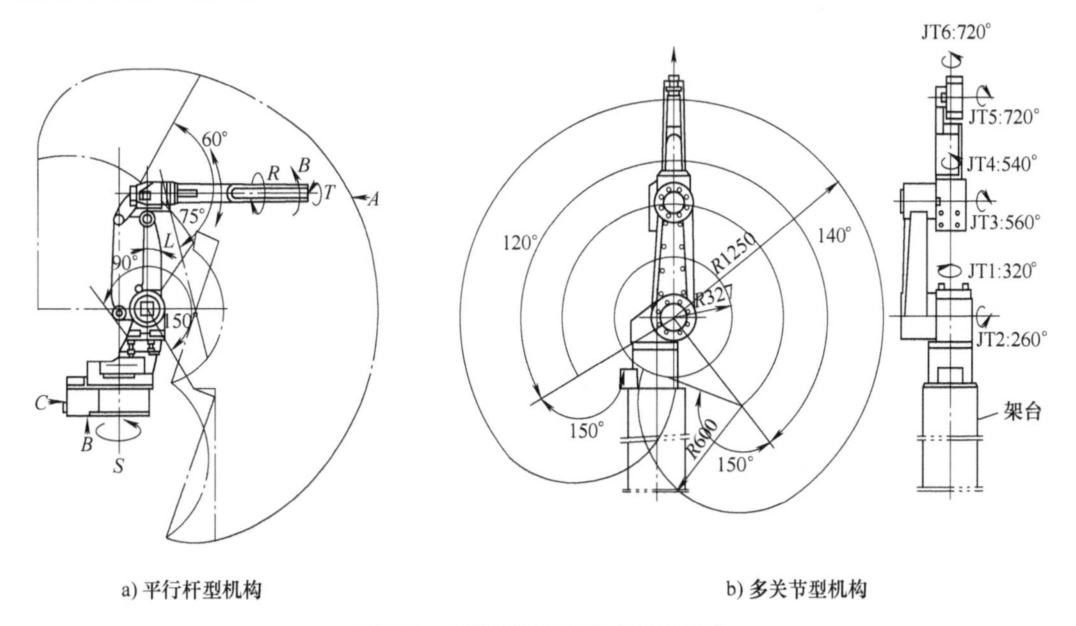


a) 平行杆型机构　　b) 多关节型机构

图 6.3　焊接机器人的基本结构形式

上述两种机器人各个轴都是做回转运动，故采用伺服电机通过摆线针轮（RV）减速器

(1~3 轴）及谐波减速器（1~6 轴）驱动。在 20 世纪 80 年代中期以前，对于电驱动的机器人都是用直流伺服电动机，而 80 年代后期以来，各国先后改用交流伺服电动机。由于交流电机没有碳刷，动特性好，使新型机器人不仅事故率低，而且免维修时间大为增长，加（减）速也快。一些负载 16kg 以下的新的轻型机器人其工具中心点（TCP）的最高运动速度可达 3m/s 以上，定位准确，振动小。同时，机器人的控制柜也改用 32 位的微机和新的算法，使之具有自行优化路径的功能，运行轨迹更加贴近示教的轨迹，如图 6.4 所示。

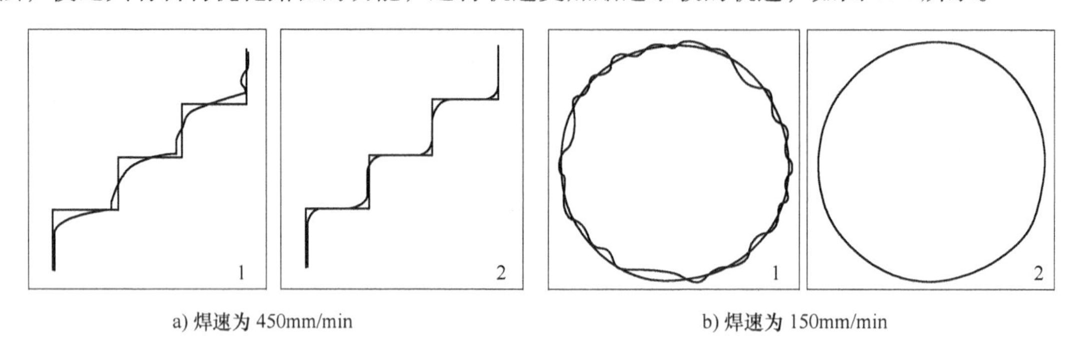


a) 焊速为 450mm/min　　b) 焊速为 150mm/min

图 6.4　有无自动优化路径功能的机器人运动轨迹的对比

1—无优化功能　2—有优化功能

### 6.2.2　焊接机器人的主要应用

**1. 点焊机器人**

点焊机器人（Spot Welding Robot）是用于点焊自动作业的工业机器人。世界上第一台点焊机器人于 1965 年开始使用，是美国 Unimation 公司推出的 Unimate 机器人，我国在 1987 年自行研制成第一台点焊机器人——华宇-Ⅰ型点焊机器人。

（1）点焊机器人的组成和基本功能

点焊机器人由机器人本体、计算机控制系统、示教盒和点焊焊接系统几部分组成，如图 6.5 所示。点焊机器人机械本体一般具有六个自由度：腰转、大臂转、小臂转、腕转、腕摆及腕捻。其驱动方式有液压驱动和电气驱动两种，其中电气驱动应用更为广泛。

点焊机器人按照示教程序规定的动作、顺序和参数进行点焊作业，其过程是完全自动化的，并且具有与外部设备通信的接口，可以通过这一接口接收上一级主控与管理计算机的控制命令进行工作。

点焊作业对所用机器人的要求不是很高。因为点焊只需点位控制，至于焊钳在点与点之间的移动轨迹没有严格要求，这也是机器人最早只能用于点焊的原因。点焊机器人需要有足够的负载能力，而且在点与点之间移位时速度要快捷、动作要平稳、定位要准确，以减少移位的时间，提高工作效率。点焊机器人需要有多大的负载能力，取决于所用的焊钳形式。对于变压器分离的焊钳，30~45kg 负载的机器人就足够了。但是，这种焊钳一方面由于二次电缆线长，电能损耗大，也不利于机器人将焊钳伸入工件内部焊接；另一方面，电缆线随机器人运动而不停摆动，电缆的损坏较快。因此，目前逐渐采用一体式焊钳。这种焊钳连同变压器重量在 70kg 左右。考虑到机器人要有足够的负载能力，能以较大的加速度将焊钳送到空间位置进行焊接，一般都选用 100~150kg 负载的重型机器人。为了适应连续点焊时焊钳短

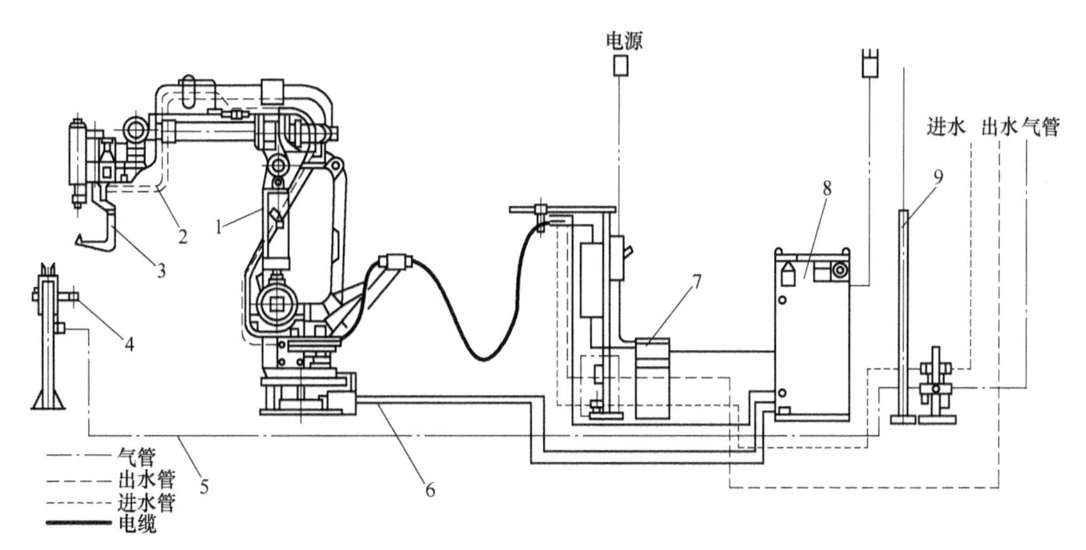


图 6.5 点焊机器人的组成

1—机械臂 2—进水、出水管线 3—焊钳 4—电极修整装置 5—气管
6—控制电缆 7—点焊定时器 8—机器人控制柜 9—安全围栏

距离快速移位的要求。新的重型机器人增加了可在 0.3s 内完成 50mm 位移的功能。这对电机的性能、微机的运算速度和算法都提出了更高的要求。

（2）点焊工艺对机器人的基本要求

在选用或引进点焊机器人时必须注意点焊工艺对机器人的基本要求：

1）点焊作业一般采用点位控制（PTP），其重复定位精度在±1mm 以内。

2）点焊机器人工作空间必须大于焊接所需的空间（由焊点位置及焊点数量确定）。

3）按工件形状、种类、焊缝位置选用焊钳。

4）根据选用的焊钳结构、焊件材质与厚度以及焊接电流波形（工频交流、逆变式直流等）来选取点焊机器人额定负载，一般在 50~120kg 之间。

5）机器人应具有较高的抗干扰能力和可靠性（平均无故障工作时间应超过 2000h，平均修复时间不超过 30min）；具有较强的故障自诊断功能，例如可发现电极与工件发生“黏结”而无法脱开的危险情况，并能做到电极沿工件表面反复扭转直至故障消除。

6）点焊机器人示教记忆容量应大于 1000 点。

7）机器人应具有较高的点焊速度（例如 60 点/min 以上），以保证单点焊接时间（含加压、焊接、维持、休息、移位等点焊循环）与生产线物流速度匹配，且其中 50mm 短距离移动的定位时间应缩短至 0.4s 以内。

8）需采用多台机器人时，应研究是否选用多种型号；当机器人布置间隔较小时，应注意动作顺序的安排，可通过机器人群控或相互间连锁作用避免干扰。

（3）点焊机器人的焊接设备

点焊机器人的焊接设备主要由阻焊变压器、焊钳、点焊控制器以及水、电、气路及其辅助设备等组成。

1）点焊钳。点焊机器人焊钳从用途上可分为 C 型和 X 型两种，通过机械接口安装在机械手末端。根据钳体、变压器和机械手的连接关系，可将焊钳分为分离式、内藏式和一体式三种。

①分离式焊钳：钳体安装在机械手末端，阻焊变压器安装在机器人上方悬梁上，且可沿着机器人焊接方向运动，两者以粗电缆连接。其优点是可明显减轻手腕负荷、运动速度高、价格便宜。主要缺点是机器人工作空间以及焊接位置受到限制，电能损耗大，并使手腕承受电缆引起的附加载荷。

②内藏式焊钳：阻焊变压器安装在机械手手臂内，显著缩短了二次电缆和变压器容量。主要缺点是机械手的机械设计较复杂。

③一体式焊钳：钳体与阻焊变压器集成安装在机械手末端，其显著的优点是节省电能（约为分离式的1/3），并避免了分离式焊钳的其他缺点，但却使机械手腕部承受较大的载荷，并影响了焊接作业的可达性。

2）点焊控制器。点焊控制器是一相对独立的多功能电焊微机控制装置，主要功能包括：

①实现点焊过程时序控制，顺序控制预压、加压、焊接、维持、休止等。

②实现焊接电流波形的调制，且其恒流控制精度在1%~2%。

③同时存储多套焊接参数。

④自动进行电极磨损后的阶梯电流补偿、记录焊点数并预报电极寿命。

⑤故障自诊断功能。对晶闸管超温、晶闸管单管导通、变压器超温、电极黏结等故障进行显示并报警，直至自动停机。

⑥实现与机器人控制器及示教盒的通信联系，提供单加压和机器人示教功能。

⑦断电保护功能。系统断电后内存数据不会丢失。

（4）点焊机器人的应用

引入点焊机器人可以取代笨重、单调、重复的体力劳动；能更好地保证焊点质量；可长时间重复工作，提高工作效率30%以上；可以组成柔性自动生产系统，特别适合新产品开发和多品种生产，增强企业应变能力。

在我国，点焊机器人约占焊接机器人总数的46%，主要应用在汽车、农机、摩托车等行业。通常，装配一台汽车车身大约需要完成4000~5000个焊点，机器人能够完成90%以上的焊点，仅少数焊点因机器人无法伸入车体内部而需工人手工完成。

目前，正在开发一种新的点焊机器人系统，该系统可把焊接技术与CAD/CAM技术完美地结合起来，提高生产准备工作的效率，缩短产品设计投产的周期，使整个机器人系统取得更高的效益。这种系统拥有关于汽车车身结构信息、焊接条件计算信息和机器人机构信息等数据库，CAD系统利用该数据库可方便地进行焊钳选择和机器人配置方案设计；采用离线编程的方式规划路径；控制器具有很强的数据转换功能，能针对机器人本身不同的精度和工件之间的相对集合误差及时进行补偿，以保证足够的工作精度。

图6.6　FANUC S-420点焊机器人应用实例

如图6.6所示是点焊机器人的应用实例。

**2. 弧焊机器人**

弧焊机器人（Arc Welding Robot）是用于进行自动弧焊的工业机器人。我国在20世纪80年代中期研制出华宇-Ⅰ型弧焊机器人。

（1）弧焊机器人的组成和基本功能

弧焊机器人一般由示教盒、控制盘、机器人本体及自动送丝装置、焊接电源等部分组成，如图6.7所示。弧焊机器人机械本体通常采用关节式机械手。虽然从理论上讲，有5个轴的机器人就可以用于电弧焊，但是对复杂形状的焊缝，需选用6轴机器人。其驱动方式多采用直流或交流伺服电动机驱动。

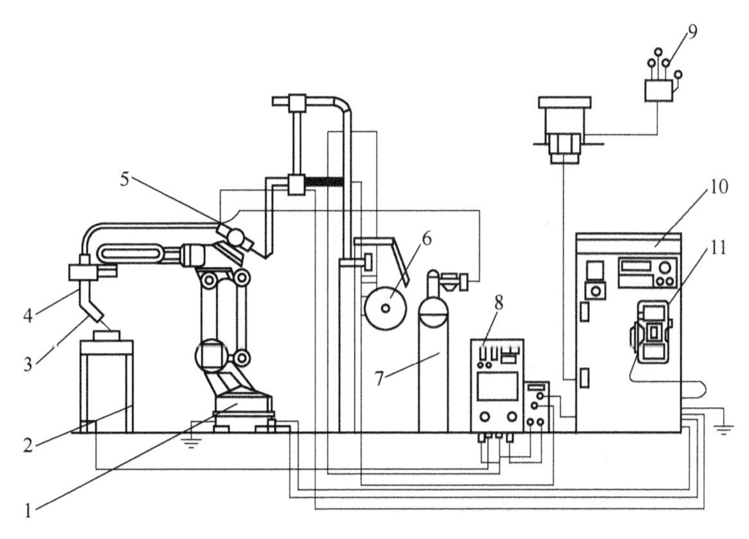


图6.7　弧焊机器人组成

1—机械手　2—工作台　3—焊枪　4—防撞传感器　5—送丝机　6—焊丝盘　7—气瓶　8—焊接电源　9—电源　10—机器人控制柜　11—示教盒

弧焊过程比点焊过程要复杂得多，工具中心点（TCP），也就是焊丝端头的运动轨迹、焊枪姿态、焊接参数都要求精确控制。所以，弧焊机器人应能实现连续轨迹控制，并可以利用直线插补和圆弧插补功能焊接由直线及圆弧所组成的空间焊缝，还应具备不同摆动样式的软件功能，供编程时选用，以便作摆动焊，而且摆动在每一周期中的停顿点处，机器人也应自动停止向前运动，以满足工艺要求。此外，还应有接触寻位、自动寻找焊缝起点位置、电弧跟踪及自动再引弧功能等。

弧焊机器人主要有熔化极（$CO_2$，MAG/MIG，药芯焊丝电弧焊）焊接作业和非熔化极（TIG）焊接作业两种类型，具有可长期进行焊接作业、保证焊接作业的高生产率、高质量和高稳定性等特点。随着技术的发展，弧焊机器人正向着智能化的方向发展。

当前焊接生产自动化的主要标志之一是焊接生产系统柔性化，其发展方向是以弧焊机器人为主体，配合多自由度变位机及相关的焊接传感控制设备、先进的弧焊电源，在计算机的综合控制下实现对空间焊缝的精确跟踪及焊接参数的在线调整，实现对熔池形状动态过程的智能控制。

（2）弧焊工艺对机器人的基本要求

在选用或引进弧焊机器人及机器人工作站时，必须注意弧焊工艺对机器人的基本要求：

1）弧焊作业均采用连续路径控制（CP），其定位精度在±0.5mm以内。

2）弧焊机器人可达到的工作空间必须大于焊接所需的工作空间。

3）按焊件材质、焊接电源、弧焊方法选择合适种类的机器人。

4）正确选择周边设备，组成弧焊机器人工作站。弧焊机器人仅仅是柔性焊接作业系统的主体，还应有行走机构及移动机架，以扩大机器人的工作范围。同时，还应有各种定位装置、夹具及变位机。多自由度变位机应能与机器人协调控制，使焊缝处于最佳焊接位置。

5）弧焊机器人应具有防碰撞及焊枪矫正、焊缝自动跟踪、熔透控制、焊缝始端检出、定点摆焊及摆动焊接、多层焊、清枪剪丝等相关功能。

6）机器人应具有较高的抗干扰能力和可靠性（平均无故障工作时间应超过2000h，平均修复时间不超过30min，在额定负载和工作速度下连续运行120h，工作应正常），并具有较强的故障自诊断功能（如"黏丝""断弧"故障显示及处理等）。

7）弧焊机器人示教记忆容量应大于5000点。

8）弧焊机器人的抓重一般为5~20kg，经常选用8kg左右。

9）在弧焊作业中，焊接速度及其稳定性是重要指标，一般情况下焊速约取5~50mm/s，在薄板高速MAG焊中，焊接速度可能达到4m/min以上。因此，机器人必须具有较高的速度稳定性，在高速焊接中还对焊接系统中电源和送丝机构有特殊要求。

10）由于弧焊工艺复杂、示教工作量大、现场示教会占用大量生产时间，因此弧焊机器人必须具有离线编程功能。其方法为：①在生产线外另安装一台主导机器人，用它模仿焊接作业的动作，然后将生成的示教程序传送给生产线上的机器人；②借助计算机图形技术，在显示器（CRT）上按焊件与机器人的位置关系对焊接动作进行图形仿真，然后将示教程序传给生产线上的机器人，目前已经有多种这方面商品化的软件包可以使用，如ABB公司提供的机器人离线编程软件Program Maker。随着计算机技术的发展，后一种方法将越来越多地应用于生产中。

（3）弧焊机器人的焊接设备

弧焊机器人的焊接设备主要由弧焊电源、焊枪送丝机构、焊接传感器等组成。焊接设备性能的好坏是保证焊接质量的关键。

1）弧焊电源。弧焊机器人多采用气体保护焊方法（MAG、MIG、TIG），通常的晶闸管式、逆变式、波形控制式、脉冲或非脉冲式等的焊接电源都可以装到机器人上作电弧焊。由于机器人控制柜采用数字控制，而焊接电源多为模拟控制，所以需要在焊接电源与控制柜之间加一个接口。

机器人要求配置的弧焊电源应有以下功能：

①外特性控制：通过不同算法获得恒流特性、恒压特性和其他不同形状外特性，以满足各种弧焊方法和场合的需要。

②动特性控制：对于$CO_2$焊接短路过渡等负载状态变化较大的场合，要求能对短路电流上升率$di/dt$等进行控制，以使焊接过程平稳，减少飞溅。

③预置焊接参数：根据不同的焊丝直径、焊接方法、工件材料、形状、厚度、坡口形状等进行预置焊接参数，再现记忆，监控各组焊接参数，并根据需要实时变换参数。

④对焊接电流波形进行控制：通过软件设计，可获得各种适合焊接的脉冲电流波形，即可对脉冲频率、缝制电流、基值电流、脉冲宽度、占空比及脉冲前后沿斜率进行任意控制，以便对电流功率实现精确控制。

⑤具有与中央计算机双向通信的能力。

目前，机器人专用逆变式弧焊机器人电源大部分独立布置在弧焊机器人系统里，也有一些集成在机器人控制器中，通过编程由计算机软件来控制焊机的外特性、输出波形，因此更加适合焊接机器人的柔性加工特点。

2）此外，还应注意焊接系统中送丝机的选择，例如，在碳钢和不锈钢焊接中通常应选择四轮驱动送丝机；在焊铝材时一定要用推-拉丝双驱送丝机，才能保证可靠地送丝；在脉冲 TIG 焊接机器人中可配备脉动送丝机。

送丝机构可以装在机器人的上臂上，也可以放在机器人之外，前者焊枪到送丝机之间的软管较短，有利于保持送丝的稳定性，而后者软管较长，当机器人把焊枪送到某些位置，使软管处于多弯曲状态，会严重影响送丝的质量。所以送丝机的安装方式一定要考虑保证送丝稳定性的问题。

3）焊接传感器。当前最普及的焊缝跟踪传感器为电弧传感器，它利用焊接电极与工件之间的距离变化能引起电弧电流或电压变化这一物理现象来检测坡口中心，因不占用额外的空间而使机器人可达性好。同时，因是直接从焊丝端部检测信号，易于进行反馈控制，信号处理也比较简单。特别是由于其可靠性高、价格低而得到了较为广泛的应用。但该传感器必须在电弧点燃下才能工作，电弧在跟踪过程中还要进行摆动或旋转，故适用的接头类型有限，不能应用于薄板工件的对接、塔接、坡口很小等情况下的接头，在熔化极短路过渡模式下也存在应用上的困难。

光学传感器，尤其是基于三角测量原理的激光视觉传感器系统具有很多优点：

①获取的信息量大、精度高，可以精确地获得接头截面集合形状和空间位置姿态信息，可同时用于接头的自动跟踪以及焊接过程的参数控制，还可用于焊后的接头外观检查。

②检测空间范围大、误差容限大，焊接之前可以在较大范围内寻找接头。

③可自动检测和选定焊接的起点和终点，判断定位焊点等接头特征。

④通用性好，适用于各种接头类型的自动跟踪和参数适应控制，还可用于多层焊的焊道自动规划。

（4）弧焊机器人的应用

弧焊机器人的应用范围很广，除了汽车行业之外，在通用机械、航天、航空、机车车辆及造船等行业都有应用。

国外军工企业，特别是坦克装甲战车焊接自动化程度较高，弧焊机器人应用也较广泛，德国、美国、英国、意大利及新加坡等国的坦克装甲战车车体和炮塔都已采用弧焊机器人进行熔化极气保护焊接。美国某坦克厂采用四个机器人焊接工作站，九台具有视觉导向功能的焊接机器人用于坦克车体和炮塔的自动化焊接工作。装甲战车的机器人焊接工艺也采用了高效、高速焊接工艺技术，其焊接速度与手工焊接相比总体提高 10 余倍。

目前，我国弧焊机器人的应用主要集中在汽车、摩托车、工程机械、铁路机车等行业。汽车是弧焊机器人的最大用户也是最早用户。图 6.8 所示是某弧焊机器人的应用实例。

图 6.8　某弧焊机器人应用实例

# 6.3 装配机器人

装配机器人（Assembly Robot）是为完成装配作业而设计的工业机器人。装配作业的主要操作是：垂直向上抓起零部件，水平移动它，然后垂直放下插入。通常要求这些操作进行得既快又平稳，因此，一种能够沿着水平和垂直方向移动，并能对工作平面施加压力的机器人是最适于装配作业的。

装配机器人的大量作业是轴与孔的装配，为了在轴与孔存在误差的情况下进行装配，应使机器人具有柔顺性，即自动对准中心孔的能力。随着机器人智能程度的提高，使得有可能实现对复杂产品（如汽车发电机、电动机、电动打字机、收录机和电视机等）进行自动装配。柔顺运动概念的研究及其进展也有助于机械部件的自动装配工作。与一般工业机器人相比，装配机器人具有精度高、柔顺性好、工作范围小、能与其他系统配套使用等特点，主要用于各种电器制造（包括电视机、录音机、洗衣机、电冰箱、吸尘器等家用电器）、小型电机、汽车及其部件、计算机、玩具、机电产品及其组件的装配等方面。

## 6.3.1 装配机器人的基本介绍

**1. 装配机器人的组成**

装配机器人是柔性自动化装配系统的核心设备，由机器人操作机、控制器、末端执行器和传感系统组成。其中操作机的结构类型有水平关节型、直角坐标型、多关节型和圆柱坐标型等；控制器一般采用多 CPU 或多级计算机系统，实现运动控制和运动编程；末端执行器为适应不同的装配对象而设计成各种手爪和手腕等；传感系统用来获取装配机器人与环境和装配对象之间相互作用的信息。

**2. 装配机器人的种类和特点**

（1）水平多关节机器人

水平多关节装配机器人如图 6.9a 所示，由连接在机座上的两个水平旋转关节（即大小臂）、沿升降方向运动的直线移动关节、末端手部旋转轴共 4 个自由度构成。它是特别为装配而开发的专用机器人，其结构特点表现为沿升降方向的刚性高，水平旋转方向的刚性低，因此称之为平面双关节型机器人（Selective Compliance Assembly Ro-bot Arm，SCARA）。它的作业空间与占地面积比很大，使用起来很方便。

（2）直角坐标机器人

直角坐标机器人如图 6.9b 所示，它具有 3 个直线移动关节。空间定位只需要 3 轴运动，末端姿态不发生变化。该机器人的种类繁多，从小型、廉价的桌面型到较大型应有尽有，而且可以设计成模块化结构以便加以组合，是一种很方便的机器人。尽管结构简单，便于与其他设备组合，但与其占地面积相比，工作空间较小。

（3）垂直多关节机器人

垂直多关节机器人如图 6.9c 所示，它通常由转动和旋转轴构成 6 自由度机器人，它的工作空间与占地面积之比是所有机器人中最大的。控制 6 自由度就可以实现位置和姿态的定位，即在工作空间内可以实现任何姿态的动作。因此，它通常用于多方向的复杂装配作业，以及有三维轨迹要求的特种作业场合。关节结构比较容易密封，因此在 10 级左右的洁净间内采用该类型机器人进行作业。装配机器人的手臂长度通常选500（近似人的臂长）~1500mm。

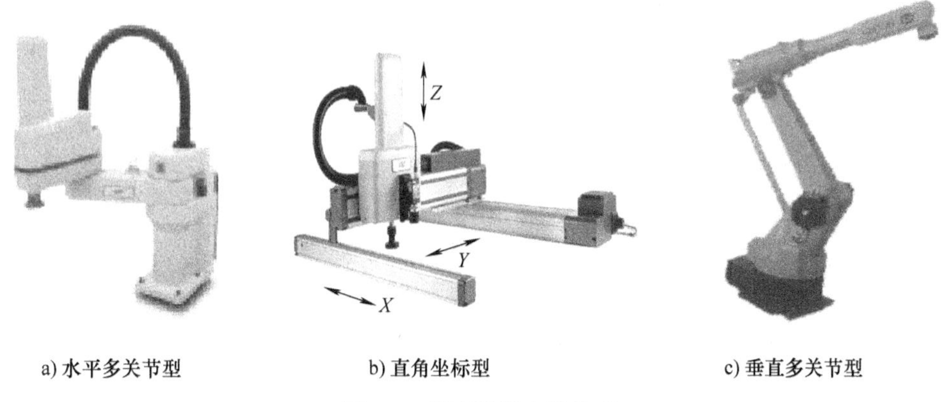


a) 水平多关节型　　b) 直角坐标型　　c) 垂直多关节型

图6.9　装配机器人的类型

## 6.3.2　装配机器人的主要应用

**1. 系统概述和特点**

该系统用于汽车零件（发动机点火部件）的中、小批量生产。发动机点火部件生产线如图6.10所示。系统充分挖掘了机器人的功能、改善了设备的灵活性和可靠性、降低了生产成本、提高了设备利用率。本系统中机器人抓取前一道工序送来的工件，经过特定处理单元后送到下一道工序。各个单元都利用机器人的驱动力进行处理，因此整个系统结构十分简单。这样不但充分发挥了机器人本身的功能，而且降低了成本。采用标准处理单元能够大幅度提高设备的使用率。

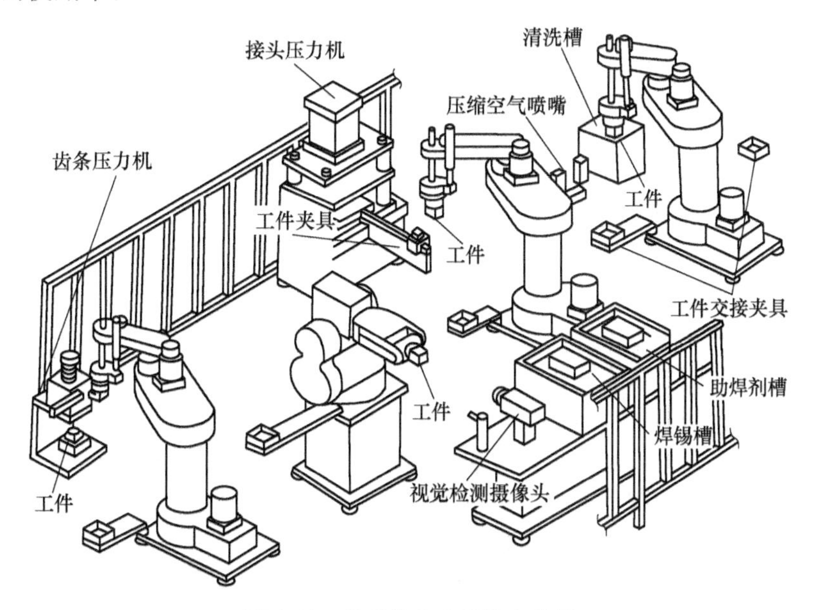


图6.10　发动机点火部件生产线

本系统由清洗、接头压入、锡焊、视觉检查、机壳压入等多道工序组成，下面分别给予简要的说明。

第一道工序为清洗。机器人从前一道工序的工件交接夹具中抓取出工件放入清洗槽内浸泡清洗，取出后再用压缩空气吹净工件上残留的切屑和清洗液。为了保证清洗效果，在机器人示教的时候，应该根据工件的形状选择最佳的浸泡部位和吹气方向。

在第二道工序中，机器人保持抓取工件的状态，同时推动工件交接夹具滑动，其结果使工件压入经接头压力机成形加工的接头中。此时，机器人运用位置检测功能实现接头压入力、深度、位置的调节。

第三道工序在嵌入后的工件接头上涂布助焊剂和锡焊。机器人抓取工件，将其浸泡在喷流槽中。为了获得高质量的锡焊，应该按照不同工件示教最佳浸泡条件。

在视觉检查工序中，用一台摄像机从多个方向检查工件。该系统的组成既简单，检查又可靠，还能适应多种零件。

最后一道工序是借助于齿条压力机将机壳压入的工序。机器人具有力控制功能和位置检测功能，因此能够任意控制行程和压力，它不仅能给机壳施加给定的压力，而且还能检测加压过程中的异常情况，随时中断压入作业。

该系统具有以下特点：

1）零件输送不靠传送带，降低了运输装置的成本。

2）单元的动作均由机器人动作完成，节省了专用驱动器，降低了系统成本，提高了环境保护性能。

3）借助于机器人实现了适应工件形状、特征的最佳运动，有利于提高产品质量、增强多品种生产的柔性。

4）充分挖掘了机器人的各种功能，节省了位置传感器、力传感器、尺寸测量仪等元器件，保证了作业质量。

**2. 应用效果**

本系统的投产得到以下效果：引入机器人，实现了作业的全自动化，大幅度提高了生产率；节省了4名工人；通过发挥机器人的功能，优化运动示教，大幅度降低了废品率，达到提高产量和稳定产品质量的目的；如果能够更换夹具，那么该系统除了能够适应同一尺寸外，还能够满足数十种型号产品的作业要求；使工人从焊接作业、目视检查作业等恶劣的作业环境中解脱出来；与用传送带组成的自动化生产线相比，大约降低了40%的设备造价；系统简洁，与传统自动化生产线相比可以降低50%的设备停车时间。

**3. 采用装配机器人的优点**

装配工序引入装配机器人的优点如下：

1）设备的性能价格比高。由于没有辊轮等移载装置和搬运装置，因而缩短了设计和调试周期。机器人采用标准产品，质量可靠，提高了整套设备的可靠性。由此可知，通过充分挖掘机器人的功能，缩减周边设备，可以提高系统的性能价格比。

2）提高设备柔性。由于机器人的程序和示教内容可以进行变更，修改动作方便，即使是在系统运行中，也可以对应产品设计的变更或工序的变更。

3）便于工艺改革。引入装配机器人后，现场操作人员能够根据对机器人的动作观察，随时修改机器人程序，缩短了生产周期，降低废品率，提高生产率。这一点对由专用设备组成的生产线来说是做不到的，因为无论是变更夹具还是变更机械设备都很困难。

4）提高设备的运转率。一般来说，产品模具的寿命到期后，专用设备也就报废了。但换成机器人后，它还可以重新构成其他设备。

综上所述，在装配工序引进机器人，除了让它发挥机器人本身的功能外，重要的是还要学习上面的例子，将它灵活运用，充分挖掘它的潜能。也就是说，对机器人的研究不局限在提高速度、精度、可靠性等基本性能方面，更要把精力放在提高性能的层面上，如发挥传感器、力控制、网络等功能。

## 6.4 激光加工机器人

激光加工机器人（Laser Robot）是将机器人技术应用于激光加工中，通过高精度工业机器人实现更加柔性的激光加工作业。激光加工机器人，是由激光技术和机器人技术两者充分融合而产生的。随着科学的进步，多个国家都致力于激光加工机器人的研发工作。

先进制造领域在智能化、自动化和信息化技术方面的不断进步促进了机器人技术与激光技术的结合，特别是汽车产业的发展需求，带动了激光加工机器人产业的形成与发展。从20世纪90年代开始，德国、美国、日本等发达国家投入大量人力物力研发激光加工机器人。进入2000年，德国KUKA、瑞士ABB、日本FANUC等机器人公司均研制激光焊接机器人和激光切割机器人的系列产品。目前在国内外汽车产业中，激光焊接机器人和激光切割机器人已成为最先进的制造技术，获得了广泛应用。德国大众汽车、美国通用汽车、日本丰田汽车等汽车装配生产线上，已大量采用激光焊接机器人代替传统的电阻点焊设备，不仅提高了产品质量和档次，而且减轻了汽车车身重量，节约了大量材料，使企业获得很高的经济效益，提高了企业市场竞争能力。在我国，一汽大众、上海大众汽车公司也引进了激光机器人焊接生产线。目前有沈阳新松机器人公司涉足激光切割和焊接机器人制造领域。

### 6.4.1 激光加工机器人的基本介绍

**1. 激光加工机器人系统组成**

激光加工机器人是高度柔性的加工系统，基于这个原因，组成激光机器人的各种激光器也要具备高度的柔性。现阶段，我国在研制过程中所用的激光器都是可光纤维传输的激光器。整个激光加工系统包括很多零部件，主要有10个部分：首先是高功率可光纤维传送激光器；其次是两个系统：传送系统和光学系统。要想使激光加工机器人正常工作，还要有一个机器人本体，其自由度一般是六自由度。数字控制系统主要有两个设备：一是控制器，另一个是试教盒。激光加工机器人的完成是建立在计算机技术基础之上的，因而还要具有计算机离线编程系统，其系统中所用的设备主要包括计算机和软件。为工作所需，在机器人系统中安装机器视觉体系必不可少，此外，还包括激光加工头、材料进给系统以及加工工作台等。图6.11所示为一种激光熔覆机器人，它由高功率可光纤传输激光器，光纤耦合和传输系统，激光光束变换光学系统，六自由度机器人本体，机器人数字控制系统（控制器、示教盒），计算机离线编程系统（计算机、软件），机器视觉系统，激光加工头，材料进给系统（高压气体、送丝机、送粉器），激光加工工作台等部分组成。

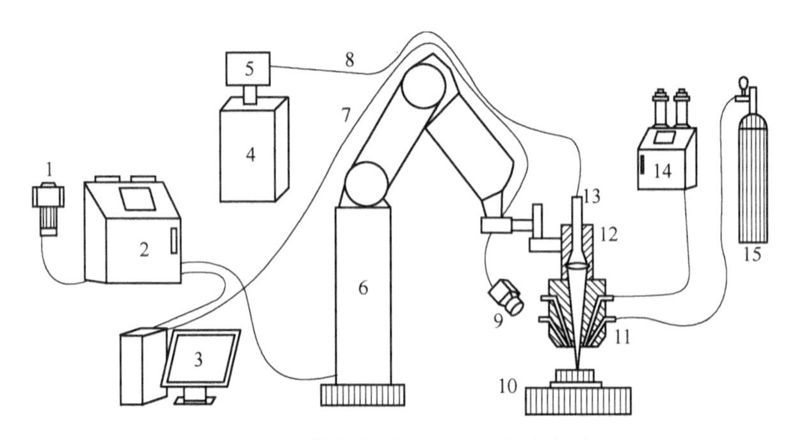


图 6.11　激光熔覆机器人组成示意图

1—示教盒　2—机器人控制器　3—计算机　4—光纤传输激光器　5—光纤耦合传输系统
6—机械臂轴向基座　7—机械臂　8—传输光纤　9—机器视觉系统　10—激光加工工作台
11—激光加工头　12—激光光束变换光学系统　13—光纤耦合头　14—材料进给系统（送粉器）
15—材料进给系统（高压气体）

**2. 激光加工机器人的类型**

按工业用途不同，激光加工机器人的种类也不尽相同，一般而言，可以将机器人分为两种类型：一类是框架式机器人，另一类是关节式机器人。两种机器人由于工作需求不尽相同，其构成的系统也不同。对于框架式机器人而言，其主要组成结构主要包括一个龙门框架、三个系统（控制系统、驱动系统、监测系统）、一个激光器等。这种激光加工机器人的主要优势是应用范围广泛。此外，对于一些精度较高的工业产品，也可以利用这种机器人进行生产，一般可适用于各种编程以及系统集成等。由于其性价比相对较高，因而被广泛地推广应用。对于关节式激光加工机器人而言，它的组成结构和框架式类似，但是在此基础上多了一个机器人本体系统。与框架式机器人相比，这种激光加工机器人的优势是活动空间较大，动作较为灵活，其不足是价格较贵。但由于其优越的性能，也被广泛应用在工业生产线上。

激光加工机器人的关键技术包括：

1）激光加工机器人结构优化设计技术：采用大范围框架式本体结构，在增大作业范围的同时，保证机器人的精度。

2）机器人系统的误差补偿技术：针对一体化加工机器人工作空间大、精度高等要求，并结合其结构特点，采取非模型方法与基于模型方法相结合的混合机器人补偿方法，完成几何参数误差和非几何参数误差的补偿。

3）高精度机器人检测技术：将三坐标测量技术和机器人技术相结合，实现机器人高精度在线测量。

4）激光加工机器人专用语言实现技术：根据激光加工及机器人作业特点，完成激光加工机器人专用语言。

5）网络通信和离线编程技术：具有串口、CAN 等网络通信功能，实现对机器人生产线的监控和管理，并实现上位机对机器人的离线编程控制等。

## 6.4.2 激光加工机器人的主要应用

**1. 机器人激光焊接**

焊接是流水线生产中常见的工序，需要大量的人工。焊接工作不仅对焊接精度有着较高的要求，而且对操作人员的身体、眼睛产生较大的伤害。同时人工操作受到施工环境和个人技术水平的限制，经常出现焊接点不牢靠、不美观等现象。汽车领域应用焊接技术最为普遍，是最早将机器人焊接技术引进流水线生产体系中的工业生产单位。虽然比人工操作有较大的进步，但其效果比机器人激光焊接技术低。机器人激光焊接的优越性主要表现为：一是提高了焊接的速度和精度，进而提高车身的刚度；二是为车身的性能和安全性提供了保证，提高了车辆的安全系数；三是激光焊接无须与车身直接接触，保证了车身线条的流畅性；四是应用网络技术，机器人可以自行调节，同时从事多个工作内容，避免一个机器人只从事一项工作所造成的场地、资源、时间等方面的浪费。如图6.12所示为焊接用激光加工机器人。

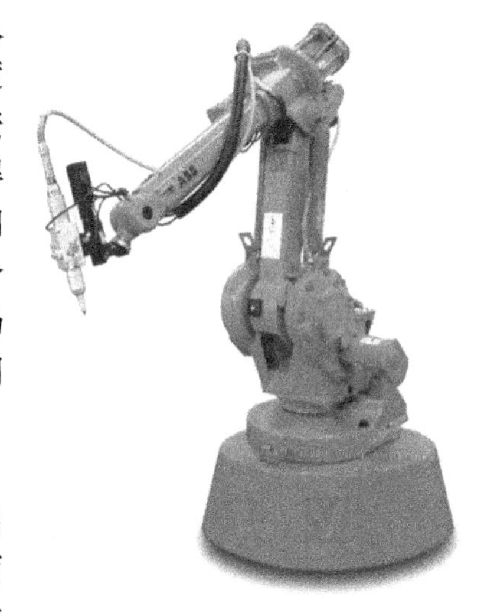

图6.12 焊接用激光加工机器人

**2. 机器人激光切割**

在工业生产中需要对零部件进行切割，进而制作出满足应用需求的零部件。机器人切割不仅速度较快，而且精度更高，已经普遍应用到汽车制造领域。现阶段在通用汽车公司、大众汽车公司的汽车生产线上，已经大批量引进并应用机器人激光切割技术。采用机器人激光切割的方式来切割车身，车身的线条更加流畅、自然美观。

**3. 机器人激光再制造**

机器人激光再制造技术的应用是由于现有的制作产品出现破损，对其进行修复，其应用的优点主要表现为受热范围小，在高能量的作用下，有效地保护基体材料。由于机器人激光再制造技术所具有的优点，而广泛地应用到汽车模具修复和冶金工业中。汽车模具是汽车生产的重要依据，模具不仅制作工艺复杂而且价格较高。为了减少模具对汽车生产的影响，要对其进行修复。采用常规的修复技术需要注入大量的热量，并且受到热量和修复技术的限制，在修复的过程中模具经常存在变形的现象。应用机器人激光再制造技术之后，修复模具的工作不仅简单容易，而且修复质量更高。在冶金工业中，轧辊受到工作环境的影响，经常出现损伤，使用周期较短，并且轧辊的价格较高，增加了生产成本。利用机器人激光再制造技术对其进行修复，降低了生产成本。

**4. 机器人激光直接制造**

激光机器人自身所具有的特点和优越性能，能够满足生产和制造等多个领域的需求，机器人激光技术不仅可以应用到再制造领域中，对模具和机械设备进行修复，保证生产的顺利进行，同时也可以应用到直接制造的过程中。在直接制造领域，激光加工机器人比传统的机器人自由度更高，能够较好地调整生产空间的曲面，并且处理曲面上复杂的部分。在生产过程中直接应用激光加工机器人，不仅能提升生产效率，而且能提高产品质量，从而提供更多高质量、高品质的产品。

## 6.5 工业机器人在典型领域中的应用

### 6.5.1 造船工业

目前所有发达国家都把机器人技术或智能化技术摆在科技发展战略中最优先的地位，尤其是日本、韩国、美国和欧洲的一些先进造船企业，在船舶制造中、研制及应用焊接机器人方面取得了显著的进步。早在20世纪70年代，日本就提出了“无人化船厂”的概念；20世纪80年代初，世界机器人研制趋向标准化、通用化和系列化，给造船焊接机器人的大发展带来了机遇。在80年代，造船界尝试使用焊接机器人，最初仅用于小合拢部件上加强材的平角焊，后来逐步扩大至船体分段中纵、横构件间各种角焊缝的焊接，船坞上船体外板对接焊缝的焊接以及管子车间管-管和管-法兰的焊接。现代造船正逐步用自动化制造装备代替人工操纵的各种加工机械，用智能化设备替代人的脑力劳动。随着科学技术飞速发展，全自动无人化造船将在本世纪成为现实。

20世纪末，日本、韩国、中国逐步成为世界造船的重大产业基地，中国是造船大国，但还不是造船强国。在一些先进技术的工程应用方面，日本和韩国走在前列。如日本和韩国在切割、焊接、涂装等生产工艺环节都有过应用。

**1. 日本造船工业机器人的应用现状**

在20世纪70年代，日本就非常重视造船工业机器人的研究，率先提出造船工业的机器人化问题，同时，日立、石川岛播磨、川崎、三菱和三井等联合倡议“造船机器人概念”。

早在20世纪80年代，日本就已投入应用的造船工业机器人包括：三菱重工设计的涂装和喷砂机器人；川崎重工设计的移动式弧焊机器人、小型二渗式机器人、大型门式机器人和火焰切割机器人；日立有明船厂开发的4种可携式船体分段装配机器人等。

20世纪90年代后，用于小型组装部件和大型组装平板井字形部件焊接的机器人开始投入使用，船舶焊接自动化飞速发展。21世纪初，日本川崎重工开发水下焊接及深海潜焊接的自动化焊接系统；日本钢管公司开发一种在干船坞船体下方焊接船底的仰焊机器人；日本NKK公司推出一种便携式桁格结构焊接机器人。日本石川岛播磨重工研制成功新的造船系统，即平面分段和开口处理系统用于造船自动化，并开发成功装配阶段使用的全自动化机器人焊接系统，包括自动化材料输送系统、机器人定位系统和数控（离线）示教系统。石川岛播磨的爱知船厂配备了8台焊接机器人，还开发了激光传感器埋弧焊接机器人。三井的千叶船厂配备了5台船体部件焊接机器人，并在管子车间配备了2台自动焊接机器人。日立造船公司的有明、广岛和千鹤3家船厂共拥有33台焊接机器人，应用于船体部件和分段的焊接作业，还开发了HIROBO系列智能型全位置焊接机器人用以代替重力焊。

除20世纪80年代集中报道日本造船工业机器人外，后续报道和研究都非常少。几十年内，除焊接机器人外，船舶生产总线仍未得到工业机器人的大范围普及。主要是因为船舶生产模式在这几十年中一直在发生变革：何时引入工业机器人，在什么工艺上引入工业机器人，取决于船厂的总体定位。几十年间，船舶市场的巨大波动，船东投资方向瞬息万变，造船基地在全世界的不断转移，生产模式不断调整，新船型的不断涌现，使得大型造船工业机器人的应用受到制约。图 6.13 为日本一家船厂的机器人焊接。

图 6.13　日立造船株式会社三维曲面船体外板的机器人焊接

**2. 韩国造船工业机器人的应用现状**

韩国造船企业从 21 世纪初开始重视造船工业机器人的开发，通过引进国外先进技术和自主研发进行造船装备的自动化改造，成立了一些专门的造船工业机器人研发机构，典型的有大宇造船厂与韩国高等技术研究院合作成立的机器人研究所，集中开发焊接、涂装等造船用机器人。1995 年采用机器人型平面分段生产线，自 1997~2002 年的 5 年间，合计生产了 22 台焊接机器人用于分段组装；钢材加工机器人在 2006 年前后投入使用；2004 年开始进行船舶外板涂装升降式机器人的开发，2008 年前后投入使用；同时，大宇造船厂联合韩国釜山大学采用离线编程、虚拟技术将焊接机器人应用于船舶制造业。三星重工在 2002 年开发了坞内分段结合部打磨机器人，大大提高了打磨效率，提高了涂装质量，解决了坞内作业环境差、安全隐患高的问题。同时，三星重工采用爬行式机器人自动焊接油轮侧壁。现代重工在平面分段流水线的拼板、骨材装焊等环节也应用了机器人，以提高生产效率。釜庆大学研制的复杂焊接环境中体积小巧、质量轻的轮式智能移动焊接机器人也比较著名。

**3. 我国造船工业机器人的应用现状**

我国在 20 世纪 80 年代开始了造船工业机器人的研究，在焊接、切割、喷涂、除锈等方面取得了一定的研究成果。特别是船舶焊接机器人方面，哈尔滨工业大学等单位陆续取得一些研究成果，但是，取得实际应用良好效果并得以推广的还鲜见，该类机器人的应用尚不广泛。我国著名机器人专家蔡自兴教授于 1991 年就提出发展造船机器人，但是事实上，工业机器人在船舶制造业的应用一直没有突破，大规模应用机器人还较少。分析认为，造船工业机器人应用主要存在下述问题：

（1）规模性应用实际案例少

与日韩不同，我国工业机器人总体应用尚未形成大规模，船厂造船工业机器人的应用更未得到推广，研究方面的实质性进展资料也比较少，主要集中在焊接机器人方面。最新重大研究有中船重工 716 所将“大型造船多分段全自助焊接双臂机器人的关键技术与装备”列入“863”计划。在应用方面：典型的如上海外高桥造船有限公司和江苏科技大学研制的船用管−管、管−法兰焊接机器人生产线；南通中远川崎船舶工程有限公司成功引进条材、型钢和装配 3 条机器人自动化生产线，其“船舶制造智能车间试点示范”项目进入 2015 年智能制造试点示范项目名单，成为我国船舶行业进入试点示范项目的第一家企业，第 4 条机器人生产线已经投产。尽管工业机器人在许多工业部门扮演着重要的角色，但在造船工业中应用成功的案例较少，经验储备不足，应用产品不成规模，难以实现通用标准化、规模化扩张。

（2）船体部件生产线改造较困难

目前国内外工业机器人广泛应用在汽车领域，汽车通用部件多、一致性较好、批量生产量大、单件也易于组装、产品周期短出问题易调整，通过机器人简单编程可调。而在造船领域，船舶部件批量化程度低、单件大、生产周期长、工艺通道有限，船厂要满足船用户的多样化需求，给标准化工作带来极大的困难。不同于汽车小部件加工，船体部件尺寸大，使得造船机器人本体大、空间要求大、成本高、短期难收回成本。尤其目前船型越来越大型化，部件也越来越大，生产设计上有效地分解部件小型化是难题。造船是大型系统工程，工期长、资金大、订单越来越急、造船工艺阶段相对较少，一般是分段、管工、涂装、舾装等，但每个环节都非常重要，机器人一旦使用，处于生产线各个环节的一环，改造或增加装备会影响全线生产。除非重新建设生产线，否则在现有基础上改造比较困难。

（3）造船模式不断变革尚未最终成型

近几十年世界造船模式不断变化，从最初整体制造模式，到分段制造模式，再到分道制造模式，以及目前普遍采用的集成制造模式，未来还要实现敏捷制造模式。每个模式转变都使船厂生产设施配置、车间、船坞、码头总体变更，管加工、分段制作、设备仓储、区域舾装、区域涂装随之调整。特别是未来敏捷制造，船厂将仅总装集成。船厂未来发展会采用何种模式，嵌于该模式的何种工艺上引入何种工业机器人，取决于船厂的总体定位。船厂总体生产模式变更如果不成形，很难大规模引进造船工业机器人。

（4）应用基础技术还较薄弱

目前，不仅仅是造船工业机器人，我国整体工业机器人的核心元件都受国外控制，能够进行一体化集成的总装，基础材料的选材都依赖于进口，高技术含量的关键部件或材料难以获得。对用于船舶外板除锈的爬壁式造船工业机器人来说，强度高、重量轻的金属框架材料，高磁能级、重量轻的吸附机构，高摩擦系数、高强度的行走机构等基础部件单元，国内很难找到供应商，也没有原创开发的可能。目前，国内总体的工业机器人领域仅能集成，不能生产部件，造船工业机器人也不例外。涉及基础技术的材料学、结构学、运动学、动力学、检测技术、传感技术、控制技术等提升空间很大。

图 6.14 为中船重工生产的造船工业机器人。

图 6.14　中船重工生产的造船工业机器人

## 6.5.2　航空工业

利用工业机器人提高产品质量、节约劳动力、降低制造成本、升级企业生产模式、提高企业竞争力已经在制造企业成为共识。然而，航空产品制造与传统制造业有很大不同，其产品尺寸大、载荷重、材料特殊、结构复杂、性能指标精度高，其生产专用装备多、工装复杂、工艺流程多变、制造环境要求高，且具有多品种、小批量、设计制造并行等特点。因此，航空制造对工业机器人的结构、可靠性、开放性、运动精度和动态特性等核心性能提出了更高的要求。近年来，国内航空制造企业纷纷通过成品采购、自主研制、与科研院所联合研制等手段在航空产品制造中引入工业机器人，并已经取得了较为丰硕的成果和长足的进步。与造船工业机器人不同，航空工业机器人已进入了航空领域的方方面面。

**1. 自动化制孔与连接**

传统手工制孔以风钻钻孔为主，存在孔位精度低、加工工序长、加工质量控制困难等缺点，因此制孔成为航空制造领域最早应用自动化技术的环节，制孔机器人已经广泛应用于波音、空客的生产线，从效果上来看，制孔效率可以达到人工的6~10倍。目前，国外已经有成熟的产品和专业制造商出现，例如美国的Gemcor公司和EI公司、德国的Broetje公司和西班牙的M. Torres公司等。国内的自动化制孔应用还多限于零部件级别，在大部件、机身的自动化制孔方面相对滞后，因此目前各大航空制造企业都在积极推动大型数字化制孔设备的研发和工程应用。机器人自动化制孔的关键技术包括：

1）制孔精度保证。现代飞机更加强调结构的长寿命、隐身性和互换性要求，对孔位精度、孔径精度和锪窝深度等要求越来越高。而传统的工业机器人定位精度最高能达到±0.3mm左右，无法满足高孔位精度的制孔要求。借助高精度测量设备引导末端执行器实现精确位置伺服、光视力觉多传感器的在线融合反馈控制、颤振抑制、动态误差补偿等都是提高制孔精度的关键技术。

2）多功能末端执行器。为了满足制孔精度和表面质量要求，保证加工稳定性，并满足自动化制孔对刀具冷却润滑、切屑吸排、刀具磨损破损监控的要求，自动制孔系统的末端执行器需要具有高精度进给、压紧、法矢测量、锪窝深度控制、钻削轴向力检测、刀具微量润滑、吸排屑以及加工过程监控等功能。

3）难加工材料制孔工艺技术。现代飞机大量采用的碳纤维复合材料和钛合金都属于典型的难加工材料，如何降低制孔时的颤振现象、消除叠层间隙、防止层间毛刺的进入、避免复合材料分层等是提高制孔质量的关键。

**2. 表面喷涂与精整**

表面喷涂是现代飞机制造过程中最耗时的环节之一，例如一架空客A380飞机的待喷涂面积达3150m$^2$，机身表面仅白色涂层的重量就接近500kg，需要约30名涂装人员工作超过10天才能完成一个架次的喷涂。另外，人工喷涂作业不但质量不稳定，还会对从业人员身体健康造成巨大伤害。相比之下，采用机器人进行自动化喷涂则在喷涂效率、喷涂一致性、安全环保等方面具有独到的优势。然而，由于航空产品大多尺寸庞大，远超常见工业机器人的工作空间，故需要经过专门设计、改造或集成的喷涂机器人，其技术复杂度较高，目前应用还不广泛，但具有广阔的市场空间和发展前景。目前国外最具代表性的成果是洛克希德·马丁公司为F-35战机研制的机器人飞机精整系统（Robotic Aircraft Finishing System，RAFS），如图6.15所示。该系统由飞机定位系统、涂料输送系统、三坐标导轨、三个六轴喷涂机器人以及离线编程系统等组成，可完成F-35整个机身外表的自动化喷涂。国内近年来在自动化喷涂设备研制方面进展迅速。如清华大学机器人与自动化技术及装备研究室先后研制了一系列具有自主知识产权的超长特种喷涂机器人和大型多机器人喷涂系统（见

图 6.16)，在喷涂机器人结构、控制、测量、软件、工艺和系统集成方面形成了一定的研究特色和技术优势，并已经取得了工程应用。

图 6.15　应用于 F-35 战机的 RAFS 系统

机器人喷涂与精整的关键技术包括：

1）大型、复杂曲面喷涂作业规划技术。对于大尺寸航空产品，通常以成熟喷涂机器人作为基本喷涂单元，借助变位机构扩大机器人的运动范围，并对大型曲面进行分块，利用机器人逐一地进行喷涂。因此，需要对机器人工作空间分析、曲面最优分割、面块间喷涂轨迹搭接、机器人站位优化等关键问题进行研究。

图 6.16　清华大学研制的超长特种喷涂机器人 THPT-1

2）快速离线编程和运动仿真技术。航空产品单件、小批的生产模式使得喷涂机器人的作业对象经常发生变化，因此机器人离线编程的效率变得十分重要。基于数模的喷枪轨迹自动规划、自动干涉校验等技术是减少机器人生产准备时间的重要手段。

3）涂层厚度精确预测和控制。为获得良好的涂层均匀性，需事先进行大量、反复的喷涂试验，以确定喷涂轨迹和工艺参数。对涂层厚度分布影响因素的深入研究、建立更准确的喷枪模型、实现喷涂过程的数值模拟，对准确预测和控制涂层厚度、提高喷涂作业质量、减少产品的补喷/打磨次数具有非常重要的指导意义。

**3. 柔性装配**

柔性装配的概念已经融入航空制造业，其中工业机器人技术是柔性装配中的主要设备之一。目前，国外各大飞机制造公司均大量采用自动化对接装配系统来代替大型的固定装配型架，系统由计算机集成控制的自动化定位器、激光测量装置和电气硬件组成，同时还集成了多台工业机器人，负责在对接装配中辅助进行精确定位、装夹、连接、固定、检验等多种工作。例如，EI 公司采用机器人在舱门装配中完成辅助定位工作（见图 6.17)。这种集成了机器人、智能集成控制技术的对接平台系统大幅度提高了机体的装配质量，并且通用性强、柔性大，能够适应不同尺寸的机身、机翼结构，节省大量装配型架。机器人装配系统的关键技术包括：

1）虚拟仿真技术。飞机装配工位环境复杂、不宽敞，因此需要在作业前进行模拟仿真，避免实体装配时可能出现的干涉碰撞，节约时间，提高作业安全性。

2）装配过程中的实时反馈。主要指位置反馈和力反馈，其中，位置反馈即利用视觉传感器实时监控被装配件与周边设备或装配母体之间的位置，以避免意外事故发生；而力反馈则是利用力传感器实时监控被装配件之间的接触状态，实现主动柔顺与被动柔顺装配。

图6.17　EI公司的舱门装配辅助定位机器人

3）数字化装配生产线。将工业机器人进一步集成，形成一套较为完整的、可用于飞机部装或总装的数字化装配生产线，是现代飞机制造技术先进性的标志和闪亮的市场卖点。

**4. 测量与检测**

在机器人末端加装测量头即可构成机器人检测系统。与传统检测系统相比，机器人检测系统具有灵活性好、重复精度高的特点，避免了传统传感器支撑轴过多的缺点，节省了大量空间和工作量。目前，机器人检测已应用于孔径测量、外形检测和无损探伤等方面。

**5. 零部件搬运**

作为飞机柔性装配系统中不可分割的部分，机器人辅助移动平台可以极大地提高飞机部件的运输和装配效率。其应用主要有两种：一种是利用机器人实现大范围搬运，常见办法是在自动导引小车（Automated Guided Vehicle，AGV）或者气垫车上安装机器人手臂，借助巡线、室内GPS（indoor GPS，iGPS）等导航技术，迅速达到指定位置，准确抓取产品组部件运送并安放在目标位置点；一种是实现小范围内零部件的精确搬运和定位，常用方法是将高精度测量设备和工业机器人相结合，在夹持工件上设置关键测量点，用高精度测量设备对其运动状态、位姿进行监控，机器人按计算的运动轨迹将被装配工件移动到位。例如波音787的D-NOSE组件在钻铆机上就是采用机器人进行搬运的。

**6. 碳纤维复合材料加工**

碳纤维复合材料的生产过程十分复杂，其编织、缝合、铺放、胶粘剂及密封剂涂层等工序非常适合机器人技术的应用。英国国家复合材料中心（National Composites Center，NCC）与GKN航空航天企业合作开发的双机械臂式自动纤维铺放系统，不仅比手工作业节约材料，同时也替代了龙门式工装，降低了投资成本。碳纤维加工系统的研制关键在于具有快换功能的末端执行器，而且由于需要较大的工作空间、复杂的运动轨迹及高度的灵活性，往往采用冗余自由度机械臂。

**7. 连接与切割**

除了机械连接外，自动化连接还包括焊接和胶接，在这两种加工方式中，机器人技术得到了广泛的应用。目前，点焊、弧焊、激光焊等焊接工艺均可利用机器人实现焊接自动化，在航空产品制造中焊接机器人已有成功应用，例如利用机器人完成发动机短舱上的焊接操作。摩擦搅拌焊等新焊接工艺的出现则为焊接机器人的发展提供了新动力。航空制造业中还有大量的涂胶和注胶工作，采用机器人进行涂胶和点胶作业，可以显著提高效率，大幅降低成本。目前机器人涂胶技术正处于快速发展阶段，具有广泛的市场前景和发展潜力。此外，飞机壁板修边等工序也出现了机器人的身影，与传统的手工修边或笨重的切边机相比，机器人能更高效、更便捷、更精准地完成零部件切边工作。火焰切割、等离子切割和激光切割等技术均可以实现机器人化。

综上所述，机器人技术已经深入到航空制造领域的方方面面，并且随着航空制造技术的不断进步，新的需求和应用不断呈现。

### 6.5.3 特种工业

针对特殊行业或特殊环境的工业机器人称为特种工业机器人。与通常的工业机器人相比，特种工业机器人往往需要满足更为苛刻的限制和指标要求。广义上讲造船工业机器人和航空工业机器人也能归入此类机器人范畴。除此之外，洁净机器人、真空机器人也是特种工业机器人中的一类典型代表。

**1. 洁净机器人**

洁净机器人（Clean Room Robot）是一种在洁净环境中使用的工业机器人。随着生产技术水平不断提高，其对生产环境的要求也日益苛刻，很多现代工业产品生产都要求在洁净环境进行，洁净机器人是洁净环境下生产需要的关键设备。

洁净生产环境——洁净室（Clean Room），定义为：空气中的微粒、有害气体、微生物受控的房间，以满足产品生产的需要；洁净室的建造和使用应不引入或少引入、不产生或少产生、不滞留或少滞留微粒等物质；应对洁净室内的温度、湿度、压力等参数按产品生产要求进行控制。环境的洁净度将对产品的性能、安全性和成品率产生重大的影响，特别对于微电子产品的设计制造，洁净度的高低直接影响着产品的合格率。

洁净机器人的功能就是在洁净环境下代替人进行产品生产。洁净机器人代替人工操作对提高洁净度将发挥很大的作用。以洁净机器人在半导体工业中的应用为例，机器人在洁净室中要完成的操作主要是硅片的搬运和精密机械装配。在超大规模集成电路的生产中，控制污染的关键环节是硅片的搬运，切割好的硅洁净机器人自动化装备产业片，经过预处理，在成为产品前大约要搬运40余次。用机器人搬运硅片，要比人工搬运清洁4倍。

（1）洁净机器人的基本介绍

洁净机器人广泛应用于生产加工需要洁净环境的新兴行业，如半导体、电子、医药、平板显示、太阳能等，完成物料（晶圆、平板等）的自动搬运，实现整个生产加工过程中物料传输的自动化，大大减少由于人工搬运造成的污染，同时提高生产效率。在整个生产流程中，不同阶段的传输需求由不同的洁净机器人来完成。以最典型的半导体工业为例，待加工晶圆一般存储在洁净立体仓库内，通过洁净移动机器人（Cleanroom AGV），整盒晶圆从立体仓库被传送到各个工艺设备前端；然后在设备前端模块（EFEM），一片片的晶圆从工艺设备前端通过大气机械手（Atmospheric Robot）传送到工艺设备内部；在工艺设备内部，真空机械手根据工艺规程自动将晶圆传送到指定的工艺腔室内，待完成工艺处理后，再自动传送到另一个工艺腔室内。移动洁净机器人如图6.18所示。

洁净机器人的作业对象大都比较昂贵，且薄而易碎；根据作业对象的特点，与常规机器人相比，洁净机器人通常必须满足如下几个方面的要求：

1）洁净度。洁净机器人的主要难点就是在洁净环境下工作，有的甚至在真空下工作，不能对洁净环境造成颗粒污染。洁净环境中的污染主要来自本体自身材料的挥发和关节的相对运动摩擦产生的颗粒。因此，洁净设计技术需要从材料的选择、材料表面处理、洁净润滑、活动关节密封等多个方面保证机器人的洁净度。

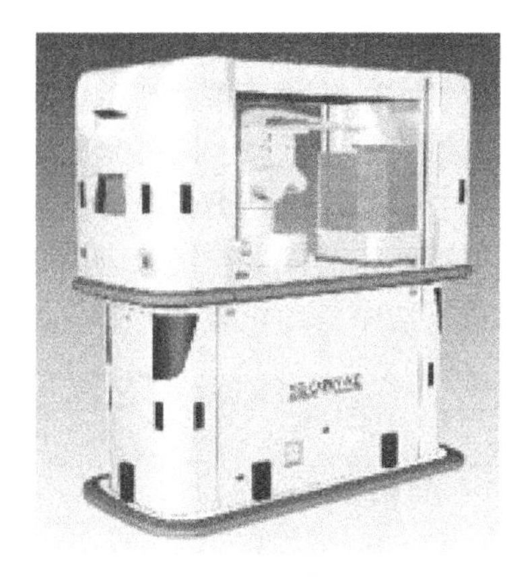

图6.18　移动洁净机器人

2）平稳性。由于绝大部分搬运对象都是精密产品，如晶圆、平板玻璃等，薄而易碎，搬运过程要求准确、平稳。因此，平稳运动控制技术是洁净机器人的一项关键技术。平稳控制主要包含两个方面：①机器人运动轨迹规划算法的研究，消除过快的加减速给系统带来的振动，同时保证基板搬运的效率；②关节伺服控制算法的研究，进行振动抑制，减弱振动的影响。

3）高效率。对于产品生产，效率是影响成本的重要因素。维持洁净环境需要高昂的费用，在洁净环境下的生产加工，效率对于成本控制至关重要。高效率与平稳性是一对矛盾，如何在保持平稳性的基础上，实现时间最优也是洁净机器人的关键技术之一。

4）可靠性。设备故障会导致停产，在半导体等工业中，停产带来的损失是巨大的。因此，可靠性成为洁净机器人一个极为重要的性能指标。可靠性设计技术贯穿产品开发的全过程，不仅涉及构型设计、部件选型，还涉及产品生产过程控制等，是洁净机器人的最大难点。

因此可知，洁净机器人的关键技术包括：

1）洁净润滑技术：通过采用负压抑尘结构和非挥发性润滑脂，实现对环境无颗粒污染，满足洁净要求。

2）高速平稳控制技术：通过轨迹优化和提高关节伺服性能，实现洁净搬运的平稳性。

3）控制器的小型化技术：根据洁净室建造和运营成本高的特点，通过控制器小型化技术减小洁净机器人的占用空间。

4）晶圆检测技术：由光学传感器，能够通过机器人的扫描，获得卡匣中晶圆有无缺片、倾斜等信息。

（2）洁净机器人的主要应用

随着半导体、平板显示、太阳能等行业的发展，洁净机器人市场需求不断增长，已经形成了一个产值巨大的产业。由于美国在半导体产业具有领先优势，因此美国在相应半导体晶圆搬运机器人方面占据优势，占领了绝大部分半导体晶圆搬运机器人的市场。日本和韩国也开发相应晶圆搬运机器人产品，市场主要集中在本国。

平板显示领域，主要应用市场在亚洲的日本、韩国及中国的大陆和台湾地区，而主要生产国则为日本。近年来，我国的IC产业发展迅速，随着半导体合资企业的增多与外资在中国的不断设厂，国内半导体市场的蛋糕也越做越大，近几年中国芯片产品销售额增长均超过30%。而国内晶圆制造厂的数量、规模和技术含量不断提高，国家一再支持集成电路技术的发展，中国已经成为洁净机器人的主要市场，在经济危机时期，全球半导体生产设备销售收入下降了20%，而中国市场却一直保持增长，新增设备市场超过了世界其他地区。为了改变洁净机器人产业被发达国家垄断的现状，在国家相关科技计划项目的支持下，国内许多高校、研究所和企业投入这一领域，并取得了丰硕的成果。其中，沈阳新松机器人自动化股份有限公司已经开发出硅片搬运大气机械手系列产品、硅片搬运真空机械手系列产品、平板搬运机器人系列产品，同时完成了多种行业洁净机器人生产线，主要包括：应用于超薄玻璃、电子、食品、医药等行业的洁净环境搬运机器人生产线；应用于镀膜、太阳能等行业的洁净环境镀膜机器人生产线；应用于食品、医药、纸业等行业的洁净机器人码垛包装生产线等，形成了洁净自动化装备产业。如图 6.19 所示为洁净机器人。

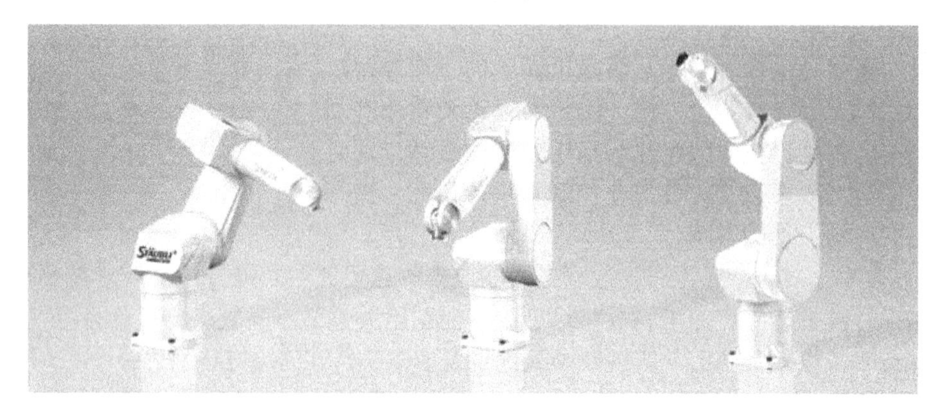

图 6.19　洁净机器人

**2. 真空机器人**

真空机器人是一种在真空环境下工作的机器人，主要应用于半导体工业中，实现晶圆在真空腔室内的传输。真空机械手难进口、受限制、用量大、通用性强，其成为制约我国半导体装备整机的研发进度和整机产品竞争力的关键部件。而且国外对我国买家严加审查，归属于禁运产品目录。直驱型真空机器人技术属于原始创新技术。如图 6.20 所示为韩国的 LCD 真空机器人。

图 6.20　韩国的 LCD 真空机器人

真空机器人的关键技术包括：

1）新构型设计技术：通过结构分析和优化设计，避开国际专利，设计新构型满足真空机器人对刚度和伸缩比的要求。

2）大间隙真空直驱电机技术：涉及大间隙真空直驱电机和高洁净直驱电机开展电机理论分析、结构设计、制作工艺、电机材料表面处理、低速大转矩控制、小型多轴驱动器等方面。

3）真空环境下的多轴精密轴系的设计：采用轴在轴中的设计方法，减小轴之间的不同心以及惯量不对称的问题。

4）动态轨迹修正技术：通过传感器信息和机器人运动信息的融合，检测出晶圆与手指基准位置之间的偏移，通过动态修正运动轨迹，保证机器人准确地将晶圆从真空腔室中的一个工位传送到另一个工位。

5）符合SEMI标准的真空机器人语言：根据真空机器人搬运要求、机器人作业特点及SEMI标准，完成真空机器人专用语言。

6）可靠性系统工程技术：在IC制造中，设备故障会带来巨大的损失。根据半导体设备对MCBF的高要求，对各个部件的可靠性进行测试、评价和控制，提高机械手各个部件的可靠性，从而保证机械手满足IC制造的高要求。

# 第 7 章 服务机器人

随着机器人技术的发展，机器人的应用范围已经不仅仅局限在工业领域，在军事、医疗、公共服务、家庭劳务等领域也随处可见机器人的身影。家用服务机器人有着潜力巨大的需求，近 20 年来，家用服务机器人技术逐渐成为国际范围内的研究热点。国内外的研究机构都在争相研发各种类型的家用服务机器人，并且已经推出了一些商业化的产品，如著名的 NAO 机器人和 iRobot 公司的 Roomba 清洁机器人等。机器人已经不仅仅局限于实验性的科学研究，而是渐渐走向实用化，进入人们的日常生活。比尔·盖茨在 2007 年曾撰文预计机器人将像个人电脑一样走入千家万户。工业机器人之父约瑟夫·恩格尔伯格也认为家用服务机器人拥有潜力巨大的市场。机器人进入家庭领域已是一种必然趋势。

服务机器人种类很多，本章重点介绍三类典型的服务机器人：移动机器人、空中机器人和医用机器人。

## 7.1 移动机器人

通常所说的移动机器人是指由传感器、遥控操作器和自动控制的移动载体组成的采用遥控、自主或半自主等方式由人类对其进行控制的一类机器人。这类机器人因比一般机器人有更大的机动性、灵活性，故通常工作在劳动强度大、人类无法进入或对人类有危害的场合中，代替人类进行工作。移动机器人除用于宇宙探测外，在核工业设备的维护与检修、消防、爆炸物的处理、防爆、排雷、军事侦察、矿井维护与采矿、隧道凿岩等方面也有广泛的应用。

移动机器人随其应用环境和移动方式的不同，研究内容也有很大差别。其共同的基本技术有传感器技术、移动技术、操作器、控制技术、人工智能等方面。它有相当于人的眼、耳、皮肤的视觉传感器、听觉传感器和触觉传感器。移动机构有轮式（如四轮式、两轮式、全方位式、履带式）、足式（如 6 足、4 足、2 足）、混合式（用轮子和足）、特殊式（如吸附式、轨道式、蛇式）等类型。轮式适于平坦的路面，足式适于山岳地带和凹凸不平的环境。移动机器人的控制方式从遥控、监控向自治控制发展，综合应用机器视觉、问题求解、专家系统等人工智能等技术研制自治型移动机器人。

### 7.1.1 移动机器人的发展历程

20 世纪 60 年代以来，机械加工、弧焊点焊、喷涂、装配、检测等各种类型的机器人相继出现并迅速在工业生产中实用化，这大大提高了各种产品的一致性和质量。然而，随着机器人的不断发展，人们发现，这些固定于某一位置操作的机器人并不能完全满足各方面的需要。因此，20世纪80年代后期，许多国家有计划地开展了移动机器人技术的研究。所谓移动机器人，就是一种具有高度自规划、自组织、自适应能力，适合于在复杂的非结构化环境中工作的机器人。自主式移动机器人的目标是在没有人的干预且无须对环境做任何规定和改变的条件下，有目的地移动和完成相应的任务。在自主式移动机器人相关技术的研究中，导航技术是其研究核心，也是移动机器人实现智能化及完全自主的关键技术。导航研究的目标是：在没有人的干预下使机器人有目的地移动并完成特定任务，进行特定操作。机器人通过装配的信息获取手段，获得外部环境信息，实现自我定位，判定自身状态，规划并执行下一步动作。因此单从系统硬件层次上讲，移动机器人必须具有丰富的传感器、功能强大的计算机以及灵活、精确的驱动系统。

20世纪60年代后期，美国和苏联为完成月球探测计划，研制并应用了移动机器人。美国“探测者”3号，其操作器在地面的遥控下，完成了在月球上挖沟和执行其他任务。苏联的“登月者”20号在无人驾驶的情况下降落在月球表面，操作器在月球表面钻削岩石，并把土壤和岩石样品装进回收容器送回地球。

从20世纪80年代开始，美国国防高级研究计划局（DARPA）专门立项，制定了地面无人作战平台的战略计划。从此，在全世界开启了全面研究移动机器人的序幕，如DARPA的“战略计算机”计划中的自主地面车辆（ALV）计划（1983—1990），能源部制定的为期10年的机器人和智能系统计划（RIPS，1986—1995），以及后来的空间机器人计划；日本通产省组织的极限环境下作业的机器人计划；欧洲尤里卡中心的机器人计划等。

20世纪90年代初期，德国研制了一种轮椅机器人，并在乌尔梅市中心车站的客流高峰期的环境中和1998年汉诺威工业商品博览会的展览大厅环境中进行了实地现场表演。该轮椅机器人在公共场所有大量乘客拥挤的环境中，进行了超过36h的考验，所表现出的性能是其他现存的轮椅机器人或移动机器人不可匹敌的。

此外，国外还出现了一种独轮机器人，它与具有静态稳定性的多轮机器人相比，具有更好的动态稳定性、对姿态干扰的不敏感性、高可操作性、低的滚动阻力、跌倒的恢复能力和水陆两用性。

我国移动机器人的研究起步较晚，大多数研究尚处于某个单项研究阶段，主要的研究工作有：

1）清华大学智能移动机器人于1994年通过鉴定，涉及五个方面的关键技术：基于地图的全局路径规划技术研究（准结构道路网环境下的全局路径规划，具有障碍物越野环境下的全局路径规划，自然地形环境下的全局路径规划）；基于传感器信息的局部路径规划技术研究（基于多种传感器信息的“感知—动作”行为，基于环境势场法的“感知—动作”行为，基于模糊控制的局部路径规划与导航控制）；路径规划的仿真技术研究（基于地图的全局路径规划系统的仿真模拟，室外移动机器人规划系统的仿真模拟，室内移动机器人局部路径规划系统的仿真模拟）；传感技术、信息融合技术研究（差分全球卫星定位系统、磁罗盘和光码盘定位系统、超声测距系统、视觉处理技术、信息融合技术）；智能移动机器人的设计和实现（智能移动机器人THMR-Ⅲ的体系结构、高效快速的数据传输技术、自动驾驶系统）。

中国创造：
无人驾驶

2）香港城市大学智能设计、自动化及制造研究中心的自动导航车和服务机器人。

3）中国科学院沈阳自动化研究所的 AGV 和防爆机器人。

4）中国科学院自动化所自行设计、制造的全方位移动式机器人视觉导航系统。

5）哈尔滨工业大学于 1996 年研制成功的导游机器人等。

### 7.1.2 移动机器人的基本组成

移动机器人可以从不同的角度进行分类，如：从工作环境分为室内和室外机器人；从移动方式分为轮式、履带式、步行、蛇形、爬行机器人；从作业空间分为陆地、水下、空间机器人；从功能和用途分为医疗、军用、助残、清洁机器人等。无论哪种机器人，通常都可以认为由驱动系统、控制系统、传感系统三大最基本的部分组成。

**1. 驱动系统**

驱动系统在移动机器人中的作用相当于人体的肌肉和骨骼，如果把连杆以及关节想象为机器人的骨骼，那么驱动器就起肌肉的作用，它们共同构成了机器人的驱动系统。移动机器人在运动过程中通过驱动器来驱动自身的运动，到达不同的地点执行任务。通过移动或转动连杆来改变机器人的构型，从而完成相应的操作任务。

对于移动机器人来说，无论是轮式、足式还是混合式的移动机构，其运动时都离不开驱动器的驱动，如驱动部分采用坦克的行走方式的机器人，左右两侧的履带各由一台电机驱动。两台电机同步旋转时，机器人直线前进；两台电机的转速不同时，机器人转弯。因此驱动器必须有足够的功率对连杆进行加/减速并带动负载，同时，驱动器自身必须轻便、经济、精确、灵敏、可靠且便于维护。

目前已有许多实用的驱动器。毫无疑问，今后还将有更多的驱动器。目前常用的驱动器有：伺服电机、步进电机、直接驱动电动机、液压驱动器、气动驱动器、形状记忆金属驱动器、磁致伸缩驱动器。

电动机尤其是伺服电机是最常用的移动机器人驱动器。在工业机器人中，液压系统使用非常普遍，现在许多地方仍然常见，但在新的移动机器人中已不再常用了。而直接驱动电动机、形状记忆金属驱动器以及其他类似的驱动器目前还主要处于研究和发展阶段，在不久的将来会变得非常有用。

**2. 控制系统**

控制系统的任务是根据机器人的作业指令程序以及从传感器反馈回来的信号支配机器人的执行机构完成固定的运动和功能。移动机器人控制系统是以计算机控制技术为核心的实时控制系统，它的任务就是根据移动机器人所要完成的功能，结合移动机器人的本体结构和运动方式，完成机器人的既定任务。控制系统是移动机器人的大脑，它的优劣决定了机器人的智能水平、工作柔性及灵巧性，也决定了移动机器人使用的方便程度和系统的开放性。

移动机器人的控制系统是由机器人所要达到的功能、机器人的本体结构和机器人的控制方式来决定的。从机器人控制算法的处理方式来看，控制系统结构如图 7.1 所示。

除控制算法外，移动机器人的控制系统还包括硬件结构。目前，移动机器人的控制系统普遍采用上、下位机二级分布式结构：上位机负责整个系统的管理以及运动学计算、轨迹规划等；下位机由多 CPU 组成，每个 CPU 控制一个关节运动，这些 CPU 和主控机是通过总线联系的。

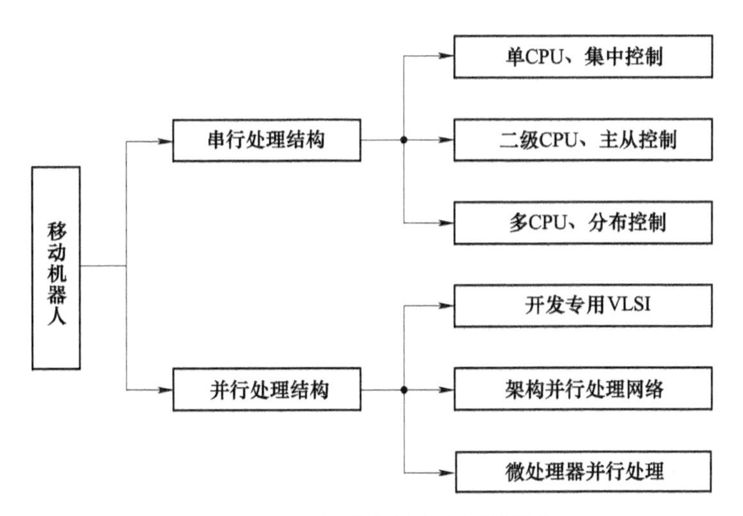


图 7.1　移动机器人的控制系统结构

典型的移动机器人控制系统硬件组成如图 7.2 所示。

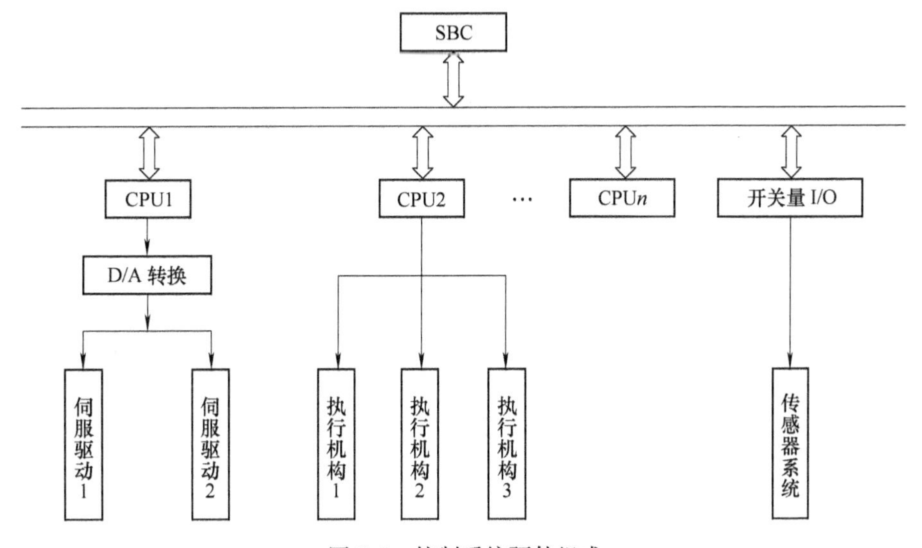


图 7.2　控制系统硬件组成

**3. 传感系统**

研究移动机器人的目的，就是为使其能替代人类去完成一些工作，故研究机器人首先从模仿人开始。首先，人们在运动的过程中可以感觉到自己身体的状况，如通过前庭及小脑的功能来感受自己身体是否站得稳，并通过神经系统来感受自己肌肉的状态，这是对我们人体自身信息的一个反馈。除此之外，人们通过感官（视觉、听觉、嗅觉、味觉、触觉）来接收外界信息。这是人们对外部环境的状态反馈。

同样地，如果希望机器代替人类劳动，就必须使机器人具有感知自身内部状态和外部环境状态的能力。传感器处于连接外界环境与机器人的接口位置，是机器人获取信息的窗口。通过位置传感器、速度传感器、加速度传感器、倾角传感器等来获得移动机器人自身的信息，并将这些信息反馈回来由控制系统来控制移动机器人的自身状态。而通过接近觉传感器、触觉传感器、滑觉传感器、视觉传感器、听觉传感器、嗅觉传感器、味觉传感器、电磁感知传感器等感知外部环境，与外部交流，可以实现目标识别、避障和路径规划等。

移动机器人传感器主要包括内部传感器和外部传感器。检测机器人本身状态（手臂间角度等）是内部传感器；检测机器人所处环境（周围是什么物体，离物体的距离有多远等）及状况（抓取的物体滑落等）的是外部传感器。而外部传感器进一步又分为路径引导传感器、环境传感器、认知方向传感器和末端执行器传感器。

工业机器人大多数仅采用内部传感器，用于对机器人运动、位置及姿态进行精确控制。而移动机器人因其任务不同，除采用内部传感器对自身的姿态进行控制外，还需采用大量的外部传感器获得自身的定位及感受外部环境。如为了感觉是否有目标物体接近和接近的距离而采用的接近觉传感器等。

## 7.1.3　移动机器人的主要应用

**1. 轮式移动机器人**

轮式移动机器人的设计重点聚焦在车轮上，通过车轮的滚动来实现其工作的任务，达到“移动”的目的。该类机器人车轮的形状或结构形式取决于地面性质和车辆的承载能力。不同的车轮形式有其不同的应用场合，比如在轨道上运行的移动机器人多采用实心钢轮，而用于室外路面行驶的机器人则采用充气轮胎，对于工作在室内平坦地面上的则可采用实心轮胎等。

图 7.3~图 7.5 分别给出了传统的车轮形状和球轮等形状。

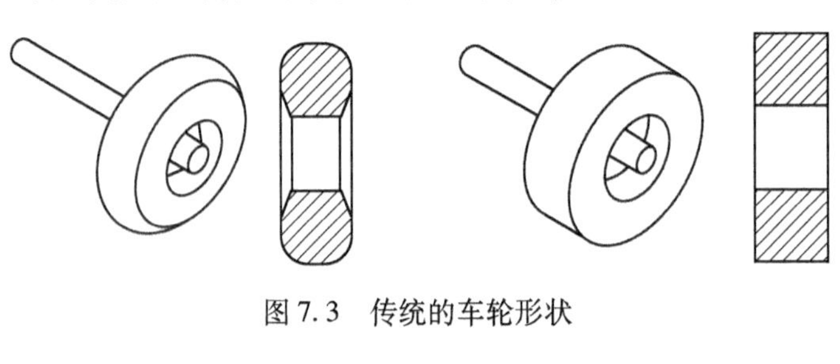

图 7.3　传统的车轮形状

图 7.4　球轮、充气球轮和锥形轮

在图中列出的车轮类型中，传统的车轮形状比较适合于平坦的坚硬路面。充气球轮比实心车轮弹性好，能吸收因路面不平而引起的冲击和振动。此外充气球轮与地面的接触面积较大，特别适合于沙丘地形。超轻金属线编织轮、半球形轮是为火星表面移动车辆研制出来的，其中超轻金属线编织轮主要用来减轻移动机构的重量，减少升空时的发射功耗和运行功耗。

移动机器人车轮形式设计要考虑到的一个重要部分是全方位移动机构的实现。全方位移动机构能够在保持机体方位不变的前提下沿平面上任意方向移动。更进一步地，有些全方位

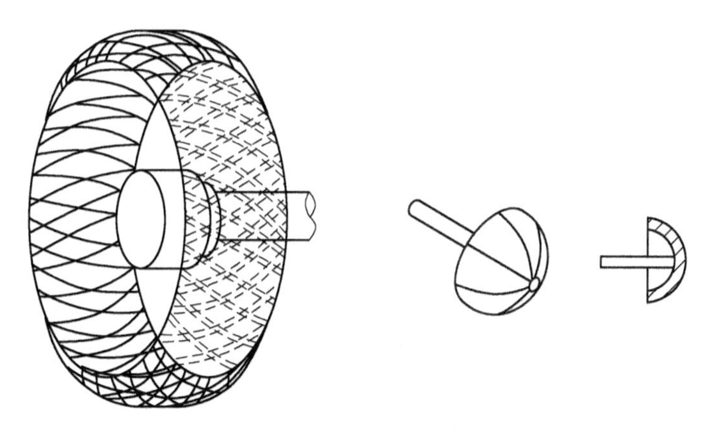

图7.5 超轻金属线编织轮、半球形轮

车轮机构除具备全方位移动能力外，还可以像普通车辆那样改变机体方位。由于这种机构的灵活操控性能，特别适合于窄小空间（通道）中的移动作业。

正如移动机器人的发展初衷是代替人类去危险的场所工作一样，排爆机器人是对爆炸物品、有嫌疑的不明物品进行现场侦查、排爆或者转移爆炸物品的移动机器人。

目前，有代表性的轮式排爆机器人主要有ABP公司的以下三种：

（1）野牛中型排爆机器人（见图7.6）

野牛中型排爆机器人可无线遥控或采用一个便携式装置通过光纤操作。它装有四轮驱动防滑转向装置，具有很高的机动性和负载能力（可携带100kg物品），结实耐用、性能可靠、操作简单。并且配备有一个改良的MK8式手推车武器包，并能轻易安装各种附件（包括热成像摄像机、传感器等）。

（2）土拨鼠排爆机器人（见图7.7）

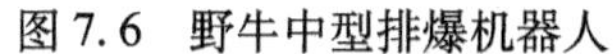

图7.6 野牛中型排爆机器人

图7.7 土拨鼠排爆机器人

土拨鼠排爆机器人可遥控距离为1km，自身质量为35kg，在桅杆上装有两台摄像机，有助于前进及倒车。它的关节式机械手的高度可达2m，在水平及倾斜头上装有一台彩色变焦摄像机，用于爆炸物识别和定位。它主要用于对未爆炸的和临时放置的爆炸装置进行定位和鉴定。这种土拨鼠排爆机器人在伊拉克战场上得到广泛的应用，大大减少了排爆士兵的伤亡。

（3）独眼龙排爆机器人（见图7.8）

独眼龙排爆机器人有6个轮子，并有一个用胶链连接的平台。平台可以安装各种设备，包括聚光灯、爆炸物排除手臂、用激光指示器瞄准的半自动猎枪和用于化学探测的设备。

图7.8　独眼龙排爆机器人

该机器人由可再充电的电池驱动，可以连续工作3h。独眼龙排爆机器人的质量约为30kg，可无线遥控或通过光纤进行操作。它主要用于解卸未爆炸装置和常规武器，或用于其他存在高风险的危险区域。

此外，轮式排爆机器人还有法国DM Development公司研制的RM35型爆炸物处理机器人，如图7.9a所示；加拿大Pedsco公司研制的MURV-100小型排爆机器人，如图7.9b所示；加拿大Pedsco公司研制的RMI-10中型排爆机器人，如图7.9c所示。

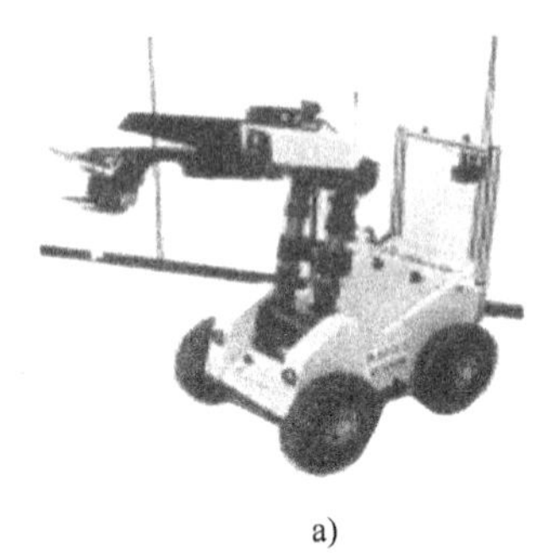

a)

b)

c)

图7.9　其他轮式排爆机器人

**2. 履带式移动机器人**

履带式机构称为无限轨道方式，履带式移动机器人是轮式移动机构的拓展，其最大特征是将圆环状的无限轨道履带（Crawler Befit）卷绕在多个车轮上，使车轮不直接与路面接触。适合在未加工的天然路面上行走，因为履带本身起着给车轮连续铺路的作用。

履带式移动机器人与轮式移动机器人相比具有如下特点：

1）支承面积大、接地比压小、路面保持力强，适合于松软或泥泞场地作业，下陷度小、滚动阻力小、通过性能较好、能登上较高的台阶。

2）越野机动性好，爬坡、越沟等性能均优于轮式移动机构。重心低，较稳定，并且能够原地旋转。

3）履带支承面上有履齿，不易打滑，牵引附着性能好，有利于发挥较大的牵引力。

4）结构复杂、重量大、运动惯性大、减振性能差、零件易损坏。

图7.10是TEODOR型履带式移动机器人。

带有摆臂的关节式履带移动机器人的整个爬越障碍过程可以分成两个阶段：第一阶段，先将两侧摆臂搭在台阶上，使车体在行走机构和摆动机构的共同作用下，顺利地爬到第二台阶，此时车体实现了地面、第一台阶、第二台阶的三点接触。第二阶段，机器人只需要在行走机构的作用下如同上坡一样缓缓地向上爬。由此可以看出，只要保证行走机构在结构设计上至少能够同时与两个台阶点接触，就能实现第二阶段运行的平稳性和可靠性。

图 7. 11a、b 分别为爬台阶时的整车受力图和摆臂受力图。

正是由于上述履带机器人的优势，使得履带式排爆机器人得以快速发展。下面介绍几种常见的履带排爆机器人。

1）法国 Cybernetics 公司的 TEODOR 排爆机器人（见图 7. 10）。这种机器人是紧密结合用户需求而设计的，装有内置望远镜的机械臂长达 2. 8m，有效载荷 294N。该系统采用了全履带式底盘，具有极好的越野能力，驱动机械臂的电动机采用的是四象限控制系统，可以在前进和后退的过程中进行各种操作。

图 7. 10　TEODOR 型履带式移动机器人

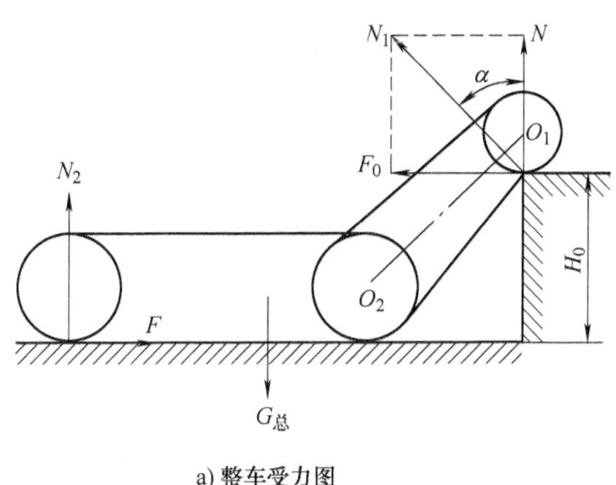


a) 整车受力图

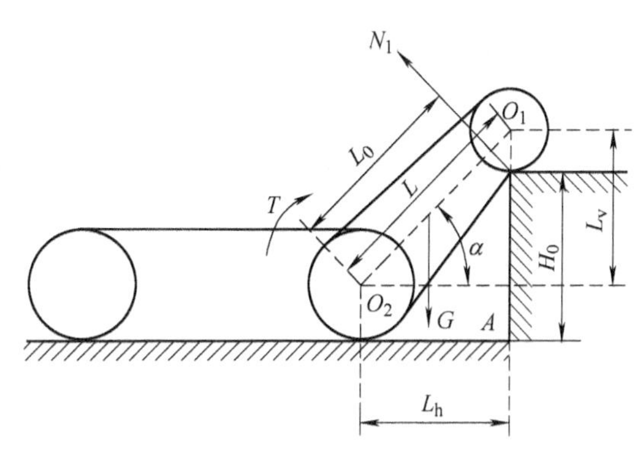


b) 摆臂受力图

图 7. 11　爬台阶时的整车受力图

2）法国 Cybernetics 公司的 CASTOR 小型排爆机器人（见图 7. 12）。这种机器人可以实现敌方侦察和干预功能，用来处理和销毁爆炸物，同时也适用核放射或生化污染环境。由于其体积小，可以通过汽车或者直升机运输，配备的电池组可以持续工作 24h，且该电池组可以在 10s 内更换。

3）PIAP 公司的 EXPERT 中型排爆机器人（见图 7. 13）。这种机器人可以在飞机、汽车和火车等有限空间内执行任务，机械手的最远触及长度接近 3m，伸至难以

图 7. 12　CASTOR 小型排爆机器人

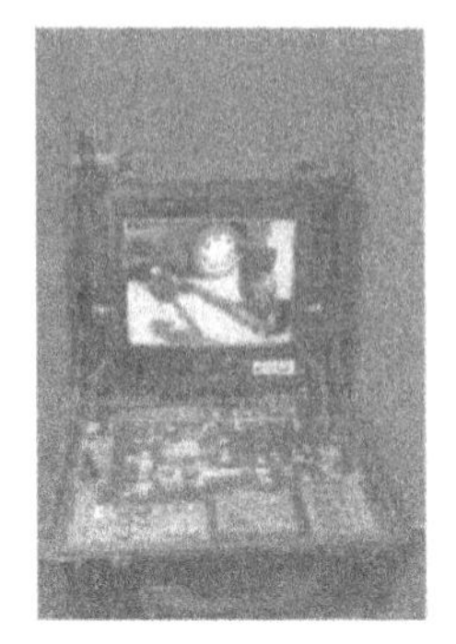

图 7.13　EXPERT 中型排爆机器人

进入的空间抓取爆炸装置。因此在反恐行动中应用非常广泛。

4）TELEROB 公司的 TEL600 型爆炸处理车（见图 7.14a）；POLYFIMOS 3000 型防爆机器人（见图 7.14b）。

a)

b)

图 7.14　TEL 600 型爆炸处理车和 POLYFIMOS 3000 型防爆机器人

5）Soukos Robots S. A. 的机器人坦克（见图 7.15）。

6）英国的 MK7 系列最新改进 SUPER M 手推机器人（见图 7.16）。

图 7.15　机器人坦克

图 7.16　SUPER M 手推机器人

除了以上常见的履带式移动机器人外，还有轮履复合式排爆机器人。如美国Remotec公司Andros MARKV-A1系列F6A机器人（见图7.17a）及最新设计的Mini-Andros II机器人(见图7.17b)。

a) b)

图7.17 轮履复合式排爆机器人

**3. 步行移动机器人**

步行移动机器人可认为是一种由计算机控制的用足机构推进的表面移动机械电子装置，和传统的轮式、履带式移动机器人相比，步行移动机器人具有独特的性能，主要表现在以下方面：

1）足运动方式具有较好的机动性，即具有较好的对不平地面的适应能力。足运动方式的立足点是离散的，可以在可能达到的地面上最优地选择支撑点。而轮式运载工具必须面临最坏地形上的几乎所有点。足式运动系统还可以通过松软地面（如沼泽、沙漠等）以及跨越较大的障碍（如沟、坎和台阶等）。

2）足运动系统可以主动隔振，即允许机身运动轨迹与足运动轨迹解耦。尽管地面高低不平，机身运动仍可做到相当平稳。具体来说，步行系统对波长小于两倍行程的不平度没有响应，而对较大波长的地形变化的过滤作用决定于保持机体姿态的控制算法。

3）足运动系统在不平地面和松软地面上的运动速度较快，而能耗较少。

步行移动机器人的发展最早源自美国和日本。1968年，美国的R. Smosher（通用电气公司）试制了一台叫“Rig”的操纵型双足（两足）步行机器人机械，从而揭开仿人机器人研制的序幕。同年，日本早稻田大学加藤一郎教授在日本首先展开了双足机器人的研制工作，1969年日本研制出WAP-1(Wasada Automatic Pedipulator）平面自由度步行机，从1968年到1986年，又先后推出了WAP-3、WL-5、WL-9DR、WL-10RD、WL-12(R）等。日本东京大学的Jouhou System Kougaka实验室研制了H5、H6型仿人型双足步行机器人，日本本田公司也从1986年开始陆续推出P1、P2、P3型机器人，本田公司于2000年11月又推出了新型双脚步行机器人“ASIMO”。“ASIMO”与P3型机器人相比，实现了小型轻量化，使其更容易适应人类的生活空间，通过提高双脚步行技术使其更接近人类的步行方向和关节及手的动作。日本索尼公司在2000年11月推出的人形娱乐型机器人“Sony Dream Robot-3X”

（SDR-3X），其身高为50cm，重量为5kg。日本还有许多其他科研机构和高等院校从事仿人机器人的研制和理论研究工作（如松下电工、富士通、川崎重工、日立制作所等）。

图7.18~图7.24给出了几种不同类型的步行移动机器人。

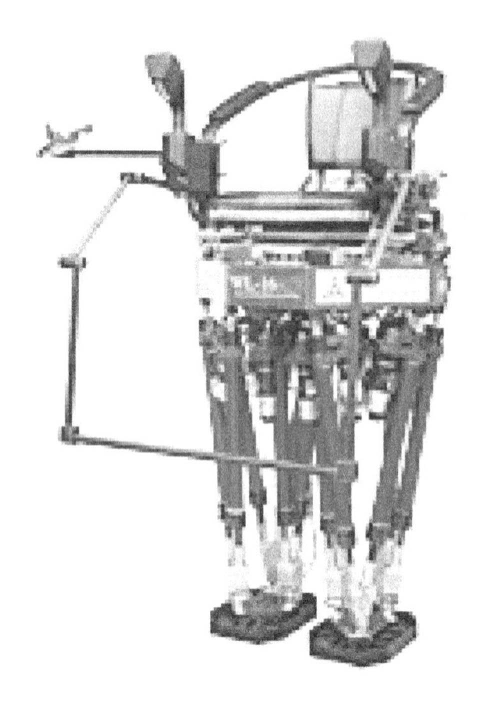

图7.18　WL系列步行机器人

图7.19　H6机器人

图7.20　H7机器人

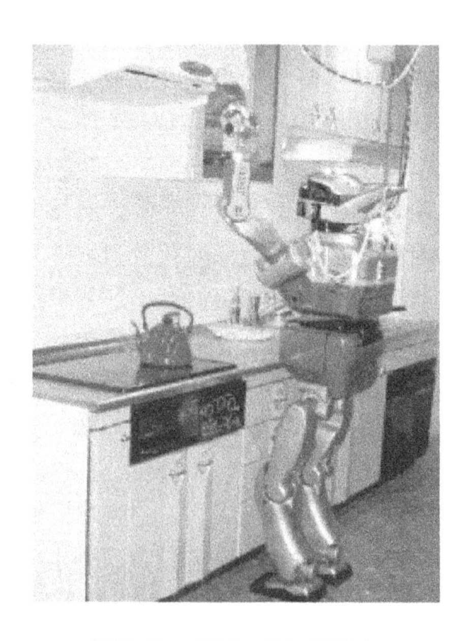

图7.21　HRP-2JSK机器人

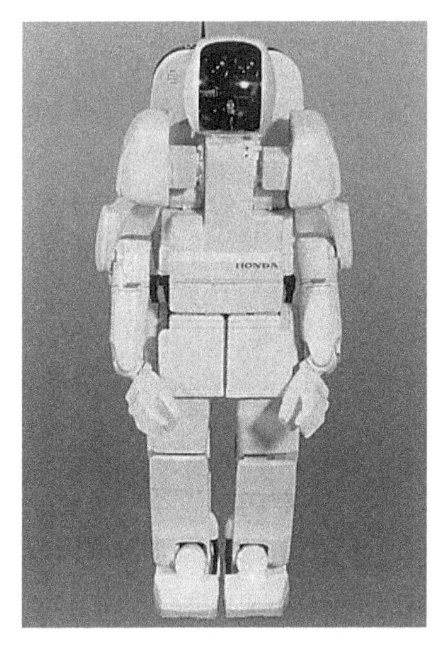


图 7.22　P3 机器人

图 7.23　ASIMO 机器人

图 7.24　SDR-3X 机器人

## 7.2　空中机器人（无人机）

空中机器人就是我们通常所说的“无人机”（Unmanned Aerial Vehicle，UAV）。顾名思义，无人机是指由动力驱动、机内无人驾驶、可重复使用的、可依靠机载控制器自主飞行或由人在计算机或特定遥控器的遥控下飞行的飞行器。无人机雏形的出现可追溯到1848 年意大利独立战争时期。那时，奥地利军队在热气球上安装炸弹，让其利用风力飞到意大利的军队阵地中进行轰炸，用以杀伤敌人。这是最早出现的气球炸弹。诚然，这种气球炸弹并不属于无人机的范畴，因为它既不可重复使用，也不能自主或受控飞行。但是，它的出现却体现了人类的一种愿望，那就是利用灵活自主的飞行器低成本地替人类执行危险的任务。无人机相比于传统的载人飞行器，具有以下优点：

1）零伤亡。现代科技的发展使得防空武器的性能和杀伤力日益提升，大大增加了使用载人飞行武器进行空战的风险，而无人机由于没有驾驶员，会在很大程度上减少战争中的人员伤亡，因此无人机在军事领域具有广泛的应用前景。

2）成本低。由于无人机不用搭载驾驶员，因此无须搭建人工操作系统、生命保障系统和应急系统等，设计、研制、使用和维护的成本大大降低。一般的无人机造价只有载人飞行器的10%甚至更低。

3）机动灵活，低能耗。无人机本身结构相比于载人机要更简单，因此尺寸小、重量轻、便于起降和控制、机动灵活。同时耗能较低，续航时间远远长于一般的载人飞行器，相比载人机具有更广阔的活动空间，能够进入恶劣的或载人机不易进入的环境中进行工作。

4）隐蔽性强。无人机的小体积也使得它的反射面积比载人机要小得多，更容易躲避雷达的检测，加之它可以具有独特精巧的设计以及机体表面涂敷有隐身性能极好的涂料，使得它的暴露率大大减小。而它机动灵活的特性也使得它可以更随意地改变飞行的速度和高度，这也增加了其隐蔽性和生存能力。

正是由于以上的优点，无人机在军事侦察和攻击等军事领域以及公共安全、农林、环保、交通、航拍等民用领域都得到了广泛的应用，无人机技术也成为当前的研究热点，具有十分广阔的发展前景。

本节主要介绍空中机器人（无人机）的有关知识，包括其发展历程、分类、相关技术、应用以及研究热点与发展前景，使读者对空中机器人有一定的了解。

## 7.2.1 无人机的发展历程

冯如的飞机

无人机的概念最早是由著名的物理学家特斯拉（Tesla）在19世纪末提出的。按照他的描述，他想发明一种“可以通过远程遥控改变飞行方向，或者按照操作员的意愿爆炸，并且不会出现错误”的飞行器，但当时只被人视为天方夜谭。然而不久之后，美国发明家斯佩里（Sperry）就发明了一架被称作“Flying Bomb”的无人飞行器（见图7.25a），并于1916年9月试飞，被装上136kg炸药成功地进行了攻击目标试验，实现了特斯拉对无人机的设想。1918年，美国的凯特林（Kettering）又研制出一种无人机，取名为“Kettering Bug”（见图7.25b）。该机颇似普通的双翼机，总重量为238.5kg，可携带82kg炸弹，飞行速度达到88km/h。该机于1918年10月试飞成功。这两种飞行器都利用斯佩里发明的陀螺仪装置控制飞行方向，由一个膜盒气压表自动控制飞行高度，可用作空投鱼雷对目标进行轰炸。一战过后，英国皇家海军也研制了一款名为“Larynx”的无人飞行器（见图7.25c）。这款飞行器属于小型单翼飞弹，可在军舰上起飞，通过机载自动驾驶仪实现自动飞行，飞行速度最高可达320km/h。以上这些都被视作现代巡航导弹的雏形。

到了20世纪30年代，无线电技术发展成熟，逐渐被应用到无人机上。1933年1月，英国成功研制了名为“Fairey Queen”无人靶机，用于校验战列舰上的火炮对飞机的攻击

a)　　b)　　c)

图 7.25　早期无人机

效果。这种靶机由“Fairey”水上飞机改装而成，通过无线电遥控。此后不久，英国又研制出一种全木结构的双翼无人靶机，命名为“De Havilland Tiger Moth”。在 1934~1943 年间，英国一共生产了 420 架这种无人机，并重新命名为“蜂王”。与此同时，美国在无线电遥控靶机的研制上也不甘落后，先后研制了很多型号，例如 N2C-2、PQ 系列等，其中 N2C-2 型无人机是由载人飞机 TG-2 遥控飞行的。美国航空专家雷金纳德·德里（Reginald Denny）在 1935 年到 1939 年之间先后为美国军方研制出了四款单翼无线电遥控靶机，分别命名为“RP-1”~“RP-4”。最终，“RP-4”被美国军方采用，更名为“Radioplane OQ-2”，在二战期间，美国大概生产了 15000 架这种无人机。1941 年，珍珠港事件爆发。因战事所需，美国陆、海军开始大批订购靶机，其中 OQ-2A 靶机 984 架、OQ-3 靶机 9403 架、OQ-13 靶机 3548 架。后两种靶机均安装上了大功率的发动机，飞行速度可达 225km/h，飞行高度达 3000m。在第二次世界大战中，美国陆军航空大队曾大量使用无人靶机，并在太平洋战场上使用过携带重型炸弹的活塞式发动机无人机对日军目标进行轰炸。战争期间，美军还打算将报废的 B-17 和 B-24 轰炸机改装成携带炸弹的遥控轰炸机。驾驶员先驾驶这种遥控轰炸机至海边，然后跳伞脱身，遥控轰炸机则在无线电的遥控下继续飞行，直至对目标进行攻击。可惜由于所需经费巨大，再加上操纵技术过于复杂，美军最终还是放弃了这一研制计划。

特别值得一提的是，美国海军飞机制造厂在1941年生产了一款名为“Project Fox”的无线电遥控攻击无人机。这款无人机上安装了电视摄像头，它的控制端——TG-2载人飞机上安装了电视屏幕，遥控人员可以看到无人机飞行的景象，使得遥控更加准确。1942年，这种无人机成功地将一枚炸弹投放到距离遥控端20英里的一架驱逐舰上。此外，又成功地将一架以8节的速度飞行的靶机撞毁，展示了强大的能力。

“二战”结束后，随着航空技术的飞速发展，无人机的性能得到进一步提升，同时一些具有新型功能的无人机也逐渐问世，例如无人诱饵机、无人侦察机、专门用于探测核辐射强度的无人机等，无人机家族也逐渐步入其鼎盛时期。越南战争期间，无人侦察机的技术得到大力发展。据统计，从1964年8月到1975年4月，美国一共派出了3435架无人侦察机对北越南及其周边地区进行侦查。

时至今日，世界上研制生产的各类无人机已达近百种，并且还有一些新型号正在研制之中。而随着计算机技术、自动驾驶技术和遥控遥测技术的发展和在无人机中的应用，无人机的性能和功能日益强大，无人机以其体积小、重量轻、机动性好、飞行时间长和便于隐蔽为特点，尤其是因其无人驾驶，特别适合于执行危险性大的任务，故在现代战争中发挥着越来越大的作用。如在1982年发生的贝卡谷地之战和1991年爆发的海湾战争中，无人机在侦察监视、干扰敌方雷达通信系统和引导己方进攻武器等方面，都发挥了极其重要的作用。此外，随着无人机技术的普及，无人机也逐渐被应用到民用领域，为人们的生活提供了极大的便利。

纵观无人机发展的历史，大致经历了以下五个阶段：

第一阶段：20世纪初到20世纪30年代，主要用作空中鱼雷对目标进行轰炸，控制方式为陀螺仪、气压计、自动驾驶仪等机载设备，不可回收。

第二阶段：20世纪30年代到60年代，主要用作防空兵器性能鉴定和部队训练的靶机，控制方式为无线电遥控，可多次重复使用。

第三阶段：20世纪60年代到80年代，除用作靶机外，还大量用作无人侦察机和无人诱饵机。

第四阶段：20世纪80年代到90年代，无人机的用途大为扩充，除了广泛用于战场监侦、电子对抗、目标指示、战果评估、通信中继等军事用途外，还被用于大地测绘、资源探测、空气采样、环保监视、交通管理等民用领域。此期间无人机的飞行控制与飞行管理也有很大改进，实现了超视距控制和半自主飞行。

第五阶段：20世纪90年代至今，在人们的需求推动和技术进步的支持下，无人机技术获得飞跃式发展。一方面，续航时间长、飞行距离远、负载能力大的大型无人机陆续问世并投入使用；另一方面，机动灵活的微型化无人机也逐渐进入人们的视线，扮演着独特的角色。随着智能控制、计算机视觉等技术的发展和应用，无人机的智能化和自主化程度大大提高。此外，多无人机协同合作也逐渐成为现实。

### 7.2.2 无人机的分类

#### 1. 按无人机应用领域分类

无人机按照其应用领域分类可分为军用无人机和民用无人机。军用无人机包括靶机、无人侦察机、无人战斗机、无人诱饵机、电子干扰无人机等。也可按任务的周期长短分为战术无人机和战略无人机。战术无人机（TUAV）的主要功能为侦察、搜索、目标截获、部队战役管理与战场目标和战斗损失的有效评估等，任务的周期较短；战略无人机（SUAV）主要承担对敌方部队动向的长期跟踪，工业情报及武器系统试验监视等，所执行的任务往往周期较长，具有长远的战略意义。在民用方面，无人机已经被运用到通信中继、公共安全、应急搜救、农业喷药、环保监测、交通管制、气象预测、影视航拍等多个领域。无人机的具体功能和应用将在下一节中详细介绍。

**2. 按无人机机翼布局样式分类**

按照无人机机翼的布局样式可分为传统固定翼式无人机、扑翼式无人机和旋翼式无人机三种。

（1）固定翼式无人机

固定翼式无人机的机翼主体是固定的，由动力装置产生推力或拉力，由固定机翼产生升力。其中大部分无人机的外观跟普通飞机的外观相似，在机身两侧中部和后部分别装有机翼和尾翼，头部装有螺旋桨，也有一部分无人机因功能需要而具有独特的外观。典型型号是在美国海军陆战队中被广泛使用的“Dragon Eye”无人机（见图7.26）以及“Black Widow”无人机（见图7.27）。

图7.26 “Dragon Eye”无人机

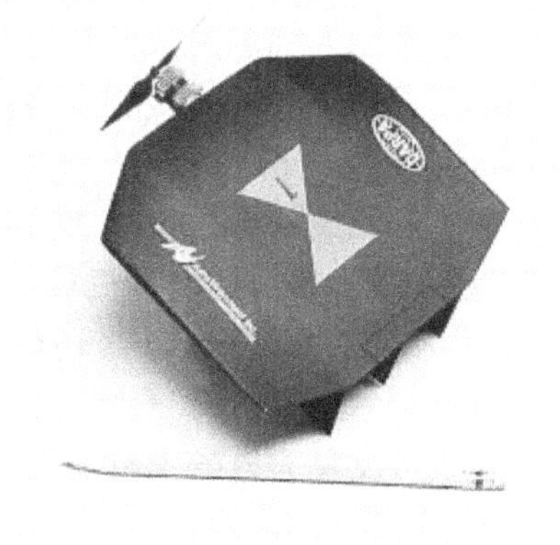

图7.27 “Black Widow”无人机

“Dragon Eye”属于固定翼式无人机，主要执行军事侦查任务，是当前投入使用的最小的无人机。它能提供相当于营级指挥需要的信息，先后在阿富汗战争和伊拉克战争中被广泛使用，发挥了巨大的作用。每套“Dragon Eye”系统包括3架无人机和1个地面控制站。无人机机体重2.3kg，通过手持发射，可以重复使用，飞行高度在91~152m之间，翼展长度约1.1m，时速约56km，执行任务的时间为30~60min。无人机由2名士兵发射后，会按照事先编好的GPS路径飞行。一旦进入目标区域，“Dragon Eye”就会使用自身携带的传感器收集信息并将图片传回到地面控制站。行军时，两名美海军陆战队士兵组成一个小组就能够用背包携带无人机和重4.5kg的地面控制站及备用电池。“Dragon Eye”无人机可以被应用在城市作战环境中，通过巡逻提供额外的安全保障，也可以在执行掩护任务时为士兵指引行动路径。“Dragon Eye”装备的自动驾驶仪、推进系统和其他可拆换仪器设备，包括地面控制站使用的一台加固的膝上电脑，都是从普通商场采购来的现货。这便节省了采购经费，但价格仍不菲。按照2003年的美国物价水平，一套“Dragon

Eye”无人机系统的成本为 12.5 万美元，一架“Dragon Eye”无人机近 4 万美元。

“Black Widow”的外观比较特殊，是 AeroVironment 公司为美国国防预先研究计划局的原创微型无人机技术计划研制的第一种微型无人机。原型机于 1996 年春第一次试飞，完成了 9s 的飞行，之后机型不断改进，到 1999 年夏季，“Black Widow”的最终设计完成。“Black Widow”头部装着螺旋桨，由电动机驱动，通过一对锂电池供电，后面装有操纵面。飞翼重 50g，最大尺寸 15cm，有效飞行距离超过 1km，续航时间 1h、高度 244m（800ft）、螺旋桨效率达到 82%，最大速度约 64km/h，推进系统重 110mg，飞行控制系统（计算机、无线电接收机和 3 个基于微电机作动器）重量仅 2g。“Black Widow”由肩扛式容器气动发射，容器内装有控制板以及使操作员能够观察到来自摄像机图像的目镜。“Black Widow”上的摄像机重 2g。1999 年 AeroVironment 公司及其“Black Widow”微型无人机获得《无人机》杂志第一个无人机设计发明奖，创造了奖牌重于无人机本身的记录。

（2）扑翼式无人机

扑翼式无人机是以仿生学原理为基础，通过模仿飞行生物（例如苍蝇、蝙蝠等）的外观而设计的无人机，这种无人机在飞行时通过机翼的上下扑动产生升力和向前的推进力，通过“翅膀”与尾翼的配合改变飞行航向，就像飞行生物一样。由于扑翼产生的动力有限，因此这种无人机多为微小型无人机。典型型号为“MicroBat”。

“MicroBat”是由 California 理工学院和 AeroVironment 公司联合研制的一种仿生物扑翼飞行器，它的翼展只有 23cm，重 14g，如图 7.28 所示。其机翼由微电子机械系统（MEMS）技术加工制作而成，振动频率 20Hz，由无线电遥控方向舵、升降舵产生飞行推力，通过可反复充电的锂电池供电，最长的巡航时间 22 分 45 秒。“MicroBat”可携带微型摄像机及其下行数据链路或声学传感器，在军事侦查、目标指示等领域有广泛的用途。

图 7.28 “MicroBat”无人机

2011 年 4 月，一款名为“SmartBird”的仿生扑翼飞行器在德国汉诺威工业博览会上展出（见图 7.29）。这款飞行器是由德国 Festo 公司研制的，灵感来源于鲱鱼银鸥，可自主进行起飞、滑翔和着陆，无须借助外部的驱动装置。它的体重只有 450g，两翼宽 1.96m，外壳采用聚氨酯泡沫和碳纤维材料构成，十分轻便。躯干内装设有充电电池、发动机、变速箱、曲柄轴和电子控制器，两翼配有双向无线信号收发装置，能对飞行进行即时调整。它的机翼由 Compact 135 无刷电机驱动，同时通过扭转伺服电机调整机翼的弯曲角度以获得所需的升力。尾巴不仅能产生浮力，也能充当起落架和方向舵的角色，就像飞机上加了垂直起飞稳定器一样，尾部细微的左右摆动会带动纵向轴旋转，从而带动躯干和两翼改变飞行方向。这只人造鸟非常符合空气动力学原理，并具有极佳的灵活性，如同真正的鸟儿一样。

（3）旋翼式无人机

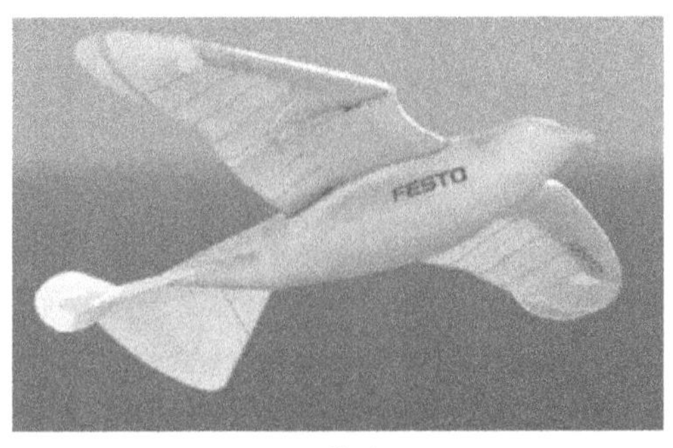


a) 外观

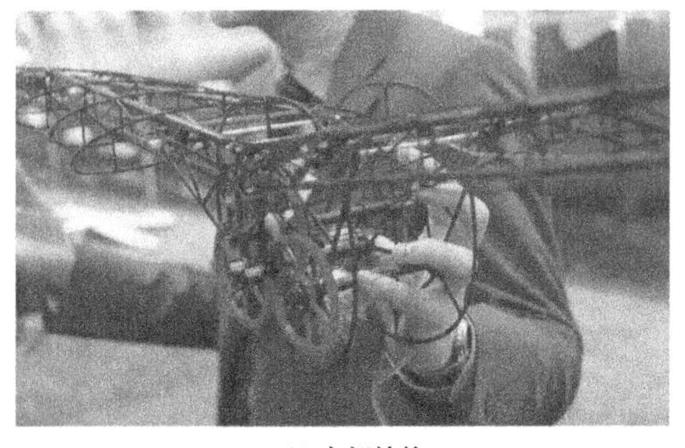

b) 内部结构

图 7.29 “SmartBird” 无人机

旋翼式无人机的机翼安装在机身的上方，通过具有特定气动外形的机翼高速旋转获得升力并改变位置和姿态，类似于直升机。根据安装的机翼数量分为单旋翼无人机和多旋翼无人机。四旋翼飞行器是目前最为流行的无人机。顾名思义，这种飞行器具有四个旋翼，四个旋翼大小相同，位置分布对称，通过调整不同旋翼之间的相对速度来调节不同位置的升力，通过克服每个旋翼之间的反扭力矩，就可以控制飞行器的姿态，完成各种机动飞行。

“Mesicopter” 是由 Stanford 大学在美国航空航天局（NASA）的支持下为研究微型旋翼飞行器技术而设计的一款四旋翼微型无人机（见图 7.30）。“Mesicopter” 的机体尺寸属于厘米级大小，有四个螺旋桨，分别由直径 3mm，重 325mg 的微型无刷电机驱动。

我国在四旋翼飞行器的研究中处于世界领先地位，有许多高校、研究所和企业都在从事相关方面的研究，其中最具代表性的是深圳大疆创新科技有限公司。该公司成立于 2006 年，目前是全球领先的无人飞行器控制系统及无人机解决方案的研发和生产商，主要产品是旋翼式小型飞行器以及相应的控制飞行平台和控制系统。根据 2018 年的报道，该公司占据全球消费级无人机市场 60%的份额。图 7.31 为大疆四旋翼无人机。

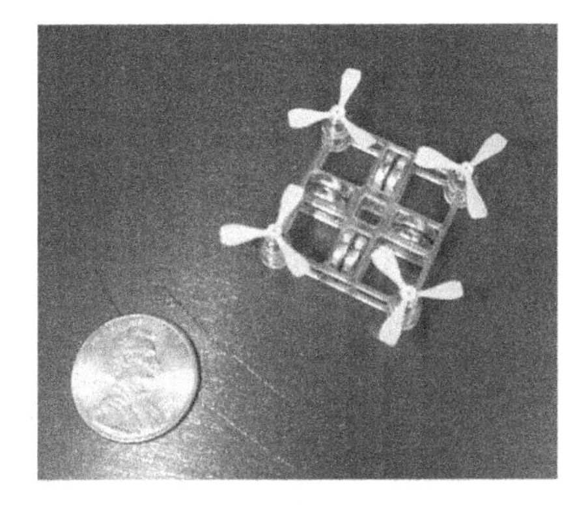

图 7.30 “Mesicopter” 无人机

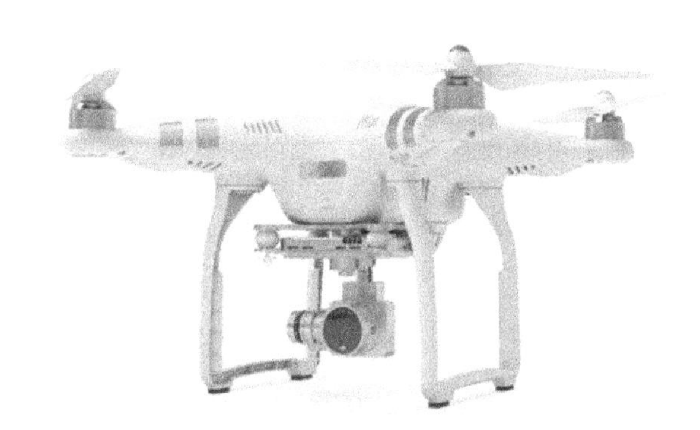

图 7.31 大疆四旋翼无人机

**3. 按无人机的控制方式分类**

（1）基站控制

基站控制式无人机也称为遥控无人机（Remotely Piloted Vehicle，RPV）。在无人机飞行的过程中，需要地面基站的操作员持续不断地向被控无人机发出操作指令。从本质上来看，基站控制式无人机就是结构复杂的无线电控制飞行器。早期的无人机大多采用这种控制方式，由于无线电控制技术在空间上的局限性，现代无人机已经很少采用纯粹的基站控制方式来实现无人驾驶。

（2）半自主控制

20世纪80~90年代出现的“Pointer”“Sky Owl”无人机系统采用的是基站导航和预先设定导航程序相结合的控制方式，这是无人机半自主控制的最早形式之一。半自主的无人机控制方式可以描述为“基站可随时获得无人机的控制权，并且在飞行过程中某些关键动作需由基站发出指令，如起飞、着陆等，除了这些关键动作，无人机可以按照事先的程序设定进行飞行和执行相关动作”。

（3）完全自主控制（智能控制）

完全自主控制无人机又称为智能无人机，可以在不需要人工指令的帮助下完全自主地完成一个特定任务。一个完整的智能无人机系统具备的能力包括自身状态的监控、环境信息的收集、数据的分析及做出相应的响应。

为了进一步研究无人机的自主性，2000年美国提出了自主作战（Autonomous Operations，AO）的概念。它是由美国海军研究实验室（NRL）和美国空军研究实验室（AFRL）的传感器飞机项目组率先提出并推广的。对于未来的无人机，增强飞行器的信息处理能力是实现AO的关键。为了深入研究无人机的AO，AFRL又定义了自主控制等级（Autonomous Control Level，ACL）的10个等级，作为标准衡量无人机在自主程度方面的水平，从高到低依次为：机群协同全自主、机群战略目标、分布式控制、机群战术目标、机群战术任务重规划、机群协同、航线重规划、飞行故障和环境自适应、实时故障诊断以及遥控。NASA飞行器系统计划（Vehicle Systems Program，VSP）高空长航时部（Department of High Altitude Long Endurance，DHALE）则提出了一种更加简单实用的评价高空长航时无人机自主性的量化方法。该方法根据人在控制无人机飞行过程中所花费时间的多少来评价无人机的自主性。掌控时间越少，说明无人机自主性越高，反之亦然。见表7.1，这样划分的层次和意义更加明确，并具有更好的实际可操作性，但是仅仅根据掌控时间这一个指标划分可能会忽略一些因素。

**表7.1 NASA对无人机飞行自主性的等级划分**

| 等级 | 名称 | 描述 | 特征 |
|---|---|---|---|
| 0 | 遥控 | 完全遥控飞行（100%人为参与） | 遥控飞机 |
| 1 | 简单的自动操作 | 在操作员监视下，依靠自控设备辅助来执行任务（80%人为参与） | 自动驾驶仪 |
| 2 | 远程操作 | 执行操作员提前编写的程序任务（50%人为参与） | 无人机综合管理预设航路起飞点 |
| 3 | 高度自动化（半自主） | 具有对部分态势感知能力，可自动执行复杂任务，并对其做出常规决策（20%人为参与） | 自动起飞/着陆链路中断后可继续任务 |
| 4 | 全自主 | 对本体及环境态势具有广泛的感知能力，有做全面决策的能力及权限（≤5%人为参与） | 自动任务重规划 |
| 5 | 多无人机协同操作 | 数架无人机之间团队协作 | 合作和协同飞行 |

我国学者综合国内外的研究，根据国内无人机行业及学术研究的发展，提出一种自主控制的能力分级。现列举如下：

0级：完全结构化的控制方案和策略，对自身和环境变化没有做出反应的能力（自动控制）；

1级：能够适应对象和环境的不确定性，具有变参数、变结构的能力；

2级：具有故障实时诊断、隔离和根据故障情况进行系统重构的能力；

3级：能够根据变化的任务和态势进行决策和任务重规划的能力；

4级：具有与其他单体或系统进行交互、协同的能力；

5级：能够自学习，具有集群自组织协调的能力。

**4. 按无人机的性能指标分类**

（1）按机体重量分类

不同的无人机机体重量差别很大，按机体重量分为微型、轻型、中型、重型和超重型五个等级。

微型无人机：机体重量小于5kg，例如上面提到的“Dragon Eye”“MicroBat”“SmartBird”“Mesicopter”等。由于这类无人机体积小巧，部署便捷，机动灵活，隐蔽性强，可以很好地用于军事侦察、通信、电子干扰、对地攻击以及城市监控、边境巡逻等任务，因此微型无人机是当前无人机研究的热点领域之一。美国、日本、以色列、欧洲等都在从事相关研究，并已取得了可喜的成果。

轻型无人机：机体重量在5~50kg，例如Aerosky，RPO Midget，Luna，Dragon Drone等。

中型无人机：机体重量在50~200kg，例如Raven，Dragon Warrior，Crecerelle，Pioneer等。

重型无人机：机体重量在200~2000kg，例如Hunter，X-50，A 160，Predator，Herron等。

超重型无人机：机体重量大于2000kg，例如Darkstar，Predator B，Global Hawk，X-45等。

（2）按航程和续航时间划分

近程无人机：最大飞行时间小于5h，最大航程小于100km的无人机，典型型号包括SilentEyes、FPASS（Desert Hawk）、Pointer和前面提到的Dragon Eye等。

中程无人机：最大飞行时间在5~24h，最大航程在100~1500km内的无人机，典型型号包括Shadow、Sperwer、Fire Scout、Crecerelle、LEWK和Silver Fox等。

远程无人机：最大飞行时间大于24h，最大航程大于1500km的无人机，例如A 160、Global Hawk、GNAT、Herron等。

（3）按机翼载荷量划分

所谓机翼载荷量，是指机体重量与机翼面积的比值。由小到大可分为以下三类：

低载荷：机翼载荷量小于50kg/m$^2$，例如RPO Midget、Silver Fox、Pioneer、Luna等。

中载荷：机翼载荷量在50~100kg/m$^2$，例如Neptune、GNAT、Shadow、X-45等。

高载荷：机翼载荷量大于100kg/m$^2$，例如LEWK、Sperwer、Hunter、Global Hawk等。

（4）按发动机类型划分

无人机使用的发动机主要有涡扇发动机（Turbofans）、活塞发动机（Piston）、转子发动机（Rotary）、涡轮螺旋桨发动机（Turboprop）、电动机（Electric）等。最常用的发动机类型是电动机和活塞发动机。通常，微型和轻型无人机使用电动机较多，大中型无人机和无人战斗机使用活塞发动机较多。

## 7.2.3 无人机的应用

**1. 无人机在军事领域的应用**

无人机最初是针对军事应用而设计的，随着无人机技术的发展，其性能和功能日趋强大，在军事领域中的应用越来越广泛。目前已经有很多专门针对某一特定军事作用而设计的专用无人机问世，在军事活动中扮演着举足轻重的角色。军用无人机按用途可分为靶机、无人侦察机、无人战斗机、无人诱饵机、电子干扰无人机等。下面加以详细介绍。

（1）靶机

靶机是指可以模拟各种飞机和导弹的飞行状态和攻击过程的飞行器，主要是用来为各种导弹、战斗机、地面防空和雷达设施的训练和测试提供靶标，以鉴定武器的性能和训练武器的操作人员，也可用于研究空战和防空战术。靶机虽然不会真正参与战争，但其作为参战武器的忠实“陪练”，作用仍是不可或缺的。由于无人机具有良好的飞行品质模拟性、易操作性、使用安全性和经济性，因而非常适合当作靶机。靶机是最先被重视和发展的无人机。

随着武器性能的不断提高，靶机也需要不断地更新换代，以在各种指标上尽可能接近真实的作战目标。特别是在第二次世界大战后，各军事强国为增强自己的防空力量，积极研制导弹、战斗机等各种对空作战武器，靶机也得到不断发展。由于各国研制的空战武器的性能多种多样，因此靶机也形成许多系列。至今已有近 30 个国家的百余家公司研制出 300 多种型号，装备使用总量达几万架。在机体尺寸上，有小型航模靶机、大中型靶机和退役飞机改成的靶机。在飞行性能上，有高空高速靶机，如“火蜂”-2，速度为 M1.5，高度达 18000m，续航时间约 74min；低空高速靶机，如“破坏者”AQM-127A，飞行速度超过 M2.0，最低飞行高度约 9m；先进的多用途靶机，如美国“火蜂”机族、“石鸡”机种，英国的“小猎鹰”，法国的 C-22，意大利的“米拉奇”系列等。此外，还有专门模拟反舰导弹和弹道导弹的靶机。

2014 年，在北京举行的中国无人机展上，总参 60 所展出了 S-200 亚音速靶机、S-300 高亚音速靶机、S-400 超音速靶机（见图 7.32）、大机动亚音速靶机，以及一些老式的固定翼螺旋桨动力靶机。在它的机身头部装有龙伯球，可以模拟各种各样战斗机的雷达反射面积和不同大小的目标特征效果。此外，机身下面带曳光管，如果飞机红外辐射特征太小，可以发出指令让其在空中释放，发高光和高热，便于红外导引制导武器的有效捕捉。

图 7.32　S-400 靶机

2015 年，由美国波音公司改装的第一架 QF-16 型靶机（见图 7.33）已经交付到廷德尔空军基地第 82 空中靶机中队，并正式投入使用，取代了之前服役的 QF-4 型靶机。QF-16 靶机是由早期退役的 F-16“战隼”战斗机改装而来，在 F-16 的基础上加装遥控飞行装置，使得它既可以以有人驾驶模式飞行又可以在某个遥控范围内实现无人驾驶飞行。此外，它还配备有一个机载记录系统，用于搜集相关数据，例如报告导弹的飞行轨迹。它是一款超音速可重复使用全尺寸靶机，性能与F-16战斗机基本相似，保持着最大过载9的高机动性，可以在测试和训练中模拟真实战争环境中的敌方四代机。

图7.33　QF-16靶机

（2）无人侦察机

无人侦察机是指借助机上电子侦察设备，以获取目标信息为目的的无人机。它主要是用于战略、战役和战术侦察以及战场监视，为部队的作战行动提供情报，使指挥官及时掌握战场情况，制定合适的作战计划，为取得战斗的胜利奠定基础。无人侦察机将成为侦察卫星和有人侦察机的重要补充和增强手段，因为它相比于侦察卫星，具有成本低、控制灵活、地面分辨率高的优点；相比于有人侦察机，它体积小，隐蔽性强，可进行昼夜持续侦查，持续时间长，很少受到天气条件的限制，且不必考虑飞行员的疲劳和伤亡等问题。特别在对敌方严密设防的危险地域实施侦察时，或在有人驾驶侦察机难以接近的情况下，使用无人侦察机就更能体现出其优越性。目前，无人侦察机已成为无人机中占比例最多的机种，门类齐全，并且被各军事大国大量装备，已经在实战中大量应用。

美国RQ-4A“全球鹰”无人机（见图7.34）由美国诺斯罗普·格鲁曼公司研制，是目前美空军乃至全世界最先进的无人机。它的机长为13.41m，翼展为35.43m，最大飞行速度可达644km/h，最大航程24985km，可在某监视地点停留长达42h，并进行连续不断的监视，是世界上飞行时间最长、距离最远、高度最高的无人机。

图7.34　美国“全球鹰”无人机

美军在阿富汗战争中首次使用“全球鹰”无人侦察机。在整个战争过程中，“全球鹰”（Global Hank）无人机执行了50次作战任务，累计飞行1000h，提供了15000多张敌军目标情报、监视和侦察图像，引导攻击战斗机成功摧毁多处重要的军事目标。在伊拉克战争中，美国空军使用两架“全球鹰”无人机执行了15次作战任务，搜集了4800幅目标图像，并使用“全球鹰”提供的目标图像情报，摧毁了伊拉克13个地空导弹连、50个地空导弹发射架、70辆地空导弹运输车、300个地空导弹箱和300辆坦克，被摧毁的坦克占伊拉克已知坦克总数的38%。据统计，在美空军进行的所有452次情报、监视与侦察行动中，“全球鹰”的任务完成率占5%，虽然仅仅承担了3%的全部空中摄像任务，但提供了用于打击伊拉克防空系统的55%的时间敏感目标数据。

A160T“蜂鸟”无人旋翼机（见图7.35），原由Frontier Systems设计，后由波音于2004年购入。它的空重为1134kg，机长10.7m，旋翼直径10.973m，最大飞行速度为258km/h，最大航程可达9150km。“蜂鸟”无人机以续航时间长著称。它采用一副旋翼，可根据高度、巡航速度和总重调整其转速。该机采用了所谓的转速优化旋翼（OSR），其刚性旋翼转速调节比可达2（飞行中的最大转速与最小转速之比），加上机体采用低阻设计，其续航能力得到显著提高，因此能执行持久情报、监视和侦察，以及目标捕获、定向引导、通信中继和精确补给等任务。

图7.35 美国“蜂鸟”无人机

图7.36 以色列的“Aerosky”无人机

Aerosky侦察机（见图7.36），是由以色列航空防务系统公司研制的轻型无人机。它的重量为40kg，机长3.05m，翼展4m，最大起飞重量70kg。采用活塞发动机，双叶片推进螺旋桨。该型侦察机采用固定式三轮着陆装置，发射和回收均采用普通轮式起飞和降落方式。其设计为单翼和窄机身、推进器引擎、单或双尾桁以及T形尾翼单元。衍生型号有Aerolight（A）、Aerosky（B）以及Aerostar（C）。Aerolight型号中还有一个摇拍-变倍-变焦光学相机，并配备有防抖、万向安装的白天/夜间E-O/IR传感器。该型号系列的无人机可以很好地执行侦查、监视、目标指示与采集等任务。

其他国家使用的无人侦察机包括：英国的“不死鸟”无人侦察机、法德联合研制的“月神”（LUNA）近程无人侦察机以及我国自主研制的“鹞鹰”系列无人侦察。如图7.37所示。

（3）无人战斗机

无人战斗机又称作攻击无人机，是无人机技术与战斗机结合所构成的一种全新的武器系统。起初，无人战斗机主要用于防空火力压制。随着自动化技术的蓬勃发展，无人战斗机的飞行稳定性和定位精确性等性能有了很大的提升，目前已经可以执行制空、近距离空中支援、纵深遮断与定点目标精确打击等多种任务。无人战斗机结构相对简单，隐身性能好，机动灵活，进行军事打击风险小，成本低，因此无人战斗机技术受到各国的重视。

从广义上来讲，无人战斗机可分为一次性使用的无人战斗机和可重复使用的无人战斗

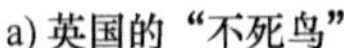

a) 英国的“不死鸟”

b) 法德的“月神”

c) 我国的“鹞鹰”

图 7.37　各国的无人侦查机

机。一次性使用的无人战斗机攻击方式为自杀式攻击，机体安装寻的装置和战斗部，与目标共同阵亡。这种无人战斗机类似于导弹，事实上，导弹也可以看作单程的无人战斗机。典型的一次性使用的无人战斗机有德国的 DAR、PAD，美国的 XBQM-106、“勇士” 200 以及以色列的“恶妇人”等。由于没有返航功能，这种无人战斗机结构也相对简单。可重复使用的无人战斗机是近年来才发展起来的。它可携带小型和大威力的精确制导武器、激光武器或反辐射导弹，能够攻击、拦截地面和空中目标，可回收并多次使用。典型型号有美国的“捕食者”系列，X-45、X-47 系列等。

X-47B 是美国为研究舰载战斗无人机技术而设计的一架试验型无人驾驶战斗机（见图 7.38），由美国国防技术公司诺斯罗普·格鲁门开发。X-47 项目开始于国防高等研究计划署的 J-UCAS 计划，随后成为美国海军旨在发展舰载无人飞机的 UCAS-D 计划的一部分，是人类历史上第一架无须人工干预、完全由电脑操纵的“无尾翼、翼身混合式喷气无人驾驶飞机”，也是第一架能够从航空母舰上起飞并自行回落的隐形无人轰炸机。X-47B 生存能力强，飞行范围广，续航时间长，配备有全球定位系统、自动巡航系统等，并且可以根据收集到的目标信息自主决定对目标的打击，是集监控、情报收集和军事打击为一体的军用智能无人机。X-47B 的研制起始于 2005 年，于 2011 年完成首飞。2013 年 5 月，X-47B 于“乔治·布什号”航空母舰（CVN-77）成功进行起飞测试，并于一小时后降落马里兰州帕杜克森河海军航空站，成功完成了一系列的地面及舰载测试，这是人类首次使用自主无人机进行舰载测试并取得成功，标志着自主飞行无人机已经正式登上了军事应用的舞台。2015 年 4 月，X-47B 成功完成了历史上首次空中自主加油对接的测试，再次创造了无人机应用的里程碑。

RQ/MQ-9（捕食者 B）无人机（见图 7.39）由通用原子航空系统为美国空军、美国海

图 7.38　正在进行空中加油的“X-47B”无人机

图 7.39　美国“捕食者 B”无人机

军和英国皇家空军开发，属于超重型无人机。它重达 2223kg，最大起飞重量有 4760kg，最大飞行速度为 482km/h，最大航程 1852km。它的一个翼下挂架，可携带一枚 AGM-114“地狱火”导弹，或一枚 FIM-92E“毒刺”导弹，是一种极具杀伤力的新型无人作战飞机，并可以执行情报、监视与侦察任务。美国空军在其作战试验刚刚结束后，就决定将其投入实战，并组建了“死神”无人机攻击中队，还成立了专门的“死神”无人机工作组，开始研究战术、训练机组人员和进行实战演练。在阿富汗战争中，美国的“捕食者”无人机发射了 1 枚导弹摧毁了一辆塔利班坦克，并为有人飞机指示攻击目标，首开了无人机用于攻击作战之先河。之后也同样被使用于伊拉克战争中，战功卓著。

从作战任务类型来看，目前的无人战斗机类似于轰炸机，主要用于定点目标轰炸。虽然无人战斗机发展到现在还存在诸多有待改进的地方，比如自主性、稳定性以及对移动目标攻击的准确性等，离取代有人战斗机参与大规模实战还有一定的距离，但无人战斗机以其独有的优势已经成为很好的辅助作战的装备。

(4) 电子对抗无人机

电子对抗无人机按照功能可分为无人诱饵机、电子干扰无人机和反辐射无人机。在战争中，战场信息十分重要，特别是在当今时代，电子信息技术的发展使得军队的电子化程度大大提高，以争夺电磁频谱控制权（制电磁权）为目的的电子信息战已然成为战争中一种主要的作战形式，电子对抗技术的发展具有重大的意义。因此电子对抗无人机在未来战争中会有广泛的应用前景。

无人诱饵机又称飞航式雷达诱饵，是电子对抗无人机中的一种，其主要功能是诱使敌雷达等电子侦察设备开机，从而暴露其雷达的位置，获取有关信息，或者模拟显示假目标，引诱敌防空兵器射击，吸引敌火力，消耗敌人防空武器，掩护己方机群突防。随着各国雷达检测技术和防空技术的提高，单纯使用攻击性飞行武器进攻的成本与代价越来越高，研制诱饵装置势在必行。

海湾战争空中战役打响后，美国空军第4468战术侦察大队共向伊拉克目标发射了38架BQM-74C型无人诱饵机（见图7.40），成功诱使伊拉克防空导弹雷达开机，随后发射的AGM-88“哈姆”（HARM）反辐射导弹将其摧毁。美国空军和海军同时使用的还有更为小型的ADM-141战术空射无人诱饵机（TALD）（见图7.41）。一方面这种无人诱饵机可以对伊军雷达系统实施欺骗式干扰以对己方攻击机提供掩护，另一方面可为攻击伊军雷达系统的反辐射导弹提供目标参数。

图7.40　BQM-74C型无人诱饵机

图7.41　ADM-141无人诱饵机

中东战争中，以色列利用“猛犬”无人机诱骗叙利亚导弹阵地暴露目标后，迅速测定其位置，仅用短短6min就成功摧毁了叙利亚的19个导弹阵地。除此之外，还有以色列的“迪莱勒”诱饵机，英国的“幽灵”无人机等。2012年7月，美国海军和雷声公司将小型空中发射诱饵干扰无人机（MALD）集成进美国海军的F/A-18E/F飞机中，如图7.42所示。MALD是一种先进的、模块化、空中发射的低成本飞行器，重量不超过300磅，航程约500海里。MALD通过复制美国及其盟国飞机的作战飞行剖面和信号特征来为飞机和驾驶员提供保护。

图7.42　小型空射诱饵干扰无人机

另一种电子对抗无人机是电子干扰无人机。电子干扰无人机主要用于飞临目标区域上空，对敌方的通信指挥系统和雷达检测系统进行电子干扰，使其成为“聋子”和“瞎子”，为己方作战机群提供掩护。如美国的“火蜂”无人机（见图 7.43）、俄罗斯的“蚊子”无人电子干扰机等。“蚊子”无人电子干扰机主要用于对无线电通信设备实施电子压制和干扰。该机主要装备了“阿米巴”或“吸血虫”噪声干扰器，以及“全球导航卫星系统”接收机，全重 20kg。它借助安装在军用汽车底盘上的发射装置进行发射，起飞前把预定的飞行航线输入地面移动控制站的计算机和机载计算机，控制人员可根据战场事态发展随时改变无人机的飞行航线。在平原地带对超短波通信设备的压制半径不小于 10km。一个地面移动控制站可同时控制 32 架“蚊子”无人机。

图 7.43 “火蜂”无人干扰机

反辐射无人机是一种利用敌方雷达辐射的电磁信号发现、跟踪、以至最后摧毁雷达的武器系统。反辐射无人机的出现使敌方雷达不敢轻举妄动。实际上，反辐射无人机不仅可以攻击雷达，而且可用于攻击电子战专用飞机以及其他辐射源，因而它的应用大大提高了电子对抗能力，并成为当今电子对抗的重要手段。反辐射无人机通过预编程的导航路径自动飞行到目标区，用反辐射无人机上的被动导引头对敌方雷达目标进行搜索、识别、跟踪和自动寻址，由计算机控制无人机实施俯冲攻击，从而达到压制或摧毁敌方雷达辐射源的目的。这种无人机属于电子战系统中的硬杀伤武器，它攻击距离远，续航时间长，从敌方防区外发射，用途广（可压制警戒雷达、预警雷达、火控雷达、制导雷达等），杀伤概率高，生存能力和机动能力强、价格低廉（威力相当的一架反辐射无人机价格只相当于反辐射导弹的 1/4~1/10），被各国军方广泛看好。目前，美国、德国、英国、法国、南非、以色列等国都已有这种反辐射无人机，典型型号有美国的“静默彩虹”AGM-136A、美国与德国合作生产的“大黄蜂”无人机，法国的“ARMAT”反辐射无人机，南非的“LARK”反辐射无人机以及以色列的“哈比”无人机等。

“哈比”（Harpy）无人机（见图 7.44）是由以色列航空工业公司（IAI）在 20 世纪 90 年代研制的，于 1995 年完成首飞。哈比无人机重量为 135kg，机长 2.7m，翼展 2.1m，气动

图 7.44 以色列“哈比”反辐射无人机

布局为后掠翼型，发动机采用 AR731 气冷活塞发动机，飞行速度处于亚音速级别，最大可达 185km/h，最大航程可达 500km。哈比的设计目标是攻击雷达系统，机身配有红外自导弹头、优越的计算机系统、全球定位系统、确定打击次序的分类软件以及一枚 32kg 高爆炸弹头。它可以从卡车上发射，沿设计好的轨道飞向目标所在地区，可在空中盘旋，也可以自主攻击目标或返回基地。当接收到敌人雷达探测时，它将携带炸弹头撞向目标，与敌方雷达同归于尽，因此被称为“空中女妖”和“雷达杀手”。哈比无人机的名字取自希腊神话中的鸟身女妖哈耳庇厄。

哈比无人机的特点是：机动灵活，航程远，续航时间长，反雷达频段宽，智能程度高，生存能力强，可全天候使用。自从研制成功后，受到多国军队的青睐。

反辐射无人机在现阶段也存在一些弱点。首先，反辐射无人机依赖预先侦查的情报，应变能力较差。作战前需要预先载入被攻击目标的参数，参数越准确，实施打击时目标越确定，攻击效果越好。反之，如果目标参数误差过大，将导致无人机对目标识别失败。而这些信息都来自预先侦察的电子情报。一旦无人机升空后，目标区域的情况发生变化，将无法做出有效攻击。其次，这种无人机到达目标区域后会在上空反复盘旋以按照预先加载的雷达信息搜索目标雷达，在搜索到目标之前会一直按照固定航线盘旋或巡逻飞行，这增加了被侦察发现的可能性。再次，缺乏防御设备，自我防护能力较弱，一旦被敌方载人战斗机发现只能处于被动挨打的境地。而这也是其他军用无人机的主要弱点。

**2. 无人机在民用领域的应用**

（1）农业喷药

喷洒农药是农业生产中重要的工序，无人机的出现使得喷药作业由传统的人工喷药和机械装备喷药方式逐步向无人机高空喷洒作业方式转变。无人机喷药作业相对于传统的喷药作业方式有很多优点：作业高度低，飘移少，可空中悬停，无须专用起降机场，喷洒均匀，防治效果好，远距离遥控操作，提高了喷洒作业的安全性。同时，节省药量和水量，作业效率高，在很大程度上降低了农业生产成本，提高了生产效率。

日本在无人机农用方面走在世界前列。世界上第一台农用无人机出现在 1987 年，日本雅马哈公司受农业部委托，生产出 20kg 级喷药无人机“R-50”。经过将近 20 多年的发展，截至 2014 年，日本拥有 2300 多架注册农用无人直升机，操作人员 14000 多，成为世界上农用无人机喷药第一大国。雅马哈公司也是世界上公认最好的生产喷药无人机的公司。其产品操作简单，飞行稳定，用户只须拨下开关键，飞机将自主起飞，飞到定高后悬停，用户可以方便地操纵飞机的前进后退，大大降低了对农民的技术要求。同时可以在短时间内更换油箱，补充药剂，作业效率和安全性大大提高。

欧美一直在军用无人机领域处于世界领先地位，然而由于国情和政策的原因，农用无人机发展受到一定限制。在欧洲所有无人机飞行需要向欧洲航空管理局进行申请，执飞飞行器与操作人员需要资质认证，飞行器质量不得超过 20kg。而由于美国的农业生产方式采用大农场，一般采用载人飞机航空喷药，无人机喷药较少。同时美国联邦航空管理局在 2015 年前禁止美国上空出现直接获取经济利益的无人机飞行，个人航模质量不得高于 20kg，飞行高度低于 140m，导致美国的农用无人机产业发展落后于日本。

我国系统研究微小型无人机航空施药喷雾技术开始于 2008 年，针对单旋翼无人机低空、低量施药技术进行研究，由国家 863 计划项目资助，目前已经产生了一批具备自主研发能力的单位和自主研发的产品和成果。比如，总参60所开发了“Z-3”农用轻型无人直升机；以浙江大学、农业部南京农业机械化研究所、华南农业大学等单位为代表开展了航空施药技术、农用无人机平台技术、航空施药污染评价技术等的研究，取得了包括无人驾驶自动导航低空施药技术、低量低飘移施药技术研究，高精度 GPS 的无人驾驶自动导航低空施药技术等多项成果；以无锡汉和等企业为代表，在引进国外微小型无人机型的基础上，开发了电动航拍系列和农业植保系列无人机型，任务载荷为 10kg、15kg、20kg，目前已基本定型，产品已经进入小批量生产。虽然这些成果目前还存在一些有待改进的地方，距离投入大规模使用还有一定距离，但是我国作为农业大国，农用无人机技术必将受到广泛的重视，在未来的农业生产中发挥举足轻重的作用。图 7.45 所示为工作中的喷药无人机。

图 7.45　工作中的喷药无人机

（2）航拍

航拍是指以无人机作为空中平台，通过机载遥感设备，例如数码相机、红外扫描仪、磁测仪等，获取周边信息，通过计算机处理合成图像或视频，是无人机另一大主要民用领域。由于无人机操作简单，飞行稳定，遥感设备搭载简单，被广泛应用于航拍。很多影视剧、大型仪式、户外综艺节目等都有航拍无人机参与其中。此外，以航拍无人机为基础，配合不同的机载设备和图像信息处理技术，又衍生出许多其他方面的应用，例如灾害救援、环境监测等。图 7.46 展示了正在进行航拍的无人机。

（3）灾害救援

我国国土面积广大，不同地区地质地形差异大，因此自然灾害种类多，灾害发生频率高，是世界上受自然灾害影响最为严重的国家之一。一旦发生自然灾害，迅速与灾害的第一现场取得联系，判明现场情况，查明事件原因，快速准确做出应急决策，进行紧急救援，对减少生命财产损失具有重大意义。但是，自然灾害发生后，其破坏力往往会造成一定范围内原有通信系统（包括有线和无线）的损坏，使得救援人员无法与现场取得联系。同时，灾害对道路的破坏也使得救援人员以及物资无法及时送抵灾区。无人机凭借自身的优势能够很好地解决这些问题，在灾害救援中发挥出重要作用。

图 7.46　正在进行航拍的无人机

● 建立通信中继：当灾害发生导致受灾地区通信设施受到破坏时，可以在无人机上安装无线电通信设备，建立临时通信中继。由于无人机机动灵活，成本较低，安装通信设备工序也并不复杂，因此可以迅速地构建应急无线局域通信网，实现灾区与救灾中心的有效联系，从而为救灾的顺利开展赢得宝贵的时间。2008 年的四川汶川大地震，使得灾区的通信设施遭到严重破坏，外界与灾区的联系一度中断。为此空军派出一架专用无人机担负中继转讯任务。该机在灾区上空架设通信桥梁，扫除了灾区的通信盲区，为抗震救灾指挥部实时指挥提供了强有力的技术支持。

● 采集灾区信息：当自然灾害发生后，在第一时间取得灾区的受灾信息非常重要。当救援人员无法进入受灾地区时，可以在无人机上配备多媒体采集系统，采集灾区的视频、音频数据，进行编码压缩并传回指挥中心。现在的无人机能方便地使用摄像机、热像仪等各种载荷。即使是普通的民用级专业数码相机，也能安装到飞机的平台上。配合自动曝光摄影等一系列先进技术，就能自动获取高清晰数码照片。通过后期处理，生成数码影像和地形图。同样是在汶川地震中，我国技术工作组应用微型无人机遥感系统，对重灾区北川县进行航拍。系统中的无人机主要采用玻璃钢和碳纤维复合材料加工而成，遥感系统采用 GPS 自主导航和气压定高，整个飞控系统由遥控接收机、GPS 接收板、GPS 天线、自动平衡仪及自主飞行控制系统组成。自动平衡仪通过 4 个红外感应头感知飞行姿态，自动保持飞机平稳飞行。飞控系统包含两个微型计算机，分别用于导航和运动控制。技术人员通过无线电设备向无人机发送指令，遥感系统选用高分辨率数码相机。进行拍摄时，通过人工短距离抛射的方式使无人机起飞，通过遥控使其进入自动飞行状态，并按照预先输入的飞行指令执行飞行航拍任务，拍摄频率为 4s 一次。整个航拍历时 25min，共获得 107 张高清晰航拍照片和 8min 的视频影像。之后对图像进行拼接处理，进行几何校正，就得到了灾区图像，如图 7.47 所示。这些图像为灾害范围、受灾面积的计算，灾害损失的评估以及救灾的决策提供了强有力的科学依据。

图 7.47 汶川地震后无人机拍摄的北川灾区图像
（图片摘自《微型无人机遥感系统在汶川地震中的应用》）

（4）环境监测

传统的环境监测方式有人工调查和卫星遥感拍摄两种。人工调查虽然准确率较高，调查结果更为可靠，但是效率低下，且存在一定的危险性和不可行性。卫星遥感的方式比人工调查效率高，范围广，但是卫星影像的分辨率较低，监测时仍需要较多的人工解译与分辨，对于高精度监测场合不适用，而且只能对通过图像能得到的环境参数进行测量。由于无人机是在低空飞行，使用无人机进行环境监测可以很好地弥补上述两种方法的不足。进行环境监测时，可以在无人机上搭载摄像头或者可感知自然环境的传感器，使其进入特定的环境中进行拍摄与感知。一方面，低空拍摄的环境影像分辨率更高，更加精确；另一方面，由于无人机自身也处于目标区域中，因此通过搭载的特定传感器可以感知通过图像无法感知的环境参数，比如气压高度、大气温度和湿度、真空速度等。

目前，无人机在环境监测方面的应用有森林资源调查、大气数据采集以及科研考察等。进行森林资源调查时在无人机上面搭载摄像头，利用航拍采集目标林区的图像数据，之后对图像进行拼接、几何校正和区域划分，便可用于森林资源调查。用于大气数据采集时需在无人机上搭载大气数据采集系统，这种系统通常由静压传感器、动静压差传感器、温湿度传感器、A/D 转换器、接口电路和通信模块组成，可对周围大气数据进行实时检测、解算和传送。科考方面，中国科研人员也曾在第 24 次南极考察中开展了首次极地无人机应用验证实验，在中山站以北的 150m 超低空飞行了 30km，对南极浮冰区进行冰情侦察。此外，无人机在野生动物监测、土地资源和矿产资源探查等领域也逐渐发挥出重要的作用。

## 7.3 医用机器人

随着社会的进步和人们生活水平的提高，人类对自身疾病的诊断、治疗、预防以及卫生健康给予越来越多的关注。人们尝试将传统医疗器械与信息、微电子、新材料、自动化、精密制造、机器人等技术有机结合，以提高医疗诊断的准确性和治疗的质量。在这种情况下，医用机器人得到了迅速发展，已成为当今世界发展速度最快、贸易往来最活跃的高科技产业之一。

医用机器人技术是集医学、生物力学、机械工程学、材料学、计算机科学、机器人技术等诸多学科为一体的新型交叉研究领域，已经成为国际机器人领域的一个研究热点。目前，先进机器人技术在医疗外科手术规划模拟、微损伤精确定位操作、无损伤诊断与检测、新型手术医学治疗方法等方面得到了广泛的应用，这不仅促进了传统医学的革命，也带动了新技术、新理论的发展。

与人相比，机器人不仅具有定位准确、运行稳定、灵巧性强、工作范围大、不怕辐射和感染等优点，而且可以实现手术最小损伤，提高疾病诊断和手术操作精度，缩短治疗时间，降低医疗成本。发达国家将研究成果迅速转化为产品，应用于远程医疗、康复工程、卫生健康等方面，其发展速度远远超过一般工业机器人。

### 7.3.1 医用机器人的特点

医用机器人与工业机器人不同，主要区别在所操作的对象和工作环境上。医用机器人的对象主要是病人，所关注的是人的生命，所以对机器人的位置精度及对病人的安全性方面有很高的要求。工业机器人解决安全性的办法是将机器人与人从空间上进行隔离，而医用机器人正好相反，只有人和机器人处于同一个空间内才能发挥功能，因此完全不同于传统的安全策略。医用机器人和工业机器人在以下方面具有显著的区别：①直接与人（患者、护理人员等）接触；②作业内容变化无常；③不能发生误动作；④机器人的使用者都是非专业人员。因此，将工业机器人简单地扩展到医疗领域是极其危险的。增大机器人的工作空间，或者自由度，实际上容易引发软件错误和控制系统的故障，导致异常动作，机器人发生干涉和冲突的危险性也就随之升高。因此，有人提出从机构上来限制机器人的工作空间，以保证安全的建议。不过，这样做的后果可能会限制机器人固有长处的发挥，造成设计的失误，或者使机器人动作的柔软性和多样性的特点丧失殆尽。除了安全性之外，医用机器人还应具有定位准确、状态稳定、可以实现手术微创、缩短医疗时间、降低医疗成本等特点，能大大提高手术的质量。

## 7.3.2 医用机器人的分类

随着社会快速步入老龄化、人们对医疗期望的提高以及患者对生活质量要求的提高，对医用机器人技术开发的期待主要集中在以下几个方面。

1）实现安全和正确的治疗。近年来，微创外科手术在外科各个领域发展很快。所谓微创外科手术就是将手术钳、电手术刀等器械穿过很小的切口插入腹腔，用体外操作器械完成手术的全过程。由于能最大限度地缩小患者的创口，缩短住院时间，促进术后恢复，所以微创手术在很多医学治疗领域备受青睐。另外，无论是高龄患者还是一般患者，都需要实施像细小血管对接、显微外科手术这样一些超越人手技能的医疗操作，所以从增强人的能力来看，医疗手术还需要有精密定位技术。

2）确保医疗人员的安全。感染程度很高的部门（如化验检查）对机器人技术的呼声甚高。例如，ADIS之类的治疗，不但难度大，而且必须防止血液等活体试样的感染，因为它们的致死率很高。再如，最近流行的在X射线支持下边观察边手术的所谓介入放射学（Interventional Radiology）治疗，这种方式虽然有助于提高治疗的正确性和安全性，但医师在手术过程中却容易遭受大剂量的辐射。所以，要求开发一种能够在这种环境下发挥治疗作用的器械，以确保医疗人员的安全。

3）自助支援和提高患者生活质量。随着世界许多国家快速步入老龄化社会，为了维护社会的活力，提高生活质量，维持高龄者的健康和身体机能是很有意义的。因此，对开发防止感觉机能、行走能力下降的训练器械，或者补偿衰老肌体功能的器械出现需求。尤其当身体的某一部分机能恶化后，会造成老年人身体机能和精神状态的急剧下降。因此，非常有必要开发基于机器人应用技术的自助支援器械。

4）实现人性化的医疗环境。护理人员数量的严重不足使近年来医疗人员的负担大大增加。如果把机器人引入到医疗现场，让机器人代替医护人员完成部分工作，而让护理人员去完成那些必须由人完成的工作。应该指出，引入机器人技术绝不是让人与患者分离，而是构建更为协调的医疗福利环境。

5）医学教育的支援。为了改进医疗技术培训，引入具有虚拟现实感的机器人技术可以在教育仿真系统中发挥重要作用。近年来，由于动物保护意识的增强，医疗培训体制被要求最大限度地减少动物实验，在这个方面同样期待机器人技术的应用。

综上所述，医用机器人应用领域的分类见表7.2。

表 7.2 医用机器人的分类

| 应用领域 | 装 置 示 例 |
| --- | --- |
| 检查、诊断 | 基于图像诊断确定病灶位置的装置、确定诊断探头位置的装置、生理检查支援系统 |
| 治疗 | 手术支援机器人，显微外科支援机器人，放射线治疗标的定位装置等 |
| 医院内部间接作业 | 检验样本输送装置，食物输送机器人，药品分发机器人 |
| 康复支援 | 步行训练支援，韧性训练支援 |
| 自立支援 | 步行支援，动力装置，饮食支援机器人 |
| 护理支援 | 转移支援装置，环境控制装置 |
| 医学教育培训 | 心肺移植仿真，内窥镜操作仿真，内窥镜下的手术仿真 |
| 生物科学支援 | 显微受精支援系统、细胞操作 |

## 7.3.3 医用外科机器人

**1. 计算机外科**

众所周知，机械制造领域广泛流行计算机辅助设计/计算机辅助制造（Computer Aided Design/Computer Aided Manufacturing，CAD/CAM）的生产方式，其含义是在设计阶段采用有限元法和各种动力学计算机仿真，得到最优设计结果，然后将得到的设计数据输入数控机床自动加工，再利用自动装配系统实施高效装配，最后利用计算机测量系统完成检验工作。实践证明，这样的制造模式使生产活动达到了很高的效率，并且有助于构筑所有工序的综合信息系统。

如果将上述手段应用到医学领域，那么设计过程就相当于手术前的诊断过程，这时三维医用图像的测量技术将起关键的作用。然后以此建立手术规划，进行手术仿真，最后利用所得的数据完成实际手术的导航任务。

在术前利用 X 射线、MRI-CT 等各种三维医用图像测量技术，获得器官的三维构造信息，并据此建立对象的立体形状模型。另外，还可以利用质子射线断层成像法（Positron Emission Tomography，PET）、核磁共振图像（functional Magnetic Resonance Imaging，f-MRI）、脑磁场（Magnetoencephalography，MEG）等检测方法把功能信息和解剖学信息综合起来建模，再通过反复的外科手术仿真，建立手术综合规划。显然，这些技术为外科手术开辟了新的天地。

人们随之面临的课题就是如何从术前诊断信息和手术规划信息中寻求帮助手术的技术。机械系统的判断功能虽然不比人更高，但在精度和力度等方面的把握能力却比人强得多。因此，利用术前的手术规划信息控制高精度的机械系统，有利于高精度手术的实施，甚至有人正在将此技术应用于远程手术（手术医师与患者不在同一物理空间中）。所谓不在同一物理空间中并非指简单的距离分隔，还包括医师的手臂无法到达部位的作业。手术支援机器人就是这样一种高性能的手术器械，它相当于外科医师的一只“新手”。

计算机外科（Computer Aided Surgery）就是在上述机电一体化技术驱动下的外科手术的支援技术。

**2. 手术导航技术**

随着 MRI 和 CT 的发展，不但精细三维成像（Volumetric Imaging）得到普及，而且各种三维测量和图像处理技术也得以实现，为实施定位脑手术、整形外科手术等在术前利用图像确定目标和接近方向的技术奠定了基础，称之为“图像空间的三维手术规划——手术战略信息的制定”。将这些信息应用于手术导航就是指利用与患者对应的位置图像信息对手术实施引导。

手术导航系统的功能是在计算机的显示器上显示出断层图像或三维 CG，在手术操作过程中把手术部位的图像实时显示在 CG 上。由于手术医师能够自如地掌握操作部位及其周围的三维结构，因此可以提高手术的安全性、效率和有效性。目前有人正在研究一种更高级的手术导航技术，即不仅仅在画面上提供上述信息，而且把医师观察到的实际空间与虚拟空间信息正确地重叠在一起，以构建用于手术空间导航信息提示的超现实感环境。

目前使用的三维位置测量系统如下。

（1）机械式

利用编码器测量多于六自由度的手臂上各个关节的转动角度或直线（或曲线）移动距离，以获得手部位置和姿态的信息。该系统的缺点是有时手臂的操作比较麻烦，在同一时间内只能测量一个对象的位置，为了保证无菌，手臂必须用无菌罩覆盖等。然而，只要机械加工精度足够高，即可保证整个系统的精度，因此在手术支援机器人中，它是最适合发展成为被动维持手术器械位置的系统。

（2）光学式

这种导航方式用数台摄像机拍摄指示器上的光学标记（发光二极管等），根据三角测量原理来计算这些标记的位置。此外，反射也可以采用光扩散性很强的非发光二极管标记物。该方法的精度可达 0.3mm 左右，并可以同时测量多个位置。不过，如果摄像机与标记物之间有障碍物，则无法得到位置信息。

（3）磁性式

磁性式方法利用手术外部的多个线圈产生磁场和电磁波，通过指示器上的传感器检测磁场强度和电场强度，计算指示器到各个线圈的距离，获得三维位置。该方法的优点是即使从外部无法看见指示器也能进行位置测量，缺点是如果手术现场有磁性体则容易产生干扰误差。

有关三维手术支援的研究，目前主要集中在实际手术空间和图像空间之间如何对应的问题上。一般的方法是用多个坐标系针对同一标记反复进行测量，将数值一一对应。例如，手术前在患者头部固定数个标记物，它们能起到手术中患者头部位置与手术前图像位置彼此对应的媒介作用，所以标记物固定后应该作为手术前的图像拍摄下来，然后再拍摄用于系统的术前图像。这幅术前图像能够提供导航位置信息，应该是一副具有极高分辨率的三维图像，同时在图像内可以测量到前述标记物的位置。进行手术时，首先在正前方测量头部标记的位置。这时至少应该测量头部固定的多个标记中的 3 个，以供三维定点设备或摄像头图像进行导航图像处理使用。实际上，考虑到测量误差，人们通常都测量 4 个以上的标记位置，使数据处理有冗余。依据它们的对应关系就可以实现手术时头部的位置姿态与术前图像的位置姿态相对应，即实现坐标系的匹配。若将上述对应关系用函数表示出来，那么在手术中利用三维定点设备指定实际空间中任意一点的位置后，即可由函数计算出该点在图像中的坐标，由此成功实现术前导航。

**3. 医用外科机器人的分类**

按功能和应用形式来划分，医用外科机器人的分类见表 7.3。

表 7.3 外科手术机器人的分类

| 分类方式 | 种 类 | 功 能 |
|---|---|---|
| 按应用形态分类 | 导航机器人 | 手术器械等的辅助定位 |
| | 治疗机器人 | 主动手术钳 |
| | | 主从机械手 |
| 按产生的力分类 | 被动型机器人 | 手术医师动作的约束 |
| | | 手术医师操作的修正 |
| | 主动型机器人 | 产生自主力完成动作 |
| 按控制方式分类 | 术前规划固定作业型 | 由术前图像构成的三维位置数据确定病灶，导引手术器械，或者进行切除作业 |
| | 手术中柔性作业型 | 作为手术的辅助装置，使手术医师的作业更为多样化 |

医用外科机器人按照应用可以分为导航机器人和治疗机器人。导航机器人的任务是引导医师正确操作手术器械确定病灶的部位，治疗行为最终仍然交给医师去完成（根据定位的结果）。治疗机器人除具有定位功能外，还能参与具体的治疗作业，如骨骼的切削、激光照射、血管缝合等。

根据机器人产生的力的大小，医用外科机器人可以分为被动型和主动型机器人。所谓被动型机器人就是机器人本身并不产生较大的力，例如在显微手术中，机器人仅向手术医师的手部施加很小的力，目的在于抑制医师在定位和进行显微手术时手部的颤动。所谓主动型机器人就是能够主动地产生外科处置过程中所必需的力。

按照机器人的控制形式，医用外科机器人可以分为术前规划固定作业型和手术中柔性作业型机器人。前者如用于整形外科领域，手术中器官的变形和移动很小，只是利用术前的三维测量结果正确地切去部分骨骼。后者如用于近年来发展很快的由内窥镜引导，在局部空间和视野中根据医师的命令完成柔性动作的机械手，以及替代医师助手负责操作内窥镜的机械手系统等。

**4. 医用外科机器人系统的总体结构**

医用外科机器人系统集中了多个领域的科学和工程技术，它既不同于工业机器人系统主要完成重复性操作，也不像智能机器人系统具有高度的自主性。由于外科手术比较复杂，外科手术机器人系统工作过程一般可以分为数据获取、术前处理和术中处理三大阶段，每个阶段又由若干具体步骤组成，整个工作流程如图 7.48 所示。

（1）数据获取

1）医学图像的数据输入。要实现在计算机上进行手术规划和手术模拟，一个先决的条件是需要把图像信息通过某种途径数字化输入到计算机中。一般有三种途径：其一，先把计算机断层扫描（Computerized Tomography，CT）或磁共振成像（Magnetic Resonance Imaging，MRI）的影像胶片洗出来，再用扫描仪扫描为标准格式的图像，存储到计算机中；其二，通过存储介质（比如软盘、光盘等）拷入计算机；其三，建立网络系统，通过网络把图像数据传给计算机。这样就为图像数据的进一步处理做好了必要的准备。

2）图像分割。图像分割是把图像分成各具特性区域并提取出感兴趣目标的技术和过程。在这里“特性”指的是由于各种组织的不同而在医学图像中所映射的灰度、颜色、纹理等的不同，特别是病灶区域往往与正常组织有不同的特征。要实现组织三维模型的重构，并使医生能够方便地根据重构模型进行手术路径规划等操作，首先要在图像数据中识别出病灶和其他重要组织。

3）图像对准。由于医生处理的是一张多个断层扫描图像，在计算机进行每层图像分割后，各个图像之间的相互位置需要对准，因为每个图层中的图像位置是任意的，其倾斜角度也有差别。如果要得到病人准确完整的信息，必须对各个图像进行矫正，使其位置、倾角等特性保持一致。只有这样，才能得到病人准确的模型信息。否则，重构模型将扭曲，无法正确反映病人信息，以后工作的正确性也无从说起。

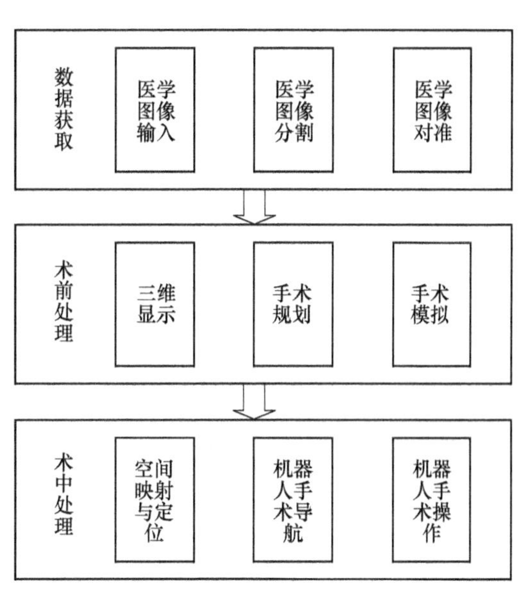


图 7.48　医用外科机器人系统工作过程

（2）术前处理

1）三维模型显示。医学图像三维模型绘制显示分为两类：面绘制法和体绘制法。

面绘制法首先将图像数据转化为相应的三维几何图元（三角面片、曲面片等），然后用传统的绘制技术将三维表面绘制出来。其中最具代表性的是轮廓线连接算法和 Marching Cubes 算法。

体绘制法与面绘制法不同，它不必构造中间几何元素，直接利用原始三维数据的重采样和图像合成技术绘制出整个数据场的图像。该方法可以绘制出数据场中细微的和难以用几何模型表示的细节，全面地反映数据场的整体信息。体绘制算法的实质是三维离散数据场的重采样和图像合成。该算法首先通过对离散的三维采样数据点重构得到初始的三维连续数据场，然后该三维连续数据场进行重采样。对新采样点根据其性质不同赋予相应的颜色值和不透明度，再通过一系列采样点的颜色，利用颜色合成公式进行合成，最终得到整个数据场的投影图像。根据重构和合成的实现方式不同，体绘制法可以分为图像空间扫描的体绘制法、物体空间扫描的体绘制法和频域体绘制法三大类。

2）手术规划和模拟。在传统微创手术中，医生是在自己的大脑中进行术前的手术规划，确定手术方案，然后根据其在医生大脑中形成三维图像进行手术。由于医生无法实时观察到病变组织与手术器械的相对位置，很难在手术过程中根据眼睛观察调整手术方案，因此这种手术方案质量的高低，往往依赖于医生个人的外科临床经验与技能，而且参与手术的其他医生很难共享主刀医生大脑中形成的整个手术规划构思，有时会出现混乱的危险。用计算机代替医生进行手术方案的制定比人更客观、定量，而且信息可供其他手术医生共享。

手术规划和模拟可以分为三个阶段：首先，在得到病人的三维模型之后，医生可以漫游病人手术部位的三维重构图像，从而对手术部位及邻近区域的解剖结构有一个明确认识。然后，在专家系统支持下，根据图像信息确定病变位置、类型等信息，给出诊断结果。最后，根据诊断结果制定相应的手术方案，并将手术方案显示在三维模型上，利用虚拟现实技术按照手术计划对手术过程进行模拟操作。医生头戴头盔式立体显示器，能够观测到图像中的立体模型，手术虚拟操作则通过特制的数据手套输入。这些设备可以使医生在计算机前具有身临其境的感觉。

由于不同手术需要的信息和数据并不相同，专家系统中应预先存储大量的医学知识和专家临床经验。以神经外科立体定向手术为例，医生根据三维模型判断出肿瘤的位置，规划系统则计算出肿瘤的轮廓范围和体积，在三维模型上给定手术的入针点、穿刺路径和穿刺深度，而医生可以根据自己的临床经验修改方案，直到满意为止。

（3）术中处理

1）空间映射与定位。虽然医生在三维模型上规划了手术方案，但是这个规划方案毕竟是建立在计算机图像模型上的。要成功地完成手术，必须将图像上的手术规划映射到真实病变组织的正确位置和方向，从而使实际的手术方案与图像模型的规划方案相一致。

在外科手术机器人系统中，手术规划在计算机图像空间中进行，而机器人辅助手术则在机器人空间中操作。对于这两个空间，需要寻找一个映射关系，使图像空间中的每一个点在机器人空间中都有唯一的点与之相对应，并且这两个点对应同一生理位置。只有建立了映射关系，在计算机图像空间中确定的手术方案才能在机器人操作空间中得到准确执行；在手术过程中，手术导航系统才能实时跟踪机器人末端的手术工具并将其显示在计算机屏幕上。由此可见，空间映射与定位是整个系统成功的关键，它将图像模型、手术区域和机器人操作联系起来，直接影响整个系统的精度和机器人辅助手术的成败。

2）机器人辅助导航和操作。机器人是外科手术机器人系统的核心，它的作用有两个：一是计算出机器人末端的手术工具的空间位姿，实现对手术工具的导航；二是按医生指令控制手术工具运动完成辅助操作任务。

出于手术安全考虑，在整个手术过程中机器人的运动分阶段完成。运动开始命令由医生发出，机器人根据手术规划系统提供的轨迹参数生成运动指令，发送给机器人控制器，机器人完成指定操作。医生始终处于规定和控制机器人一步一步完成任务的重要位置，特别是出现紧急情况时，机器人可以及时按照医生的指令停止或运动到安全位置。

另外，医用外科机器人的精度是指机器人运动的实际位置和指令位置间的差别，即机器人的绝对位置精度。这与传统的工业机器人系统用重复位置精度来衡量机器人精度有明显区别。外科手术机器人的运动速度一般被限制在较低水平，这是因为手术是以医生为主体的，机器人的作用只是辅助操作，手术进行中医生随时可能根据自己的判断要求机器人终止操作，因此机器人的低速运动会给医生留下一个宽松的判断和操作空间。在手术路径选取时，要求避开一些人体的重要组织，机器人的灵活操作空间必须覆盖手术操作区间，以保证规划手术方案的实施。

由此可见，医用外科机器人系统是一个多学科的交叉研究领域，它涉及机器人结构、机器人控制、通信技术、计算机图像处理、计算机图形学、虚拟现实技术、医学等，涉及面广，研究内容广泛。

### 7.3.4 康复机器人

康复机器人是近年出现的一种新型机器人，它分为康复训练机器人和辅助型康复机器人，见表7.4。康复训练机器人的主要功能是帮助由于疾病而造成偏瘫，或者因意外伤害造成肢体运动障碍的患者完成各种运动功能的恢复训练。辅助型康复机器人包括自立支援机器人和护理支援机器人。自立支援。主要是指日常生活中基本动作的支援。有时引入自立支援机器人的目的在于减轻护理人员的劳动强度，因而又兼有护理机器人的功能。在自立支援机器人中，社会活动支援机器人占有重要的地位，它的作用是支援劳动就业或业余活动。护理支援的内容基本与自立支援机器人的功能相同，也是围绕日常生活的基本活动展开。从目前的技术水平来看，护理机器人主要起到协助护理的作用，要求达到自动护理还不现实。

表7.4　康复机器人的分类

<table>
<tr><th>分　类</th><th>应用领域</th><th>说　明</th></tr>
<tr><td rowspan="4">康复训练机器人</td><td rowspan="4">身体机能恢复训练</td><td>上肢康复训练机器人——用于手臂、手及腕部的康复训练</td></tr>
<tr><td>下肢康复训练机器人——用于行走功能康复训练</td></tr>
<tr><td>脊椎康复运动训练</td></tr>
<tr><td>颈部康复运动训练</td></tr>
<tr><td rowspan="2">辅助型康复机器人</td><td>自立支援机器人</td><td>辅助或替代残障人士由于身体机能缺失或减弱而无法实现的动作，如机器人轮椅、机器人假肢、导盲机器人</td></tr>
<tr><td>护理支援机器人</td><td>用于老年人或残障人士护理作业的机器人，如机器人护士</td></tr>
</table>

康复机器人作为一种自动化康复医疗设备，它以医学理论为依据，帮助患者进行科学有效的康复训练，可以使患者的运动机能得到更好的恢复。康复机器人由计算机控制，并配以相应的传感器和安全系统，康复训练在设定的程序下自动进行，可以自动评价康复训练效果，根据患者的实际情况调节运动参数，实现最佳训练。康复机器人技术在欧美等国家得到科研工作者和医疗机构的普遍重视，许多研究机构都开展了相关的研究工作，近年来取得了一些有价值的成果。

### 7.3.5　医学教育机器人

随着动物保护意识的增强，今后利用动物实验辅助医学教育的限制会日渐增多。与其矛盾的是，医疗器械越先进，器械操作的训练要求也就越高。例如，Intuitive Surgical公司要求医师在操作支援机器人系统之前必须接受一定时间的训练学习。实际上，人们开发了各种手术训练的仿真器，如心肺移植手术训练仿真器等。

这些系统在计算机内建立了脏器的三维模型和力学特性模型，这不仅可以仿真随操作产生的图像变化，也可以将手术者能够感觉到的反作用力通过机器人手臂向医师反馈，这样可以通过治疗仿真进行手术训练。例如，具有大肠力学模型和可提示力觉机构的大肠镜插入训练系统，以及各种内窥镜手术仿真器械等。

### 7.3.6　医用机器人的应用

医用机器人是医疗器械与信息技术、微电子技术、新材料技术、自动化技术有机结合发展形成的一种新型高技术数字化装备。在精确定位、微创治疗方面发挥了重要优势，是医疗器械中带有前瞻性的发展领域。

随着科学技术的发展，特别是计算机技术的发展，医用机器人在临床中的作用越来越受到人们的重视，其应用对象遍及人体的各个器官和组织。现在，医用机器人已成功应用到脑外科、神经外科、整形外科、泌尿科、耳鼻喉科、眼科、骨科、腹腔手术、康复训练等众多方面。

**1. 医用外科机器人的应用**

医用外科机器人系统是用于医疗外科手术，辅助医生进行术前诊断和手术规划，在手术中提供可视化导引或监视服务功能，辅助医生高质量地完成手术操作的机器人集成系统。

目前医用外科机器人系统的研究和开发引起许多发达国家，如美国、法国、德国、意大利、日本等国政府和学术界的极大关注，并投入了大量的人力和财力。早在20世纪80年代，西方七国首脑会议就确定了国际先进机器人研究计划IARP，至今已召开过两届成员国医用机器人研讨会。美国国防部已经立项，开展基于遥操作的外科研究（Telepresence Surgery），用于战伤模拟、手术培训、解剖教学。法国国家科学研究中心开展了医疗外科仿真、规划和导引系统的研究工作。欧共体也将机器人辅助外科手术及虚拟外科手术仿真系统作为重点研究发展的项目之一。医用外科机器人已经成为当前发展的热点之一。

迄今为止，国外已研究和开发了多种医用外科机器人系统，适用的范围也越来越广。

（1）内窥镜操作手

在内窥镜手术中，主刀医师在内窥镜的视野范围内实施各种外科处置，操作内窥镜的任务通常交给助手完成。此时要求主刀医师和助手能够顺畅地沟通作业意图。但是存在的一个问题是，助手在操控内窥镜时手难免会颤动，由此会造成图像模糊，以至于无法为医师提供良好的视野。

为了解决主刀医师与助手之间的沟通问题，在腹腔镜手术中出现了内窥镜机械手，这是一个依据医师的操作保持内窥镜（腹腔镜等）位置的机械手系统。该系统用于远程手术、手术培训等。

Wang等开发了AESOP（Automated Endoscopic System for Optimal Positioning）机械手。它是一个SCARA型的六自由度机械手，能以插入孔为中心控制旋转和前、后移动。

Taylaor等开发了LARS（Laparoscopic Assistant Robot System）机械手，它除了XYZ轴三个自由度外，还有绕腹腔插入口旋转的第四个自由度。它靠手臂（平行连杆机构）抓取腹腔镜，将平行连杆机构的一个顶点设为插入孔，从机构上能够实现腹腔镜以插入孔为中心的旋转运动。

图7.49为腹腔镜手术内窥镜操作机械手系统。该系统考虑了安全、洗净、消毒和操作性等多个因素。机器人采用5连杆机构，它的组成部分有球形关节部分（用于抓取腹腔壁套针）、驱动部分、操作交互界面等。5连杆机构的作用是从物理上把驱动部分与患者隔开，并增加了内窥镜的自动调焦功能，克服传统内窥镜必须进行前后移动才能缩放病灶图像的缺点。这样，机械手的动作范围被约束在有限的二维平面内，大大降低了医

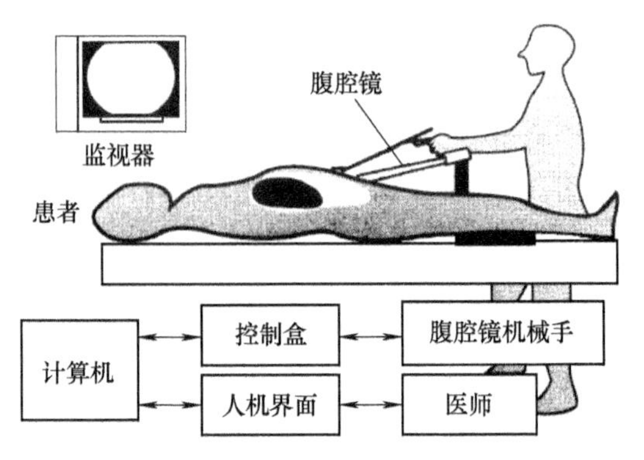

图7.49　内窥镜机械手的系统组成

师、患者和机械手之间的干涉，提高了安全性。

至于输入操作命令的交互界面部分，为了避免在手术中被误用，该系统并未采用脚踏开关。界面上有内窥镜移动方向的显示画面，移动方向的输入则靠手术医师头部的移动，或者固定在手术钳把手处的手动开关，只有在医师确认移动方向正确后才能驱动机械手。重复执行一连串的命令—确认—驱动动作的目的在于避免误操作。

（2）整形外科手术机器人系统

在整形外科中，术前诊断可以获得对象部位的三维位置和形状测量结构，再借助于术前规划手术机器人系统，就可以在手术中将它稳定地再现出来。

德国 Berlin 大学长期开展医用外科机器人的研究工作，他们分别研究了机器人在颌面整形、牙科整形、放射外科中的应用。系统采用一套光电系统作为手术导航工具，机器人则采用改造后的 PUMA 工业机器人。他们还开发了多种适合于机器人末端夹持的手术工具。

我国北京大学口腔医院、北京理工大学等联合研制的口腔修复机器人如图 7.50 所示。这是一个由计算机和机器人辅助设计、制作全口义齿人工牙列的应用试验系统。该系统利用图像、图形技术来获取生成无牙颌患者的口腔软硬组织计算机模型，利用自行研制的非接触式三维激光扫描测量系统来获取患者无牙颌骨形态的几何参数，采用专家系统软件完成全口义齿人工牙列的计算机辅助统计。另外，发明和制作了单颗塑料人工牙与最终要完成的人工牙列之间的过渡转换装置——可调节排牙器。利用机器人来代替手工排牙，不但比口腔医疗专家更精确地以数字的方式操作，同时还能避免专家因疲劳、情绪、疏忽等原因造成的失误。

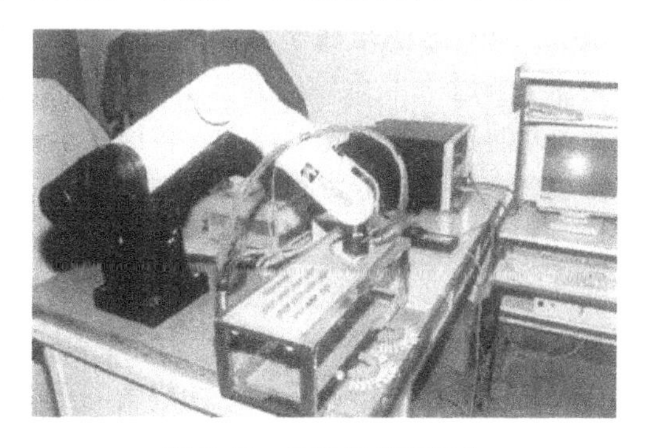

图 7.50　口腔修复机器人

目前，整形外科手术微创化的呼声越来越高，骨骼切削器械出现了小型化、微创化的趋势。

（3）穿刺手术机器人

众所周知，在外科处置及内科处置中广泛使用穿刺，例如整形外科的神经根传导阻滞法、椎体成形手术、脑神经外科的淤血抽吸、肝脏外科的无线电波烧灼手术等，都用到穿刺手术。穿刺处置通常是在 X 射线透视或超声波图像的引导下进行的，最近出现了在 MRI 摄影引导下实施的趋势。有人正在开展机器人进行目标组织穿刺的探索。

（4）遥控操作手术机器人

遥控操作手术（或称远程手术），顾名思义就是医生在很远的地方为病人做手术，虽然这个“远程”没有具体的数值概念，但有一点可以肯定，那就是医生和病人不在同一现场。随着互联网和其他通信技术的发展，远距离手术这一梦想正逐渐走向现实。

目前，世界上至少有 10 个研究小组正在从事远距离外科手术系统的研究工作。美国 Berkeley 大学系统地开展了带有力反馈和立体远程触觉的远程医疗外科机器人的研究，系统包括两台带有灵巧手及触觉传感器的机械臂、力和触觉反馈设备、改进的成像和三维显示系统，所有设备都由计算机控制。其研究目标是使医生能够微创伤地完成复杂的外科手术。斯坦福研究所经过多年的努力，研制出临场感远程外科手术系统，它是由菲利普・格林先生发明的，所以又称为格林系统，如图 7.51 所示。

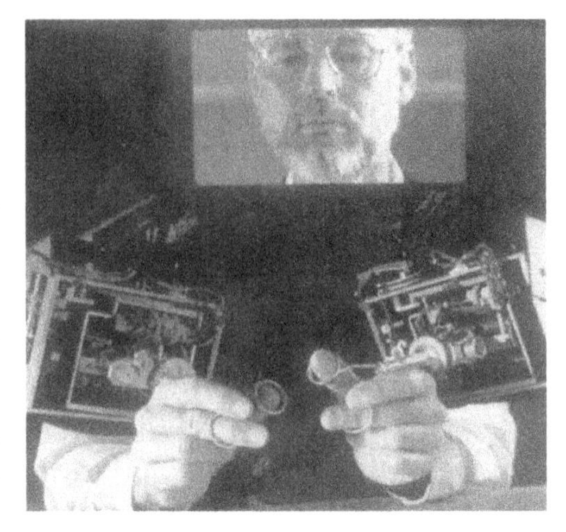

图 7.51　格林系统

格林系统是让外科医生坐在一个大操纵台前，带上三维眼镜，盯着一个透明的工作间，观看手术室内立体摄像机摄录并传送过来的手术室和病人的三维立体图像。与此同时，外科医生的两手手指分别勾住操纵台下两台仪器上的控制环。仪器中的传感器可测量出外科医生手指的细微动作并把测量结果数字化，随后传送到两只机械手上，机械手随外科医生动作，为病人做手术。声频部分能同时传来手术所发出的所有声音，使人有亲临其境之感。使用格林系统，外科医生是在病人图像上做手术，但感觉却与普通手术无异。机械手还会通过传感器把手术时的所有感觉反馈给外科医生。目前，专家们已利用这套系统为一头猪做了手术并获得成功。此外，专家们还通过一系列试验验证了这套系统的精度。例如把葡萄切成 1mm 厚的薄片等试验。

虽然格林系统已成功地用于动物，但真正能为人安全地实施手术还需要很长的时间，还有很多问题有待解决。

与格林系统相似并可与之相媲美的是麻省理工学院的 W·亨特及其同事研制的 MSR-1，这是一种专门用于显微外科手术的机器人系统。这套系统的特点是：按比例缩小外科医生的动作，使机器人所做的剪切仅为外科医生动作的 1/100，而且计算机可以滤去手的抖动，同时还能检查手术动作对病人是否安全，如发现问题会及时报警。外科医生通过传感器能得到做手术时的所有实际感觉。如果需要，计算机还能放大机器人所遇到的作用力。由于具有上述特点，这种装置非常适合做眼部手术。但 MSR-1 尚未做人体试验，系统本身还有待进一步完善和提高。

除了远程外科手术机器人外，其他的医疗机器人发展也很快。很多专家都看好微型医疗机器人，让机器人进入人体，直接对患处进行检查和治疗，增加了检查的可靠性，提高治疗的有效性。随着微机器人的不断完善和数字化人体工程的进展，适用的微机器人系统将走进医院，揭示更多人体秘密。

（5）微创外科手术机器人

微创外科是医学领域近 20 年来高速发展的新兴学科。该手术是在病人身体上打开一个或几个小孔，外科医生借助于各种视觉图像设备和先进灵巧手术器械装备，将手术器械经过小切口进入人体进行治疗或诊断。与传统手术相比，由于微创外科手术对健康组织的创伤小，并且病人体表伤口明显缩小，从而减少了各种手术并发症，提高了患者术中和术后身心舒适度，缩短了术后恢复时间，降低了住院费用。因此，受到医生和患者的普遍欢迎，是外科手术发展的必然趋势，具有广阔的应用前景。

微创外科手术可以分为内窥镜引导的微创手术和体外图像引导的微创手术两种类型。对于内窥镜引导的微创手术是指外科医生在深入体内的内窥镜引导下，通过病人体表的小孔将手术器械送入体内的病变部位，进而完成手术操作。内窥镜引导的微创手术已拓展到传统外科的各个专业。如普通外科的腹腔镜、胆道镜、乳腺导管内窥镜等，胸外科的胸腔镜，骨外科的关节镜，脑外科的颅腔镜，妇产科的腹腔镜和宫腔镜，泌尿科的膀胱镜，耳鼻喉科的鼻腔内窥镜、支撑喉镜和耳内窥镜等。

1）微创外科机器人在内窥镜手术中的应用。2000 年，在美国和欧洲，80%的腹腔手术是在内窥镜下进行的。同时，对内窥镜的灵活性要求也越来越高，因为手术时医生不能直接通过自己的手对病变组织进行操作，也不能直接观察手术工具的动作，必须依靠插入病人体内的导管和内窥镜来完成，医生还常常需要一个助手操作内窥镜的摄像机来及时观察手术的进展，相互协调配合非常困难。

腹腔镜手术是一种典型的内窥镜手术。传统手术中由于受到空间的限制，医师需要靠一种叫作“魔术手”（Magic Hand）的手术钳来完成缝合、结扎、切离等多种复杂的作业。基于内窥镜的微创外科机器人系统对这一类远距离操作最有效。在手术中，医生首先将一种内径约为 10mm 的管状手术器械套针插入腹腔壁，充当各种器械的插入口。相当于手术钳的机器人手臂的运动应该以位于腹腔壁插入口处的套针为中心。通常，腹腔镜下的手术器械被置于插入口和手术处理区域连成的直线上，器械轴被限制在这条直线上，自由度很小。企图偏离这条轴线，向侧方移动扩大手术空间是非常困难的，因此要求有很高的手术技巧。为了解决直接处理手术空间前端器具的定位问题，可以增加两个弯曲自由度和一个旋转自由度，即可以从各个方向确定接近手术空间的手术钳、剪刀、镊子的位置，以增加作业自由度。图 7.52 给出的内窥镜外科手术机器人带有绕手术钳插入口的两个旋转自由度、一个直线移动自由度、一个绕手术钳本身轴线的旋转自由度，以及前端器具的两个弯曲自由度。

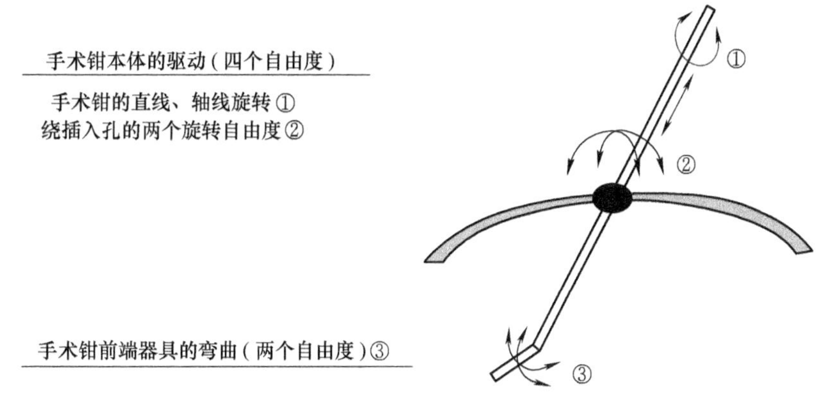


图 7.52　内窥镜手术支援机器人的自由度构成

在这方面，California 大学 R H. Taylor 等人的研究工作具有代表性，他们设计的微创外科机器人不仅能完成如摄像机和手术工具的定位，而且可以在医生直接控制或监督下，通过实时获取手术目标信息并进行相应动作。系统包括一台专用机器人和各种人机交互工具，它可以完美地将人与机器相结合，比单独由人或机器完成手术更加出色。图像引导技术则提高了手术精度，实现最小微创伤，并且减轻医生的体力劳动。

美国 Computer Motion 公司开发了 Zeus 微创外科机器人系统，适用于内窥镜微创手术，系统由三只置于手术床上的交互性机械臂、计算机控制器及医生控制台组成。手术时，医生坐在控制台前，通过摄像机观察手术情况的二维或三维显示，用语音指示控制内窥镜，并通过仿医疗手术器械的操作手柄来控制手术仪器。其中一只机械臂采用声控的交互方式，操作内窥镜，另外两只机械臂则在医生控制下操作手术工具。与之功能类似的产品还有美国 Intuitive Surgical 公司开发 Da Vinci 微创外科机器人系统，已获得欧洲 CE 认证和美国 FDA 认证，是世界上首套可以正式在医院腹腔手术中使用的医疗外科机器人。该系统的构成包括一台三维视像系统的外科医生控制台、三支可定位及精确地操控内窥镜的机械臂、内窥镜等设备。手术中医生坐在控制台前，通过观察计算机画面上被放大 20 倍的病人体内组织的三维影像，操作控制杆来完成手术，系统将模拟医生的手部动作，机器人末端有一个仿照人类手腕设计的机械手，可转动、做抛掷、摆动、紧握等动作。机械手配有特制的手术器械，可以使医生从 1cm 的切口进入病人体内进行手术。

2）微创外科机器人在整形手术中的应用。微创外科机器人在整形手术中得到了广泛的应用，因为在进行骨骼切割和关节置换时，机器人的操作精度要远远高于医生，而且手术的自动化程度也大大增加。

其中具有代表性的系统是 RH. Taylor 开发的用于关节置换手术的 ROBODOC 机器人系统。在关节置换手术中，要求精确设计大腿骨中空腔的形状来适合人工关节的形状，另外还要求精确定位空腔相对大腿骨的位置。利用 ROBODOC 系统，首先要在病人骨骼上安装三个定位针，用于确定骨骼相对于手术床的位置，然后在重建的三维模型上进行手术规划，保证人工关节与骨骼更好地吻合。手术时由机器人完成人工关节安装孔的加工。

意大利的生物力学实验室也开发了用于关节置换手术微创外科机器人系统，该系统采用两套位置传感器以检测手术中可能发生的病人相对机器人的移动，机器人腕力传感器保证手术时切削力的稳定，使手术在更安全的条件下进行。与此类似的系统还有 ACROBOT，它是一台具有四个自由度的平面机器人，可用于膝关节的置换手术。

微创外科机器人还被用于脊椎的修复，手术过程由两台相互垂直的 X 光机监控，医生在规划软件上确定钉子的安装位置，机器人引导工具到达指定的切口，由医生完成在脊椎上钻孔和打钉，如图 7.53 所示。

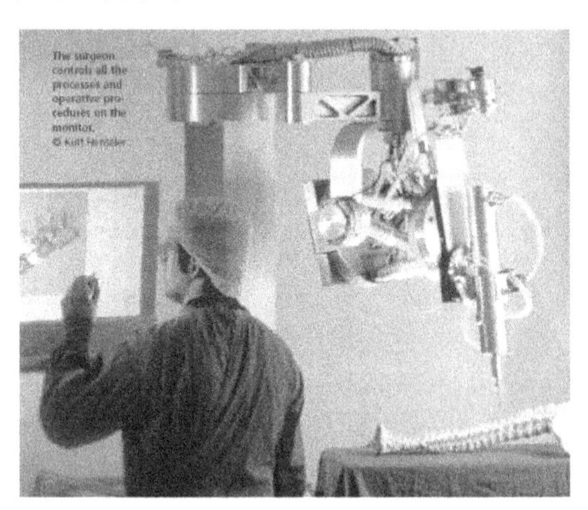


图 7.53　脊椎修复机器人

颅面整形是较为复杂的外科手术，医生需要复杂的切割、钻孔和切除动作，目前已有两种微创外科机器人系统辅助医生完成这种操作。首先是 RH. Taylor 开发的六自由度被动机器人，主要用于碎骨的整修，机器人将碎骨逐个排列整齐，医生完成修复的工作。德国 TC. Lueth 研究了并联机构作为手术导航工具，机器人则采用改造后的 PUMA 工业机器人，他们还开发了多种适合于机器人末端夹持的整形手术工具。

3）微创外科机器人在立体定向手术中的应用。立体定向外科手术是近年来迅速发展的微创伤外科手术方法，但由于在手术中一直需要框架定位并支撑手术工具，从而给病人带来了一定痛苦和心理恐惧。另外人工调整导向装置，手续烦琐，消耗时间，精度有限。

微创外科机器人在手术中主要用于导航定位和辅助插入手术工具，可以使病人摆脱框架的痛苦，同时机器人辅助立体定向外科手术还具有操作稳定、定位精度高的优点。

MINERVA 是一种典型的立体定向外科机器人系统，它的机器人与 CT 固联在一起，病人头部固定在手术床上。机器人末端装有手术工具自动转换设备，可以根据医生需要更换手术工具。CT 图像在手术过程中实时引导机器人末端的工具连续运动，完成医生规定的操作。Wapler 等人则研制了具有并联机构的微创外科机器人系统用于立体定向外科手术，机器人连接在 C 形臂上，插入颅内的内窥镜将手术的实时图像显示在计算机上，医生可以坐在手术台边操纵机器人完成手术。

**2. 康复机器人的应用**

（1）康复训练机器人

康复训练机器人主要应用于运动疗法。例如，改善和预防四肢运动性能低下、挛缩，让关节在活动范围内进行运动，增强肌肉力量的运动，增强耐力的运动，协调性训练、步行训练、体操治疗等。

如果机器人搭载具有测量康复功能的仪器，就可以定量采集训练对象机能恢复过程中的数据，对恢复过程做定量的分析和评价，记录康复的整个过程。康复训练机器人的研究包括两方面：上肢康复训练机器人，用于手臂、手及腕部的康复训练；下肢康复训练机器人，用于行走功能康复训练。

1）上肢康复训练机器人。从系统结构上分，上肢康复医疗训练机器人主要包括三个阶段：

①本地康复医疗训练机器人系统。1991年，MIT 设计完成了第一台上肢康复训练机器人系统 MIT-MANUS，该设备采用五连杆机构，末端阻抗较小，利用阻抗控制实现训练的安全性、稳定性和平顺性，用于病人的肩、肘运动，如图 7.54 所示。MIT-MANUS 具有辅助或阻碍手臂的平面运动功能，可以精确测量手臂的平面运动参数，并通过计算机界面为患者提供视觉反馈，在临床应用中取得了很好的效果。在此基础上，又研制了用于腕部康复的机械设备，可以提供三个旋转自由度，并进行了初步的临床实验。与一般工业机器人不同，MIT-MANUS 在机械设计方面考虑到了安全性、稳定性以及与患者近距离物理接触的柔顺性。

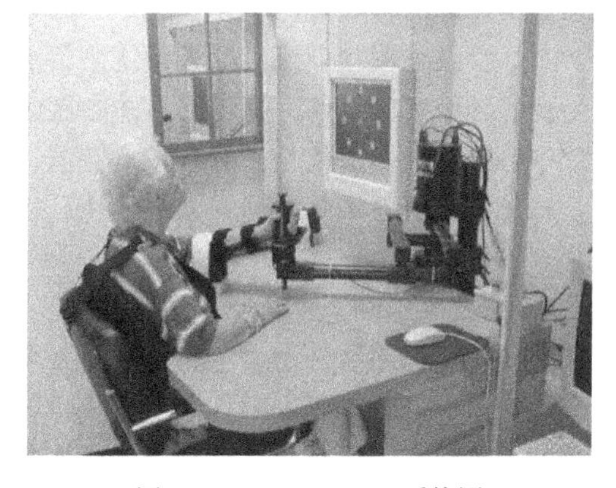

图 7.54　MIT-MANUS 系统图

另一个典型的上肢康复训练机器人系统是 MIME（Mirror-Image Motion Enabler），该设备包括左右两个可移动的手臂支撑，由工业机器人 PUMA-560 操纵患者手臂，为患肢提供驱动力，既可以提供平面运动训练，也可以带动肩和肘进行三维运动。但由于 PUMA-560 本质上是工业机器人，从机械的角度上说不具有反向可驱动性以及载荷、运动速度、输出力控制等，使得该系统在医疗领域的应用也有其局限性。

1999 年，Reinkensmeyer 等研制了辅助和测量向导 ARM-Guide，用来测定患者上肢的活动空间。2000 年他们对该装置进行改进，用来辅助治疗和测量脑损伤患者上肢运动功能。该设备有一个直线轨道，其俯仰角和水平面内的偏斜角可以调整。实验中患者手臂缚在夹板上，沿直线轨道运动，传感器可以记录患者前臂所产生的力。

2005年，瑞士苏黎世大学的Nef等开发了一种新型的上肢康复机器人ARMin，它是一种六自由度半外骨架装置，安装有位置传感器及六维力/力矩传感器，能够进行肘部屈伸和肩膀的空间运动，用于临床训练上肢损伤患者日常生活中的活动。

在我国，哈尔滨工业大学研制了穿戴式辅助上肢和手指康复机器人系统，如图7.55和图7.56所示。

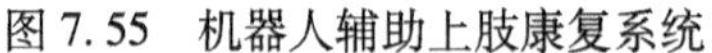

图7.55　机器人辅助上肢康复系统

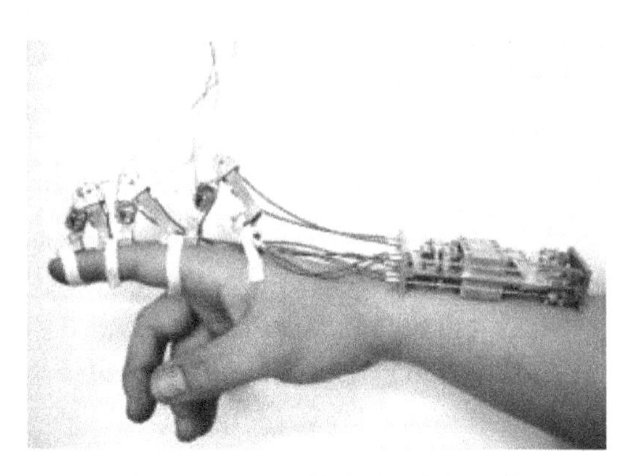

图7.56　机器人辅助手指康复系统

上述这些设备的不足之处是机器人系统比较复杂，而且没有利用网络，因此患者不能在家根据治疗师的指导进行康复训练。

②远程康复医疗训练机器人系统。目前，需要进行康复医疗训练的患者逐渐增多，但由于受到各种因素的制约，患者不可能在医院长期接受康复治疗。因此，出院后在家庭或社区医疗中心进行康复锻炼是一种有效的方法，计算机网络为远程康复训练提供了一个良好的平台。与传统的康复训练机器人系统相比，远程康复机器人系统无论对患者还是治疗师都更加便利。

Stanford大学和芝加哥康复研究所联合研制了一种便携式家用远程康复系统，这是一种主从式的遥操作系统，由主手、从手以及各自的控制器组成，从手引导患者进行康复运动并检测和记录运动信息，主手作为医生提供控制和监控的交换设备，通过网络发送命令并接受从手的运动信息，实现中风患者肘部的康复训练。该系统可以传输治疗师指令及相关信息，治疗师可以检测患者并监控训练过程。

③基于虚拟环境的康复医疗训练机器人系统。研究者采用基于虚拟环境的用户界面，通过一些小游戏鼓励患者进行主动训练。基于虚拟环境的康复训练通常与网络相结合，因此，不仅具有远程康复机器人系统的优点，还提高了患者进行康复训练的能动性。

Rutgers大学和Stanford医学院在基于虚拟环境的远程康复机器人系统方面做了大量的工作。2000年，Rutgers大学和Stanford医学院研制了一套家用康复医疗机器人系统，由一个带有图形加速器的PC、一个追踪器和一个多功能触觉控制界面组成，利用WorldToolKit软件构建了虚拟环境并进行虚拟康复路径规划，远程计算机通过Internet连接，治疗师可以在门诊进行远程监控，主要用于患者手、肘、膝和踝关节的康复训练。2001年，David Jack等设计实现了一套基于PC的虚拟现实增强系统，利用CyberGlove和Rutgers Master II-ND力反馈手套作为输入设备，实现用户和虚拟环境的交互，并设计了任务级别的操作，以增强患者进行康复训练的主动性。

J. Tang 等利用 Tool Command Language/Toolkit 构建了三维图形界面，将视觉反馈与触觉反馈相结合，通过网络实现了带有力反馈的协作任务。患者通过 InMotion2 对虚拟物体施加一定大小的力，虚拟物体因此产生交互作用力，并通过触觉设备作用于患肢。

Wisconsin 医学院和 Marquette 大学研制了康复训练机器人系统 TheraDrive，主要由 3 个商用的力反馈操纵轮和驱动软件 SmartDriver 构成，创建上肢康复治疗虚拟环境界面，通过计算机游戏激发患者进行训练。

2）下肢康复训练机器人

下肢康复训练机器人是根据康复医学理论和人机合作机器人原理，通过一套计算机控制下的走步状态控制系统，使患者模拟正常人的步伐规律做康复训练运动，锻炼下肢的肌肉，恢复神经系统对行走功能的控制能力，达到恢复走路机能的目的。

①关节活动范围运动。通常的方法是借助于持续被动运动（Continuous Passive Motion，CPM）装置，通过反复进行某一个模式的运动训练起到预防挛缩的作用。安川电机开发了一套改进的膝关节活动范围运动系统，可以借助于多自由度结构调整多种运动模式，把训练师训练的运动模式记忆下来；具有阻抗控制功能，能够再现出像训练师徒手训练一样的感觉。该装置在临床试验的基础上，后来被进一步改进成可以同时控制膝关节和股关节运动的装置，并开发出运动疗法装置 TEM（Therapeutic Exercise Machine），适用于中风、脊椎损伤、脑性麻痹等下肢麻痹患者。

②步行训练。日本日立制作所研制了一种步行训练设备 PW-10，它的步行面由两组独立驱动控制的皮带组成，利用速度设定可以让皮带以给定的恒速步行模式进行运动，还具有主动阻抗控制功能，因此可以按照被训练者的蹬踏力来调节皮带的阻力，实现负载步行模式。在护助装置中也有这样的内置式电动卸载机构，另外还有其他多种模式可供选择，如保持护助部分高度不变的所谓固定模式，对解除部分高度实施柔顺控制的所谓弹性模式。以恒力向上提起被训练者、减轻体重负载的所谓卸载模式等。

如果患者已经具有依靠自己的腿部力量支撑全身的能力，即可利用电动助力步行支援机。在用来支撑被训练者支撑架的内部装有力传感器，可以测量被训练者步行时施加在支撑架上的力的大小和方向，如果想转向，可以通过控制车轮驱动电动机来实现。

日本山梨医科大学开发的 AID-1 型步行训练机器人，可以通过各种传感器检测患者体重负载的变化，并利用压缩空气实现高精度的体重负载控制，在减轻患者体重的同时保持正确的躯干姿态，甚至可以用残存的微小肌肉力量实现无体重负载的步行。

德国生产的一种主被动活动器 CAMOPED 如图 7.57 所示，主要是以健康腿的运动来帮助患腿的被动训练，能够有效地帮助患者恢复其本体感觉，使患者恢复协调功能。其特点是运用新型材料，重量轻、结构简单、便于携带与放置。

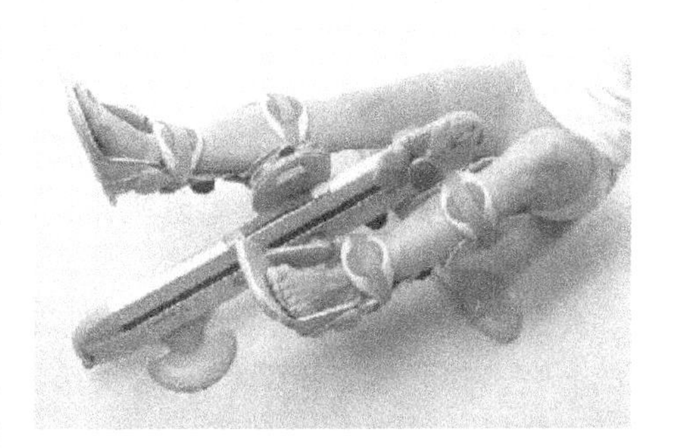

图 7.57 主被动活动器 CAMOPED

瑞士苏黎世联邦工业大学在腿部康复机构、走步状态分析方面取得了一些成果，在汉诺威 2001 年世界工业展览会上展出了名为 LOKOMAT 的康复机器人，如图 7.58 所示。该机器人有一套悬吊系统来平衡人体的一部分重力，用一套可旋转的平行四边形机构来进行平衡控制，只允许患者在走路过程中向上和向下的运动，患者不用自己保持上身在竖直面内。

日本的 Makikawa 实验室结合机器人技术、生物信号测量技术、虚拟现实技术研制出一种下肢康复机器人，如图 7.59 所示。该机器人可以使病人模拟正常人走路、上斜坡、爬楼梯、滑行等各种运动，从而达到康复锻炼的目的。

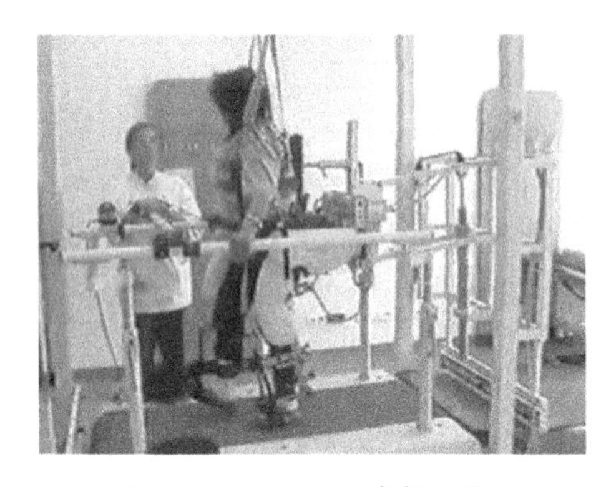

图 7.58　LOKOMAT 康复机器人

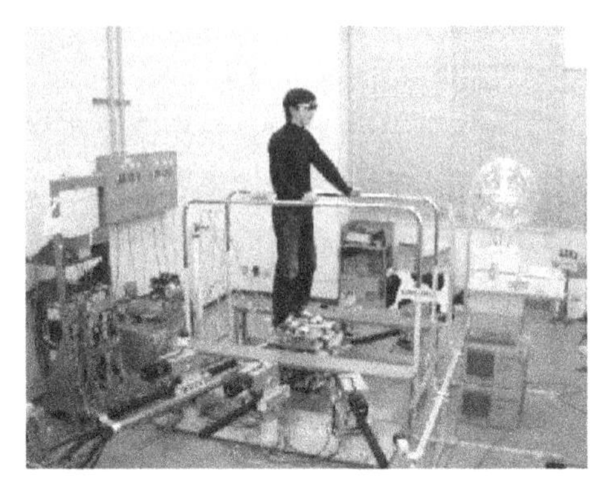

图 7.59　Makikawa 的机器人

德国 Fraunhofer 研究所开展了腿部康复机器人的研究，研制了绳驱动康复训练机器人，如图 7.60 所示。

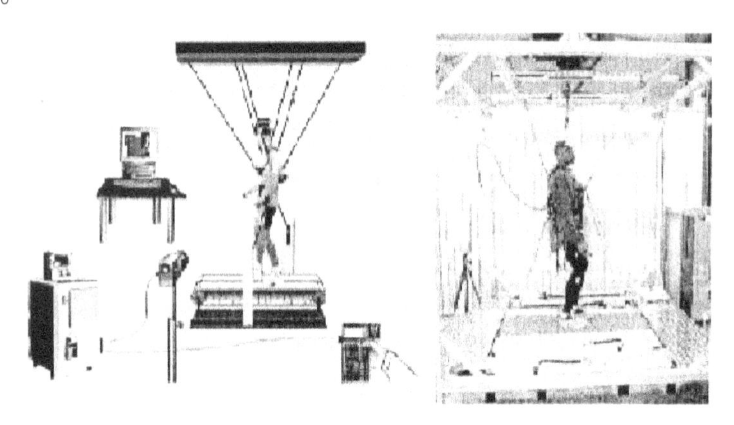

图 7.60　绳驱动康复训练机器人

德国柏林自由大学开展了腿部康复机器人的研究，并研制了 MGT 型康复机器人样机，如图 7.61 所示。

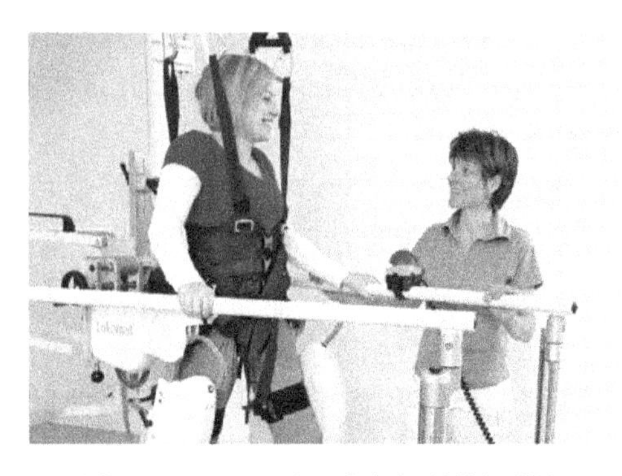

图 7.61　MGT 型下肢康复训练机器人

美国的 RUTGERS 大学开展了脚部康复机器人的研究，并研制了 RUTGER 踝关节康复训练机器人样机，如图 7.62 所示。

图 7.63 是我国研制的一种下肢康复训练机器人外观结构图。它由机座、左右脚走步状态控制系统、左右脚姿态控制系统、框架、导轨、重心平衡系统、活动扶手等组成。

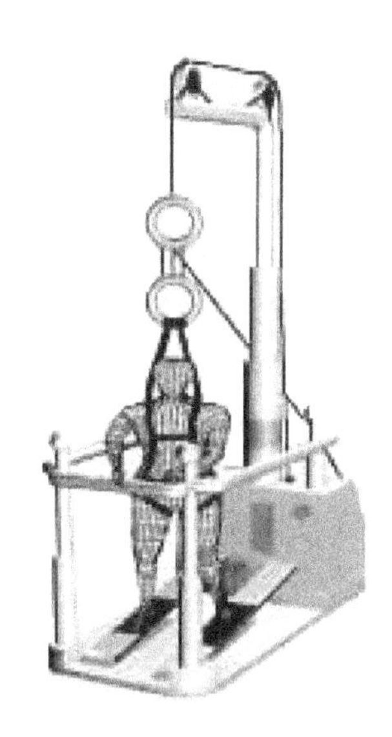

图 7.62　RUTGER 踝关节康复训练机器人

图 7.63　下肢康复训练机器人外观结构

受训练者的双脚站在走步状态控制系统的脚踏板上，穿好承重背心，背心通过吊缆和机座内的重力平衡机构相连，以平衡受训练者的部分体重，吊缆的长度通过缆长调整机构和缆绳来调整。当机器人开始工作后，走步状态控制系统在计算机的控制下带动受训练者的双腿做走步运动，重心控制系统根据受训者的走步状态，自动计算重心的高低变化，通过吊缆实时调节重心的高低，并具有防止摔倒的功能。

脚踏板由左右两块踏板组成，它在步态控制装置的控制下，与重心平衡机构协调工作帮助患者进行走步运动训练。步态控制装置主要由主动曲柄、脚踏板（连杆）和滑轮组成。主动曲柄由直流伺服电动机控制，脚跟随踏板一起被动运动，形成一个椭圆轨迹，产生与正常人行走轨迹相近的运动轨迹。脚的姿态控制系统是由直线伺服机构实现的，通过控制脚踏板绕踏板轴回转运动的角度，来模拟正常人走路时踝关节的姿态变化。重心平衡系统由吊缆、承重背心、滑轮、支撑架和偏心轮组成，通过承重背心把患者固定在支撑架上，使患者的上肢和吊缆一起运动。由重心控制系统与走步状态控制系统的同步运动，实现重心的自动调整和重力的自动平衡。

（2）辅助型康复机器人

1）机器人轮椅。用于帮助残障人行走的机器人轮椅的研究逐渐成为热点。中国科学院自动化研究所成功研制一种具有视觉和口令导航功能，并能与人进行语音交互的机器人轮椅，如图 7.64 所示。

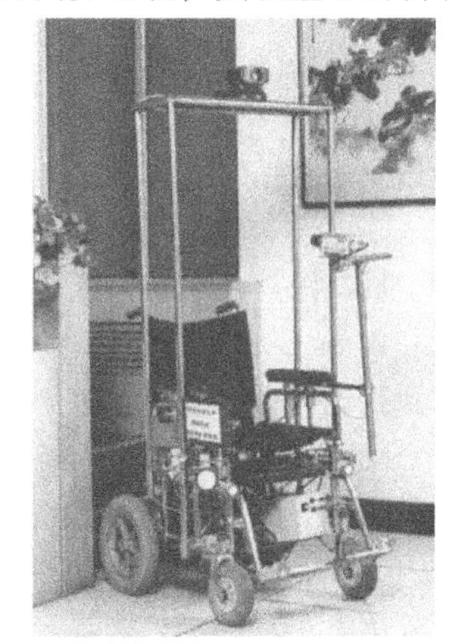

图 7.64　机器人轮椅

机器人轮椅是将智能机器人技术应用于电动轮椅上，融合了机构设计、传感技术、机器视觉、机器人导航和定位、模式识别、信息处理以及人机交互等先进技术，从而使轮椅变成高度自动化的移动机器人。

机器人轮椅主要有口令识别与语音合成、机器人自定位、动态随机避障、多传感器信息融合、实时自适应导航控制等功能。

机器人轮椅的关键技术是安全导航问题，采用的基本方法大多是靠超声波和红外测距。超声波和红外导航的主要不足在于可控测范围有限，视觉导航可以克服这方面的不足。对使用者来说，机器人轮椅具有与人交互的功能，这种功能很直观地通过人机语音对话来实现。

2）导盲机器人。世界各国一直致力于导盲机器人的研制。日本机械技术研究所早在20世纪80年代开始试制MEL DOG机器人，它是在导盲犬的基础上重点开发“服从机能”和“聪明的不服从机能”。前者将主人引导到目的地，后者则起到检测障碍物和危险状况的作用。人们还在为视觉残障者开发基于GPS和便携终端的基础设施。

导盲机器是非常有效的辅助盲人步行的工具，目前导盲机器大致可分为以下5类：

①电子式导盲器。早期导盲机器的研究多是设计一些装有传感器的小型电子装置，并以盲人可以接受的形式将传感器的侦测结果传达给盲人，让盲人在环境中具有比较安全及快速的行动能力；但只注重局部性闪避障碍物而不考虑全面性导航。

②移动式机器人。移动式机器人一般载有多种传感器，配备计算能力较强的控制计算机，智能化程度较高，所以可以在复杂的环境中进行自主导航。随着人机接口模块的设计与完善，移动式机器人即可用于导盲，如图7.65所示。

图7.65　导盲机器人

③穿戴式导盲器。它直接将移动式机器人的障碍物闪避系统穿戴在盲人身上，盲人成为半被动地接受障碍物闪避系统命令的运动载具，并可提供比移动式机器人更灵活的行动能力。

④导引式手杖。导引式手杖是在盲人所用手杖的把手部分安装起控制作用的微型计算机，同时安装专用传感器，在手杖的下端安装有导轮的可移动装置。它其实是将原移动式机器人的动力系统移除，保留其智能探测的传感和控制部分。

⑤手机语音导盲。这是一种较新的导盲方式，主要是用于城市方位的告知。当盲人迷路时，通过手机上所预先设置的导盲键向服务商发出求助信息，服务商接到信息后通过GPRS向盲人发出语音信息，接听后即可得知当前位置。

3）机器人护士。机器人护士可以完成以下各项任务：运送医疗器材、药品、运送试验样品及试验结果，为病人送饭、送病历、报表及信件，帮助病人进食、移动、入浴、入厕，在医院内部送邮件及包裹等。

日本医疗福利机器人研究所、富士通、安川电机合作开发了HelpMate SP机器人搬运系统（Pyxis Corp.），其用途是负责医院内部的药品、送检物品、食物、卡片等的运输，还能做到给老年人、残障者配膳。

MANUS（Exact Dynamics）机器人有一个6+2DOF的机械手，可以搭载在轮椅上，通过操作4×4个按钮和游戏操纵杆来完成进食，日常生活等动作。动作熟练以后甚至可以完成开门、开关龙头等复杂动作。不过，它仍存在一些问题，例如多用途器械的操作比较困难，负载重量小，动作迟缓等。

还有一种基于力控制的进食支援机器人，它能像正常人一样用筷子夹持柔软食物或易碎食物。

无法自理的残障者的移动，包括体位变换和换乘。日本自20世纪80年代起就着手开展病床移转、轮椅换乘、入厕或入浴辅助时所需要的抱起机器人的研究。例如，电动双臂机器人UNRSY能借助于主从操作机器人的双臂将被护理者直接抱起来进行移动；MELCONG机器人能够靠压缩空气驱动,机械手插入床下将被护理者平端起来。这一类机器人需要克服患者的体重，故其外形尺寸很大，由于与人直接接触还存在安全性问题，因此目前尚未进入实用阶段。另外，护理机器人Regina（见图7.66）的垂直多关节双臂的末端执行器安装了一个类似躺椅的患者支撑面，靠它的行走功能能够将患者从床上移转到专用浴缸中，帮助患者入浴。利用它的一只手臂，通过无线遥控方式操纵还能更换尿布。

TRC公司研制的护士助手机器人，已在世界几十家医院投入使用，如图7.67所示。“护士助手”机器人可以完成运送医疗器材和设备，为病人送饭、送病历、报表及信件，运送药品，运送试验样品及试验结果，在医院内部送邮件及包裹等任务。该机器人由行走部分、行驶控制器及大量的传感器组成。机器人可以在医院中自由行动，其速度为0.7m/s左右。机器人中装有医院的建筑物地图，在确定目的地后机器人利用航线推算法自主地沿走廊导航，由结构光视觉传感器及全方位超声波传感器可以探测静止或运动物体，并对航线进行修正。它的全方位触觉传感器保证机器人不会与人和物相碰。车轮上的编码器测量它行驶过的距离。在走廊中，机器人利用墙角确定自己的位置，而在病房等较大的空间时，它可利用天花板上的反射带，通过向上观察的传感器帮助定位。需要时它还可以开门。在多层建筑物中，它可以给载人电梯打电话，并进入电梯到所要到的楼层。通过“护士助手”上的菜单可以选择多个目的地。该机器人有较大的荧光屏及用户友好的音响装置，用户使用起来迅捷方便。

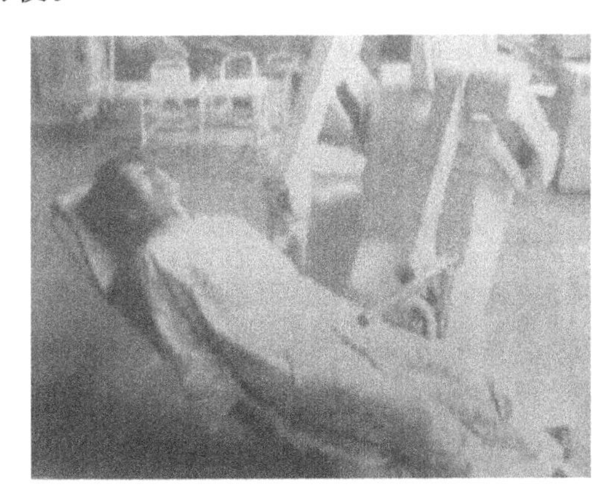

图7.66　Regina机器人

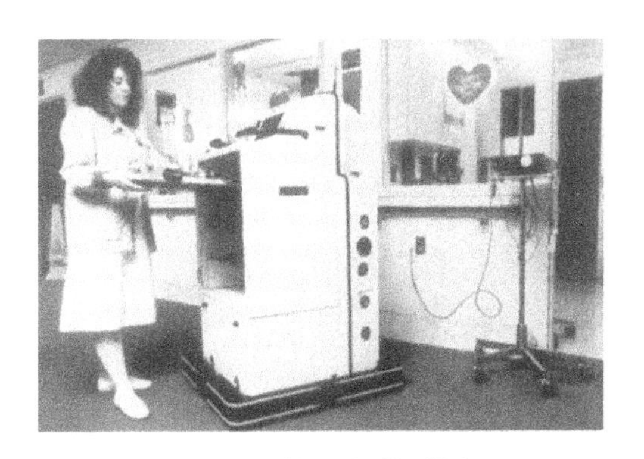

图7.67　护士助手机器人

4）机器人假肢。在假肢技术发展的历程中，肌电控制的上肢假肢和步态可控的下肢假肢是现代假肢技术的标志性成果。肌电假肢由电动假肢发展而来，它利用肌电信号取代机械式触动开关实现对上肢的控制，对于肘关节以上截肢的患者，提取多路肌电信号同时控制多关节运动的技术难度大且可靠性差，因而仍以安装电动假肢为主。下肢假肢的设计一直在追求站立期的稳定性和摆动期的步态仿生性，以及减少体力消耗，对于膝关节和假脚，上述问题尤其突出。膝关节机构已从单链发展到四杆机构，近年又出现六杆机构膝关节，除了保证站立期关节可靠锁定，站立末期自动解锁，还能实现摆动期步态的仿生性。

目前假手的研究是国际机器人领域的一个热点。尽管近年来新元件和新材料不断出现，但临床使用的假手最多为三个自由度，这是因为超过三个自由度的假手很难由人体的残肢来控制。假手有许多类型，装饰假手又叫美容手，是为弥补肢体外观缺陷、平衡身体设计制作的。索控假手又叫功能性假手或机械手，是一种具有手的外形和基本功能的常用假手，这种假手是通过残肢自身关节运动，拉动一条牵引索，通过牵引索再控制假手的开关。

假手的设计包括以下标准：具有多种抓握模式并根据物体的形状自动调节，物体的纹理、形状和温度可作为反馈信息，具有本体感觉，重量轻、外观好，可以在潜意识下控制。

英国南安普顿大学电子与计算机科学系研制了一个轻型的六自由度假手。该手共 5 个手指，拇指有两个自由度，其余 4 个手指各有一个自由度。整个手采用了模块化设计。每个手指用一个直流电动机驱动，并采用蜗轮蜗杆传动以保证手指被动受力时的稳定性。直流电动机和蜗轮蜗杆减速装置集成在一起，称之为指节模块。手指共 3 个关节，各关节之间采用耦合的方法实现运动。

意大利设计了一种既可作为人手假体又可以作为机器人手爪的人手原型。该手共有 3 个手指，即拇指、食指和中指。每个手指有两个自由度，其中食指和中指的手指末段为被动自由度，由一个四杆机构耦合驱动。3 个手指的活动自由度分别由微型直线驱动器驱动和腱传动。由于采用了生物机械和控制论的设计方法，该手能对人手进行功能性模仿。

德国卡尔斯鲁厄大学应用计算机科学研究中心研制了一种仿人机械手，该手是目前用于假体的最为灵活、抓取功能最强的假手，并且重量轻。它的形状和尺寸大小与一个成人男子的手相似。该手共五个手指，十三个独立自由度，每个活动关节都装有一个自制的流体驱动器，能实现包括腕关节在内的多关节控制。该手能实现强力抓取、精确抓取等功能，能完成人手的一些日常操作，并且克服了以往假手沉重、功能简单和灵活性差的缺点，为灵巧操作假手实用化迈出了重要的一步。

# 第 8 章

# 特种机器人

特种机器人是指具有特殊功能的机器人。我们这里将工业机器人和服务机器人以外的机器人都认为是特种机器人。

"两弹一星"功勋科学家：钱学森

## 8.1 空间机器人

自古以来人类便对神秘的宇宙充满遐想，随着现代科学技术的迅猛发展，人类遨游宇宙的梦想正在逐渐变为现实。1957 年 10 月，苏联发射了世界上第一颗人造地球卫星（见图 8.1）。1961 年 4 月，世界上第一名航天员加加林乘飞船在太空环地球飞行一圈，历时 108min 后返回地球，开创了人类载人航天的新纪元。1969 年 7 月，人类登月成功，人类的空间活动进入了新的阶段。

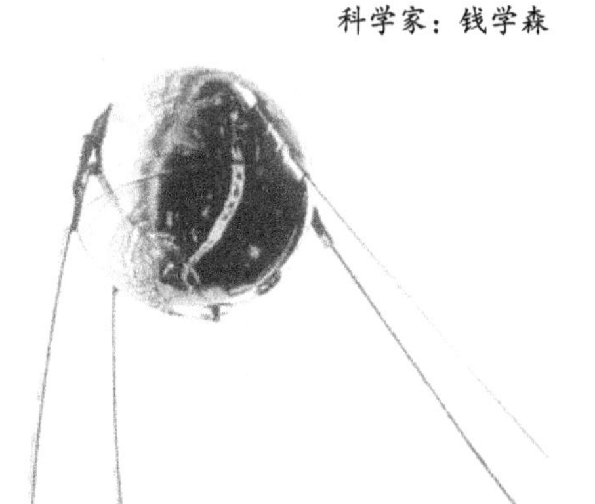

图 8.1 世界上第一颗人造地球卫星

科学技术的飞速发展，地球人口的不断增加以及资源的日益减少，都使得人类的空间活动不再局限于单纯对太空进行探索和考察，而向着开发和利用太空的方向迈进。但是，就当前的技术水平来看，由于太空环境具有微重力、高真空、温差大、强辐射、照明差等特点，使宇航员在空间的作业具有较大的危险性，而且耗资也非常巨大。因此随着空间技术的应用和发展以及空间机器人技术的日益完善，机器人化是实现空间使命安全、低消耗的有效途径。随着航天飞机、宇宙飞船和空间工作站的建立，空间机器人技术越来越受到世界各国的重视。美国 NASA 指出，到 2004 年，已有超过 50%的在轨和行星表面工作通过空间机器人来完成。因此，充分发展和利用空间机器人技术，对 21 世纪人类和平探测和利用太空有着广泛而深远的意义。

本章主要介绍空间机器人的有关知识，包括空间机器人的定义和发展历程、特点和分类、基本结构、通信技术及其主要应用。通过本章的学习，使读者对空间机器人有一定的了解。

### 8.1.1 空间机器人的定义和发展历程

#### 1. 空间机器人的定义

从广义上讲，一切航天器都可以称为空间机器人，如宇宙飞船、航天飞机、人造卫星、空间站等。航天界对空间机器人的定义一般是指用于开发太空资源、空间建设和维修、协助空间生产和科学实验、星际探索等方面的带有一定智能的各种机械手、探测小车等应用设备。

空间机器人所从事的工作主要包括：

1）空间站的建设。在空间站的建设中，空间机器人可以承担大型空间站中各组成部件的运输及部件间的组装任务，尤其是在空间站的初期建造阶段。像无线电天线、太阳电池帆板等大型构件的安装以及大型构架、各舱的组装等舱外活动都离不开空间机器人的协助。例如，正在建设中的国际空间站 ISS（International Space Station）离不开空间机器人的密切合作。美国航空航天局（NASA）、欧洲航天局以及俄罗斯、日本、加拿大、巴西等国的航天部门都参加了 ISS 计划，并不断开发相应的空间机器人以适应 ISS 的不同建设阶段。

2）航天器的维护和修理。随着空间活动的不断发展，人类在太空的财产越来越多，其中大多数是人造卫星。这些卫星发生故障后，如直接丢弃它们将造成很大的浪费，必须设法修理后重新发挥它们的作用。由于强烈的宇宙辐射可能危害宇航员的生命，所以只能依靠空间机器人完成这类维修任务。空间机器人所进行的维修工作主要包括回收失灵的卫星和就地处理故障。图 8.2 所示为空间机器人正在维修人造卫星。

图 8.2　空间机器人正在维修人造卫星

3）空间生产和科学实验。宇宙空间为人类提供了地面上无法实现的微重力和高真空环境，利用这一环境可以生产出地面上难以生产或不能生产的产品，在太空进行地面上不能做的科学实验。例如，可以在空间提炼药品，为人类制造治疗疑难病症的救命药。在太空制造的某些药品比在地面上制造的同类药品纯度高 5 倍，提纯速度快 4~8 倍。在太空实验室可以进行微重力条件下的生物学、物理、化学及其他学科的研究，如在太空条件下生长出的蛋白质比地面条件下更纯净。

4）星球探测。空间机器人可以作为探索其他星球的先行者，可以代替人类对未知星球进行先期勘查，观察星球的气候变化、土壤化学组成、地形地貌等，甚至可以建立机器人前哨基地，进行长期探测，为人类登陆做好准备。在“阿波罗”计划中，美国就曾多次派遣空间机器人登陆月球，进行实地考察，获得丰富的月球数据之后才有宇航员的成功登陆。1997 年，NASA 发射的“火星探路者号”宇宙飞船携带“索杰纳”空间机器人登上火星，开创了星际探索的新纪元。在 2003 年，欧洲航天局实施了“火星快车”计划，NASA 发射了两个漫游者机器人“勇气号”和“机遇号”到火星进行考察。

**2. 空间机器人的发展历程**

（1）空间机器人在美国的发展

美国从空间活动一开始，就在无人和有人航天器上不同程度地使用了空间机器人。航天飞机上的遥控机械手已成功地完成了对卫星的回收和释放任务。

1962年，美国使用专用机器人采集了金星大气数据。1967年，“海盗”火星着陆器对火星土壤进行了分析，以寻找生命迹象。同年，“观察者”三号航天器上的机械手在地面遥控下，对月球土壤进行了分析。以上都是空间机器人的雏形。

20世纪70年代初，美国提出在空间飞行中应用机器人系统的概念，并且在航天飞机上予以实施。当初的空间机器人属于遥控机器人，由舱内宇航员通过电视画面直接遥控操作。该空间机器人可用来构造空间站的某些设备，并完成一些恶劣条件下的极限作业。

目前，美国进行的最大的空间机器人计划为飞行遥控机器人服务系统（FTS）。Goddard空间飞行中心负责研制的飞行遥控机器人是FTS系统的核心，它具有多个视觉传感器，可以完成远距离的舱外作业，并具有较高的自主性。

NASA的约翰逊空间中心正在研制自主空间机器人，用于完成空间站内的检查、维修、装配等工作，也可以回收和维修卫星。NASA的JPL实验室多年来一直从事空间机器人系统和智能手抓捕研究，并执行NASA的遥控机器人技术计划。JPL实验室研制的闻名世界的“索杰纳”火星车如图8.3所示。

图8.3 JPL实验室研制的闻名世界的“索杰纳”火星车

NASA兰利公司在进行一种舱外作业机器人的研究。这种机器人的特点是其末端操作器上带有高级临场传感装置，多臂协同操作，由现场的CAD/CAM和专家系统给出指令来完成各种舱外操作。

美国一些重点高等院校也正在开发空间机器人。如MIT、Stanford University、Michigan University、California University等都承担了NASA的空间机器人研究课题，并已在许多方面做出成绩。

（2）空间机器人在加拿大的发展

加拿大航天局在空间机器人项目中为美国航天飞机设计遥控机械臂（RMS）。加拿大同时开展的项目还有针对空间站研制的MSC，即具有双臂灵巧操作手的可移动作业中心，如图8.4所示。

（3）空间机器人在日本的发展

日本国家空间发展局（NASDA）正在组织力量研究空间机器人系统。东芝公司和电子综合技术研究所共同研制了多功能机械手。主要用于完成外舱、补给舱的组装，支持加压舱内宇航员完成各种实验任务，更换实验仪器，维修实验设备，更换和处理实验材料等。

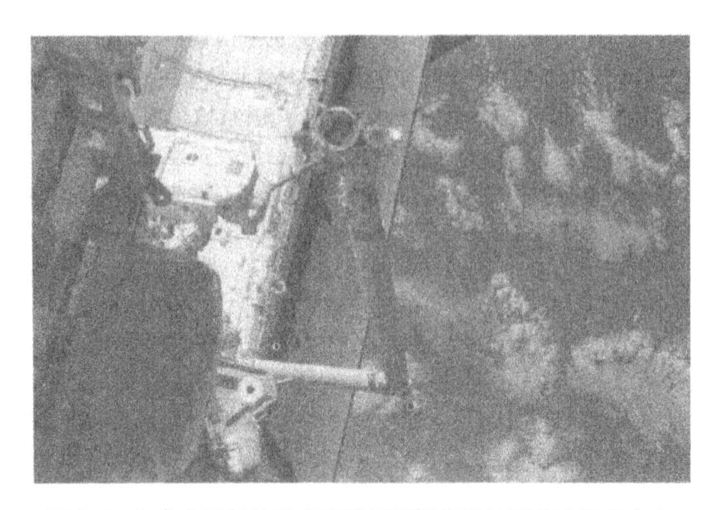

图 8.4　加拿大研制的具有双臂灵巧操作手的可移动作业中心

日本的 JEM-RMS，即技术试验卫星 VI 型（EIS-VI）计划，是一个实验性的在轨操作空间机器人作业器。主要以开发空间机器人技术、空间会合对接技术以及在空间轨道上进行实验为目的。ETS-VI 是世界上第一颗无人机器人卫星，它将完成会合、对接及各种轨道作业实验，包括在太空中完成燃料加注、ORU 及电池更换、失效卫星的捕捉及对接等工作。值得强调是，ETS-VI 为保持与数据中继卫星间的通信连接，必须保持天线固定指向该卫星。另外，ETS-VI 具有较高的自主性，运用以人工智能为核心的各种技术，包括空间运动模型、捕捉目标的机械手路径规划及视觉的实时处理等技术。如图 8.5 所示是日本东芝公司研制的火星探测机器人。

图 8.5　日本东芝公司研制的火星探测机器人

（4）空间机器人在俄罗斯的发展

俄罗斯一直居于世界空间大国前列，在空间机器人领域的研究方面也不落后。20 世纪 60 年代，美苏两国在空间机器人的研究方面各显其能，不相上下。但是到了 20 世纪 70 年代，美国放慢了空间机器人的研究步伐，而苏联则一如既往，对空间机器人的研究有增无减。苏联利用空间机器人协助宇航员完成了飞行器的对接任务和燃料加注任务，令美国的空间科学家羡慕不已。但是近 20 年来由于其经济发生了困难，对空间机器人的研究有所放慢。

（5）空间机器人在欧洲的发展

欧空局各国在空间机器人的研究方面也进展很快。各国相继成立空间机器人研究机构，如荷兰的 FOKKERSPACE 8L SYSTEM 公司、德国的 DFVLR 公司、法国的 MATRA ESPACE 公司、意大利的 TECNO SPAZIO 公司等。

德国于 1993 年 4 月由“哥伦比亚号”航天飞机携带发射升空的 ROTEX 空间机器人是世界上第一个远距离遥控空间机器人。ROTEX 机器人装有一只具有力传感器、光学敏感器的智能手爪。ROTEX 成功地完成了如下实验：空间站的构造，替换空间站上的可更换零件 ORU，捕捉自由浮游卫星。ROTEX 采用两种遥控方式：一是近距离遥控方式，宇航员在舱内遥控搭载在飞行器上的机械手；另一是操作员在地面通过监控台进行虚拟现实技术，为操作员提供良好的人机接口。如图 8.6 所示是法国 Cybernetix 公司与 CNES 合作研制的火星探测机器人。

图 8.6　法国 Cybernetix 公司与 CNES 合作研制的火星探测机器人

## 8.1.2　空间机器人的特点和分类

### 1. 空间机器人的特点

空间机器人因其工作环境的特殊性，其设计要求在很多方面与其他特种机器人有很大不同。尤其是空间环境对空间机器人的设计有很多的要求。

1）高真空对空间机器人设计的要求。空间的真空程度高，在近地轨道（LEO）空间的压力为 0.001Pa，而在同步轨道（GEO）空间的压力为 0.00001Pa。这样的高真空只有特殊挑选的材料才可用，需特殊的润滑方式，如干润滑等；更适宜无刷直流电动机进行电交换；一些特定的传感原理失效，如超声波探测等。

2）微重力或无重力对空间机器人的设计要求。微重力的环境要求所有的物体都需固定，动力学效应改变，加速度平滑，运动速度极低，启动平滑，机器人关机脆弱，传动率要求极高。

3）极强辐射对空间机器人的要求。在空间站内的辐射总剂量为 10000Gy/a，并存在质子和重粒子。强辐射使得材料寿命缩短，电子器件需要保护及特殊的硬化技术。

4）距离遥远对空间机器人的设计要求。空间机器人离地面控制站的距离遥远，传输控制指令的通信将发生延迟（称为时延），随空间机器人离地球的远近不同，延迟时间也不相同。地球低轨道卫星服务的通信延迟时间为4~20s，地球低轨道舱内作业的通信延迟时间为10~20s，月球勘探的通信延迟时间为4~8s，火星距地球0.5亿~4亿公里，无线电信号由火星传到地球平均需要19.5min。通信延迟包括遥控指令的延迟和遥测信号的延迟，主要由广场波速度造成。实验对空间机器人最大的影响是使连续操作闭环反馈控制系统变得不稳定（在指令反馈控制系统中，由于指令发送的间断性，所以时延也不会造成闭环系统的不稳定）。同时在存在时延的情况下，即使操作者完成简单工作也需要比无时延情况下长得多的时间。只是由于操作者为避免系统不稳定，必须采取“运动—等待”的阶段工作方式。

5）真空温差大对空间机器人设计的要求。在热真空环境下，不能利用对流散热，在空间站内部的温差为-120~60℃，在月球环境中的温差为-230~130℃，在火星环境中的温差为-130~20℃。在这样的温差环境中工作的空间机器人应该需要多层隔热、带热管的散热器、分布式电加热器、放射性同位素加热单元等技术。

除了以上空间环境对空间机器人设计所提出的要求外，空间机器人还具有如下特点。

1）可靠性和安全性要求高。空间机器人产品质量保证体系要求高，需符合空间系统工程学标准，有内在的、独立于软件和操作程序的安全设计，需非确定性控制方法，要求内嵌分析器，产品容错性好，重要部件要有冗余度。空间机器人中的无人系统可靠性大于80%，与人协作系统可靠性大于95%。

2）机载质量有限且成本昂贵。按照20世纪末的物价，空间机器人的成本大于每千克20000美元，有的甚至成倍增加，空间机器人的高成本要求应用复合材料的超轻结构设计，有明显的细薄设计，需极高的机载质量和机器人质量比等。

3）机载电源和能量有限。空间机器人需要耗电极低的高效率电子元器件，计算机相关配置有限，如处理器、内存等的限制。

**2. 空间机器人的分类**

空间机器人分类的依据不同，其分类方法也不同。空间机器人通常可以按照如下方法来划分。

1）根据空间机器人所处的位置来划分。

- 低轨道空间机器人：离地面300~500km高的地球旋转轨道；
- 静止轨道空间机器人：离地面约36000km的静止卫星用轨道；
- 月球空间机器人：在月球表面进行勘探工作；
- 行星空间机器人：主要指对火星、金星、木星等行星进行探测。

2）根据航天飞机舱内外来划分。

- 舱内活动机器人；
- 舱外活动机器人。

3）根据人的操作位置来划分。

- 地上操纵机器人：从地面站控制操作；
- 舱内操纵机器人：从航天飞机内部通过直视或操作台进行控制操作；
- 舱外操纵机器人：舱外控制操作。

4）根据功能和形式来划分。

- 自由飞行空间机器人；
- 机器人卫星；
- 空间实验用机器人；
- 火星勘探机器人；
- 行星勘探机器人。

5）根据空间机器人的应用来划分。

- 在卫星服务中的应用：如对人造卫星 SMM 的急救实验，使得以观测太阳活动为目的的 4.5t 的大型卫星 SMM 恢复正常工作状态，再投入运行；对哈勃望远镜卫星的修理计划等。
- 在空间站中的应用：包括在空间站、移动服务中心（MSC）和遥控机械手系统（RMS）中的应用等。
- 实验性空间机器人：空间站上的机器人以遥控为主，局限在空间站桁架间移动，主要用作舱外作业支援工具。随着空间机器人的发展，出现了遥控与自主相结合的想象卫星那样边自由飞行边自主完成某个简单作业的卫星机器人。比较有代表性的机器人卫星为日本的 ETS-VII 型和美国的 RANGER 型机器人卫星。其中，ETS-VII 进行了协调控制机械手遥控操作、轨道服务、功能协调和智能控制 4 种实验；而 RANGER 则完成了机械臂控制、智能行为、基本作业、扩充作业和轨道会合对接等实验。
- 行星表面探测空间机器人：对行星表面进行科学考察，包括采集土壤和岩石样本、观察行星地形地貌等任务。

6）根据控制方式来划分。

- 主从式遥控机械手：由主手和从手组成。从手的动作完全由操作人员通过主手进行控制，早期航天器的机器人都属于这种类型。这种遥控机械手具有严重的缺点，一方面，操作人员的劳动强度很大，短时间操作即可使操作人员疲惫不堪；另一方面，在进行操作时，由于控制信号的时延带来不稳定性。主从式遥控机械手已经被遥控机器人所取代。这种机械手也有优点，在宇宙飞船、空间站外部空间距离近的地方仍可以利用其反应快、触觉真实的特点进行时间较短的操作。
- 遥控机器人：是将遥控机器人和一定程度的自主技术结合起来的机器人系统，机器人远地接收操作人员发出的指令进行工作。现阶段，遥控机器人是最重要的一种空间机器人。它可以工作在舱内，也可以工作在舱外，还可安装在空间自由飞行器上派往远离空间站的地方去执行任务。
- 自主机器人：是一种高智能机器人，具有模式识别和作业规划能力，有似人的视觉、触觉、力觉、听觉等感知能力，能感知外界环境的变化和自动适应外界环境，自己拥有知识库和专家系统，具有规划、编程和诊断功能，可在复杂的环境中完成各种作业。如火星探测机器人就属于自主机器人。

自主机器人是空间机器人的未来发展方向。随着电子学、计算机科学、人工智能等机器人技术的进一步发展，功能完善的自主式机器人必将在人类的空间活动中发挥其巨大的作用，成为空间机器人强大的一员。

### 8.1.3 空间机器人的应用

空间机器人在人类开发和利用空间过程中起着巨大的作用。下面介绍两类已经得到成功应用的实例。

**1. 探测空间机器人**

探测空间机器人主要用于对空间星体进行科学探测，发现新现象和新物质，解释宇宙生成的奥秘。目前，人类所从事的最成功的空间探测是火星探测，并且研制和实际使用了多种火星探测空间机器人。

开发火星探测空间机器人的目标是证实火星上是否曾经存在生物，生物存在所必需的条件，寻找生物的痕迹，火星的气候特性，火星的地质特性以及为人类探测火星做准备。

飞往火星的航天器主要包括由地球飞往火星的装备、着陆装备和携带探测仪器的空间机器人，特别是着陆于火星表面的航天器如图 8.7 所示为着陆于火星表面的航天器，下面介绍各主要部分的特点。

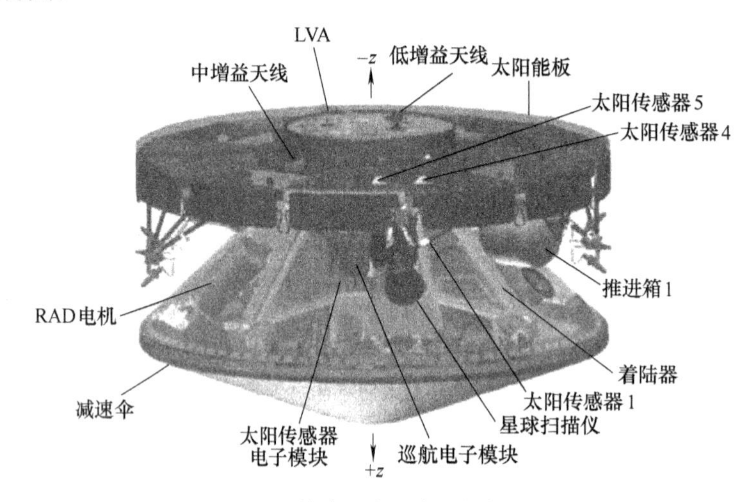


图 8.7　着陆于火星表面的航天器

(1) 气囊

它的外壳包括：一个降落伞、后壳电子组件和电池组、一个惯性测量组合、三个被称为火箭助减系统的大型固体火箭发动机、三个小型火箭（称为横向冲击火箭）系统等。如图 8.8 所示。

气囊用以确保航天器在岩石或粗糙的地形上着陆时得到缓冲，并且在着陆后能使航天器以高速在火星表面弹跳。更复杂的是，气囊必须在着陆前数秒膨胀，待安全着陆后再瘪掉。

新型火星探测器气囊使用的织物是一种称为 Vectran 的人造材料，Vectran 有几乎其他人造材料（如 Kevlar 纤维）两倍的强度，并且在低温时有更好的表现。每个探测器使用四个气囊，每个气囊有六个相互连接的圆形凸起。连接很重要，因为它通过保持气囊柔顺及对着地压力的反应来帮助减少部分着地力。气囊的织物并不是直接与探测器接触，互相交叉的绳索包裹着气囊使织物与探测器在一起。绳索使气囊成形，可使膨胀更容易。在飞行途中，气囊连同用来膨胀的三个气体发生器一并收藏起来。

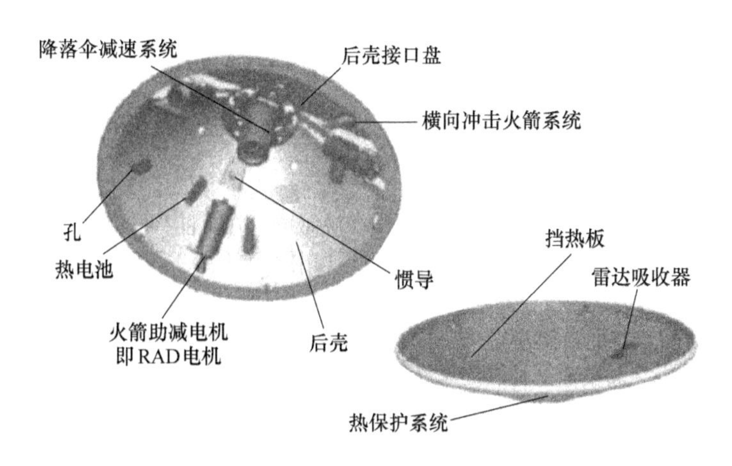


图 8.8 航天器的外壳

（2）着陆器

着陆器的结构牢固且重量轻，由一个底座及三片“花瓣”组成金字塔形。着陆器结构由复合材料制成的梁和薄片组成。着陆器的梁由石墨纤维的碳基层编织成的织物制成，这种材料比铝轻，刚性比钢要高。空间机器人通过螺栓和特殊的螺母安装在着陆器内，着陆后通过小型爆炸使它松开。如图 8.9 所示。

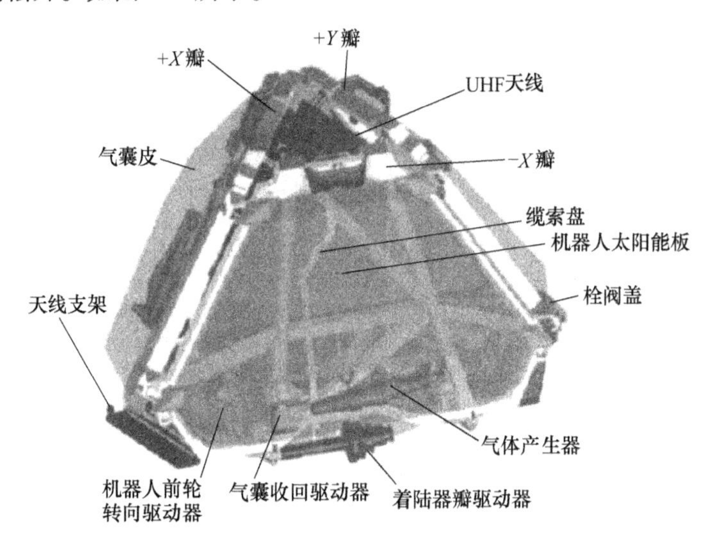


图 8.9 着陆器

（3）火星探测空间机器人

火星探测空间机器人是飞往火星的航天器的核心部分。目前，人类已经在火星上使用了多种火星探测空间机器人，如图 8.10~图 8.13 所示。

下面以“勇气号”火星探测空间机器人为例，介绍火星探测空间机器人的主要结构（见图 8.14）。

● 机体：机器人的机体被称为热电子盒（Warm Electronics Box，WEB），如图 8.15 所示。机体是一层坚硬的外壁，它能起到保护机器人的计算机、电子系统和电池（这些都是机器人的心脏和大脑）的作用。热电子盒被一块三角形的机器人装备甲板（Rover Equipment Deck，RED）封装在顶部。这块甲板使得机器人成为一辆可以变形的小车，并为各种摄像机、天线和支撑杆提供安装空间，使之在航行过程中能够不断拍照和清晰观察火星地形。机器人绝缘性能良好的机体被涂成金色，可以在火星温度下降到-96℃时保持热量不散失。

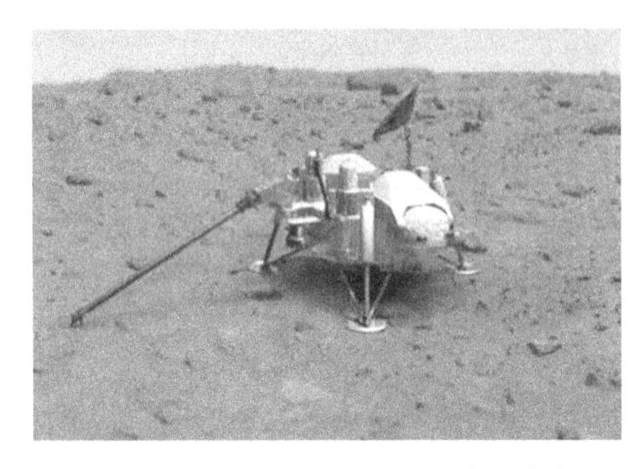

图 8.10 “海盗号”火星探测空间机器人

图 8.11 “机遇号”火星探测空间机器人

图 8.12 “勇气号”火星探测空间机器人

图 8.13 “凤凰号”火星探测空间机器人

- 控制系统：机器人的计算机安装在机体内一个称为机器人电子模块（REM）里面。主计算机与机器人的设备和传感器通过总线来交换数据。这种总线是一种标准的工业接口总线。机器人的计算机包括能够忍受来自空间极端辐射环境并能在计算机掉电期间保护数据和程序不丢失，在机器人夜间关机时数据和程序也不会清除。随机器人携带的存储器包括128MB具有错误检测和纠正功能的动态随机存取存储器，3MB可擦除只读存储器，该随车携带的存储器是用于探路者计划的Sojourner容量的1000倍左右。机器人携带一个惯性测量装置用来提供它所在的三坐标轴的位置信息，这使得机器人能够做精确的垂直、水平和偏航运动。该设备用在机器人航程中为安全的航行提供支持，当机器人在火星地面上探测时该设备能够估测倾斜度。机器人控制系统还能检测自身“健康”，计算机记录健康信号、温度和其他保持漫游者“活着”的一些数据。一旦航天器开始进入火星大气层时，机器人主计算机中的软件开始更改模式。
- 机器人的轮子：机器人有六个轮子，每个轮子有自己独立的电动机。它的两个前轮和

图 8.14 “勇气号”火星探测空间机器人的主要结构

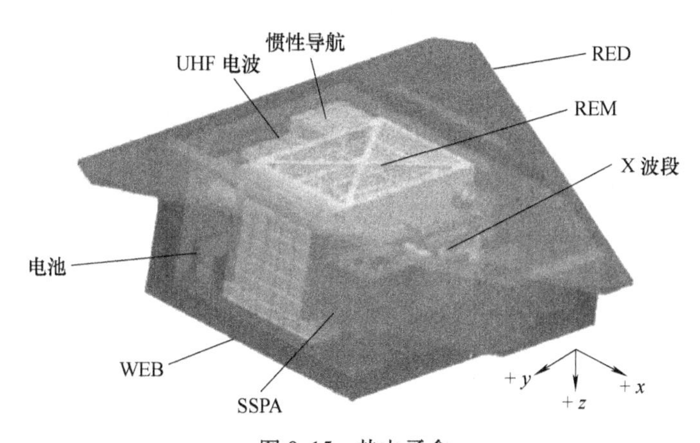


图 8.15 热电子盒

两个后轮有独立的转向发动机。转向装置能控制转 360°内的任何角度。这四个转向轮子还可以使机器人突然转向和弯曲（成弓形转向）。机器人一般以 10mm/s 行驶。

- 科学仪器：科学仪器主要包括：磁体排列、微型热辐射分光计（Miniature Thermal Emission Spectrometer，Mini-TES）、穆斯堡尔谱分光计、射线粒子 X 射线分光仪（APXS）、磨石工具（RAT）等。
- 机器人的摄像机：“勇气号”机器人有九个摄像机，如图 8.16 所示。包括：避障摄像机（四个）、导航摄像机（两个）、科学探测全景摄像机（两个）、显微镜摄像机（一个）、测定标定对象（它以日晷的形式安装在机器人的平台上）。
- 机器人的“颈”和“头”：在“勇气号”机器人上看上去像颈和头的装置称为全景摄像机桅杆头（Pancam Mast Assembly），如图 8.17 所示。它有两个作用：为装在机器人内部的微型热辐射分光计潜望镜、全景摄像机和导航摄像机提供一个适合的高度和视界。

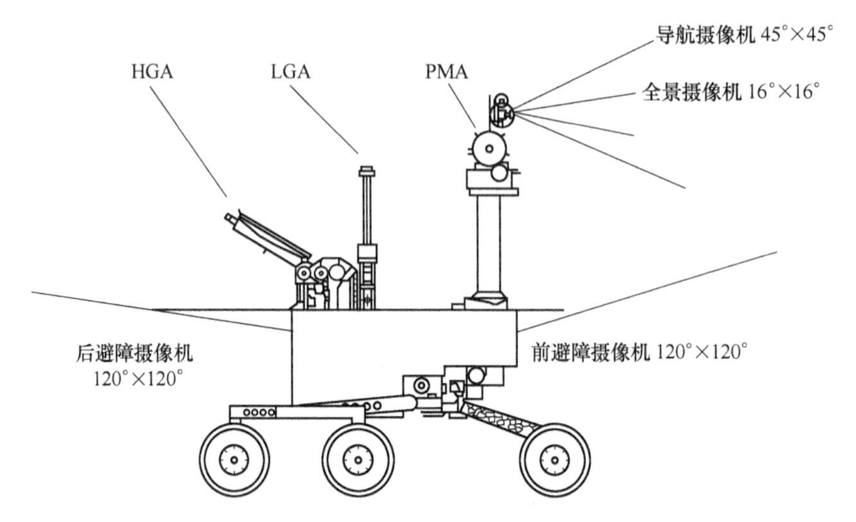


图 8.16 “勇气号”机器人上的摄像机布局

- 机器人的手臂：机器人的手臂也叫工具执行装置（IDD）。如图 8.18 所示。该手臂具有三个关节：肩、肘和腕。该手臂能够使工具操作延伸、弯曲和转动一定精确的夹角，能剔除岩石表层，拍摄微小图像，并分析岩石和土壤的组成成分。装在机器人手上的四个工具是：微型摄像机、Mossbauer 谱分光计、射线粒子 X 射线分光仪和岩石研磨工具。

图 8.17 机器人上的“颈”和“头”

- 机器人的温度控制：火星探测空间机器人最重要的器件绝对要保持在-40~40℃。通常保温的方法有以下几种：利用黄金涂料防止热量扩散，防止热量扩散的绝热材料是“气溶胶”，通过加热器来保持温度，自动调温器和热转换器、散热管等。

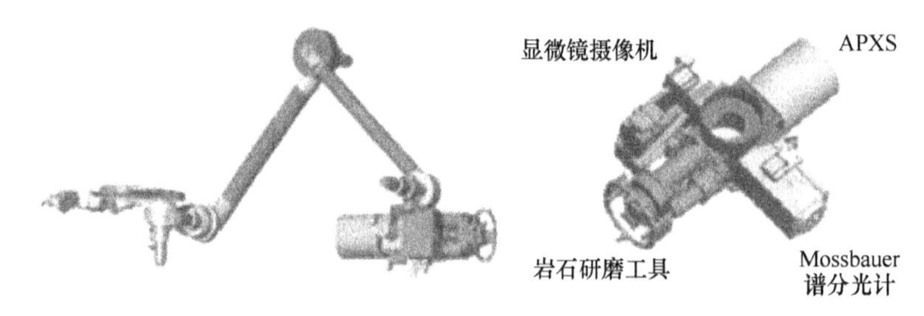


图 8.18 机器人的手臂

火星探测空间机器人的工作过程主要有以下步骤：

①开始通信准备；②旋转太空船；③开始传输音频信号；④巡游舱脱离；⑤“勇气号”进入火星大气层；⑥展开减速伞；⑦隔热屏脱离；⑧登陆器脱离；⑨雷达系统开始工作；⑩降落成像器对火星表面拍照；⑪开始向火星环绕检测卫星进行数据传输；⑫气囊的膨胀；⑬减速火箭推进器；⑭绳索剪断和第一冲击发生；⑮登陆器翻滚直到最终完全停止；⑯通信

尝试开始；⑰关键的布置开始；⑱开始向火星长期卫星传输信号；⑲休眠。

**2. 空间机器人航天器**

空间机器人的主要作用是对在轨卫星进行外部监视、故障诊断和维护，并可以保护己方卫星或攻击敌方卫星，代替宇航员来完成一些舱外作业。有关空间机器人航天器的研究和应用主要有以下实例。

AeroAstro 在第十七届 AIAA/USU 小卫星年度会议上提出“护航者”的概念，即在发射一颗大卫星时，同时从这颗大卫星上释放出一个小卫星以监视大卫星的工作状况。这颗小卫星能够自主靠近大卫星，并且能从任意角度、任意距离处对大卫星进行拍照。

瑞士空间集团正在准备一项名为 PRISMA 的太空任务，以演示编队飞行、交会对接和传感器等技术。他们计划在 2008 年发射一颗质量为 140kg 的主卫星和一颗重量为 40kg 的目标卫星。

英国萨瑞（SURREY）大学的小卫星公司研制的 SNAP-1 纳卫星，重 6.5kg，能够为在轨卫星近距离拍照，于 2000 年 6 月在俄罗斯 Plesestk 人造地球卫星发射基地与清华大学研制的“清华一号”卫星（见图 8.19，重约 50kg）和“Nadezhda 6”卫星一起搭载 Kosmos 3M 火箭顺利发射入轨。SNAP-1 卫星在分离 2s 后首先在 2.2m 距离处对俄罗斯的“Nadezhda 6”进行拍照，接着又在 9m 距离处对我国的“清华 1 号”卫星进行拍照，并把图像传回地面。

由美国空军主要负责的实验卫星系统（XSS）微小卫星演示验证项目，用于演示验证自主逼近操作技术，如在轨检查、交会和对接、重定位、逼近绕飞。该项目的第一颗卫星是由波音公司负责研制的 XSS-10（见图 8.20）。卫星重 28kg，于 2003 年 1 月由 DELTA-7925 火箭发射入轨。在 800km 的轨道上，XSS-10 卫星三次逼近火箭的第二级，在 200m、100m 和 35m 的距离上分别对火箭的第二级进行了拍照，演示验证了半自主运行和近距离空间目标监视能力。由洛克希德·马丁公司研制的 XSS-11 卫星（见图 8.21）是该项目的第二颗卫星，也已于 2005 年 4 月由 minotaur-1 火箭成功发射入轨。卫星重约 100kg，具备在轨成像能力。

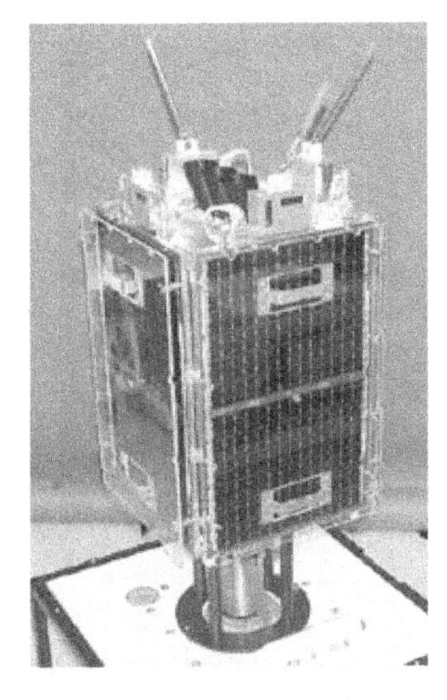

图 8.19 “清华一号”小卫星

图 8.20 XSS-10 卫星

图 8.22 是 XSS-11 卫星从距离 0.5km 处拍摄的 minotaur-1 火箭的照片。在任务期间，XSS-11 卫星计划与位于同一轨道的 6~7 个空间物体进行自主交会，以验证其较高的自主飞行能力。

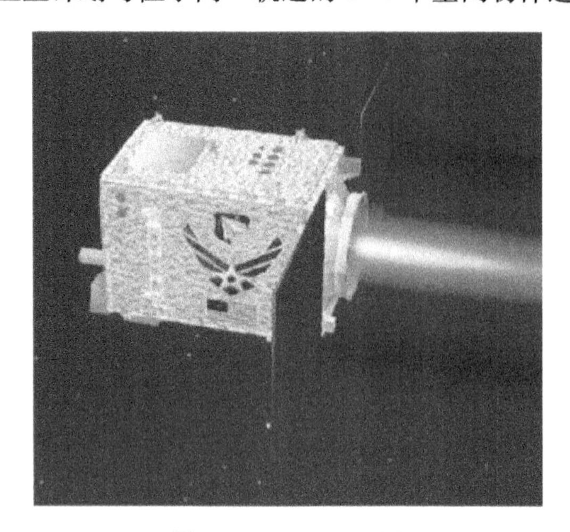

图 8.21　XSS-11 卫星

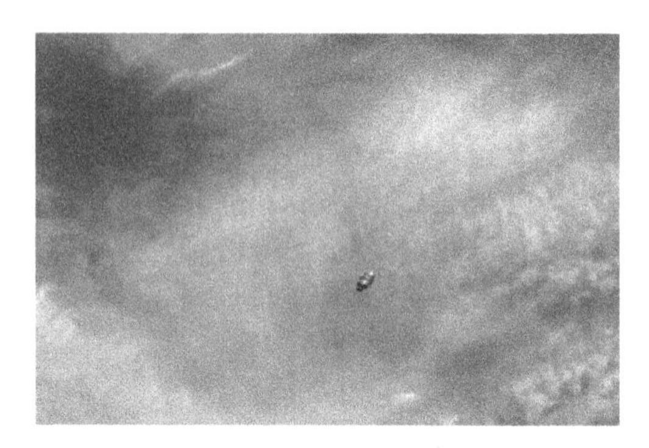

图 8.22　XSS-11 卫星在距离 minotaur-1 火箭 0.5km 处拍摄的火箭照片

DART 是一颗为进行自主交会技术验证的演示卫星，于 2005 年 4 月在美国范登堡空军基地成功发射。DART 的任务包括发射和入轨、交会、接近操作、离开和退休四个阶段。DART 卫星上搭载有高级视频导航传感器和防撞程序。DART 计划接近目标星 MUBLCOM 后，绕目标星进行飞行监视，同时利用星上的特殊标记进行视频导航以防止发生碰撞，如图 8.23 所示。DART 在顺利完成前两阶段的任务后，在接近操作阶段燃料消耗比预期多，因而在未能完成第三个阶段的任务时，提前进入第四个阶段。由于 DART 卫星是一个自主卫星，无法接收地面遥控指令，卫星按预定程序运行。在第四阶段与目标星 MUBLCOM 发生碰撞。尽管卫星上含有防撞程序，但是它严重依赖于导航数据，由于导航数据测量的严重偏差，程序设计时并未预料到这种情况。

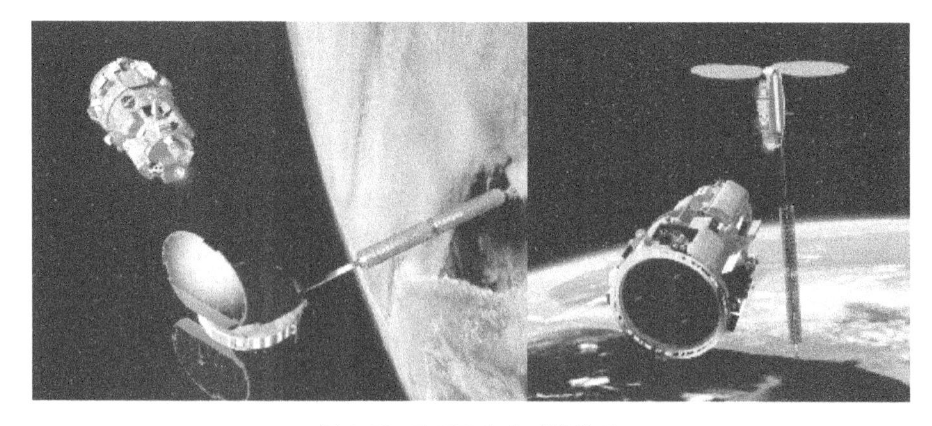

图 8.23　DART 交会对接演示

由 Washington 大学的研究员和学生提出 Bandit 太空飞行监视器。一个 1kg 的监视器从母星上分离后，可对母星进行监视，并且这个监视器可以再返回到母星上进行补给以进行下一次任务。这是 SNAP-1 和 XSS-10 所不具备的功能。

EDAS Astrium 公司自 1998 年开始着手研制可自主飞行的多功能微小卫星平台 MICROS。它具有三轴稳定功能，质量为 7kg，直径约为 230mm。其在轨时间可达 5 年，在轨期间可以每月执行一次飞行任务，任务可持续数小时。MICROS 可以在载人航天器或国际空间站附近执行绕飞监视，辅助宇航员进行太空作业和环境监测等任务。MICROS 具有三组成像系统和环境探测系统，可实现三轴稳定控制等。

由清华大学研制的“纳星一号”卫星已于 2004 年 4 月在西昌卫星发射中心成功发射。该星是一颗高技术探索实验卫星，旨在通过一些关键技术的研究，开发纳型卫星平台并进行关键载荷的搭载试验，完成航天高技术飞行演示。

总之，空间机器人的应用将会随着航天技术的发展得到进一步扩大，特别是人工智能技术将会更多地应用于空间机器人的研制中，使之具有更强大的功能，能够完成更加复杂的任务，为人类对太空的探索和发现发挥更大的作用。

## 8.2 水下机器人

海洋的面积为 3.6 亿平方公里，占地球表面积的 71%。海洋是人类赖以生存和发展的四大战略空间——陆、海、空、天中继陆地之后的第二大空间，是能源、生物资源和金属资源的战略性开发基地，不但是目前最现实的，而且是最具发展潜力的空间。进入 21 世纪后，人类更加强烈地感受到陆地资源日趋紧张的压力，这是人类面临的最现实问题。海洋即将成为人类可持续发展的重要基地，是人类未来的希望，世界各国都在大力开展探索海洋、开发海洋资源的活动。水下机器人从 20 世纪后半叶诞生起，就伴随着人类认识海洋、开发海洋和保护海洋的进程不断发展。专为在普通潜水技术较难到达的区域和深度执行各种任务而生的水下机器人，将使海洋开发进入一个全新的时代。在人类争相向海洋进军的 21 世纪，水下机器人技术作为人类探索海洋最重要的手段必将得到空前的重视和发展。

### 8.2.1 水下机器人的概念和分类

#### 1. 水下机器人的定义

水下机器人与通常的仿生机器人及工业机器人不同，它并不是一个人们通常想象的具有类人形状的机器，而是一种可以在水下代替人完成某种任务的装置。在外形上更像一艘微小型潜艇。水下机器人的自身形态是依据水下工作要求来设计的。生活在陆地上的人类经过自然进化，诸多的自身形态特点是为了满足陆地运动、感知和作业要求，所以大多数陆地机器人在外观上都有类人化趋势，这是符合仿生学原理的。水下环境属于鱼类的“天下”，人类身体的形态特点与鱼类相比则完全处于劣势，所以水下运载体的仿生大多体现在对鱼类的仿生上。目前水下机器人大部分是框架式和类似于潜艇的回转细长体。随着仿生技术的不断发展，仿鱼类形态甚至是运动方式的水下机器人将会不断发展。水下机器人工作在充满未知和挑战的海洋环境中，风、浪、流、深水压力等各种复杂的海洋环境对水下机器人的运动和控制干扰严重，使得水下机器人的通信和导航定位十分困难，这是与陆地机器人最大的不同，也是目前阻碍水下机器人发展的主要因素。

**2. 水下机器人的分类**

水下机器人根据是否载人可分为载人潜水器（Human Occupied Vehicle，HOV）和无人潜水器（Unmanned Underwater Vehicles，UUV）两大类，其中载人潜水器由人工输人信号操控各种动作，由潜水员和科学家通过观察窗直接观察外部环境。其优点是由人工亲自做出各种核心决策，机动灵活，便于处理各种复杂问题。但由于载人需要足够的耐压空间、可靠的生命安全保障和生命维持系统，这将为潜水器带来体积庞大、系统复杂、造价高昂、工作环境受限等不利因素。无人潜水器就是人们通常所说的水下机器人，由于没有载人的限制，它更适合长时间、大范围和大深度的水下作业和长时间、大范围的考察任务。近 20 年来，水下机器人有了很大的发展，它们既可军用又可民用。

按照无人潜水器与水面支持设备（母船或平台）间联系方式的不同，水下机器人可以分为两大类：一种是有缆水下机器人，习惯上称作遥控潜水器（Remotely Operated Vehicle，ROV）；另一种是无缆水下机器人，习惯上称作自治式潜水器（Autonomous Underwater Vehicle，AUV）。

ROV 需要由电缆从母船接受动力，并且 ROV 不是完全自主的，它需要人为干预，人们通过电缆对 ROV 进行遥控操作，电缆对 ROV 像“脐带”对于胎儿一样至关重要。但是由于细长的电缆悬在海中成为 ROV 最脆弱的部分，大大限制了机器人的活动范围和工作效率。AUV 自身拥有动力能源和智能控制系统，能够依靠自身的智能控制系统进行决策与控制，完成人们赋予的工作使命。AUV 是新一代水下机器人，由于其在经济和军事应用上的远大前景，许多国家已经把智能水下机器人的研发提上日程。

有缆水下机器人都是遥控式的，根据运动方式不同可分为拖曳式、（海底）移动式和浮游（自航）式三种。无缆水下机器人都是自治式的，它能够依靠本身的自主决策和控制能力高效率地完成预定任务，拥有广阔的应用前景，在一定程度上代表了目前水下机器人的发展趋势。

HOV、ROV 和 AUV 三种类型的潜水器各具特征。AUV 可实施长距离、大范围的搜索和探测，不受海面风浪的影响；ROV 可将人的眼睛和手“延伸”到 ROV 所到之处，信息传输实时、可以长时间在水下定点作业；HOV 可以使人亲临现场进行观察和作业，其精细作业能力和作业范围优于 ROV。根据目前的技术水平，三种不同的潜水器各有使命，互相不能替代，特别是目前无人潜水器还替代不了人在现场的主观能动作用。

一支优秀的水下科研或者工程队伍，往往需要配备多种潜水器，依靠他们之间的相互配合，优势互补，才能完成各项水下作业任务。往往是先通过 AUV 进行大范围的目标搜索，然后通过载人潜水器进行短时间、小功率的作业，或者通过 ROV 来进行长时间、大功率的作业。

## 8.2.2 水下机器人的研究现状

**1. 载人潜水器的研究现状**

载人潜水器是最早出现的潜水器。人类为了满足了解深海的欲望，采用深水球和浮力舱相结合的方式逐步进入深海。第一艘真正意义的载人深海潜水器为“曲斯特 I 号”。1960 年 1 月，美国人唐·华尔什和深潜器发明者的儿子丁·皮卡特乘坐“曲斯特 I 号”，在太平洋马里亚纳海沟下潜达到深度为 10916m（海沟最深点为 11034m），创造了人类下潜最深海沟的历史，这一深度被称为太平洋挑战者深度。但由于该潜水器无航行和作业能力，极大限制了它的使用性能，而且潜水器采用汽油作为浮力舱，体积较大，其建造与运输均不方便。因此，此类深潜器后续未得到进一步发展。

美国在1961年就开始深海载人潜水器论证工作。1964年，研制成功了工作深度为1829m的“阿尔文号”深海载人潜水器。“阿尔文（Alvin）号”（见图8.24）真正开创了人类探测海洋资源的历史，作为国际上使用效率最高的载人潜水器，“阿尔文号”进行过很多颇具影响的作业。在1966年，配合CURV无人遥控潜水器（见后文ROV部分介绍），打捞出美战略轰炸机失落的一颗氢弹，其影响极大。1968年在吊放时沉没，1969年捞起。在1974年，“阿尔文号”经改装后，采用钛合金载人球壳，工作深度逐渐增至4500m。1977年，“阿尔文号”在将近2500m深处的加拉帕戈斯（Galapagos）断裂带首次发现海底热液和其中的生物群落。20世纪80年代，“阿尔文号”又成功参与了对泰坦尼克号沉船的搜寻和考察。至今“阿尔文号”已完成5000次以上的下潜作业，为深海研究工作做出了巨大贡献。

图8.24 “阿尔文（Alvin）号”深海载人潜水器

除美国外，世界其他国家在载人潜水器方面也有较大发展。法国1985年研制成的“鹦鹉螺（Nautile）号”潜水器（见图8.25），质量为18.5t，可载3人，水下作业时间5h，最大下潜深度可达6000m，累计下潜了1500多次。“鹦鹉螺号”装有2只分别为六自由度和五自由度的机械手以及用作工具箱样品库的能收起的采样篮，并有水质取样器、沉积物取芯器、岩石取芯器、真空取样器、温度测定器、液压锤和其他切割工具等，不仅可以进行多种海底样品的采集和其他复杂的作业任务，还能随时获得潜水器所处的精确位置，具有质量轻、上浮/下潜速度快、能侧向移动、观察视野好、可携带一个小型ROV等特点。已完成过多金属结核区域、海沟、

图8.25 “鹦鹉螺（Nautile）号”潜水器

深海海底生态等调查和沉船、有害废料等搜索任务。

日本在 1981 年建成的潜深为 2000m 的载人潜水器样机基础上，于 1989 年建成了潜深为 6500m 的“深海（Shinkai)6500”载人潜水器（见图 8.26）。质量为 26t，水下作业时间 8h，装有三维水声成像等先进的研究观察装置。可旋转的采样篮使得操作人员可以在 2 个观察窗的任何一个进行取样作业，这是其他载人潜水器无法做到的。它已对锰结核、热液矿床、钴结壳和水深达 6500m 的海洋斜坡和大断层进行了调查，并从地球物理角度对日本岛礁沿线所出现的地壳运动以及地震、海啸等进行了研究，还在 4000 余米深海处发现了古鲸遗骨及其寄生的贻贝类、虾类等典型生物群。自投入使用以来已下潜了 1000 余次。

图 8.26 “深海（Shinkai）6500”载人潜水器

俄罗斯是目前世界上拥有载人潜水器最多的国家，比较著名的有 1987 年建成的“和平Ⅰ(MIR-Ⅰ)号”和“和平Ⅱ(MIR-Ⅱ)号”两艘 6000 米级潜水器（见图 8.27)。它们的质量各为 19t，是仅有的 2 艘用马氏体 Ni 钢来制造载人球壳的潜水器，最大的特点是能源充足，FeNi 电池所供的总能量为美国“海涯（Seacliff）号”和法国“鹦鹉螺号”的 2 倍，水下总时间长达 17~20h，水下瞬时航速高达 5 节，潜水器垂直潜浮速度可从每分钟几厘米到每分钟 35~40m，并备有高分辨率的主体摄像系统；配有两只多自由度机械手及一套取样装置，还带有 12 套检测深海环境参数和海底地貌设备。30 年来，它在太平洋、印度洋、大西洋和北极海进行了上千次的科学考察，包括对海底热液硫化物矿床、深海生物及浮游生物的调查和取样；大洋中脊水温场的测量；俄罗斯失事核潜艇“共青团员号”核辐射的检测和“泰坦尼克（Titanic）号”沉船的水下摄影等。在 2007 年 8 月由两艘“和平号”载人潜水器联合完成的俄罗斯“北极-2007”海洋科学考察，又使得这两艘载人潜水器引起世人瞩目，并由此正式引发了国际社会在北极的利益之争。2011 年，又开发了两艘 6000m 级的载人潜水器“罗斯（RUS）号”和“孔苏尔（CONSUL）号”交付俄海军使用。

图 8.27 和平Ⅰ号、Ⅱ号载人潜水器

世界载人潜水器的发展历程如图 8.28 所示。

我国自行设计、自主集成研制的深海载人潜水器“蛟龙号”（见图 8.29），具有四大功能特点：最大的工作深度达 7000m；针对作业目标有稳定悬停就位的能力；具有实时高速传输图像和语音及探测海底小目标的能力；配备多种高性能作业工具，包括潜钻取芯器、沉积物取样器和具有保压能力的热液取样器。“蛟龙号”载人潜水器满足在四级海况下进行水下作业、在 5 级海况下进行回收的技术要求。该潜水器长 8.4m、高 3.4m、宽 3m，用钛合金材料制成，空气质量约 22t；载人球壳直径为 2.1m，可容纳三人（一名操作员，两名科学家）。由于运用了当前世界上的高新技术，该潜器实现了载体性能和作业要求的一体化，并具有 7000m 的最大工作深度和悬停定位能力，可到达世界 99.8%的洋底。

图 8.28　世界载人潜水器发展历程

图 8.29　我国“蛟龙号”载人潜水器

**2. 遥控潜水器（ROV）的研究现状**

ROV 是最早得到开发和应用的无人潜水器，其研制始于 20 世纪 50 年代。1960 年美国研制成功了世界上第一台 ROV——“CURV1”。1966 年它与载人潜器配合，在西班牙外海找到了一颗失落在海底的氢弹，引起极大的轰动，从此 ROV 技术开始引起人们的重视。由于军事及海洋工程的需要及电子、计算机、材料等高新技术的发展，20 世纪 70～80 年代，ROV 的研发获得迅猛发展，ROV 产业开始形成。1975 年，第一台商业化的 ROV——“RCV-125”问世。经过半个多世纪的发展，ROV 已经形成一个新的产业——ROV 工业。全世界 ROV 的型号在 270 种以上，超过 400 家厂商提供各种 ROV 整机、零部件以及 ROV 服务。小型 ROV 的质量仅几千克，大型的超过 20t，其作业深度可达 10000m 以上。在 ROV 技术研究方面，美国、加拿大、英国、法国、德国、意大利、俄罗斯、日本等国处于领先地位。

美国的 MAX Rover 是世界上最先进的全电力驱动工作级 ROV，潜深 3000m，自重 795kg，有效载荷 90kg，推进器的纵向推力 173kg，垂向推力 34kg，横向推力 39kg，前进速度为 3 节，能在 2.5 节的水流中高效工作。英国 Sbu-Atlantic 公司推出作业型 ROV——CO-

MANCHE，载有2个具有7项功能的机械手，装载了7个推进器。日本海洋技术研究所研制开发的“海沟号”ROV（KAIKO）（见图8.30）是目前世界上下潜深度最大的ROV，装备有复杂的摄像机、声呐和一对采集海底样品的机械手。1995年，该ROV下潜到马里亚纳海沟的最深处（11022m），创造了世界纪录。它可将一种微小的单细胞有孔虫，从马里亚纳海沟海床沉积物中拔出来。

图8.30　日本“海沟号”ROV

目前，ROV在海洋研究、近海油气开发、矿物资源调查取样、打捞和军事等方面都获得广泛的应用，是当前技术最成熟、使用最广泛、最经济实用的一类潜水器。国内从事ROV开发的科研机构主要是中国科学院沈阳自动化研究所、上海交通大学、哈尔滨工程大学及中国船舶研究中心等。从20世纪70年代末起，中国科学院沈阳自动化研究所和上海交通大学开始从事ROV的研究与开发工作，合作研制了“海人一号”ROV，潜深200m，能连续在水下进行观察、取样、切割、焊接等作业。此后，沈阳自动化研究所在“海人一号”的基础上，于1986年开始先后研制了RECON-IV-300-SIA-01、02、03型ROV，“金鱼号”轻型观察用水下机器人和“海蟹号”水下工程用六足步行机器人。1993年11月，我国在大连海湾进行了“8A4水下机器人”海上试验，标志着我国在ROV方面的研究进入一个新的阶段。上海交通大学的产品较多，从微型的观察型ROV到重达数吨的深水作业型ROV，潜深从几十米到数千米不等。“海龙Ⅱ型”作业ROV系统，重量3.25t，潜深达3500m，带TMS、DP和VMS系统和2个机械手及自动升沉补偿绞车，技术性能达到世界先进水平。

“海马号”是中国自主研制的首台4500米级深海遥控无人潜水器作业系统，2014年4月在南海完成海上试验，并通过海上验收。“海马号”项目是科技部通过“863”计划支持的重点项目，是中国自主研发的下潜深度最大、国产化率最高的无人遥控潜水器系统。经过近6年的研发攻关，研制人员突破了本体结构、浮力材料、液压动力和推进、作业机械手和工具等关键技术，先后完成了总装联调、水池试验和海上摸底试验等工作。海试期间，“海马号”共完成17次下潜，3次到达南海中央海盆底部进行作业试验，最大下潜深度4502m；完成水下布缆、沉积物取样、热流探针试验、海底地震仪布放等任务，成功实现与水下升降装置联合作业，通过了定向、定高、定深航行等91项技术指标的现场考核。图8.31所示为我国“海马号”ROV。

2014年12月，正在西太平洋进行科学考察活动的“科学号”科考船上搭载的“发现号”ROV深海机器人下潜至雅浦海山海域接近4200m深处，挑战设计极限。“发现号”ROV机器人装备了温度计、生物采集器、采泥箱等，是开展深海探测研究的先进工具。“发现号”是我国最先进的深海科学考察设备之一，下潜深度达4500m，带有水下定位系统和深水超高清摄像系统，配备Titan4和Atlas两种机械手，能直接抓取重达300kg以上的生物和岩石。图8.32所示为我国“发现号”ROV。

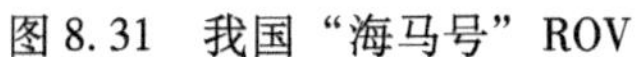

图8.31 我国“海马号”ROV

图8.32 我国“发现号”ROV

“海龙三号”ROV（见图8.33）是充分考虑矿区勘察取样应用需求，能在海底高温和复杂地形的特殊环境下开展海洋调查和作业的最高精技术装备，是国家重大科技专项、目前我国下潜深度最大、功能最强的ROV，代表了国内ROV研发最高水平。“海龙三号”进一步提升了标准化、模块化的水平，最大作业水深6000m，作业功率170马力（1kW=1.34马力），具备海底自主巡线能力以及更强的推力、高清高速和重型设备搭载能力，能够支持搭载多种调查设备和重型取样工具。与“海龙二号”ROV相比，“海龙三号”ROV不再使用中继器，采用脐带缆上捆绑浮球的无中继器布放方式，“海龙三号”系统由ROV本体、电动升沉补偿脐带绞车、止荡器、操纵控制台、动力电站组成。其中ROV本体重量5000kg，最大下潜水深6000m，载荷能力3000kg，基本尺寸：3.2m（净长）×1.9m（宽）×2.1m（净高），是目前国内下潜深度最大的ROV。操作控制台与动力电站均集成在一个6.6m（长）×2.5m（宽）×2.6m（高）集装箱内。“海龙三号”ROV的最大前进/后退速度：3.2kn，具备4个水平推力器和3个垂向推力器。在控制功能上具备自动定向、自动定深、自动定高功能，在悬停定位与巡线控制方面，“海龙三号”具备强干扰力环境下精确定位能力，同时能对动态干扰力快速响应和补偿，进一步发展了ROV海底自主精细巡线技术，支

图8.33 我国“海龙三号”ROV

持海底精细探测。在取样作业方面，“海龙三号”ROV 拥有一只七功能主从式机械手和一只五功能开关式机械手，满足海底多种形式的作业需求。在作业工具包方面，在“海龙二号”工具包的基础上，“海龙三号”新添了岩石切割取样器、沉积物保压取样器、沉积物取样器等工具，同时预留的各路液压电气接口能够支持搭载多种类型的调查取样设备。

**3. 自治式潜水器（AUV）的研究现状**

在过去的十几年中，水下技术较发达的国家像美国、日本、俄罗斯、英国、法国、德国、加拿大、瑞典、意大利、挪威、冰岛、葡萄牙、丹麦、韩国、澳大利亚等建造了数百个智能水下机器人，虽然大部分为试验用，但随着技术的进步和需求的不断增强，用于海洋开发和军事作战的智能水下机器人不断问世。由于智能水下机器人具有在军事领域大大提升作战效率的优越性，各国都十分重视军事用途智能水下机器人的研发，著名的研究机构有：美国麻省理工学院 MIT Sea Grant's AUV 实验室、美国海军研究生院（Naval Postgraduate School）智能水下运载器研究中心、美国伍慈侯海洋学院（Woods Hole Oceanographic Institute）、美国佛罗里达大西洋大学高级海洋系统实验室（Advanced Marine Systems Laboratory）、美国缅因州大学海洋系统工程实验室（Marine Systems Underwater Systems Institute）、美国夏威夷大学自动化系统实验室（Autonomous Systems Laboratory）、日本东京大学机器人应用实验室（Underwater Robotics Application Laboratory）、英国海事技术中心（Marine Technology Center）等。

美国海军研究生院 AUV ARIES（见图 8.34），主要用于研究智能控制、规划与导航、目标探测与识别等技术。图 8.35 是美国麻省理工学院的水下机器人 Odyssey Ⅳ，可用于：在海冰下标图，以理解北冰洋下的海冰机制；检测中部大洋山脊处的火山喷发；海底资源勘探等多种用途。美国的 ABEAUV（见图 8.36）最大潜深 6000m，最大速度 2 节，巡航速度 1 节，考察距离>30km，考察时间>50h，能够在没有支持母船的情况下，较长时间地执行海底科学考察任务，它是对载人潜水器和无人遥控潜水器的补充，以构成科学的深海考察综合体系，为载人潜水器提供考察目的地的详细信息。日本 URASHIMA 水下机器人（见图 8.37）主要用于深海及热带海区矿藏的探察，能自主收集数据，可用于探测喷涌热水的海底火山、沉船、海底矿产资源和生物等。远距离环境监测装置（Remote Environmental Monitoring Units，REMUS）是美国 Hydroid 公司的系列水下机器人（图 8.38），REMUS6000 工作深度为 25~6000m，是一个高度模块化的系统，代表了自主式水下探测器的较高水平。

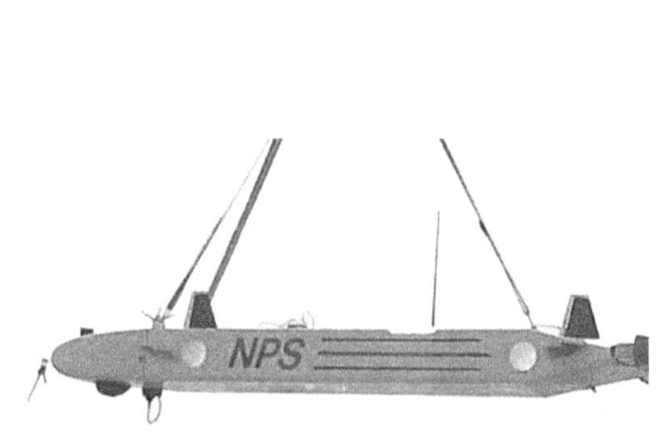


图 8.34　AUV ARIES

图 8.35　MIT Odyssey Ⅳ

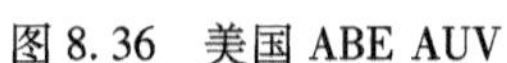
图 8.36　美国 ABE AUV

图 8.37　日本 URASHIMA AUV

图 8.38　美国 REMUS6000 AUV

中国智能水下机器人技术的研究开始于 20 世纪 80 年代中期，主要研究机构包括中国科学院沈阳自动化研究所和哈尔滨工程大学等。中国科学院沈阳自动化研究所蒋新松院士领导设计了“海人一号”遥控式水下机器人试验样机。之后“863”计划的自动化领域开展了潜深 1000m 的“探索者号”智能水下机器人的论证与研究工作，做出了非常有意义的探索性研究。哈尔滨工程大学的智能水下机器人已经突破智能决策与控制等多个技术难关，各项技术标准都在向工程可应用级别靠拢。哈尔滨工程大学“智水-4”智能水下机器人在真实海洋环境下实现了自主识别水下目标和绘制目标图、自主规划安全航行路线和模拟自主清除目标等多项功能。“潜龙一号”（见图 8.39）是中国国际海域资源调查与开发“十二五”规划重点项目之一，是中国自主研发、研制的服务于深海资源勘察的实用化深海装备。“潜龙二号”（见图 8.40）是“十二五”国家“863”计划深海潜水器装备与技术重大项目的课题之

图 8.39　“潜龙一号”AUV

图 8.40　“潜龙二号”AUV

一，由中国大洋矿产资源研究开发协会组织实施，中国科学院沈阳自动化研究所作为技术总体单位，与国家海洋局第二海洋研究所等单位共同研制。这是一套集成热液异常探测、微地形地貌探测、海底照相和磁力探测等技术的实用化深海探测系统，主要用于多金属硫化物等深海矿产资源的勘探作业。

### 8.2.3 水下机器人的发展趋势

**1. 载人潜水器（HOV）的发展趋势**

目前，人在潜水器内发挥的作用是无人潜水器所无法替代的，HOV 是一种最有效的深海取样和测绘平台。美国海洋领域的科学家认为，在 21 世纪必须建立一支包括载人潜水器在内的潜水器“联队”，并对此进行了具体规划。2000 年，美国成立一个由海洋工作者、教育家和科学家组成的领导小组，统一制定了发展国家海洋资源勘查的战略决策。同年，经过反复论证，伍兹霍尔（Woods Hole）海洋研究所建议美国建造一艘新型的 6500m 载人潜水器——“新阿尔文号”，与“阿尔文号”和“海涯（Sea Cliff）号”相比，“新阿尔文号”载人潜水器具有较大的载人球壳内部容积，舒适的内部环境，很大的观察窗视野，同时提高了潜水器的机动性，加大了上浮和下潜的速度，使用了先进的导航设备和图像采集显示系统。

日本科学家认为，未来在深海进行研究的需要与日俱增。在自然科学研究领域，当人下潜至深海环境时，完全利用“人的传感器”，人的存在将继续成为开阔思维、形成革新的知识与假设、建立使用无人潜水器有效操作程序的一个重要因素。可以认为，在未来开发与使用深海科研系统时，载人深潜器将是主要的工具和中央部件。日本深海技术协会的一个“特色委员会”结合日本未来深海科研的需要，提出了一个有 5 个不同最大作业深度和最大巡航时间的载人潜水器计划：11000m 全海深级别、6500m 级别、4000m 级别、2000m 级别和 500m 级别。其中，11000m 全海深级别是一个纯粹的载人潜水器，6500m 级和 4000m 级除本身带机械手可以作业外，也能作为一个水下空间站操控小型无人潜水器进行作业。2000m 级和 500m 级则完全是一个水下空间站，主要靠操控无人潜水器进行作业。因此，日本的发展思路是建立全海深系列，不同的深度用不同的潜水器；其次，是由单纯的载人潜水器发展成深海空间站，把载人潜水器和无人潜水器的协同作业统一于一体，同时，还可以减少对水面支持母船的依赖。

印度科学家认为，载人潜水器比遥控潜水器具有更多的优点，印度国家海洋技术研究所（NIOT）在 2009 年正式立项研制一台 4000m 级的载人潜水器，从而也使他们挤入目前只有美俄日法组成的俱乐部。NIOT 将邀请国际上的有关制造公司一起参与研制，计划用 4~5 年完成。

美国在“新阿尔文”载人潜水器的研制上，一直遵循以实用性和经济性为主的指导思想。在将新潜水器的最大工作深度定为 6500m，满足大深度作业要求的同时，不忘经济性目标，降低运营成本。作为载人潜水器技术的未来发展趋势，主要是在经济性、舒适性和环保性上来体现。如何大幅度降低使用成本，使其与无人潜水器具有可比性，如何把进舱的设备小型化，让舱内人员更舒适，这两个要求需要对载人潜水器的设计理念做一些革命性的变革。至于环保的考虑，主要是指不用水银作为纵倾调节的介质和应急安全的抛弃手段。如有条件，甚至不用压载铁作为无动力上浮下潜的手段。这两个要求主要取决于大流量高压海水泵的技术，美国的“新阿尔文”潜水器在设计之初曾有打算，但终因技术难度大，研制经费缺乏而放弃，但它毕竟是一个技术发展方向而应该得到重视。

**2. 遥控潜水器（ROV）的发展趋势**

ROV 具有安全、经济、高效和作业深度大等特点，在世界上得到越来越广泛的应用。加大 ROV 的研制力度，提供性能更高、经济性更好的 ROV 设备，是市场的必然需求。现阶段 ROV 的发展趋势体现在以下几个方面。

1）向高性能方向发展。随着计算机技术及水下控制、导航定位、通信传感技术的快速发展，ROV 将具有更高的作业能力、更高的运动性能、更好的人机界面，便于操作。

2）向高可靠性发展。ROV 技术经过多年的研究，各项技术正在逐步走向成熟。ROV 技术的发展将致力于提高观察能力和顶流作业能力，加大数据处理容量，提高操作控制水平和操纵性能，完善人机交互界面，使其更加实用可靠。

3）向低成本、小型化和自动化方向发展。为了适应 ROV 不断扩大的应用领域，ROV 技术将会向体积小、兼容性好及模块化方向发展，突破现有水下潜器设计中的障碍。由于国际间的技术合作愈加密切，高兼容性和模块化技术的应用将大幅度降低 ROV 的制造成本。先进技术的发展，特别是高效电池技术，已可以使 ROV 在特定工作区域以电池作能源，自动化程度将逐步提高。

4）向更大作业深度发展。地球上 97% 的海洋深度在 6000m 以上，称之为深海，随着海洋油气等资源的开发日益走向深海，必然要求 ROV 向更大作业深度发展。目前世界各国都在加大力度研制潜深超过 6000m 的深水 ROV。

5）专业化程度越来越高。任何一种 ROV 不可能完成所有的任务，它们都将只针对某个特殊的需求，配置专用设备，完成特定任务，其种类会越来越多，分工会越来越细，专业化程度会越来越高。

6）新概念 ROV 即将出现。多媒体技术及虚拟现实技术等在 ROV 中的应用将产生新一代全新概念的 ROV。

**3. 自治式潜水器（AUV）的发展趋势**

（1）整体设计的标准化和模块化

为了提升智能水下机器人的性能、使用的方便性和通用性，降低研制风险，节约研制费用，缩短研制周期，保障批量生产，智能水下机器人整体设计的标准化与模块化是未来的发展方向。在智能水下机器人研发过程中依据有关机械、电气、软件的标准接口与数据格式的要求，分模块进行总体布局和结构优化的设计和建造。智能水下机器人采用标准化和模块化设计，使其各个系统都有章可依、有法可循，每个系统都能够结合各协作系统的特性进行专门设计，不但可以加强各个系统的融合程度，提升机器人的整体性能，而且通过模块化的组合还能轻松实现任务的扩展和重构。

（2）高度智能化

由于智能水下机器人工作环境的复杂性和未知性，需要不断改进和完善现有的智能体系结构，提升对未来的预测能力，加强系统的自主学习能力，使智能系统更具有前瞻性。目前针对如何提升水下机器人的智能水平，已经对智能体系结构、环境感知与任务规划等领域展开一系列的研究。新一代的智能水下机器人将采用多种探测与识别方式相结合的模式来提升环境感知和目标识别能力，以更加智能的信息处理方式进行运动控制与规划决策。它的智能系统拥有更高的学习能力，能够与外界环境产生交互作用，最大限度地适应外界环境，帮助其高效完成越来越倚重于它的各种任务。届时智能水下机器人将成为名副其实的海洋智能机器人。

（3）高效率、高精度的导航定位

随着仪器精度的提高和算法的优化，传统导航方式精度不断提高，但由于其基本原理决定的误差积累仍然无法消除，所以在任务过程中需要适时修正以保证精度。全球定位系统虽然能够提供精确的坐标数据，但会暴露目标，并容易遭到数据封锁，不太适合智能水下机器人的使用。所以需要开发适于水下应用的非传统导航方式，例如地形轮廓跟随导航、海底地形匹配导航、重力磁力匹配导航和其他地球物理学导航技术。其中海底地形匹配导航在拥有完善并及时更新的电子海图的情况下，是非常理想的高效率、高精度水下导航方式，美国海军已经在其潜艇和潜器的导航中应用。未来水下导航将结合传统方式和非传统方式，发展可靠性高、集成度高并具有综合补偿和校正功能的综合智能导航系统。

（4）高效率与高密度能源

为了满足日益增长的民用与军方的任务需求，智能水下机器人对续航力的要求也越来越高，在优化机器人各系统能耗的前提下，仍需要提升机器人所携带的能源总量。目前所使用的电池无论体积和重量都占智能水下机器人体积和重量的很大部分，能量密度较低，严重限制了各方面性能的提升。所以，急需开发高效率、高密度能源，在整个动力能源系统保持合理的体积和质量的情况下，使水下机器人能够达到设计速度和满足多自由度机动的任务要求。

（5）多个体协作

随着智能水下机器人应用的增多，除了单一智能水下机器人执行任务外，会需要多个智能水下机器人协同作业，共同完成更加复杂的任务。智能水下机器人通过大范围的水下通信网络，完成数据融合和群体行为控制，实现多机器人磋商、协同决策和管理，进行群体协同作业。多机器人协作技术在军事上和海洋科学研究方面潜在的用途很大，美国在其《无人水下机器人总体规划》（UUV Master Plarc）中规划由多艘智能水下机器人协同作战，执行对潜艇的侦查、追踪与猎杀，美国已经着手研究多个智能水下机器人协同控制技术，其多个相关研究院所联合提出多水下机器人协作海洋数据采集网络的概念，并进行了大量的研究，为实现多机器人协同作业打下基础。

### 8.2.4 水下机器人的应用

随着人类开发海洋的步伐不断加快，水下机器人行业也逐渐火热起来，各种用途的水下机器人的身影活跃在海洋开发的最前线。20 世纪 90 年代后，智能水下机器人各项技术开始逐步走向成熟，由于智能水下机器人在海洋研究和海洋开发中具有远大的应用前景，在未来的水下信息获取、深水资源开发、精确打击和“非对称情报对抗战”中也会有广泛的应用，因此智能水下机器人技术对各国来说都是一个重要的、值得积极研发的领域。

海洋是生命的摇篮、资源的宝库、交通的要道，也是兵戎相见的战场。21 世纪人类面临人口膨胀和生存空间有限的矛盾，陆地资源枯竭和社会生产需要增长的矛盾，以及生态环境恶化和人类发展的矛盾这三大挑战。占地球表面积 71%的海洋，是一个富饶而远未得到开发的宝库，人类要维持自身的生存、繁衍和发展，就必须充分利用海洋资源，这也是人类无可回避的必然抉择。对人均资源占有率不高的我国来说，海洋开发更具有特殊意义。在海洋开发过程中，智能水下机器人将在海洋环境的探测与建模、海洋目标的水下探测与识别、定位与传输等方面的研究中发挥重要作用。

民用方面，水下机器人在海洋救助与打捞、海洋石油开采、水下工程施工、海洋科学研究、海底矿藏勘探、远洋作业等方面正发挥着非常重要的作用。归纳起来，ROV 在民用上主要有以下应用。

1）海底安装。包括海底管道及电缆的开沟埋设，水下输油管道的连接、检测，海底安装物的维护和修理。

2）水下钻探和建造支持。包括从视频观察、监测安装、操作支持到维修。

3）管线检测。包括跟踪水下管线以检测漏点，确定管线的安全状态和保证安装合格等。

4）扫查。在管线、电缆和其他离岸设备安装之前，对环境进行必要的视频和声学扫查。

5）平台观测。监测工作平台的腐蚀、堵塞，定位破损，查找裂缝，估计海洋生物污染。

6）码头及码头桩基、桥梁、大坝水下部分检修、冲撞破损评估，航道排障，港口作业。

7）水下物体的定位和回收。搜寻、定位和回收打捞失事航天飞行器、舰船的残骸及其他丢失物体。

8）通信支持。包括对海底通信电缆的埋设、监察和修理及回收等。

9）废物清除。平台清刷，清理水库坝面、拦污栅等。

10）科学考察、研究。包括水环境、水下生物的观测、研究，海洋考察，冰下观察，水下考古，海洋地质或地球物理学研究，深海测量，海底剖面测绘，海底取样，海洋水文研究，以及深水矿藏勘探等。

水下机器人在军事上的应用如下：

1）反潜战。智能水下机器人可以工作在危险的最前线，它装备有先进的探测仪器和一定威力的攻击武器，可以探测、跟踪并攻击敌方潜艇；可以作水下侦察通信网络的节点，也可以作为猎杀敌方潜艇的诱饵，让己方的潜艇等大型攻击武器处在后方以增加隐蔽性。

2）水雷战。智能水下机器人自身可以装载一到多枚水雷，自主航行到危险海域，由于其目标较小，可以更隐蔽地实现鱼雷的布施，并且其上的声呐等探测装置也可协助进行近距离、高精度的鱼雷、雷场的探测与监视。

3）情报侦察。长航时的智能水下机器人，可在高危险的战区或敏感海域进行情报侦察工作，能够长时间较隐蔽地实现情报侦察和数据采集与传输任务。

4）巡逻监视。可以长时间在港口及附近主要航线执行巡逻任务，包括侦查、扫雷、船只检查和港口维护等任务。它可以对敌方逼近的舰艇造成很大的威胁，必要时还可以执行主动攻击、施布鱼雷和港口封锁等任务。战时还可为两栖突击队侦察水雷等障碍，开辟水下进攻路线。

5）后勤支援。智能水下机器人可以布施通信导航节点，构建侦查、通信、导航网络。

6）相关应用。智能水下机器人还可用于相关水下领域，如海洋测绘、水下施工、物资运输和日常训练等；可用于靶场试验、鱼雷鉴定等，把机器人伪装成鱼雷充当靶雷进行日常训练和实验鱼雷性能，以智能水下机器人作为声靶进行潜艇训练。

7）军港工程的水下维护。

8）水中试验武器装备的打捞与回收。

9）失事潜艇的营救。

10）通信中继。在某些通信受到限制的海域，可以利用水下机器人作为通信接口，完成指挥中心与潜艇、水面舰船之间以及与其他平台之间的通信任务。

11）战术水文资料的搜集。对特殊海域的海洋环境资料和影响战术活动的因素进行监视和数据统计，建立数据库，供战时使用。

12）作为未来的水下无人作战平台。

图 8.41、图 8.42 为水下观光机器人和水下军用机器人。

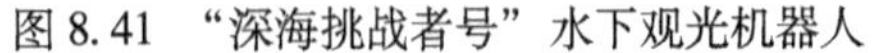

图 8.41 “深海挑战者号”水下观光机器人

图 8.42 水下军用机器人

## 8.3 军用机器人

军用机器人（Military Robot）是用于军事领域的具有某种仿人功能的自动机。从物资运输到搜寻勘探以及实战进攻，军用机器人的使用范围广泛。

军用机器人属于特种机器人，主要作用为：侦察和观察、直接执行战斗任务、指挥控制、后勤保障等。1966 年，美国海军使用机器人“科沃”，潜至 750m 深的海底，成功地打捞起一枚失落的氢弹。这轰动一时的事件，使人们第一次看到机器人潜在的军事使用价值。之后，美、苏等国又先后研制出“军用航天机器人”“危险环境工作机器人”“无人驾驶侦察机”等。机器人的战场应用也取得突破性进展。1969 年，美国在越南战争中，首次使用机器人驾驶的列车，为运输纵队排险除障，获得巨大成功。在英国陆军服役的机器人——“轮桶”，在反恐斗争中，更是身手不凡，屡建奇功，多次排除恐怖分子设置的汽车炸弹。其巨大的军事潜力，超人的作战效能，预示着机器人在未来的战争舞台上是一支不可忽视的军事力量。

按军用机器人的工作环境和特性，可将常见的军用机器人分为以下几类：①地面武装机器人；②仿生机器人；③水下军用机器人；④空中军用机器人；⑤空间军用机器人；⑥外骨骼系统。

### 8.3.1 地面武装机器人

地面武装机器人是最早出现的军用机器人，地面武装侦察机器人，是一种用于代替士兵承担军事任务的地面无人车辆，它同时具备了武装作战和战地侦察等功能。地面武装侦察机器人的使用，可以有效提高军队的作战效能，极大地降低我方伤亡人数。在恐怖活动日益猖獗的严峻形势下，适合城市反恐作战使用的移动机器人成为世界各国研究的重点，而轻型地面武装机器人借助其体积小、重量轻、隐蔽性好和生存能力强、具有高机动性和良好的环境适应性特点，可潜入敌方军事要地，进行武装打击或侦察，实现地面武装机器人的轻量化、小型化设计，能够大幅度提高移动机器人的作战性能。

地面武装机器人主要是指智能或遥控的轮式和履带式车辆。地面武装机器人又可分为自主车辆和半自主车辆。对于地面武装机器人的研究内容主要包括：机械系统设计，底盘系统设计，系统动力学研究，可靠性设计，控制系统设计，系统发射动力学，多智能体协调控制及集群作战体系等。

**1. 国内外研究现状**

由于军用机器人能代替士兵完成许多特殊和危险的军事任务，军事战略家们普遍认为，在未来战场上，无人系统将扮演日益重要的角色。美、英、德、法等国都相继制定了各自的军用地面机器人研制计划，侧重不同用途，分别研制出多系列的军用地面机器人。其中美军研制的最为全面，投入数十亿美元研制的“未来战斗系统”（Future Combat Systems，FCS），其中无人地面武器机动平台是 FCS 美军陆军转型的关键装备。

军用地面机器人发展历程一直伴随着机动作战能力和技术极限的矛盾，必须寻找到能力与技术的平衡点。随着近年美军在战场中的演练，逐渐趋向两类等级平台。

1）以 40kg 左右的本体平台为基础，形成搭载较强制式枪械武器和侦察装备的侦察攻击一体化机器人。该类机器人一方面便于机械化部队的运输与携带及快速部署，另一方面也具有较强的野外侦察作战能力和良好的平台机动性能。

美国是研制地面移动机器人最为全面的国家，图 8.43 是美国 Foster-Miller 公司近年来研制的 TALON 系列机器人。TALON 机器人可单兵携带，允许搭载多种传感器阵列，移动速度快，越障性能突出，可巡航任何地形，可靠性极高，从高处跌落后仍可继续执行任务。SWORDS 机器人全称“观察、侦察与探测特种武器系统”是 TALON 机器人的改进版。

图 8.43　TALON 系列机器人

MAARS 属于 TALON 系列中的重型机器人，图 8.44 是研制的“模块化先进武装机器人系统”。MAARS 的旋转炮塔上既可以安装杀伤力巨大的 7.62mm 口径的 M240B 机枪，也可以安装用于发射烟雾弹、照明弹、催泪弹和杀伤榴弹的多用途发射器。由于采用模块化设计方案，其上的作战系统可以更换为负重能力为 45kg 的机械臂，用于执行排雷和清除爆炸装置的任务。

图 8.44　MAARS 系列机器人

加拿大 ESI 公司开发的 MR 系列机器人采用轮履组合结构，履带装卸方便，可根据地形选择合适的运动机构，在近距离侦察和排除危险品方面有较强的能力。40kg 级别的机器人还有英国 ABP 公司研制的土拨鼠排爆机器人，法国 Alsetex 公司的 SAE MC800 排爆机器人等产品。

2）以 20kg 左右的本体平台为基础，以侦察能力为主，可搭载一定能力的爆破装备。该类机器人方便单兵携带，以代替士兵涉险为目标，在追求良好机动性能的基础上，具有较好的侦察观测能力。

美国 iRobot 公司研制的 PACKBOT 系列机器人（见图 8.45），其高度不足 20cm，重约 20kg，最大时速可达 14km/h。采用可变形履带结构和模块化的设计思路，用于环境侦察和

图 8.45　PACKBOT 系列机器人

现场检测，独有的360°可旋转辅臂结构，拥有较强越野能力。许多国内外研究单位和公司参照PACKBOT样式开发了许多类似平台。PACKBOT共分为三个系列，分别为PACKBOT SCOUT、PACKBOT EXPLORER和PACKBOT EOD。

德国Telerob公司研发的POLYFIMOS机器人（见图8.46），可配备机械爪、X射线系统、金属物质勘测设备、IDE冷却设备等。净重20kg，体积小，运输方便。便于单兵携带执行侦察、危险物排除等任务。

美国MESA公司研制的MATILDA单兵机器人（见图8.47），采用三角形履带结构，重约18kg，可配备爆炸物处理臂及反装甲导弹等不同的任务载荷。可以进入洞穴、地道和下水道系统。尽管自身的高度很小，但是这种车辆可以携带56kg的有效载荷，并且可以拖动自身重量9倍的物体。

图8.46 Telerob POLYFIMOS机器人

图8.47 MATILDA单兵机器人

我国机器人研究与应用起步于20世纪70年代初期，主要针对国内危险行业的实际需求，国内一些科研院所和高校围绕危险作业机器人进行重点攻关，在危险作业机器人方面取得较大进步，并取得一批成果。国内20kg和40kg级别的地面武装机器人平台有以下几种。

上海广茂达伙伴机器人有限公司研制的DG-X3B型反恐机器人，重约50kg，是中国第一台单兵反恐机器人，可用于爆炸物处理、侦查、特种作业等反恐领域。越障能力，可爬270级楼梯、30°斜坡、翻越20cm高障碍物，可在草地、沙地、碎石地、雪地运行。

北京博创集团开发研制的RAPTOR-EOD中型排爆机器人，重约57kg，携带三台CCD摄像机，用于处置各种涉爆、涉险事件。

中国科学院沈阳自动化研究所自行研制的“灵晰-B”型反恐防爆机器人。三段履带的设计可让机器人平稳上下楼梯，跨越0.45m高的障碍。最大直线运动速度为40m/min，爬行40°楼梯和斜坡，跨过0.4m高障碍和0.5m宽壕沟，自带电源可连续工作4h。可应用于公安、铁路、军事等部门。

近年来各高校在地面移动机器人研究方面也取得了很大的成果与进展。北京理工大学、哈尔滨工业大学、上海交通大学、南京理工大学等均在小型军用移动平台研发方面取得了一定的成果。

图 8.48 为我国的地面武装机器人。

图 8.48　我国的地面武装机器人

**2. 机械系统设计**

地面武装机器人要求具有高的可靠性和稳定性、易维护性和易配置性。目前国内研制的地面武装机器人在技术设计上存在的问题有重量过重、体积庞大、架构封闭、接口专用等问题，导致携带不够轻便、搭载不够丰富、功能扩展性不强、部署时间太长、软硬件可裁剪性和重用性差等缺点。

地面武装机器人的机械系统设计取决于其指标和功能要求。一般在设计时需要考量的主要方面有：任务载荷、自身重量、外形尺寸、负载重量、平路行驶速度、爬坡行驶速度、攀爬能力、武器平台运动能力、机械臂自由度、机械臂工作空间、工作环境、续航能力、防护等级等。

1）总体结构设计。地面武装机器人最主要的两项任务是排除爆炸物和对恐怖分子进行打击，而这两项任务要求移动机器人切换其搭载执行器的类型。在国内外各种同类机器人中，切换执行器的方式主要有两种：一种是将机械臂和武器系统设计成两个独立的搭载平台，这种方法设计较为简单，切换也比较便捷，但设计两个平台成本过高，且携带不方便。另一种是将轻型武器直接安装在机械臂末端连杆上，但这样一来对机械手臂各个关节和连杆的强度和刚度要求过高，并且在执行打击任务时还要负载机械手臂，系统过于冗杂，不利于活动。

2）移动底盘分系统设计。机器人底盘系统承载整个地面武装机器人系统，其主要功能是给系统提供一个有效可靠的移动平台，具有一定通过能力，能在野外及城市道路中具有一定机动能力承载武器平台、侦查平台等其他机械子系统，要求具有一定负载能力承载电源、控制核心、网络传输模块、导航、定位等控制系统，并对控制部分有简单的防护作用，给武器子系统提供发射平台。为达到上述功能，移动底盘系统主要分为部分行走机构动力及传动部件、箱体、武器分系统接口、电源及防护部件等部分。

3）上层搭载分系统设计。机器人上层搭载系统是地面武装机器人系统的执行机构，其主要功能有以下几点：武装打击子系统在执行不同任务时，架设不同的武器装备，包括狙击步枪、机枪、榴弹发射器以及火箭筒。机械手子系统用于排爆时处理爆炸物，或平台越障或侧翻时的辅助翻越、平台回位装置。侦察子系统用于对目标环境的侦察，搜寻打击目标。瞄准子系统用于对已经发现的目标进行距离测量、瞄准，其工作原理是：当确定好系统的任务后，选择需要的装备进行架设；在系统启动后，利用侦察子系统采集信息，传输给远程控制终端；远程控制终端的操作士兵通过侦察到的信息搜寻目标；确定目标后，调整上层搭载云台机械臂的姿态，利用瞄准子系统瞄准目标，然后测量目标距离，微调云台姿态并激发可置换武器单元或机械手对目标进行动作。综上所述，机器人上层搭载系统包括武装打击子系统、机械手子系统、侦察子系统和瞄准子系统。主要完成武装打击和爆炸物排除任务，侦察子系统和瞄准子系统都是为武装打击子系统、机械手子系统服务的。

4）传动系统设计。地面武装机器人在结构上一般为履带式或轮式结构，其传动链一般为固定传动比。尤其是在野外情况下使用的移动机器人常常需要有较强的驱动力以满足爬坡或爬越楼梯的要求，同时在平地行驶的过程中往往对速度有较高的要求。在传动链固定的情况下，大动力要求动力部分提供大输出扭矩，高速度要求动力部分提供高输出转速。在机器人的总体设计上这一矛盾始终存在。为了解决这一矛盾，通常的方法是选用大功率的动力部件，如大功率电机等。但是在小型移动机器人设计过程中，受体积、重量尤其是电源的限制，动力部分不可能无限制扩大，所以机器人最终的地面通过能力与地面最大速度只能进行折中，选取更需要的一方面进行设计。另一种方法是采用换档变速传动装置，现有换档装置多用于汽车或者机床等领域，无论体积、重量还是适应性都无法直接使用在小型移动机器人上。汽车上使用自动变速箱过于复杂，手动变速箱执行部件不适于机器人的自动控制或遥控装置实现，且适用于汽车的变速器大多体积大、质量重。机床上使用的变速器变速原理简单，但由于机床是停车变速，变速时没有负载，这样其变速器机构设计不能适用于移动机器人。

**3. 系统动力学研究**

机器人移动机械臂一般由移动平台和搭载的机械臂组成，搭载的机械臂用来完成一定的操作任务，而履带底盘用来搭载机械臂，使得整个机器人拥有几乎无限大的操作空间和高度的运动冗余性，这使它优于移动机器人和传统的机械臂。然而，由于履带与地面的相互作用和车体与机械臂的相对运动，使得对这一整个结构的运动学模型进行公式化成为一项极富挑战性的工作。尽管目前已有不少对轮式移动机械臂建模、仿真和控制的研究，但对履带式移动机械臂的研究却较少。目前，国内有基于完整约束条件将履带车简化为单体与多体模型相结合进行动力学建模与仿真；采用多刚体系统理论建立履带车辆的动力学模型，并用“冰刀+车轮”的模式对履带进行约束。机器人移动机械臂的不确定性主要来自移动平台与搭载的机械臂相互耦合作用和非结构化环境引起的随机干扰，需将移动机械臂当作一个整体来建立统一的数学模型。对于轮式和履带式车辆滑移基于车辆地面理论，目前有大量文献描述履带与地面相互作用。综上所述，大多数研究基本上都是从能量的角度建立系统数学模型，履带与地面相互作用方面主要来自假设滑转率不予考虑或为恒定值，所以建立一套更切合履带式移动机器人系统实际情况的数学模型十分必要。

当机器人搭载了轻武器发射系统时，则需要额外对地面武装机器人系统进行发射动力学分析。为了便于研究，通常将各机体部分、发射体和弹分别设为刚体。首先应确定系统的拓扑构型，并在此基础上建立发射动力学方程。

**4. 可靠性概率设计研究**

底盘系统承担了机器人承载、防护、机动、武器发射等任务，它的可靠性设计直接影响整个机器人的使用可靠性。机器人传动系统中的变速箱是组成机器人底盘的重要部件，如何使机器人在满足功能和实现性能指标的前提下尽量紧凑可靠、轻巧简单，针对底盘二级直齿圆柱齿轮的可靠性设计成为研究的重点。

可靠性概率设计的思想广泛应用于各行各业，但是真正应用于齿轮分析设计的却较少。传统的静强度可靠性设计思路是通过查阅手册、经验估算和试验数据得到影响齿轮强度因子的均值、变异系数和标准差来计算求得齿轮的可靠度，然而常常由于资料数据、齿轮类型、环境和时间的限制，使得可靠度计算烦琐，所以探讨一种有效的计算方法是十分必要的。刚度矩阵依赖于材料的力学特性和节点的几何特性，目前国外许多研究考虑材料性能的不确定性，主要针对板类、壳类等薄壁零件。

**5. 控制系统设计**

地面武装机器人是一个集运动控制与命令执行、外界环境感知、动态决策与规划等多种功能于一体的复杂系统，其关键技术主要包括运动控制技术、监控和遥操作技术、导航和定位技术、多传感器信息融合技术、机器人智能控制技术等。

（1）运动控制技术

地面武装机器人一般采用双电机驱动，由于电机特性、机械传动以及地面摩擦的差别，即使在相同控制信号下的两个驱动电机，其输出速度也会存在偏差，从而造成武装机器人很难完成直线运动；武装机器人的运动控制是通过对其驱动电机的速度控制而实现的，只有对驱动电机的速度进行精确控制才能使武装机器人按照控制指令完成各个动作。为解决这一问题，通常采用控制算法实现不同运动状态下武装机器人驱动电机的控制。此外，武装平台的稳定也需要控制器实现。武装机器人使用常见的控制器有：PID 控制器、模糊控制器、自适应控制器以及基于优化算法的控制器。

（2）监控和摇操作技术

武装机器人多采用遥控式半自主机器人模式，远距离的无线遥控模式，要求操作者能够实时得知武装机器人周围环境。武装机器人能够及时接受控制指令完成控制动作，这就要求武装机器人的监控和摇操作能够克服延时造成的控制上的困难。

（3）导航和定位技术

导航与定位是武装机器人技术中的两个重要问题。武装机器人导航方式有路标导航、基于环境的地图模型匹配导航、味觉导航、磁导航和视觉导航等。各种导航方式所采用的技术和要达到的目标有所不同。定位是武装机器人导航的基础，它的作用是确定武装机器人在二维环境中相对于全局坐标的位姿。武装机器人的定位方法有路标定位、惯性定位和声音定位等。

（4）多传感器信息融合技术

多传感器信息融合是将武装机器人各个传感器对局部环境所感知到的信息加以整合，去除多传感器信息之间可能存在的矛盾和冗余，运用补偿尽量减少所感知信息的不确定性，从而形成武装机器人多传感器对周围环境信息完整、一致的感知。多传感器信息融合的方法有卡尔曼滤波、加权平均法、贝叶斯推理与证据推理、统计决策理论、模糊推理和神经网络法以及带置信因子的产生式规则。

（5）机器人智能控制技术

武装机器人对其智能程度有较高的期望，要求其在部分未知环境或完全未知的环境中能够自主作业。武装机器人的智能控制技术主要有行为决策、对环境的感知、信息处理、自学习以及与人的协调配合等。

**6. 多智能体协调控制及集群作战体系**

多智能体协调控制技术是为实现多智能体系统任务，由多智能体组成的进行群体行为控制的技术，多智能体系结构、信息交互、协作机制以及冲突消除等领域的研究将是多智能体系统的研究方向。

伴随着机器人技术和信息技术的发展，未来的军事机器人必将采用集群作战的方式。对机器人集群和体系化研究将成为重要的研究方向。

## 8.3.2 水下军用机器人

**1. 智能水下机器人总体布局和载体结构**

没有一种全功能的机器人能完成所有的任务，所以需要依据水下机器人任务和工作需求，结合使用条件进行总体布局设计，对水下机器人总体结构、流体性能、动力系统、控制与通信方式进行优化，提高有限空间的利用效率。水下机器人工作在复杂的海洋环境中，其总体结构在满足压力、水密、负载和速度需求的前提下要实现低阻力、高效率的空间运动。另外在有限的空间中，需要多种传感器的配合，进行目标识别、环境探测和自主航行等任务。整个大系统整合了多种分系统，需要完善的系统集成设计和电磁兼容设计，才能确保控制与通信信息流的通畅。

为了提高智能水下机器人的性能和质量、使用的方便性和通用性，降低研制风险，节约研制费用，缩短研制周期，提高与现有邻近系统的协作能力以及保障批量生产能力，智能水下机器人的标准化是智能水下机器人研制与生产的迫切需求。因为模块化是标准化的高级形式，标准化的目的是要实现生产的模块化和各功能部件的模块化组装以实现使用中的功能扩展和任务可重构。在智能水下机器人标准化的进程中需要提出有关机械、电气、软件标准接口和数据格式的概念，在设计和建造过程中分模块进行总体布局和结构优化设计。

鉴于智能水下机器人需要能在较大范围的海域航行，从流体动力学的角度宜采用类似于鱼雷的细长的回转体，并尽可能采用轻型复合材料为机器人提供较大的正浮力，以提高机器人的续航力和负载能力。这些材料需要有质量轻、强度高、耐腐蚀性好、抗生物附着能力强等特点，并要有一定的抑制噪声的能力以降低背景噪声。采用小型化技术的水下机器人具有个体小、机动灵活、隐身性好、布施方便等特点，非常适合进行智能化水下作业。

**2. 智能体系结构**

智能水下机器人最大的特点是能够独立自主地进行作业，所以如何提高水下机器人的自主能力（即智能水平），以便在复杂的海洋环境中完成不同的任务，是目前的研究热点。从20世纪80年代开始，人们针对如何提升水下机器人的智能水平，对智能体系结构、环境感知与任务规划等展开了一系列的研究。其中不断改进和完善现有的智能体系结构，提升对未来趋势的预测能力，加强系统的自主学习能力，使智能系统更具有前瞻性，是提高智能系统自主性和适应性的关键。

不像海洋平台一样仅需针对某一海域进行设计，智能水下机器人的工作任务决定了它必须能适应广泛的水下环境，复杂海洋环境中充满着各种未知因素，风、浪、流、深水压力等干扰时刻挑战着水下机器人的智能规划与决策能力。以海流为例，大洋中海流的大小与方向不但与时间有密切的关系，而且随着地点不同也会有较大变化。为此智能水下机器人需要拥有良好的学习机制，才能尽快地适应海洋环境，拥有理想的避碰规划和路径优化的能力。

**3. 智能水下机器人的运动控制**

智能水下机器人的运动控制包括对其自身运动形态、各执行机构和传感器的综合控制，水下机器人的六自由度空间运动具有明显的非线性和交叉耦合性，需要一个完善的集成运动控制系统来保障运动与定位的精度。此系统需要集成信息融合、故障诊断、容错控制策略等技术。虽然目前不断改进新型控制算法对水下机器人进行任务与航迹规划，但由于在复杂环境中水下机器人运动的时变性很难建立精确的运动模型，因此人工神经网络技术和模糊逻辑推理控制技术的作用更加重要。模糊逻辑推理控制器设计简单、稳定性好，但在实际应用中由于模糊变量众多，参数调整复杂，需要消耗大量时间，所以需要和其他控制器配合使用，比如PID控制器、人工神经网络控制器。其中人工神经网络控制方式的优点是，在充分考虑水下机器人运动的非线性和交叉耦合性的前提下，能够识别跟踪并学习自身和外界环境的变化。但是如果外界环境干扰变化的频率和幅度与其自身运动相接近时，它的学习能力将表现出明显的滞后。控制滞后则会导致控制振荡的出现，对水下机器人的安全和任务执行是极为不利的。

各种控制方式相互结合使用的目的是提高控制器的控制精度与收敛速度，如何在保证水下机器人运动控制稳定的情况下提升控制系统的自适应性，提高智能系统在实际应用中的可行性是目前工作的重点。

**4. 智能水下机器人的通信导航定位**

智能水下机器人要完成任务首先需要明确任务所需到达的目的地，到达目的地的路径以及整个过程中自己所处的位置。前两个问题属于导航范围，后一个问题需要定位技术的支持，而整个过程都要依赖先进的通信技术。

智能水下机器人通过水声通信和光电通信方式来传输各类控制指令及各类传感器、声呐、摄像机等探测设备的反馈信息。两种方式各有优缺点，目前主要依赖于水声通信，但是声波在水中的传播速度很低（远远低于光速），在执行一定距离的任务时，会产生较大的时间延迟，不能保证控制信息作用的即时性和全时性。由于水下声波能量衰减较大，所以声波的传输距离直接受制于载波频率和发射功率，目前水声通信的距离仅限10km左右，这大大限制了水下机器人的作业空间。世界各国正积极开发水下激光通信，激光信号可以通过飞机和卫星转发以实现大范围的通信，其中海水介质对蓝绿激光的吸收率最小。美国已经实现了由空中对水下100m左右深度的潜艇进行通信。但是由于蓝绿激光器体积较大，能耗也较大，效率较低，离应用到智能水下机器人中还有一定距离。

智能水下机器人能否到达预定区域完成预定任务，水下导航技术至关重要，是目前水下机器人领域发展急需突破的“瓶颈”之一。目前空中导航已经拥有了较成熟的技术，而由于水下环境的复杂性，以及信息传输方式和传输距离受限，使得水下导航比空中导航更有难度。

水下导航技术从发展时间和工作原理上可分为传统导航技术和非传统导航技术，其中传统导航技术包括航位推算导航、惯性导航、多普勒声呐导航和组合式导航。最初的水下机器人主要依赖于航位推算进行导航，之后则逐渐加入惯性导航系统、多普勒速度仪和卡尔曼滤波器，这种导航方式虽然结构简单，实现容易，但它存在致命的缺陷，经过长时间的连续航行后会产生非常明显的方位误差，所以整个过程中隔一段时间就需要重新确认方位，修正后继续进行推算。目前智能水下机器人大多采用多种方式组合导航，主要利用惯性导航、多普勒声呐导航和利用声呐影像的视觉导航等多种数据融合进行导航。定位技术主要是水下声波跟踪定位结合全球定位系统的外部定位技术。组合式导航技术将多种传感器的信息充分融合后作为基本的导航信息，不但提升了导航的精度，而且还提高了整个系统的可靠性，即便有某种传感器误差较大或是不能工作，水下机器人依然能够工作。其中将多种数据进行提取、过滤和融合的方法仍在不断的改进中。

传统导航方式的原理决定了其误差积累的缺陷，为了保持精度，需要对系统数据进行不间断的更新、修正，更新数据可通过全球定位系统或非传统方法获得。通过全球定位系统不但会占用任务时间，而且会使行动的隐蔽性大大降低。通过非传统导航方式则可以克服这些缺陷。非传统导航方式是目前研究的热门方向，主要有海底地形匹配导航和重力磁力匹配导航等，其中海底地形匹配导航，在拥有完善的、能够及时更新的电子海图的情况下，是目前非常理想的高效率、高精度导航方式。美国海军已经将其广泛应用于潜艇的导航。

未来水下导航将结合传统方式和非传统方式，发展可靠性好、集成度高并具有综合补偿和校正功能的综合智能导航系统。

### 8.3.3 空中军用机器人

被称为空中机器人的无人机是军用机器人中发展最快的一类，从1913年第一台自动驾驶仪问世以来，无人机的基本类型已达到300多种，在世界市场上销售的无人机有40多种。

无人机是无人驾驶飞机（Unmanned Aerial Vehicle，UAV）的简称，是能够自主飞行、由自身动力驱动，可以多次使用的飞行器。冷战结束后，追求和平发展成为世界的主题。全球主要国家均在削减军费开支和部队的数量。各国军方急需既能有效完成指定任务，又具有高效费比的装备，又要求武器具有零伤亡、高重复利用率等特征。要提高飞机在复杂和不确定环境下的生存能力，需要不断提升飞机的飞行性能，但是有人飞机的飞行性能终究要受到飞行员身体条件的约束，不能提升到飞机本身的极限。由于无人机不仅可实现高重复利用率，而且已在几次局部战争中表现出色，随即进入了军方的视野。当今，世界各国均纷纷发展自己的无人机。无人机如此深受各国重视，归结于它以下几个优点：①隐蔽性能突出，战场生存力强。无人机相比于有人驾驶飞机，无论是体积，还是重量，以及雷达反射都要小得多，再加上其隐身的外形设计和机体表面的吸波涂料，使得它的暴露率呈几何级数减小。

②无飞行员身体因素限制。可以通过倒飞、急转弯、超加速升降等大机动飞行来提高战场生存能力。③更适合于高危险性任务，可以适应更加恶劣的飞行环境。④降低飞机重量和成本，并且使用维护更方便。⑤起飞、降落更加简单，操作也更灵活。

**1. 国内外研究现状**

在1909年，美国成功研制了第一架遥控航模飞机。德国西门子公司在1915年成功开发了滑翔炸弹，其采用了指令制导和伺服控制系统，开创了无人驾驶飞行器的先河。1917年，英国和德国先后成功开发了无人驾驶的遥控飞机。从1921年起，英国率先用无人遥控飞机作为靶机。1933年，世界上第一架“蜂后”号IE机出现，由有人驾驶飞机改造而成。之后，苏联、美国积极研制了多种无人机。

自1939年以后，美国开始研制无人靶机，研制出“火蜂”（Fire Bee）系列和“石鸡”（Choker）系列靶机。然后又对“火蜂”系列靶机进行改装，发展出无人侦察机，并第一次应用到越南战场上。在2001年，美国给“捕食者”加装了激光瞄准器和激光制导炸弹，同年即出动这种改进后的无人机对阿富汗进行了军事打击，无人驾驶飞机首次撰带武器用于实战。

从20世纪50~60年代开始，美国成功研制了“先锋”“猎人”蒂尔（Tier）系列长航时无人机，X-45等战术战略无人侦察机和无人战斗机。蒂尔（Tier）系列长航时无人机主要包括蒂尔1、蒂尔2、蒂尔2+和蒂尔3四种，其中，蒂尔2又名“捕食者”，蒂尔2+又称“全球鹰”，蒂尔3又称“暗星”（Dark Star）。“全球鹰”是当今世界水平最高的无人机。“全球鹰”机身长13.51m，高4.6m，翼展35.4m，巡航速度630km/h，最大航程可达25945km，巡航高度19800m，最大起飞重量11622kg，机载燃料超过7t，自主飞行时间长达41h，可在距发射区5556km的范围内活动，可在目标区上空18288m处停留24h。

在无人机研究领域中，以色列仅次于美国。据美国一家咨询公司的一份报告说，以色列现在是最大的无人驾驶飞行系统出口国，超过了美国。目前，以色列已经研制了三代无人机：第一代为“侦察兵”（Scout）无人机，第二代为“先锋”（Pioneer）无人机，第三代是“搜索者”（Searcher）无人机、“猎人”（Hunter）无人机，以及中空长航时多用途“苍鹭”（Heron）无人机。“苍鹭”无人机是目前世界上最大的无人机，该机型展冀尺寸与波音737差不多，机身长14m，冀展达到26m，能持续飞行20多小时，续航时间可以超过30h；在配备卫星通信设备后，作战半径超过1000km，能完成侦察、破坏敌方通信以及连接地面指挥和友人战斗机等各种任务；同时可以加挂导弹，可进行空中侦察以及地面设施的有效打击。以色列的军用无人机具有侦察、干扰、反辐射、诱饵、通信等多种功能，技术十分先进，工艺精良而且创意巧妙。俄罗斯、日本、印度、南非等国都在竞相研制无人机系统。图8.49为以色列无人机。

在国内，无人机发展要晚于发达国家，但发展迅速。在军用领域，无人机技术已经取得很大进步，与国外的无人机技术的差距也正在缩小。我国无人机的研制可以追溯到20世纪60年代，已经成功研制了各类无人机，目前已公开亮相的无人机有几十种。我国具有代表性的无人机有“长空一号”ASN-206多用途无人机、“长虹”WZ-2000系列无人机等。

2016年4月，伊拉克国防部公开了中国CH-4B侦察打击一体化无人机打击激进组织的视频。与此同时，卡塔尔宣布将引进生产中国侦察打击一体化无人机。在此之前，沙特已经引入“翼龙”无人机。由此可见，国内的无人机也在迅猛发展，并正在走向世界。

图8.49 以色列无人机

**2. 动力技术**

动力是军用无人机执行任务的基础，当前主要采用活塞发动机和燃气涡轮发动机。随着无人机从低空低速向高空高速、临近空间高超声速发展，变循环发动机、涡轮冲压组合发动机、超燃冲压发动机等新型动力技术逐渐成熟，并具有低油耗、大过载、高隐身、长寿命、自适应控制等特点。

无人机的两极发展对动力提出了不同的要求，微型无人机要求特殊的微型动力装置；高空长航时无人机要求低油耗、高可靠的发动机。在需求牵引下，燃料电池推进系统、太阳能推进系统、脉冲爆震发动机、桨扇发动机、核动力发动机等新概念动力技术逐渐得到开发和验证。

**3. 隐身技术**

先进的隐身材料能够提高军用无人机的隐身性能，石墨合成材料等先进的复合材料可以吸收各种微波，降低雷达探测能力；在无人机表面涂上吸收红外光的特制漆，在发动机燃料中注入防红外辐射的化学制剂，可以实现红外隐身；采用最新的等离子体隐形材料，还可以实现对光电、微波、声等各种综合传感器的隐身；充电表面涂层能产生一层吸收雷达波的保护层，还具有可变色特性，即表面颜色随背景变化，使无人机具有抗雷达探测和目视侦察两种功能。

军用无人机还广泛采用先进的隐形外形设计技术，在机身各部分的连接处进行光滑处理，避免形成角度增强反射；将无人机的副翼、襟翼等各传动面都制成综合面，缩小雷达反射面；采用相位对消技术，减小被雷达、红外和噪声探测设备发现的概率。

**4. 智能化技术**

智能化军用无人机在计算、通信、导航、图像处理等方面需要强大的处理能力，才能够自主地对战场情况做出及时正确的分析和反应，在起飞、回收、滑行、加油、地面维护、载荷装卸、接触式维修等地面活动中也逐渐具备自主性。

通过大量采用人工智能和群体智能理论相关技术，无人机可主动寻找并识别目标，确定攻击优先顺序，选择恰当武器，做出攻击决策。飞行控制技术是无人机智能化的基础，包括传感技术、导航定位技术、飞行控制律设计等；作战控制技术是无人机实施作战的关键技术，包括多机指挥协调控制、雷达及火控系统控制、与地面火力的协同作战控制等。

**5. 组网技术**

无人机承担的任务越来越复杂，需要多个无人机组成作战系统，协同完成任务。在网络中心战主导下，无人机还需要与其他飞机及各种作战装备组成网络，协同作战。无人机要实现网络作战能力，需要大量的数据通信传输，数据压缩技术和自动目标分选技术可以有效提高数据传输效率。无人机在作战中还要保证数据传输的安全可靠，提高网络通信的抗干扰和防截获能力。

无线自组网和任务规划技术是无人机形成体系作战能力的核心技术，在此基础上发展了忠实僚机技术与群飞技术。忠实僚机技术是指无人机系统伴随有人驾驶飞机协同工作，实施监视侦察、空中封锁、攻击敌综合防空系统等空中作战任务。群飞技术是指由一组自主化无人机系统组成机群，群飞指挥官通过特设的无线网络监视指挥多架无人机，执行各种作战任务。

## 8.3.4 空间军用机器人

空间机器人（Space Robots）是用于代替人类在太空中进行科学试验、出舱操作、空间探测等活动的特种机器人。目前空间机器人技术发展还不甚成熟，空间军用机器人大都处于探索性研究、预先研究和概念设计阶段。

然而，空天一体是主要国家空中力量未来发展的总体目标，空天力量独具“高位优势”，通过控制和利用空天环境，可以体现出空天力量的三大特点：一是居高望远，视野广阔，有利于信息获取与中继。二是居高临下，势险节短，在打击陆、海面目标方面，具有广泛的任务适应性，大可灭国、小可实现战术目标的“精确打击”。三是三维机动，超越时空，不仅可以超越战场空间和作战地域对地海面目标遂行远程快速打击，还可以超越敌方外围防御体系，打破作战顺序，直击要害，达成“快速决定性的”作战效果。

随着外层空间重要性的不断上升，航天空间已成为当今维护国家安全和发展利益的战略制高点。外层空间的军事存在和有效控制，不仅直接影响其他战场上夺取制地、制空、制海、制电磁权的军事行动，而且将最终影响战争全局和国家的安全利益。早在20世纪60年代，美国前总统肯尼迪就声称：“谁控制了宇宙，谁就控制了空间，谁就控制了战争的主动权”。俄罗斯于2000年制定的新军事学说中亦明确指出：“未来战争将以天基为中心，制天权将成为争夺制空权和制海权的主要条件之一”。由此可见，太空既是军事上的制高点，又是国家安全的高边疆。对太空的控制和空间资源的有效利用，不仅决定未来战争主动权的得失，而且关系到国家的安全与发展。空间军用机器人必将随着空天一体化程度的提高而起到越来越大的作用。

# 结 束 语

当今社会，机器人应用领域不断扩大，种类日趋增多，并以惊人的速度向各个领域扩展，成为各国必争的知识经济制高点和研究热点。机器人的性能、智能化、机动性、可靠性和安全性方面已经有了很大的提高，逐步融入人类生活，和人类一起协同工作，完成一些人类能完成和无法完成的工作，以更大的灵活性给人类社会创造更多的财富和价值。

随着互联网、大数据、人工智能等技术的快速发展，机器人技术的发展也呈现出如下趋势。

- 机器人感知能力更强。随着新型传感器的不断出现，例如，超声波触觉传感器、静电电容传感器、三维运动传感器以及具有工作检测、识别、定位功能的视觉系统等。随着信息处理能力与理解能力的不断增强，机器人对环境的感知和理解能力更快、更精准和更可靠。

- 机器人智能水平更高。随着人工智能技术的发展，各种新的智能技术逐步应用到机器人系统中。例如，基于深度学习的识别、检测、控制和规划方法大大提高了机器人的各种能力。虚拟现实技术是一种对事件的现实性从时间和空间上进行分析后重新组合的技术。这一技术包括三维计算机图形学技术、多功能传感器的交互接口技术以及高清晰度的显示技术。它可应用于遥控机器人和临场感通信等。形状记忆合金（SMA）被誉为“智能材料”。SMA 的电阻随温度变化而变化，导致合金形变，可用来执行驱动动作，完成传感和驱动功能。可逆形状记忆合金也在微型机上得到应用。多智能机器人系统（MARS）近年来也有了很大发展。多个智能机器人系统具有共同的目标，完成相互关联的动作或作业。MARS 的作业目标一致，信息资源共享，各个局部（分散运动）的主体在全局下感知、行动、受控和协调，是群控机器人系统的发展。

- 机器人设计更加模块化。智能机器人和高级工业机器人的结构力求简单紧凑，其高智能部件甚至全部机构的设计已向模块化方向发展；其驱动采用交流伺服电机，向小型和高输出方向发展；其控制装置向小型化和智能化发展，采用高速 CPU 和 64 位芯片、多处理器和多功能操作系统，提高机器人的实时和快速适应能力。机器人软件的模块化则简化了编程，发展了离线编程技术，提高了机器人控制系统的适应性。

- 机器人结构更加微型化。微型机器和微型机器人是 21 世纪的尖端技术之一。它对精密机械加工、现代光学仪器、超大规模集成电路、现代生物工程、遗传工程和医学工程产生重要影响。微型机器人在上述工程中将有用武之地。在大中型机器人和微型机器人系列之间的小型机器人也是机器人发展的一个趋势。小型机器人移动灵活方便，速度快，精度高，适于进入大中型工件进行直接作业。比微型机器人还要小的超微型机器人，应用纳米技术，将用于医疗和局势侦查目的。

- 机器人应用领域不断扩展。为了开拓机器人市场，除了提高机器人的性能和功能，以及研制智能机器人外，向非制造业扩展也是一个重要方向。开发适用于非结构环境下工作的机器人将是机器人发展的一个长远方向。这些非制造业包括航天、海洋、军事、建筑、医疗护理、服务、农林、采矿、电力、煤气、供水、下水道工程、建筑物维护、社会福利、家庭自动化、办公自动化和灾害救护等。例如：空间站服务机器人（装配、检查和修理），机器人卫星（空间会合、对接与轨道作业），飞行机器人（人员和材料运送及通信），空间探索（星球探测等）和资源收集机器人，太空基地建筑机器人，卫星回收以及地面实验平台等；海底普查和采矿机器人，海上建筑的建设与维护、海滩救援机器人，海况检测与预报系统；钢结构自动加工系统，防火层喷涂机器人，混凝土地板研磨机器人，外墙装修机器人，天花板和灯具安装机器人，外墙清洗、喷涂、检验和瓷砖铺设机器人，钢筋混凝土结构检验机器人，桥梁自动喷涂、小管道和电缆地下铺设、混凝土预制板自动安装机器人等；金属和煤炭自动采掘机器人，矿井安全监督机器人；配电线带电作业机器人，绝缘子自动清洗、变电所自动巡视机器人，核电站反应堆检查与维护机器人，核反应堆拆卸机器人等；管道安装、检查和修理机器人，容器检查、修理和喷涂机器人；剪羊毛机器人，森林自动修剪和砍伐，鱼肉自动去骨、切片、分选和包装机器人；神经外科感知机器人，胸部肿瘤自动诊断机器人，体内器官和脉管检查及手术微型机器人，用于外科手术的多只手机器人等；老年人和卧床不起的病人护理机器人，残疾人员支援系统等。由上述例子可知，智能机器人在非制造业部门具有与制造业部门一样广阔的应用前景，必将造福人类。

我们可以预见，在不远的未来，科学和技术的发展会使机器人技术提升到一个更高的水平，机器人将成为人类多才多艺和聪明伶俐的“伙伴”，更加广泛的参与人类各方面的生产劳动和社会生活。

# 参考文献


[1] 白井良明．机器人工程［M］．王棣棠，译．北京：科学出版社，2001.

[2] 孟庆鑫，王晓东．机器人技术基础［M］．哈尔滨：哈尔滨工业大学出版社，2006.

[3] SAEED B NIKU. 机器人学导论——分析、系统及应用［M］．孙富春，朱纪洪，刘国栋，等译．北京：电子工业出版社，2004.

[4] 陈恳，杨向东，刘莉，等．机器人技术与应用［M］．北京：清华大学出版社，2006.

[5] 蔡自兴．机器人学［M］．北京：清华大学出版社，2000.

[6] 谭民，王硕，曹志强．多机器人系统［M］．北京：清华大学出版社，2005.

[7] 王灏，毛宗源．机器人的智能控制方法［M］．北京：国防工业出版社，2002.

[8] 付京逊，冈萨雷斯 R C，李 C S G. 机器人学：控制、传感技术、视觉、智能［M］．杨静宇，李德昌，李根深，等译．北京：中国科学技术出版社，1989.

[9] 郭巧．现代机器人学：仿生系统的运动感知与控制［M］．北京：北京理工大学出版社，1999.

[10] 王俊普．智能控制［M］．合肥：中国科学技术大学出版社，1996.

[11] 孙增圻，等．智能控制理论与技术［M］．北京：清华大学出版社，2000.

[12] SIEGWART R，NOURBAKHSH I R. 自主移动机器人导论［M］．李人厚，译．西安：西安交通大学出版社，2014.

[13] 余博诚．四旋翼无人直升机编队飞行控制［D］．北京：清华大学，2014.

[14] 赵晓玲．可编程序控制器原理及应用［M］．大连：大连海事大学出版社，2004.

[15] 梁久祯．无线定位系统［M］．北京：电子工业出版社，2013.

[16] SICILIANO B，KHATIB O. Springer handbook of robotics［M］. Springer Nature，2007.

[17] 王京．基于传感器数据融合的单目视觉 SLAM 方法研究［D］．北京：清华大学，2017.

[18] SZELISKI R. 计算机视觉——算法与应用［M］．艾海舟，译．北京：清华大学出版社，2012.

[19] 苏显渝，张启灿，陈文静．结构光三维成像技术［J］．中国激光，2014，41（2）：1-10.

[20] 张力维．基于 TOF 深度摄像机的深度超分辨率回复和深度融合研究［D］．杭州：浙江大学，2014.

[21] BAY H，TUYTELAARS T，VAN GOOL L. Surf：Speeded up robust features［C］. European conference on computer vision，2006：404-417.

[22] LOWE D G. Object recognition from local scale-invariant features［C］. IEEE international conference on Computer vision，1999：1150-1157.

[23] RUBLEE E，RABAUD V，KONOLIGE K，et al. Orb：An efficient alternative to sift or surf［C］. IEEE International Conference on Computer Vision，2011：2564-2571.

[24] ROSTEN E，DRUMMOND T. Machine learning for high-speed corner detection［C］. European conference on computer vision. Springer，2006：430-443.

[25] MUR-ARTAL R，MONTIEL J M M，TARDOS J D. Orb-slam：a versatile and accurate monocular slam system［J］. IEEE Transactions on Robotics，2015，31（5）：1147-1163.

[26] 闫雪娇．基于街景图的无人机视觉定位方法研究［D］．北京：清华大学，2018.

[27] KURTENBACH G HULTEEN E Gestures in human-computer communications. In：Laurel，B.（ed.）The Art of Human Computer Interface Design［M］. New Jersey：Addison-Wesley，1990.

[28] KLEIN G，MURRAY D. Parallel tracking and mapping for small ar workspaces［C］. 6th IEEE and ACM International Symposium on Mixed and Augmented Reality，2007：225-234.

[29] ENGEL J, SCHÖPS T, CREMERS D. LSD-SLAM: Large-scale direct monocular SLAM [C]. European conference on computer vision. Springer, Cham, 2014: 834-849.
[30] 赵力. 语音信号处理 [M]. 北京: 机械工业出版社, 2016.
[31] YAMAMOTO, SHUNŃICHI, NAKADAI K, et al. Design and implementation of a robot audition system for automatic speech recognition of simultaneous speech [C]. IEEE Workshop on Automatic Speech Recognition & Understanding. IEEE, 2008.
[32] NAKADAI T KOMATANI K , et al. Improvement in listening capability for humanoid robot HRP-2 [C]. IEEE International Conference on Robotics & Automation. IEEE, 2010.
[33] VALIN J M , YAMAMOTO S , ROUAT J , et al. Robust Recognition of Simultaneous Speech by a Mobile Robot [J]. IEEE Transactions on Robotics, 2007, 23 (4): 742-752.
[34] HINTON G , DENG L , YU D , et al. Deep Neural Networks for Acoustic Modeling in Speech Recognition: The Shared Views of Four Research Groups [J]. IEEE Signal Processing Magazine, 2012, 29 (6): 82-97.
[35] ABDEL-HAMID O, MOHAMED A, JIAG H, et al. Convolutional neural networks for speech recognition [J]. IEEE/ACM Transactions on audio, speech, and language processing, 2014, 22 (10): 1533-1545.
[36] QIAN Y, BI M, TAN T, et al. Very deep convolutional neural networks for noise robust speech recognition [J]. IEEE/ACM Transactions on Audio, Speech, and Language Processing, 2016, 24 (12): 2263-2276.
[37] ZINCHENKO K, WU C Y, SONG K T. A study on speech recognition control for a surgical robot [J]. IEEE Transactions on Industrial Informatics, 2016, 13 (2): 607-615.
[38] EVERS C, NAYLOR P Acoustic SLAM [J]. IEEE/ACM Transactions on Audio, Speech, and Language Processing, 2018, 26 (9): 1484-1498.
[39] 张毅, 罗元, 郑太雄, 等. 移动机器人技术及其应用 [M]. 北京: 电子工业出版社, 2007.
[40] 无人航空器历史—维基百科 [EB/OL]. (2019-05-24) [2019-06-14]. https: //en. wikipedia. org/wiki/History_ of_ unmanned_ aerial_ vehicles.
[41] NEWCOME L R. Unmanned aviation: a brief history of unmanned aerial vehicles [M]. Reston: American Institute of Aeronautics and Astronautics, 2004.
[42] 徐正荣. 无人战斗机述论 [J]. 飞机设计, 2002 (3): 79-80.
[43] KEANE J F, CARR S S. A brief history of early unmanned aircraft [J]. Johns Hopkins APL Technical Digest, 2013, 32 (3): 558-571.
[44] CAI H, GENG Q. Research on the development process and trend of unmanned aerial vehicle [C]. 2015 International Industrial Informatics and Computer Engineering Conference. Atlantis Press, 2015.
[45] 李辉. 无人机的分类 [J]. 航天, 2000 (8): 19
[46] 胡春华, 范勇, 朱纪洪, 等. 空中机器人的研究现状与发展趋势 [C]. 中国智能自动化会议论文集, 2005: 312-317.
[47] GRASMEYER J M, KEENNON M T. Development of the black widow micro air vehicle [J]. AIAA paper, 2001, 127.
[48] 吴宇怀, 周兆英, 熊沈蜀, 等. 微型飞行器的研究现状及其关键技术 [J]. 武汉科技大学学报 (自然科学版), 2000, 23 (2): 170-174.
[49] 张 涛, 芦维宁, 李一鹏. 智能无人机综述 [J]. 航空制造技术 , 2013 (12): 32-35.
[50] 王英勋, 蔡志浩. 无人机的自主飞行控制 [J]. 航空制造技术, 2009 (8): 26-31.
[51] AGOSTINO S, MAMMONE M, NELSON M, ZHOU T. Classification of Unmanned Aerial Vehicles. Project [D]. Adelaide: University of Adelaide, 2006.
[52] 韩冰, 张秋菊, 徐世录. 无人战斗机的现状与发展趋势 [J]. 飞航导弹, 2005 (10): 45-49.

[53] 朱松，王燕．电子战无人机发展综述［J］．航天电子对抗，2005，21（1）：58-60.

[54] 曹鹏，侯博，张启义．以色列无人机发展与运用综述［J］．飞航导弹，2013（10）：41-44.

[55] 何勇，张艳超．农用无人机现状与发展趋势［J］．现代农机，2014（1）：1-5.

[56] 臧克，孙永华，李京，等．微型无人机遥感系统在汶川地震中的应用［J］．自然灾害学报，2010，19（3）：162-166.

[57] 黄泽满，刘勇，周星，等．民用无人机应用发展概述［J］．赤峰学院学报（自然科学版），2014（24）：30-32.

[58] 王根铎，韩婷娜，郭国明，等．无人机航空遥感系统在灾害应急救援中的应用探讨［J］．科技传播，2014（14）.

[59] 王洋，刘伟，王超．小型无人机大气数据采集系统的设计与实现［J］．航空电子技术，2010，41（1）：7-11.

[60] 陈梦东，王田苗，张启先．医疗外科机器人系统的研究和发展［J］．国外医学（生物医学工程分册），1998（4）：193-202.

[61] 林良明．仿生机械学［M］．上海：上海交通大学出版社，1989.

[62] 姜杉，杨志永，李佳．医用机器人研究、应用与发展［J］．机床与液压，2005（5）：1-5.

[63] 荣烈润．纳米机器人浅谈［J］．机电一体化，2007，13（1）：6-8.

[64] 王东署，白静．医用服务机器人关键技术分析［J］．微计算机信息，2007，23（11）：273-275.

[65] 张林燕，张永顺，许良，等．体内医用微型机器人的发展现状与前景［J］．机械制造，2006，44（10）.

[66] 方亮，张兴，邓凡李．介入式诊疗机器人驱动系统的研究［J］．电脑知识与技术（学术交流），2006（5）.

[67] 廉正光，崔世钢，邴志刚，等．基于蚁群算法的医用服务机器人路径规划方法［J］．天津职业技术师范大学学报，2006，16（3）：36-38.

[68] 丑武胜，王田苗．医用机器人与数字化医疗仪器设备的研究和发展［J］．机器人技术与应用，2003（4）.

[69] 杜志江，孙立宁，富历新．医疗机器人发展概况综述［J］．机器人，2003，25（2）：182-187.

[70] 方亮，张兴，邓凡李．介入式诊疗机器人驱动系统的研究［J］．电脑知识与技术（学术交流），2006（5）.

[71] 张兴国，朱龙彪，黄希，等．骨科修补辅助医用机器人系统技术研究［J］．制造业自动化，2007，29（6）：40-43.

[72] 胡飞，顾大强，陈柏．微型泳动机器人研究［J］．机床与液压，2006（12）：9-11.

[73] 景扶苇，王伯华．医用机器人［J］．机器人技术与应用，2001（4）.

[74] 梁亮，周银生．医用微型机器人的体内运行实验研究［J］．润滑与密封，2002（4）.

[75] 王军强，苏永刚，胡磊，等．医用机器人及计算机辅助导航手术系统在胫骨髓内钉手术中的设计与应用［J］．中华创伤骨科杂志，2005（12）：1108-1113.

[76] 王军强，王剑飞，胡磊，等．医用机器人辅助股骨带锁髓内针远端锁钉瞄准系统的实验研究［J］．中华医学杂志，2006，86（9）.

[77] 卢秋红，颜国正，丁国清，等．微型压电蠕动医用机器人系统模型［J］．中国医疗器械杂志，2004，28（1）.

[78] 穆晓枫，周银生，胡飞，等．无损伤医用肠道机器人驱动机理［J］．上海交通大学学报，2004，38（8）.

[79] 何斌，陈鹰，周银生．医用微型机器人的姿态可控性研究［J］．自动化学报，2004（5）：707-715.

[80] 黄敏齐，张建国，严小玲，等．鼻内镜手术中全智能化机器人的应用［J］．山东大学耳鼻喉眼学报，

2005，19（4）：242-243.

[81] 李大寨，孙旭光，杨洋，等．眼科显微手术机器人研究现状［J］．机器人技术与应用，2003（6）：18-20.

[82] 胡一达，李大寨，宗光华，等．角膜移植显微手术机器人系统的研究［J］．高技术通讯，2005，15（1）：49-53.

[83] 李晔，常文田，孙玉山，等．自治水下机器人的研发现状与展望［J］．机器人技术与应用，2007（1）：25-31.

[84] 金声．访哈尔滨工程大学徐玉如院士［J］．舰船知识，2009（4）：16.

[85] HARDY K，ROSENTHAL B J. Special issue：celebrating the golden anniversary of man' s deepestdive［J］. Marine Technology Society Journal，2009，43（5）.

[86] KOHNEN W. Human exploration of the deep seas：Fifty years and the inspiration continues［J］. Marine Technology Society Journal，2009，43（5）：42-62.

[87] LÉVÊQUE J P，DROGOU J F. Operational overview of NAUTILE deep submergence vehicle since 2001［C］. Proceedings of Underwater Intervention Conference，2006.

[88] NANBA N，MORIHANA H，NAKAMURA E，et al. Development of deep submergence research vehicle "SHINKAI 6500"［J］. Technical Review of Mitsubishi Heavy Industries，1990，27（3）：157-168.

[89] SAGALEVITCH A M. Experience of the use ofmmanned submersibles［C］. Proceeding of the 1998 International Symposium on Under-water Technology，1998：403.

[90] 桑恩方，庞永杰，卞红雨．水下机器人技术［J］．机器人技术及应用，2003（3）：8-11.

[91] 徐玉如，李彭超．水下机器人发展趋势［J］．自然杂志，2011，33（3）：125-132.

[92] MARCO D B，HEALEY A J. Current developments in underwater vehicle control and navigation：The NPS ARIES AUV［C］. OCEANS 2000 MTS/IEEE Conference and Exhibition. Conference Proceedings（Cat. No. 00CH37158）. IEEE，2000：1011-1016.

[93] DAMUS R，MANLEY J，DESSET S，et al. Design of an inspection class autonomous underwater vehicle［C］. OCEANS'02 MTS/IEEE. IEEE，2002：180-185.

[94] 麻省理工学院新闻［EB/OL］．（2011-11-07）［2019-06-14］. http：//news. mit. edu/2011/auv-series-part1-1107.

[95] GERMAN C R，YOERGER D R，JAKUBA M，et al. Hydrothermal exploration by AUV：Progress to-date with ABE in the Pacific，Atlantic & Indian Oceans［C］//2008 IEEE/OES Autonomous Underwater Vehicles. IEEE，2008：1-5.

[96] 李向阳，崔维成，张文明．钛合金载人球壳的疲劳寿命可靠性分析［J］．船舶力学，2006，10（2）.

[97] 刘水庚．日本载人深潜器的设计研究［J］．船舶技术信息，2005，9（1）：8-17.

[98] HAWKES G. The old arguments of manned versus unmanned systems are about to become irrelevant：New technologies are game changers［J］. Marine Technology Society Journal，2009，43（5）：164-168.

[99] TAYLOR L，LAWSON T. Project deepsearch：An innovative solution for accessing the oceans［J］. Marine Technology Society Journal，2009，43（5）：169-177.

[100] 徐玉如，庞永杰，甘永，等．智能水下机器人技术展望［J］．智能系统学报，2006，1（1）：9-16.

[101] 梁霄，徐玉如，李晔，等．基于目标规划的水下机器人模糊神经网络控制［J］．中国造船，2007，48（3）：123-127.

[102] 彭学伦．水下机器人的研究现状与发展趋势［J］．机器人技术与应用．2004（4）：43-47.

[103] 马伟锋，胡震．AU V 的研究现状与发展趋势［J］．火力与指挥控制，2008，33（6）：10-13.

[104] ROECKEL M W，PIVOIR R H，GIBSON R E，et al. Simulation environments for the design and test of an intelligent controller for autonomous underwater vehicles［C］. 1999 Winter Simulation Conference Proceed-

ings. 'Simulation-A Bridge to the Future'（Cat. No. 99CH37038）. IEEE，1999：1088-1093.

[105] DONALD P B. A virtual world for an autonomous underwater vehicles [D]. Monterey：Naval Postgraduate School，1994.

[106] 李鹏．水下机器人导航系统传感器的仿真［D］．哈尔滨：哈尔滨工程大学，2004.

[107] 王丽荣．水下机器人控制系统故障诊断研究［D］．哈尔滨：哈尔滨工程大学，2006.

[108] EDIN O，GEOFF R. Thruster fault diagnosis and accommodation for openframe underwater vehicles [J]. Control Engineering Practice，2004（12）：1575-1598.

[109] 刘涛，王璇，王帅，等．深海潜水器装备及最新技术进展报告［C］．中国船舶重工集团公司第七O二研究所60周年所庆纪念学术论文集，2011.

[110] LIU TAO，XU QIAN，WANG HUZHENG. Vehicle system design of CR-02 6000m autonomous underwater vehicle（AUV）[J]. Journal of ShipMechanics，2002（6）：39-50.

[111] 桑恩方，庞永杰，卞红雨．水下机器人技术［J］．机器人技术及应用，2003（3）：8-11.

[112] 张文瑶，裘达夫，胡晓棠．水下机器人的发展、军事应用及启示［J］．中国修船，2006，19（6）：37-38.

[113] 兰志林，周家波．无人水下航行器发展［J］．国防科技，2008，29（2）：13-14.

[114] 黄思姬．地面武装机器人机械系统设计与实验研究［D］．南京：南京理工大学，2011.

[115] 李伟，王彦锋，王凤彪，等．美军地面机器人发展扫描［J］．汽车运用，2010（4）：27-28.

[116] 仲崇慧，贾喜花．国外地面无人作战平台军用机器人发展概况综述［J］．机器人技术与应用，2005（4）：18-24.

[117] VAN FOSSON M H，FISH S. Role of robotics in ground combat of the future：UGCV，PreceptOR，and FCS [C]. Unmanned Ground Vehicle Technology III. International Society for Optics and Photonics，2001，4364：323-328.

[118] TALON Robots，Foster-Miller：Products and Services [EB/OL]. [2019-06-14]. http：//www. foster-miller. com/lemming. htm.

[119] iRobot，PackBot EOD：Hazardous Duty Mobile Robot [EB/OL]. [2019-06-14]. http：//www. packbot. com.

[120] Irobot [EB/OL]. [2019-06-14]. http：//www. irobot. com.

[121] DG-X3B型反恐机器人［EB/OL］. [2019-06-14]. www. grandar. com.

[122] RAPTOR-EOD排爆机器人［EB/OL］．[2019-06-14]. www. uptech-eod. com.

[123] RACKWITZ R，FLESSLER B. Structural reliability under combined random load sequences [J]. Computers & Structures，1978，9（5）：489-494.

[124] SOLIS J M，LONGORIA R G. Modeling track-terrain interaction for transient robotic vehicle maneuvers [J]. Journal of Terramechanics，2008，45（3）：65-78.

[125] 贺妍，张晓燕，李海滨，等．履带车辆的动力学建模与仿真［C］．第二十七届中国控制会议论文集，2008.

[126] 王月梅，周义清，常列珍．履带车辆的一种动力学建模［J］．中北大学学报（自然科学版），2005，26（3）：164-166.

[127] 张克健，等．车辆地面力学［M］．北京：国防工业出版社，2002.

[128] WONG J Y. Theory of ground vehicles [M]. New Jersey：John Wiley & Sons，2008.

[129] FERRETTI G，GIRELLI R. Modelling and simulation of an agricultural tracked vehicle [J]. Journal of Terramechanics，1999，36（3）：139-158.

[130] ENDO D，OKADA Y，NAGATANI K，et al. Path following control for tracked vehicles based on slip-compensating odometry [C]. 2007 IEEE/RSJ International Conference on Intelligent Robots and Systems. IEEE，2007：2871-2876.

[131] SIDDALL J N. Probabilistic engineering design [M]. Boca Raton：CRC Press，1983.

[132] YANG Q J. Fatigue test and reliability design of gears [J]. International Journal of Fatigue，1996，18（3）：171-177.

[133] 吴波，黎明发. 机械零件与系统可靠性模型 [M]. 北京：化学工业出版社，2003.

[134] HANDA K，et al. Application of finite element method in the stochastic analysis of structures [C]. Tn：Proc 3rd ICO SSAR. Trondheim：Elsevier Scientific，1981：409-417.

[135] 周娜，张义民. 圆锥齿轮可靠性分析的参数灵敏度 [J]. 中国机械工程，2008，19（21）.

[136] 陈虬，刘先斌. 随机有限元法及其工程应用 [M]. 成都：西南交通大学出版社，1993.

[137] 刘正兴，王劲松. 随机有限元在结构可靠性分析中的应用 [J]. 上海交通大学学报，1994（1）：32-40.

[138] PANDIT M K，Sheikh A H，et al，Stochastic perturbation-based finite element for deflection statistics of soft core sandwich plate with random material properties [J]. International Journal of Mechanical Sciences，2009（51）：363-371.

[139] CHANG T P，et al. Finite element analysis of nonlinear shell structures with uncertain material property [J]. Thin-Walled Structures，2008（46）：1055-1065.

[140] BYUNG WOO LEE，O K L. Application of stochastic finite element method to optimal design of structures [J]. Computers and Structures，1998（68）：491-497.

[141] 李杰. 确定性参数摄动与随机参数摄动的区别与联系 [J]. 郑州工学院学报，1996（2）.

[142] 周陈霞. 某轻型武装机器人枪塔动力学特性分析研究 [D]. 南京：南京理工大学，2011.

[143] 倪文彬，王荣林. 地面武装机器人发射动力学仿真与分析 [J]. 装备制造技术，2010（4）：38-40.

[144] 李同涛. 基于粗糙集理论与遗传算法的机器人路径规划方法研究 [D]. 郑州：郑州大学，2007.

[145] 胡晓娟. 基于 ARM 的运动机器人运动控制系统研究 [D]. 南京：南京理工大学，2007.

[146] 李金鑫. 武装机器人运动控制系统的设计与分析 [D]. 南京：南京理工大学，2014.

[147] 江磊，刘大鹍，胡松，等. 四足仿生移动平台技术发展综述及关键技术分析 [J]. 车辆与动力技术，2014（1）：47-52.

[148] 程品. 四足仿生机器人控制系统的研究与设计 [D]. 武汉：华中科技大学，2014.

[149] 王维. 四足仿生机器人实时控制系统的研究与设计 [D]. 济南：山东大学，2012.

[150] BIG DOG. the Rough-Terrain Quaduped Robot [OL].（2008-11）[2012-04]. http：//www. bostondynamics. com.

[151] 张秀丽. 四足机器人节律运动及环境适应性的生物控制研究 [D]. 北京：清华大学，2004.

[152] RAIBERT M H Legged robots that balance [M]. Cambridge：MIT Press，1986.

[153] JIANG Z Y，LI M T，GUO W. Running control of a quadruped robot in trotting gait [C]. Proceedings of the IEEE International Conference on Robotics，Automation and Mechatronics. Qingdao，Sep，2011：172-177.

[154] RONG X W，LI Y B，RUAN J H，et al. Design and simulation for a hydraulic actuated quadruped robot [J]. Journal of mechanical science and technology，2012，26（4）：1171-1177.

[155] 国防科学技术大学 [EB/OL]. [2019-06-14]. http：//www. guancha. cn/Science/2013_01_17_121404. shtml.

[156] 田兴华，高峰，陈先宝，等. 四足仿生机器人混联腿构型设计及比较 [J]. 机械工程学报，2013，49（6）：81-88.

[157] GAO J Y，DUAN X G，HUANG Q，et al. The research of hydraulic quadruped bionic robot design [C]. Proceedings of the International Conference on Complex Medical Engineering，Beijing，2013：620-625.

[158] 徐玉如，李彭超. 水下机器人发展趋势 [J]. 自然杂志，2011，3303：125-132.

[159] MARCO D B，HEALEY A J. Current developments in underwater vehicle control and navigation：The NPS

ARIES AUV [C] //OCEANS 2000 MTS/IEEE Conference and Exhibition. Conference Proceedings (Cat. No. 00CH37158). IEEE, 2000: 1011-1016.

[160] DAMUS R, MANLEY J, DESSET S, et al. Design of an inspection class autonomous underwater vehicle [C] //OCEANS'02 MTS/IEEE. IEEE, 2002: 180-185.

[161] 麻省理工学院新闻 [EB/OL]. (2011-11-07) [2019-06-14]. http: //news. mit. edu/2011/auv-series-part1-1107.

[162] GERMAN C R, YOERGER D R, JAKUBA M, et al. Hydrothermal exploration by AUV: Progress to-date with ABE in the Pacific, Atlantic & Indian Oceans [C] //2008 IEEE/OES Autonomous Underwater Vehicles. IEEE, 2008: 1-5.

[163] URA T, OBARA T, NAGAHASHI K, et al. Introduction to an AUV" r2D4" and its Kuroshima Knoll Survey Mission [C] //Oceans' 04 MTS/IEEE Techno-Ocean' 04 (IEEE Cat. No. 04CH37600). IEEE, 2004: 840-845.

[164] 徐玉如，庞永杰，甘永，等. 智能水下机器人技术展望 [J]. 智能系统学报，2006, 1 (1): 9-16.

[165] 梁霄，徐玉如，李晔，等. 基于目标规划的水下机器人模糊神经网络控制 [J]. 中国造船，2007, 48 (3): 123-127.

[166] 彭学伦. 水下机器人的研究现状与发展趋势 [J]. 机器人技术与应用，2004 (4): 43-47.

[167] 马伟锋，胡震. AU V 的研究现状与发展趋势 [J]. 火力与指挥控制，2008, 33 (6): 10-13.

[168] 昂海松，曾建江，童明波. 现代航空工程 [M]. 北京: 国防工业出版社，2012.

[169] 秦博，王蕾. 无人机发展综述 [J]. 飞航导弹，2002 (8): 4-9.

[170] 谢岚. 高空长航时无人机飞行控制系统设计 [D]. 长沙: 湖南大学，2011.

[171] 计秀敏. 无人机的发展及其影响 [C]. 中国航空学会飞机总体专业委员会第五次学术交流会论文集. 2002.

[172] 姚如贵. 无人机高速数据传输中 Turbo-OFDM 技术研究 [D]. 西安: 西北工业大学，2005.

[173] 丛伟. OFDM 在无人机通信链路中应用的关键技术研究 [D]. 西安: 西北工业大学，2007.

[174] 仵敏娟. 无人机数据链的关键技术研究 [D]. 西安: 西北工业大学，2007.

[175] 殷奎龙. 高速无人机飞行控制系统设计及软件开发 [D]. 大连: 大连理工大学，2014.

[176] 陈彦强，张淑瑞，张永富. 军用无人机发展现状和趋势 [C]. 第六届中国国际无人驾驶航空器系统大会论文集，2016.

[177] 卫锦萍. 国外军用可穿戴装备发展探析 [J]. 军事文摘，2016, 19: 33-35.

[178] 于宝林. 未来战场尖兵——俄罗斯军用机器人发展解析 [J]. 现代军事，2017 (1): 62-65.

[179] PAUL R. Modelling, trajectory calculation and servoing of a computer controlled arm [R]. STANFORD UNIV CA DEPT OF COMPUTER SCIENCE, 1972.

[180] RAIBERT M H. Manipulator control using the configuration space method [J]. Industrial Robot: An International Journal, 1978, 5 (2): 69-73.

[181] LUH J, WALKER M, PAUL R. Resolved-acceleration control of mechanical manipulators [J]. IEEE Transactions on Automatic Control, 1980, 25 (3): 468-474.

[182] KHATIB O. A unified approach for motion and force control of robot manipulators: The operational space formulation [J]. IEEE Journal on Robotics and Automation, 1987, 3 (1): 43-53.

[183] MASON M T. Compliance and force control for computer controlled manipulators [J]. IEEE Transactions on Systems, Man, and Cybernetics, 1981, 11 (6): 418-432.

[184] RAIBERT M H, CRAIG J J. Hybrid position/force control of manipulators [J]. Journal of Dynamic Systems, Measurement, and Control, 1981, 103 (2): 126-133.

[185] N HOGAN. Impedance control: An approach to manipulation: Part Ⅰ—theory [J]. ASME Journal of

dynamic systems, measurement, and control, 1985 (7): 1-7.

[186] HOGAN N. Impedance control: An approach to manipulation: Part Ⅱ—Implementation [J]. Journal of dynamic systems, measurement, and control, 1985, 107 (1): 8-16.

[187] HOGAN N. Impedance control: An approach to manipulation: Part Ⅲ—applications [J]. ASME Journal of dynamic systems, measurement, and control, 1985, 7: 17-24.

[188] WIT C CANUDAS DE, SICILIANO B, BASTIN G. Theory of Robot Control [M]. Berlin: Springer, 1996.

[189] SPONG M W, HUTCHINSON S, VIDYASAGAN M. Robot Modeling and Control [M]. New Jersey: Wiley, 2005.

[190] SICILIANO B, SCIAVICCO L, VILLANI L, et al. Robotics: Modelling, Planning and Control [M]. Berlin: Springer, 2009.

[191] CRAIG J. Introduction to Robotics: Mechanics and Control (third edition) [M]. Prentice-Hall, Upper Saddle River, NJ, 2004.

[192] MURRAY R, LI Z, SASTRY S. A Mathematical Introduction to Robotic Manipulation [M]. Boca Raton CRC Press, 1994.

[193] CHUNG W K, FU L C, KROGER T. Motion control. In B. Siciliano and O. Khatib. Handbook of Robotics, Second Edition [M]. Berlin: Springer-Verlag, 2016.

[194] VILLANI L, SCHUTTER J DE. Force control. In B. Siciliano and O. Khatib, Handbook of Robotics, Second Edition [M]. Berlin: Springer-Verlag, 2016.